"十三五"普通高等教育规划教材

数字逻辑

第3版

詹瑾瑜　主编
江　维　李晓瑜　编著

机械工业出版社

本书根据《计算机学科教学计划》编写。全书共9章，主要内容包括数字逻辑基础、逻辑代数基础、集成门电路、组合逻辑电路、触发器、同步时序逻辑电路、异步时序逻辑电路、硬件描述语言 Verilog HDL、以及脉冲波形的产生与整形共9个方面。

本书不仅介绍了数字逻辑的分析设计方法，还介绍了一些典型的数字电路的设计和应用方法，以及数字电路与逻辑设计的一些最新内容。

本书可作为高等院校计算机、信息、电子工程、自动控制及通信等专业的教材，也可作为成人教育相关课程的教材，并可作为相关专业科技人员的参考书。

本书配套授课电子课件，需要的教师可登录 www. cmpedu. com 免费注册，审核通过后下载，或联系编辑索取（QQ：2850823885，电话：010－88379739）。

图书在版编目（CIP）数据

数字逻辑/詹瑾瑜主编；江维，李晓瑜编著．—3版．—北京：机械工业出版社，2017.2（2019.1重印）
"十三五"普通高等教育规划教材
ISBN 978－7－111－56177－4

Ⅰ.①数… Ⅱ.①詹… ②江… ③李… Ⅲ.①数字逻辑－高等学校－教材 Ⅳ.①TP331.2

中国版本图书馆 CIP 数据核字（2017）第036855号

机械工业出版社（北京市百万庄大街22号 邮政编码100037）
策划编辑：郝建伟 责任编辑：郝建伟
责任校对：张艳霞
北京圣夫亚美印刷有限公司印刷
2019年1月第3版·第5次印刷
184mm×260mm·17.25印张·415千字
8301－10200册
标准书号：ISBN 978－7－111－56177－4
定价：45.00元

凡购本书，如有缺页、倒页、脱页，由本社发行部调换

电话服务	网络服务
服务咨询热线：（010）88379833	机 工 官 网：www. cmpbook. com
读者购书热线：（010）88379649	机 工 官 博：weibo. com/cmp1952
	教育服务网：www. cmpedu. com
封面无防伪标均为盗版	金 书 网：www. golden－book. com

前　言

根据高等学校工科计算机专业“数字逻辑”课程教学大纲的要求，并考虑自控、信息、电子工程和通信等专业学习“数字逻辑”课程的需要，编者参考了众多同类教材并结合多年的教学经验编写了本书。

“数字逻辑”是计算机科学与技术和软件工程（类）本、专科学生必修的一门重要专业基础课。本课程的目的是使学生从了解数字系统开始，到熟练掌握组合逻辑电路和时序逻辑电路的分析、设计方法，并能使用数字集成电路实现工程所需的逻辑设计，为数字计算机和其他数字系统的分析和设计奠定了良好的基础。熟练掌握数字系统逻辑分析和设计的方法，对从事计算机软硬件研制、开发和应用的工程技术人员是非常重要的。

数字集成电路是数字系统与计算机功能实现的基础，将数字逻辑设计和数字集成电路结合起来讲授，既可使学生掌握数字逻辑器件的分析与设计方法，又可了解标准数字集成芯片的原理和使用方法，同时还可使学生了解数字集成器件的更新换代给数字系统分析和设计方法带来的重大变化，进而适应并跟上数字技术的快速发展。

全书共分 9 章，第 1 章为数字逻辑基础，介绍了数字系统中常用的数制及转换、码制和编码。第 2 章为逻辑代数基础，介绍了逻辑代数的基本定律规则，以及逻辑函数的表示及逻辑函数的化简。第 3 章为集成门电路，介绍了典型 TTL 门，以及 CMOS 门的结构和原理。第 4 章为组合逻辑电路，介绍了组合逻辑电路的分析和设计方法。以及典型组合逻辑集成芯片的原理和应用。第 5 章为触发器，介绍了各种触发器的组成、原理和应用。第 6 章为同步时序逻辑电路，介绍了同步时序逻辑电路的分析和设计方法，以及中规模计数器的组成原理及应用。第 7 章为异步时序逻辑电路，介绍了脉冲异步时序逻辑电路和电平异步时序逻辑电路的分析和设计方法，以及集成异步计数器的原理和应用。第 8 章为硬件描述语言 Verilog HDL，介绍了 Verilog HDL 语言的语法、语句和结构，并介绍了使用 Verilog HDL 编程实现组合逻辑电路和时序逻辑电路的方法和实例。第 9 章为脉冲波形的产生与整形，介绍了 555 时基电路、多谐振荡器、单稳态触发器及施密特触发器的构成与工作原理。

本课程的先修课程是“电路与电子技术基础”。本课程的参考课时为 64 学时，使用者可根据需要和具体情况对内容进行取舍。

本书由詹瑾瑜、江维和李晓瑜共同编写，具体分工如下：第 2、3、7、8、9 章由詹瑾瑜编写；第 1 章由江维编写；第 4、5、6 章由李晓瑜编写，全书由詹瑾瑜统稿。在编写过程中得到了校内外同行的大力支持和关怀，本教材第 2 版主编武庆生老师十分关心本书的编写和教学工作，并提出了许多宝贵意见，对以上同行和同事的关心、支持、指导和帮助表示衷心的感谢。

由于编者水平有限，书中难免有欠妥之处，敬请广大读者批评指正。

编者

目　录

前言
第 1 章　数字逻辑基础 …… 1
1.1　概述 …… 1
1.1.1　数字逻辑研究的对象及方法 …… 1
1.1.2　数字电路的发展 …… 3
1.1.3　数字电路的分类 …… 4
1.2　数制及其转换 …… 5
1.2.1　进位计数制 …… 5
1.2.2　数制转换 …… 7
1.3　带符号数的代码表示 …… 8
1.3.1　原码及其运算 …… 8
1.3.2　反码及其运算 …… 9
1.3.3　补码及其运算 …… 10
1.3.4　符号位扩展 …… 11
1.4　数的定点与浮点表示 …… 11
1.5　数码和字符的编码 …… 12
1.5.1　BCD 编码 …… 12
1.5.2　可靠性编码 …… 13
1.5.3　字符编码 …… 14
1.6　本章小结 …… 15
1.7　习题 …… 15
第 2 章　逻辑代数基础 …… 17
2.1　逻辑代数的基本概念 …… 17
2.1.1　逻辑代数的定义 …… 17
2.1.2　逻辑代数的基本运算 …… 18
2.1.3　逻辑代数的复合运算 …… 21
2.1.4　逻辑函数的表示法和逻辑函数的关系 …… 23
2.2　逻辑代数的基本定律、规则和常用公式 …… 24
2.2.1　基本定律 …… 24
2.2.2　重要规则 …… 26
2.3　逻辑函数表达式的形式与变换 …… 28
2.3.1　逻辑函数表达式的基本形式 …… 28
2.3.2　逻辑函数表达式的标准形式 …… 29

2.3.3 逻辑函数表达式的转换 …… 31
2.4 逻辑函数的化简 …… 33
2.4.1 代数化简法 …… 34
2.4.2 卡诺图化简法 …… 36
2.4.3 包含无关项的逻辑函数的化简 …… 40
2.4.4 多输出逻辑函数的化简 …… 41
2.5 本章小结 …… 43
2.6 习题 …… 44
第3章 集成门电路 …… 47
3.1 概述 …… 47
3.2 正逻辑和负逻辑 …… 47
3.3 分立元件门电路 …… 48
3.3.1 与门 …… 48
3.3.2 或门 …… 49
3.3.3 非门 …… 49
3.4 TTL 逻辑门电路 …… 49
3.4.1 TTL 与非门 …… 49
3.4.2 TTL 逻辑门的外特性 …… 51
3.4.3 集电极开路输出门（OC 门） …… 53
3.4.4 三态输出门（TS 门） …… 54
3.5 CMOS 集成逻辑门电路 …… 55
3.5.1 CMOS 反相器（非门） …… 56
3.5.2 CMOS 与非门 …… 56
3.5.3 CMOS 或非门 …… 56
3.5.4 CMOS 三态门 …… 56
3.5.5 CMOS 漏极开路输出门（OD 门） …… 57
3.5.6 CMOS 传输门 …… 57
3.6 TTL 和 CMOS 之间的接口电路 …… 58
3.6.1 用 TTL 门驱动 CMOS 门 …… 58
3.6.2 用 CMOS 门驱动 TTL 门 …… 58
3.7 本章小结 …… 58
3.8 习题 …… 59
第4章 组合逻辑电路 …… 62
4.1 概述 …… 62
4.2 组合逻辑电路的分析 …… 63
4.2.1 组合电路的分析步骤 …… 63
4.2.2 组合电路的分析举例 …… 63

4.3 组合逻辑电路的设计…… 66
4.3.1 组合电路的设计步骤 …… 66
4.3.2 组合电路的设计举例 …… 66
4.4 经典逻辑运算电路…… 73
4.4.1 半加器 …… 73
4.4.2 全加器 …… 74
4.4.3 全减器 …… 76
4.5 代码转化电路…… 77
4.5.1 代码转化电路原理分析 …… 77
4.5.2 代码转化电路的应用 …… 77
4.6 数值比较电路…… 80
4.6.1 1位数值比较器 …… 80
4.6.2 4位数值比较器 …… 81
4.6.3 集成比较器的应用 …… 82
4.7 编码器和译码器…… 84
4.7.1 编码器电路原理分析 …… 84
4.7.2 编码器的应用 …… 88
4.7.3 译码器电路原理分析 …… 89
4.7.4 译码器的应用 …… 96
4.8 数据选择器和数据分配器…… 99
4.8.1 数据选择器原理分析 …… 99
4.8.2 数据选择器的应用…… 101
4.8.3 数据分配器原理分析…… 104
4.8.4 数据分配器的应用…… 105
4.9 竞争和冒险 …… 106
4.9.1 竞争和冒险现象…… 106
4.9.2 险象的判定 …… 107
4.9.3 险象的消除和减弱…… 108
4.10 组合逻辑电路设计的优化问题…… 109
4.11 本章小结…… 110
4.12 习题…… 111
第5章 触发器…… 115
5.1 概述 …… 115
5.1.1 触发器的电路结构和特点 …… 115
5.1.2 触发器的逻辑功能和分类 …… 115
5.2 RS触发器…… 116
5.2.1 用与非门构成的基本RS触发器 …… 116

5.2.2 用或非门构成的基本 RS 触发器 …… 118
5.2.3 钟控触发器（锁存器） …… 119
5.2.4 钟控 RS 触发器 …… 119
5.2.5 主从 RS 触发器 …… 120
5.3 D 触发器 …… 122
5.3.1 钟控（电平型）D 触发器 …… 122
5.3.2 边沿（维持－阻塞）D 触发器 …… 122
5.3.3 集成 D 触发器 …… 123
5.4 JK 触发器 …… 124
5.4.1 主从 JK 触发器 …… 124
5.4.2 边沿 JK 触发器 …… 126
5.4.3 集成 JK 触发器 …… 127
5.5 其他功能的触发器 …… 128
5.5.1 T 触发器 …… 128
5.5.2 T′触发器（翻转触发器） …… 128
5.6 集成触发器的参数 …… 129
5.6.1 触发器的静态参数 …… 129
5.6.2 触发器的动态参数 …… 129
5.7 各类触发器的相互转换 …… 129
5.7.1 JK 触发器转换为 D、T、T′和 RS 触发器 …… 129
5.7.2 D 触发器转换为 JK、T、T′和 RS 触发器 …… 130
5.8 触发器的应用 …… 132
5.8.1 消颤开关 …… 132
5.8.2 分频和双相时钟的产生 …… 132
5.8.3 异步脉冲同步化 …… 133
5.9 本章小结 …… 133
5.10 习题 …… 134
第 6 章 同步时序逻辑电路 …… 137
6.1 概述 …… 137
6.2 时序逻辑电路的结构和类型 …… 137
6.2.1 时序逻辑电路的结构和特点 …… 137
6.2.2 时序逻辑电路的分类 …… 139
6.3 同步时序逻辑电路的分析 …… 139
6.3.1 时序逻辑电路的表示方法 …… 140
6.3.2 分析方法和步骤 …… 141
6.3.3 分析举例 …… 141
6.4 同步时序逻辑电路的设计 …… 148

6.4.1 设计方法和步骤 …… 149
6.4.2 状态图和状态表 …… 149
6.4.3 状态化简方法 …… 154
6.4.4 状态分配及编码 …… 160
6.4.5 同步时序电路设计举例 …… 162
6.5 典型同步时序逻辑电路的设计 …… 168
6.5.1 计数器 …… 168
6.5.2 十进制计数器 …… 171
6.5.3 寄存器 …… 174
6.5.4 移位寄存器型计数器 …… 176
6.6 典型同步时序逻辑电路的应用 …… 179
6.6.1 集成计数器及其应用 …… 179
6.6.2 集成寄存器及其应用 …… 186
6.7 本章小结 …… 186
6.8 习题 …… 187
第7章 异步时序逻辑电路 …… 190
7.1 异步时序逻辑电路的分类及特点 …… 190
7.2 脉冲异步时序逻辑电路 …… 191
7.2.1 脉冲异步时序逻辑电路的分析 …… 191
7.2.2 脉冲异步时序逻辑电路的设计 …… 195
7.3 电平异步时序逻辑电路 …… 203
7.3.1 电平异步时序逻辑电路的分析 …… 205
7.3.2 电平异步时序逻辑电路中的竞争与险象 …… 206
7.3.3 电平异步时序逻辑电路的设计 …… 207
7.4 异步计数器的原理与应用 …… 211
7.5 本章小结 …… 214
7.6 习题 …… 214
第8章 硬件描述语言 Verilog HDL …… 219
8.1 Verilog HDL 语言概述 …… 219
8.2 Verilog HDL 基本语法 …… 220
8.2.1 标识符 …… 220
8.2.2 数值和常数 …… 220
8.2.3 数据类型 …… 221
8.2.4 Verilog HDL 的基本结构 …… 222
8.3 Verilog HDL 的操作符 …… 223
8.3.1 算术操作符 …… 223
8.3.2 关系操作符 …… 224

8.3.3 等价操作符 …… 225
8.3.4 位操作符 …… 225
8.3.5 逻辑操作符 …… 226
8.3.6 缩减操作符 …… 226
8.3.7 移位操作符 …… 227
8.3.8 条件操作符 …… 227
8.3.9 拼接和复制操作符 …… 227
8.4 基本逻辑门电路的 Verilog HDL …… 228
8.4.1 与门的 Verilog HDL 描述 …… 228
8.4.2 或门的 Verilog HDL 描述 …… 228
8.4.3 非门的 Verilog HDL 描述 …… 229
8.4.4 与非门的 Verilog HDL 描述 …… 229
8.4.5 或非门的 Verilog HDL 描述 …… 230
8.4.6 缓冲器电路的 Verilog HDL 描述 …… 230
8.4.7 与或非门的 Verilog HDL 描述 …… 230
8.5 Verilog HDL 的描述方式 …… 231
8.5.1 门级描述 …… 232
8.5.2 数据流级描述 …… 232
8.5.3 行为级描述 …… 232
8.6 组合逻辑电路的 Verilog HDL 实现 …… 234
8.6.1 数值比较器 …… 234
8.6.2 编码器 …… 235
8.6.3 译码器 …… 236
8.7 触发器的 Verilog HDL 实现 …… 237
8.7.1 维持-阻塞 D 触发器 …… 237
8.7.2 集成 D 触发器 …… 237
8.7.3 边沿型 JK 触发器 …… 238
8.7.4 集成 JK 触发器 …… 239
8.8 时序逻辑电路的 Verilog HDL 实现 …… 239
8.8.1 简单时序逻辑电路 …… 240
8.8.2 复杂时序逻辑电路 …… 242
8.9 较复杂的电路设计实践 …… 243
8.10 本章小结 …… 247
8.11 习题 …… 248
第 9 章 脉冲波形的产生与整形 …… 249
9.1 概述 …… 249
9.2 555 定时器 …… 250

9.2.1 555 定时器的内部结构 …… 250
9.2.2 555 定时器的基本功能 …… 251
9.3 用 555 定时器构成的自激多谐振荡器 …… 252
9.3.1 电路结构 …… 252
9.3.2 工作原理 …… 252
9.4 用逻辑门构成的自激多谐振荡器 …… 254
9.5 石英晶体振荡器 …… 255
9.6 单稳态触发器 …… 256
9.6.1 用 555 定时器构成的单稳态触发器 …… 256
9.6.2 集成单稳态触发器 …… 257
9.6.3 单稳态触发器的应用 …… 260
9.7 施密特触发器 …… 261
9.7.1 用 555 定时器构成的施密特触发器 …… 261
9.7.2 施密特触发器的应用 …… 262
9.8 习题 …… 264
参考文献 …… 266

第1章　数字逻辑基础

进入21世纪，集成电路已经广泛应用于人类社会的生活和生产的各个方面，涉及信息、生物、新材料、能源、激光、自动化、航天和海洋等几乎所有科学技术领域。小到移动电话、电视、个人电脑等，大到雷达、航天飞机、人造卫星等，几乎所有电器和包含电子部件的装备中都包含集成电路。所谓集成电路，也称为微电路、微芯片、芯片，在电子学中是一种把电路小型化的方式。从处理信号的形式看，集成电路可以分为处理模拟信号的模拟电路和处理数字信号的数字电路。由于在结构与功能方面特有的优点，数字电路伴随着计算机、数字通信等技术的发展和广泛应用，正在被越来越多的人了解和掌握。数字逻辑课程的主要目的是使学生了解和掌握从对数字电路提出要求开始，一直到用电路实现所需逻辑功能为止的整个过程的完整知识。作为该课程的开始，本章将介绍有关数字逻辑的一些基本概念，内容包含数字逻辑概述、数码表示等。

1.1　概述

对数字信号进行传递和处理的电路称为数字电路。由于数字电路不仅能对信号进行数值运算，还能进行逻辑运算和逻辑判断，数字电路的输入量和输出量之间的关系是一种因果关系，它可以用逻辑函数来描述，所以又称为数字逻辑电路或逻辑电路。数字逻辑主要研究电路的输出信号状态与输入信号状态之间的逻辑关系。

1.1.1　数字逻辑研究的对象及方法

1. 数字电路与数字系统

在自然界中，所有物理量都可以分为模拟量和数字量两种。模拟量是指取值连续的物理量，如温度、速度和压强等。数字量是指取值分立的物理量，如人口数量、书本页数等。在电路中，电信号同样可以分为模拟信号和数字信号两种。

（1）模拟信号和数字信号

当用电路表达物理量时，必须先将物理量变换为电路易于处理的信号形式，一般用变化的电压（或电流）表示。模拟信号是一种连续信号，任一时间段都包含了信号的信息分量。如图1-1所示的模拟信号为正弦电压信号。

而数字信号是离散的，一方面，其变化在时间上是不连续的，总是发生在一系列离散的瞬间；另一方面，数字信号的取值也是分立的，只包含有限个数值，属于一种脉冲信号。应用最广泛的数字信号是二值信号，它只有“0”和“1”两种取值。除二值信号外，还有多值信号。图1-2a所示的是一个二值电压信号的波形图，该信号只有0V和+5V两种电压取值，其中低高电平可分别用以表示“0”和“1”两种逻辑值。若用“0”表示低电平，用“1”表示高电平，称为正逻辑表示；若用“0”表示高电平，用“1”表示低电平，则称为负逻辑表示。图 1-2b 展示了多值电压信号的波形图。

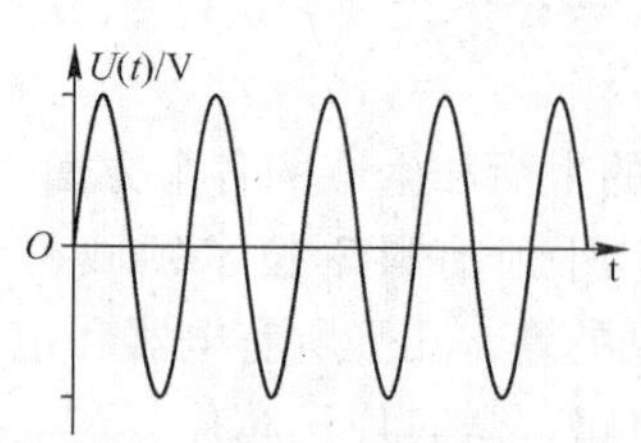

图 1-1　正弦电压信号的波形图

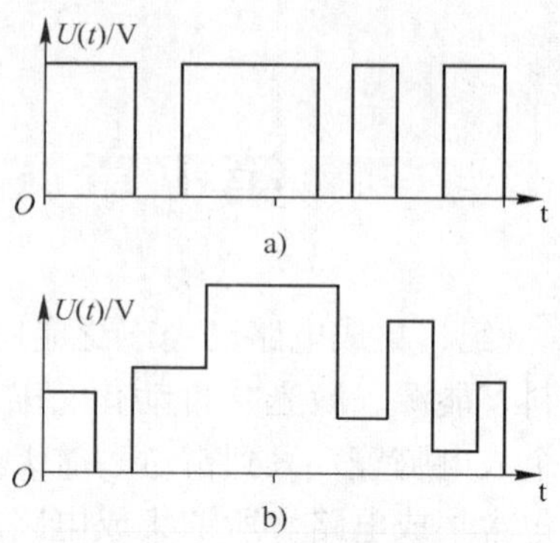

图 1-2　数字信号的波形图

a）二值电压信号　b）多值电压信号

（2）模拟电路和数字电路

处理模拟信号的电路称为模拟电路，如集成运算放大器等；处理数字信号的电路称为数字电路，如编码器、译码器和计数器等。从概念上讲，凡是利用数字技术对信息进行处理和传输的电子系统均可称为数字系统。

相比于模拟电路，数字电路具有以下优点：

- 稳定性好。数字电路不像模拟电路那样易受噪声的干扰。
- 可靠性高。数字电路中只需分辨出信号的有无，因此电路的元件参数允许存在较大的变化（漂移）范围。
- 易于长期存储。数字信息可以利用某种媒介，如磁带、磁盘或光盘等进行长期存储。
- 便于计算机处理。数字信号的输出除了具有直观、准确的优点外，最主要的还是便于利用电子计算机来对信息进行处理。
- 便于高度集成化。由于数字电路中基本单元电路的结构比较简单，并允许元件有较大的分散性，这不仅可把众多的基本逻辑单元集成在同一块硅片上，还能达到大批量生产所需要的合格率。

2. 数字电路的分析和设计

数字电路是以二值数字逻辑为基础的，输入和输出信号为离散数字信号，电子元器件工作在开关状态。数字电路响应输入的方式称为数字逻辑，服从布尔代数的逻辑规律。因此，数字电路又称为逻辑电路。

在数字电路中，人们关注的是输入、输出信号之间的逻辑关系。输入信号和输出信号分别被称为输入和输出逻辑变量，它们之间的因果关系可由逻辑函数来描述，其数学基础为逻辑代数（布尔代数）。所谓数字分析，就是针对已知的数字系统，分析其工作原理、确定输入与输出信号之间的关系、明确整个系统及其各组成部件的逻辑功能。描述数字电路逻辑功能的常用方法有真值表、逻辑表达式、波形图和逻辑电路图等。

数字设计是与数字分析互逆的过程，即针对特定的功能需求，采用一定的设计手段和步骤，实现一个符合功能要求的数字系统。数字设计的层次由高到低可以分为系统级、模块级、门级、晶体管级和物理级。最终数字系统的逻辑功能被表示为一组逻辑函数，进而可以利用逻辑门单元实现。逻辑门是实现基本逻辑运算的最小逻辑单元，用逻辑门实现逻辑功能是数字电路设计的基本内容之一。随着可编程逻辑器件（Programmable Logic Device，PLD）的广泛应用，硬件描述语言（Hardware Description Language，HDL）已成为数字系统设计的主要描述方式，目前较为流行的硬件语言有 VHDL、Verilog HDL 等。

1.1.2 数字电路的发展

数字技术的应用已经渗透到了人类生活和生产的各个方面。从计算机到家用电器，从手机到数字电话，以及绝大多数医用设备、军用设备和导航系统等，无不尽可能地采用数字技术。从概念上讲，凡是利用数字技术对信息进行处理和传输的电子系统均可称为数字系统。

1. 数字集成电路的发展

数字系统的发展很大程度上得益于器件和集成技术的发展。几十年来，半导体集成电路的发展印证了著名的摩尔定律，即每 18 个月，芯片的集成度提高一倍，而功耗下降一半。数字电路的发展经历了从电子管、半导体分立器件到集成电路等几个阶段，由于自身的独特优势，其发展越来越快。从 20 世纪 60 年代开始，以双极型工艺制成了小、中规模逻辑器件。20 世纪 70 年代末，随着微处理器的出现，使数字集成电路的性能产生质的飞跃。数字集成器件所用的材料以硅材料为主，在高速电路中也使用化合物半导体材料，如砷化镓等。逻辑门是数字电路中一种重要的逻辑单元电路。晶体管 - 晶体管逻辑门（Transistor - Transistor Logic，TTL）问世较早，其制作工艺经过不断完善，是目前主要的基本逻辑器件之一。随着互补金属氧化物半导体（Complementary Metal - Oxide - Semiconductor Transistor，CMOS）制作工艺的发展，CMOS 器件广泛应用于各种数字电路，大有取代 TTL 器件的趋势。

PLD 器件和电子设计自动化（Electronic Design Automation，EDA）技术的出现使数字系统的设计思想和设计方式发生了根本变化。PLD 是作为一种通用集成电路生产的，其逻辑功能通过用户对器件编程来实现。PLD 的集成度很高，足以满足一般数字系统的功能需求。随着 PLD 器件的快速发展，集成度越来越高，速度也越来越快，并可以将微处理器、数字信号处理器（Digital Signal Processor，DSP）、存储器和标准接口等功能部件全部集成其中，真正实现“系统芯片（System On a Chip）”。EDA 技术以计算机为工具，设计者在 EDA 软件平台上用硬件描述语言 VHDL 完成设计文件，然后由计算机自动完成逻辑编译、化简、分割、综合、优化、布局、布线和仿真，直至对于特定目标芯片的适配编译、逻辑映射和编程下载等工作。

总之，数字电路集成规模越来越大，并将硬件与软件相结合，使器件的逻辑功能更加完善，使用更加灵活，功能也更加强大。

2. 数字集成电路的发展趋势

目前，数字集成电路正朝着大规模、低功耗、高速度、可编程、可测试和多值化方向发展。

1）大规模。随着集成电路技术的飞速发展，一块半导体硅片上能够集成百万个以上的逻辑门，新兴的纳米技术进一步扩大了数字电路的集成规模。集成规模的提高不仅缩小了数字系统的体积，降低了功耗与成本，而且显著提升了可靠性。

2）低功耗。功耗是制约电子设备研制、生产、推广及使用的一个重要因素。它在很大程度上取决于所使用的芯片或模块，功耗的降低大大扩展了数字集成电路的应用领域。

3）高速度。当今社会处于信息大爆炸的时代，人们对信息处理速度的要求越来越高。以电子计算机为例，人们急需越来越快的运行速度。虽然这种高速度在很大程度上依赖于并行处理技术，但集成芯片本身的速度在不断提高也是毋庸置疑的。

4）可编程。传统的标准中，大规模集成电路是一种通用性集成电路。当使用这种集成电路设计复杂数字系统时，所需要的逻辑模块数量和种类往往比较多，这不仅增加了系统的体积和功耗，也降低了系统的可靠性，而且给器件的保存、电路和设备的调试、知识产权的保护带来了难题。可编程的数字集成电路可以很好地解决上述问题。

5）可测试。数字集成电路的规模越来越大，功能也越来越复杂。为了便于数字系统的使用与维护，要求可以方便地对逻辑模块进行功能测试和故障诊断，即具有"可测试性"。

6）多值化。传统的数字集成电路是一种二值电路，在信号的产生、存储、传输、识别和处理等方面具有明显优势。为了进一步提升集成电路的信息处理能力，除了在速度上下工夫外，还可采用多值逻辑电路。

1.1.3 数字电路的分类

根据不同的区分角度，数字电路可以分成不同类型。例如，根据电路结构的不同，数字电路可分为分立元件电路和集成电路两大类；根据所用器件的制作工艺，数字电路可分为双极型（TTL 型）和单极型（MOS 型）两类；根据电路的结构和工作原理，数字电路可分为组合逻辑电路和时序逻辑电路。

1. 按电路结构分类

根据电路结构，数字电路可分为分立元件电路和集成电路两大类。分立元件电路是由二极管、晶体管、电阻和电容等元件组成的电路；集成电路是将上述元件通过半导体制造工艺集成在一块芯片上的。根据集成度不同，可分为小规模、中规模、大规模和超大规模集成电路。

小规模集成电路（Small - Scale Integration，SSI）：集成度在 100 个元件以内或 10 个门电路以内，如常见的与门、或非门等逻辑实验电路。

中规模集成电路（Medium - Scale Integration，MSI）：集成度在 100 ～ 1000 个元件之间，或在 10 ～ 100 个门电路之间，如译码器、编码器及数据选择器等。

大规模集成电路（Large - Scale Integration，LSI）：集成度在 1000 个元件以上，或 100 个门电路以上，如微处理器和小型控制器等。

超大规模集成电路（Very Large - Scale Integration，VLSI）：集成度达 10 万个元件以上，或等效于 1 万个门电路，如中央处理机（Central Processing Unit）、数字化视频光盘（Digital Video Disk，DVD）解码器和大容量内存芯片等。

2. 按制作工艺分类

根据所用器件的制作工艺不同，可将数字电路分为双极型（TTL 型）和单极型（MOS 型）两类。双极型和单极型是针对组成集成电路的晶体管的极性而言的。

1）双极型集成电路由 NPN 或 PNP 型晶体管组成。由于电路中载流子有电子和空穴两种极性，故称为双极型集成电路，即通常所说的 TTL 集成电路。

2）单极型集成电路由 MOS 场效应晶体管组成。因场效应晶体管只有多数载流子参加导电，故称为单极晶体管，即通常所说的 MOS 集成电路。

此外，还常常将单极型电路作输入电路，双极型晶体管作输出电路，构成 BIMOS 集成电路。

3. 按工作原理分类

根据电路的结构和工作原理的不同和是否具有记忆，可将数字电路分为组合逻辑电路和时序逻辑电路。

1）组合逻辑电路：任意时刻的输出仅仅取决于该时刻的输入组合，而与输入信号作用前电路的原状态无关（与过去的输入无关）。常用的电路有编码器、译码器、数据选择器、加法器和数值比较器等。

2）时序逻辑电路：任意时刻的输出不仅仅与该时刻的输入有关，而且还与电路的原状态有关（与过去的输入有关）。图 1-3 所示的电路是由最基本的逻辑门电路加上反馈逻辑回路或器件组合而成的电路，如触发器、锁存器、计数器、移位寄存器和储存器等电路都是时序电路的典型器件。

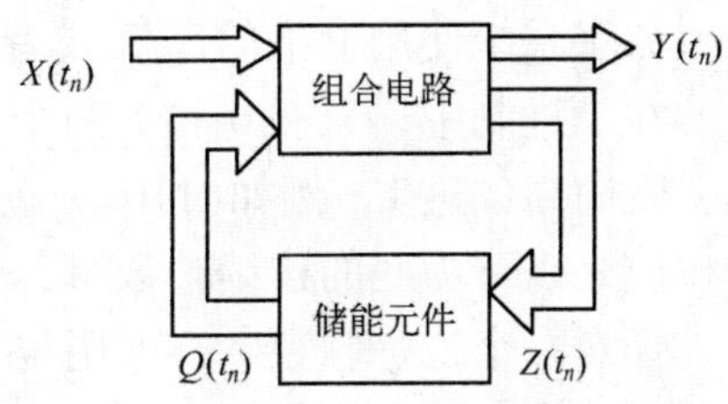

图 1-3　时序逻辑电路的示意图

1.2　数制及其转换

数制即计数体制，它是按照一定规律表示数值大小的计数方法。日常生活中最常用的计数体制是十进制，数字电路中最常用的计数体制是二进制。

在数字电路中，常用一定位数的二进制数码表示不同的事物或信息，这些数码称为代码。编制代码时要遵循一定的规则，这些规则称为码制。

1.2.1　进位计数制

1. 十进制数的表示

人有 10 个手指和 10 个脚趾，所以在日常生活中人们通常采用十进制数来计数，每位数可用下列 10 个数码之一来表示，即 0、1、2、3、4、5、6、7、8、9。十进制的基数为 10，基数表示进位制所具有的数字符号个数，十进制具有的数字符号个数为 10。

十进制数的计算规律是由低位向高位进位“逢十进一”，也就是说，每位累计不能超过 9，计满 10 就应向高位进 1。

当人们看到一个十进制数，如 123.45 时，就会立刻想到：这个数的最左位为百位（1 代表100），第二位为十位（2 代表20），第三位为个位（3 代表3），小数点右边第一位为十分位（4 代表4/10），第二位为百分位（5 代表5/100）。这里百、十、个、十分之一和百分之一都是 10 的次幂，它取决于系数所在的位置，称之为“权”。十进制数 123.45 从左至右各位的权分别是 10^2、10^1、10^0、10^{-1}、10^{-2}。这样，123.45 按权展开的形式如下。

$$123.45 = 1\times10^2 + 2\times10^1 + 3\times10^0 + 4\times10^{-1} + 5\times10^{-2}$$

等式左边的表示方法称为位置计数法，等式右边是其按权展开式。

一般说来，对于任意一个十进制数 N，可用位置计数法表示为：

$$(\mathrm{N})_{10} = (\mathrm{a}_{n-1}\,\mathrm{a}_{n-2}\cdots\,\mathrm{a}_1\mathrm{a}_0\cdot\mathrm{a}_{-1}\cdots\,\mathrm{a}_{-m})_{10}$$

也可用按权展开式表示为：

$$(N)_{10} = a_{n-1}\times 10^{n-1} + a_{n-2}\times 10^{n-2} + \cdots + a_1\times 10^1 + a_0\times 10^0 + a_{-1}\times 10^{-1} + a_{-2}\times 10^{-2} + \cdots + a_{-m}\times 10^{-m} = \sum_{i=-m}^{n-1} a_i \times 10^i$$

式中，a_i表示各个数字符号为 0 ～ 9 这 10 个数码中的任意一个；n 为整数部分的位数；m 为小数部分的位数。

通常，对于十进制数的表示，可以在数字的右下角标注 10 或 D。

2. 二进制数的表示

数字系统使用电平的高低或者脉冲的有无来表示信息，因此数字系统采用二进制来计数。在二进制中，只有 0 和 1 两个数码，计数规则是由低位向高位“逢二进一”，即每位计满 2 就向高位进 1，例如$(1101)_2$就是一个二进制数，不同数位的数码表示的值不同，各位的权值是以 2 为底的连续整数幂，从右向左递增。

任意一个二进制数 N，可用位置计数法表示为：

$$(N)_2 = (a_{n-1}\,a_{n-2}\cdots\,a_1 a_0 \cdot\, a_{-1}\cdots\,a_{-m})_2$$

用按权展开式表示为：

$$(N)_2 = a_{n-1}\times 2^{n-1} + a_{n-2}\times 2^{n-2} + \cdots + a_1\times 2^1 + a_0\times 2^0 + a_{-1}\times 2^{-1} + a_{-2}\times 2^{-2} + \cdots + a_{-m}\times 2^{-m} = \sum_{i=-m}^{n-1} a_i \times 2^i$$

式中，a_i表示各个数字符号为数码 0 或 1；n 为整数部分的位数；m 为小数部分的位数。

通常，对二进制数的表示，可以在数字右下角标注 2 或 B。

3. 任意进制数的表示

二进制数运算规则简单，便于电路实现，它是数字系统中广泛采用的一种数制。但用二进制表示一个数时，所用的位数比用十进制数表示的位数多，读写起来很不方便，容易出错。因此，常采用八进制或十六进制。

八进制数的基数是 8，采用的数码是 0、1、2、3、4、5、6、7。计数规则是从低位向高位“逢八进一”，相邻两位高位的权值是低位权值的 8 倍。例如数$(47.6)_8$就表示一个八进制数。由于八进制的数码和十进制前 8 个数码相同，为了便于区分，通常在数字的右下角标注 8 或 O。

十六进制的基数是 16，采用的数码是 0、1、2、3、4、5、6、7、8、9、A、B、C、D、E、F。其中，A、B、C、D、E、F 分别代表十进制数字 10、11、12、13、14、15。十六进制的计数规则是从低位向高位“逢十六进一”，相邻两位高位的权值是低位权值的 16 倍。例如$(54AF.8B)_{16}$就是一个十六进制数。对十六进制数，通常在数字右下角标注 16 或 H。

与二进制数一样，任意一个八进制数和十六进制数均可用位置计数法的形式和按权展开的形式表示。一般来说，对于任意的数 N，都能表示成以 R 为基数的 R 进制数，数 N 的表示方法也有两种形式，即

位置计数法：$(N)_R = (a_{n-1}\,a_{n-2}\cdots\,a_1 a_0 \cdot a_{-1}\cdots\,a_{-m})_R$

按权展开式：$(N)_2 = a_{n-1}\times R^{n-1} + a_{n-2}\times R^{n-2} + \cdots + a_1\times R^1 + a_0\times R^0 + a_{-1}\times R^{-1} + a_{-2}\times R^{-2} + \cdots + a_{-m}\times R^{-m} = \sum_{i=-m}^{n-1} a_i R^i$

式中，a_i表示各个数字符号为0 ～ R－1数码中的任意一个；R为进位制的基数；n为整数部分的位数；m为小数部分的位数。

R进制的计数规则是从低位向高位“逢R进一”。

1.2.2 数制转换

将数由一种数制转换成另一种数制称为数制转换。由于计算机采用二进制，而解决实际问题时计算机的数值输入与输出通常采用十进制。在进行数据处理时首先必须把输入的十进制数转换成计算机所能接受的二进制数，并在计算机运行结束后把二进制数转换成人们习惯的十进制数输出。

1. 任意进制数转换为十进制数

将一个任意进制数转换成十进制数时采用多项式替代法，即将R进制数按权展开，求出各位数值之和，即可得到相应的十进制数。对于八、十六进制这类容易转换为二进制的数，也可以先将其转换成二进制数，然后再转换成十进制数。

【例1-1】 将$(10110.101)_2$、$(436.5)_8$、$(1C4)_{16}$、$(D8.A)_{16}$转换成十进制数。

解： $(10110.101)_2 = 1\times2^4+0\times2^3+1\times2^2+1\times2^1+0\times2^0+1\times2^{-1}+0\times2^{-2}+1\times2^{-3}$

$=16+0+4+2+0+0.5+0+0.125$

$=(22.625)_{10}$

$(436.5)_8=4\times8^2+3\times8^1+6\times8^0+5\times8^{-1}=(286.625)_{10}$

$(1C4)_{16}=1\times16^2+12\times16^1+4\times16^0=256+192+4=(452)_{10}$

$(D8.A)_{16}=13\times16^1+8\times16^0+10\times16^{-1}=(216.625)_{10}$

2. 十进制数转换为任意进制数

十进制数转换为其他进制数时，整数部分和小数部分要分别转换。整数部分采用除基取余法，小数部分采用乘基取整法。

除基取余法是将十进制整数N除以基R，取余数为K_0，再将所得商除以R，取余数为K_1，以此类推，直至商为0，取余数为K_{n-1}为止，即得到与N对应的R进制数（$K_{n-1}\cdots K_1 K_0$）$_R$。

【例1-2】 将$(217)_{10}$转换成二进制数。

解：

除数	被除数/商	余数	
2	217		
2	108	1	最低位K_0
2	54	0	
2	27	0	
2	13	1	
2	6	1	
2	3	0	
2	1	1	
2	0	1	最高位K_7

所以 $(217)_{10}=(11011001)_2$

乘基取整法是将十进制小数N乘以基数R，取整数部分为K_{-1}，再将其小数部分乘以R，取整数部分为K_{-2}，以此类推，直至其小数部分为0或达到规定精度要求，取整数部分

记为 K_{-m} 为止，即可得到与 N 对应的 m 位 R 进制数 $(0.K_{-1}K_{-2}\cdots K_{-m})_R$。

在进制转换时，请不要将结果的次序写错，注意除基取余法、乘基取整法中得到的第一个数最接近小数点则不会混淆了。

【例 1-3】将小数 0.6875 转换成二进制小数。

解：

0.6875	整数部分		
× 2			
[1].3750	1	最高位	K_1
× 2			
[0].7500	0		K_2
× 2			
[1].5000	1		K_3
× 2			
[1].0000	1	最低位	K_4

所以 $(0.6875)_{10}=(0.1011)_2$

若十进制小数不能用有限位二进制小数精确表示，则应根据精度要求，当要求二进制数取 m 位小数时可求出 $m+1$ 位，然后对最低位作 0 舍 1 入处理。

【例 1-4】将小数 0.324 转换成二进制小数，保留 3 位小数。

解：

0.324	整数部分		
× 2			
[0].648	0	最高位	K_1
× 2			
[1].296	1		K_2
× 2			
[0].592	0		K_3
× 2			
[1].184	1	最低位	K_4

所以 $(0.324)_{10}\approx(0.0101)_2\approx(0.011)_2$

如果一个十进制数既有整数又有小数，可将整数和小数分别进行转换，然后合并即可得到结果。

【例 1-5】将 $(24.625)_{10}$ 转换成二进制。

解：
$$\begin{aligned}(24.625)_{10}&=(24)_{10}+(0.625)_{10}\\&=(11000)_2+(0.101)_2\\&=(11000.101)_2\end{aligned}$$

1.3 带符号数的代码表示

1.3.1 原码及其运算

日常书写时在数值前面用“+”号表示正数，用“-”号表示负数，这种带符号二进制数称为真值。在计算机处理时，必须将“+”和“-”转换为数码，符号数码化的数称为机器数。一般将符号位放在最高位，用“0”表示符号为“+”，用“1”表示符号为“-”。根据数值位的表示方法不同，有3种类型：原码、反码和补码。

原码是指符号位用0表示正，1表示负；数值位与真值一样，保持不变。

如：已知 X1 = +1101，X2 = -1101，则$[X1]_{原}$=01101，$[X2]_{原}$=11101。

已知 X3 = +0.1011，X4 = -0.1011，则$[X3]_{原}$=0.1011，$[X4]_{原}$=1.1011。

可以用下面的公式来将真值转换为原码（含一位符号位，共n位）。

整数：

$$[N]_{原}=\begin{cases}N & 0\leqslant N<2^{n-1}\\ 2^{n-1}-N & -2^{n-1}<N\leqslant 0\end{cases}$$

表示范围：-127 ～ +127（8位整数时）。

注意整数“0”的原码有两种形式，即$[+0]_{原}$=00…0和$[-0]_{原}$=10…0。

纯小数：

$$[N]_{原}=\begin{cases}N & 0\leqslant N<1\\ 1-N & -1<N\leqslant 0\end{cases}$$

纯小数“0.0”的原码也有两种形式。

原码的优点是容易理解，它和代数中的正负数的表示方法很接近。但原码的缺点是“0”的表示有两种；原码的运算规则复杂，若 X = Y + Z，但$(X)_{原}\neq(Y)_{原}+(Z)_{原}$。

例如$(+1000)_2=(+1011)_2+(-0011)_2$，但是$(+1011)_{原}$=01011，$(-0011)_{原}$=10011，它们直接相加不等于$(+1000)_2$的原码(01000)。为了使结果正确，原码的加法规则为：

1）判断被加数和加数的符号是同号还是异号。

2）同号时，做加法，结果的符号就是被加数的符号。

3）异号时，先比较被加数和加数的数值（绝对值）的大小，然后由大值减去小值，结果的符号取大值的符号。

由于原码的运算规则复杂，为了简化机器数的运算，需要寻找其他表示负数的方法。

1.3.2 反码及其运算

反码的符号位用“0”表示正，“1”表示负；正数反码的数值位和真值的数值位相同，而负数反码的数值位是真值的按位变反。

可以用下面的公式来将真值转换为反码（含一位符号位，共n位）。

整数：

$$[N]_{反}=\begin{cases}N & 0\leqslant N<2^{n-1}\\ (2^{n-1})+N & -2^{n-1}<N\leqslant 0\end{cases}$$

表示范围：-127 ～ +127（8位整数时）。

注意整数“0”的反码有两种形式，即$[+0]_{反}$=00…0和$[-0]_{反}$=11…1。

纯小数：

$$[N]_{反}=\begin{cases}N & 0\leqslant N<1\\(2-2^{-m})+N & -1<N<0\end{cases}$$

同理，纯小数“0.0”的反码也有两种形式。

采用反码进行加、减运算时，无论进行两数相加还是两数相减，均可通过加法实现。

$$[X1+X2]_{反}=[X1]_{反}+[X2]_{反}$$

$$[X1-X2]_{反}=[X1]_{反}+[-X2]_{反}$$

运算时符号位和数值位一起参加运算。当符号位有进位产生时，应将进位加到运算结果的最低位，才能得到最后结果，称为“循环相加”（或“循环进位”）。

【例 1-6】 已知 X1 = +0.1110，X2 = +0.0101，求 X1-X2。

解： X1-X2 可通过反码相加实现。运算如下。

$$[X1-X2]_{反}=[X1]_{反}+[-X2]_{反}=0.1110+1.1010$$

$$=10.1000（符号位上有进位）$$

$$=0.1001$$

在反码中，从$[X]_{反}$求$[-X]_{反}$的方法是符号位连同数值位一起 0 变 1，1 变 0。

例如，$[X]_{反}$为 0.0101，则$[-X]_{反}$为 1.1010。

1.3.3 补码及其运算

补码是符号位用“0”表示正，“1”表示负；正数补码的数值位和真值相同，负数补码的数值位是真值的按位变反，再最低位加 1。

如：X1 = +1101，X2 = -1101，则$[X1]_{补}$=01101，$[X2]_{补}$=10011。

X3 = +0.1011，X4 = -0.1011，则$[X3]_{补}$=0.1011，$[X4]_{补}$=1.0101。

可以用下面的公式来将真值转换为补码（含一位符号位，共 n 位）。

整数：

$$[N]_{补}=\begin{cases}N & 0\leqslant N<2^{n-1}\\2^{n}+N & -2^{n-1}\leqslant N<0\end{cases}$$

表示范围：-128 ～ +127（8 位整数时），补码 10000000 表示 -128（-2^7）。

整数“0”的补码只有一种形式，即 00…0。

纯小数：

$$[N]_{补}=\begin{cases}N & 0\leqslant N<1\\2+N & -1\leqslant N<0\end{cases}$$

采用补码进行加、减运算时，无论进行两数相加还是两数相减，均可通过加法实现。

$$[X1+X2]_{补}=[X1]_{补}+[X2]_{补}$$

$$[X1-X2]_{补}=[X1]_{补}+[-X2]_{补}$$

运算时符号位和数值位一起参加运算，不必处理符号位上的进位（即丢弃符号位上的进位）。

【例 1-7】 已知 X1 = +0.1110，X2 = +0.0101，求 X1-X2。

解： X1-X2 可通过补码相加实现。运算如下。

$$[X1-X2]_{补}=[X1]_{补}+[-X2]_{补}=0.1110+1.1011$$
$$=10.1001\text{（丢弃符号位上的进位）}$$
$$=0.1001$$

当真值用补码表示时，补码加法的规律和无符号数的加法规律完全一样，因此简化了加法器的设计。

从$[X]_{补}$求$[-X]_{补}$的方法是符号位连同数值位一起变反，尾数再加1。

【例1-8】 已知 X = +100 1001，求$[X]_{补}$和$[-X]_{补}$。

解： $[X]_{补}=0100\ 1001$，　$[-X]_{补}=1011\ 0110+1=1011\ 0111$

1.3.4 符号位扩展

在实际工作中，有时会遇到两个不同位长的数的运算，如将8位与16位机器数相加，为确保运算正确，两者在运算时应将符号位对齐。例如将8位与16位机器数相加，则应将8位数扩展为16位数，一种容易理解的方法是先根据机器数得到真值，在真值前面填8个0，然后转变为机器数。更快的方法是，对于反码、补码，扩展的数据位的值和原来符号位的值是一样的。

1.4 数的定点与浮点表示

在计算机中，小数点不用专门的器件表示，而是按约定的方式标出。共有两种方法来表示小数点的存在，即定点表示和浮点表示。定点表示的数称为定点数，浮点表示的数称为浮点数。

1. 定点表示

小数点固定在某一位置的数为定点数，包含两种格式：当小数点位于数符和第一数值位之间时，机器内的数为纯小数；当小数点位于数值位之后时，机器内的数为纯整数。采用定点数的机器称为定点机。数值部分的位数n决定了定点机中数的表示范围。若机器数采用原码，小数定点机中数的表示范围是$-(1-2^{-n})\sim(1-2^{-n})$，整数定点机中数的表示范围是$-(2^n-1)\sim(2^n-1)$。在定点机中，由于小数点的位置固定不变，因此当机器处理的数不是纯小数或纯整数时，必须乘上一个比例因子，否则会产生“溢出”。

2. 浮点表示

当一个数既有整数部分，又有小数部分时，如何在机器里表达呢？大家知道，可以将$(353.75)_{10}$表示为0.35375×10^3的形式，所以在机器里也可以将二进制数表示为这种浮点数的形式。其一般形式为$N=2^J\times S$，其中2^J称为N的指数部分，J称为阶码，表示小数点的位置，S为N的尾数部分，表示数的符号和有效数字。阶码的符号位称为阶符J_f，尾数的符号位称为尾符S_f。

如：　　$N=-0.00001101_2=2^{-4_{10}}\times(-0.1101)_2=2^{-100_2}\times(-0.1101)_2$

规格化数是使尾数最高数值位非0，可以提高运算精度。例如：$(1011)_2=(10000)_2\times(0.1011)_2=2^{(4)_{10}}\times(0.1011)_2=2^{(100)_2}\times(0.1011)_2$，如果表示成$2^{101}\times0.01011$的形式，则尾数需要更多的符号位才能保持精度不变。如果尾数的数值部分只有4位，则会产生误差。

在规格化数中，用原码表示尾数时，使小数点后的最高数据位为 1；用补码表示尾数时，使小数点后的数值最高位与数的符号位相反。

两个浮点数作加减运算时要先对阶。

【例 1-9】 已知 $N1 = 2^{011} \times 0.1001$，$N2 = 2^{001} \times 0.1100$，求 N1 + N2。

解：先对阶：$N2 = 2^{001} \times 0.1100 = 2^{011} \times 0.0011$ （小数点左移 2 位，阶码加 2）

$$
\begin{aligned}
N1 + N2 &= 2^{011} \times 0.1001 + 2^{011} \times 0.0011 \\
&= 2^{011}(0.1001 + 0.0011) \\
&= 2^{011} \times 0.1100
\end{aligned}
$$

两个浮点数作乘除法，其规则如下。

若 $N1 = 2^{j1} \times S1$，$N2 = 2^{j2} \times S2$，则

$$
\begin{aligned}
N1 \times N2 &= (2^{j1} \times S1) \times (2^{j2} \times S2) \\
&= 2^{(j1+j2)} \times (S1 \times S2)
\end{aligned}
$$

$$N1 \div N2 = 2^{(j1-j2)} \times (S1 \div S2)$$

1.5 数码和字符的编码

数字系统中的信息有两类：一类是数码信息，另一类是代码信息。数码信息的表示方法如前所述，以便在数字系统中进行运算、存储和传输。为了表示字符等一类被处理的信息，也需要用一定位数的二进制数码表示，这个特定的二进制码称为代码。注意，“代码”和“数码”的含义不尽相同，代码是不同信息的代号。

每个信息制定一个具体的码字去代表它，这一指定过程称为编码。由于指定的方法不是唯一的，因此一组信息存在着多种编码方案。

1.5.1 BCD 编码

在数字系统中，各种数据要转换为二进制代码才能进行处理，而人们习惯于使用十进制数，所以在数字系统的输入、输出中仍采用十进制数，这样就产生了用 4 位二进制数表示 1 位十进制数的方法，这种用于表示十进制数的二进制代码称为二 – 十进制代码（Binary Coded Decimal），简称 BCD 码。它具有二进制数的形式以满足数字系统的要求，又具有十进制的特点（只有 10 种有效状态）。在某些情况下，计算机也可以对这种形式的数直接进行运算。常见的 BCD 码表示有 8421 码、2421 码和余 3 码。

余 3 码是每个 8421 码加 3。3 种 BCD 码都是用 4 位二进制代码表示 1 位十进制数字，与十进制数之间的转换是以 4 位二进制对应 1 位十进制直接进行变换。一个 n 位十进制数对应的 BCD 码一定为 4*n* 位。

在 BCD 编码中，若 4 位二进制一组中的每位都有固定权值，则称为有权码（weighted code），如 8421 码、2421 码是有权码，余 3 码是无权码。

当两个十进制数为互反，它们对应的二进制码互反，则称为自补码（self – complementing code）。2421 码和余 3 码是自补码。

常用 BCD 码如表 1–1 所示。

表 1-1 常用 BCD 码

十进制数	8421 码	2421 码	余 3 码	十进制数	8421 码	2421 码	余 3 码
0	0000	0000	0011	5	0101	1011	1000
1	0001	0001	0100	6	0110	1100	1001
2	0010	0010	0101	7	0111	1101	1010
3	0011	0011	0110	8	1000	1110	1011
4	0100	0100	0111	9	1001	1111	1100

8421 码是一种使用最广的 BCD 码，是一种有权码，其各位的权分别是（从最有效高位开始到最低有效位）8、4、2、1。

【例 1-10】写出十进制数$(1592)_{10}$对应的 8421 码和余 3 码。

解：$(1592)_{10} = (0001\ 0101\ 1001\ 0010)_{8421}$

$= (0100\ 1000\ 1100\ 0101)_{余3码}$

【例 1-11】写出 8421 码$(1101001.01011)_{8421}$对应的十进制数。

解：$(1101001.01011)_{8421} = (0110\ 1001\ .\ 0101\ 1000)_{8421} = (69.58)_{10}$

在使用 8421BCD 码时一定要注意其有效的编码仅 10 个，即：0000 ～ 1001。4 位二进制数的其余 6 个编码 1010、1011、1100、1101、1110、1111 不是有效编码。在余 3 码中 0000 ～ 0010，1101 ～ 1111 这六个编码不是有效编码。在 2421 码中，0101 ～ 1010 这 6 个编码仍表示有效的十进制数，只不过由于它们和已有的十进制数重复，所以不使用。

1.5.2 可靠性编码

1. 格雷码

格雷码（Gray）的编码规则是任何相邻的两个码字中，仅有一位不同，其他位则相同，如表 1-2 所示。格雷码可以用在计数器中，当从某一编码变到下一个相邻编码时，只有一位的状态发生变化，这有利于提高系统的工作速度和可靠性。很显然，格雷码中的每一位都没有固定的权值，是无权码。

表 1-2 四位二进制数与格雷码

十进制数	二进制数	格雷码	十进制数	二进制数	格雷码
0	0000	0000	8	1000	1100
1	0001	0001	9	1001	1101
2	0010	0011	10	1010	1111
3	0011	0010	11	1011	1110
4	0100	0110	12	1100	1010
5	0101	0111	13	1101	1011
6	0110	0101	14	1110	1001
7	0111	0100	15	1111	1000

将二进制转换到格雷码的方法为：保持最高位不变，其他位与前面一位异或。假设二进制数为 $B_{n-1}B_{n-2}\cdots B_0$，格雷码为 $G_{n-1}G_{n-2}\cdots G_0$，其公式为

$$G_{n-1} = B_{n-1}$$

$$G_i = B_{i+1} \oplus B_i,\ i = n-2\cdots 0$$

⊕称为异或运算，两个数不同则结果为1。具体运算规则为 $0\oplus0=0$，$0\oplus1=1$，$1\oplus0=1$，$1\oplus1=0$。

如：二进制数为 1 0 1 1 0 1 0 0

⊕ ⊕ ⊕ ⊕ ⊕ ⊕ ⊕

Gray 码 1 1 1 0 1 1 1 0

2. 奇偶校验码

奇偶校验码是为检查数据传输是否出错而设置的，在每组数据信息上附加一位奇偶校验位，若采用奇校验方式，则使包括校验码在内的数据含有奇数个“1”；而偶校验方式则使包括校验码在内的数据含有偶数个“1”。

例如，字母“B”的7位ASCII码为1000010，在最高位增加一位奇偶校验位。若采用其奇校验，则为1 1 0 0 0 0 1 0；若采用偶校验，则为0 1 0 0 0 0 1 0。

奇偶校验码可发现奇数个错误，但不能发现偶数个错误。当发现奇数个错误时，由于不知道是哪些位出错，所以奇偶校验码没有纠错能力。

奇偶校验码如表1-3所示。

表1-3 奇偶校验码

十进制	奇校验		偶校验		十进制	奇校验		偶校验	
	信息位	校验位	信息位	校验位		信息位	校验位	信息位	校验位
0	0000	1	0000	0	5	0101	1	0101	0
1	0001	0	0001	1	6	0110	1	0110	0
2	0010	0	0010	1	7	0111	0	0111	1
3	0011	1	0011	0	8	1000	0	1000	1
4	0100	0	0100	1	9	1001	1	1001	0

1.5.3 字符编码

最常用的字符代码是ASCII码，每个字符用7位二进制码表示，如表1-4所示。它是由128个字符组成的字符集，其中32个控制字符，然后是空格、数字、大写字母、小写字母。数字0～9的高3位是011，低4位是0000～1001，所以和二进制进行转换很容易。大小写字母之间进行转换也很容易，因为只是 a_5 位的不同，例如，字符B的编码为1000010，而字符b的编码为1100010。

表1-4 7位ASCII码表

低4位	高3位 $a_6a_5a_4$							
$a_3a_2a_1a_0$	000	001	010	011	100	101	110	111
0000	NUL	DLE	SP	0	@	P	`	p
0001	SOH	DC1	!	1	A	Q	a	q
0010	STX	DC2	″	2	B	R	b	r
0011	ETX	DC3	#	3	C	S	c	s
0100	EOT	DC4	$	4	D	T	d	t
0101	ENQ	NAK	%	5	E	U	e	u
0110	ACK	SYN	&	6	F	V	f	v

（续）

低 4 位 $a_3a_2a_1a_0$	高 3 位 $a_6a_5a_4$							
	000	001	010	011	100	101	110	111
0111	BEL	ETB	′	7	G	W	g	w
1000	BS	CAN	(	8	H	X	h	x
1001	HT	EM	)	9	I	Y	i	y
1010	LF	SUB	*	:	J	Z	j	z
1011	VT	ESC	+	;	K	[	k	{
1100	FF	FS	,	<	L	\	l	|
1101	CR	GS	−	=	M	]	m	}
1110	SO	RS	.	>	N	↑	n	~
1111	SI	US	/	?	O	←	o	DEL

1.6 本章小结

本章首先介绍了数字电路的基础知识，然后学习了自然界中以十进制形式表示的数在计算机中如何表示，给出了二进制、八进制和十六进制数的表示方法，以及各种进制数之间的相互转换方法；然后学习了带符号数的表示，给出了原码、反码和补码的表示方法和运算规则；最后学习了数的定点与浮点表示，以及数码与字符的编码。

关键知识点：

1. 计算机用电平的高低和脉冲的有无来表示信息，因此计算机采用二进制计数法，为了方便记忆和书写，将二进制数分 3 位一组表示引出了八进制，将二进制数分 4 位一组表示引出了十六进制数。

2. 在计算机中，带符号数的表示方法有 3 种：原码、反码和补码，需要掌握它们各自的表示方法和运算规则。

3. 在计算机中，小数的表示有两种方法：定点表示和浮点表示。

4. 人们习惯于用 4 位二进制数来表示 1 位十进制数，这就是 BCD 码，常见的 BCD 码有 8421BCD 码、余 3 码、5421BCD 码和 2421BCD 码。

5. 格雷码和奇偶校验码都属于可靠性编码，格雷码可以避免多位数据在同时变化时产生的错误，奇偶校验码是一种最基本的检错码，可以发现数据单个或奇数个错误。

1.7 习题

1. 把下列各数写成按权展开的形式。

365.9_{10}，EB_{16}，011101101_2

2. 将下列十进制数转换成二进制数。

34，67，126，215

3. 将下列十进制数转换成二进制数（准确到小数点后 4 位）。

0.5，0.8125，27.75，61.452

4. 将下列二进制数转换成十进制、八进制和十六进制数。

$(1100010110)_2$, $(0.11001)_2$

5. 把十六进制数$(2A3B.D)_{16}$转换为二进制数、八进制数。

6. 把十进制数$(62.25)_{10}$转换成二进制数、八进制数和十六进制数。

7. 用二进制补码运算求$(-54-30)_{10}$。

8. 用十六进制运算求$(08D+03F)_{16}$。

9. 用8421码和余3码表示下列各数。

$(53.69)_{10}$，$(214.78)_{10}$

10. 请写出下列BCD码对应的十进制数。

$(10000110)_{8421}$，$(10100100)_{余3码}$

11. 将二进制码11010001转换为格雷码。

12. 请设计将格雷码转换为二进制码的转换规则，并举例加以验证。

13. 已知$[X]_{反}=11001$，求$[-X]_{补}$，$[X/2]_{补}$和$[2X]_{原}$。

14. 分别用原码、反码和补码表示下列各数。

$(+1011)$，(-1011)，$(+0.0011)$，(-0.0011)

15. 请将十进制数-0.07525表示为规格化浮点数，阶码（包括阶符）为4位二进制位，尾数（包括尾符）为8个二进制位，均采用补码形式。

16. 如何判断二进制数、8421码、余3码所表示的整数是奇数还是偶数？

17. 十进制数0.7563，若要求舍入误差小于1%，则用于表示此值的二进制数小数点后需要多少个数据位？

18. 计算下列两个编码的奇校验位。

0110010，1010011

19. 下列编码为两个采用偶校验传输的结果，最高位为校验位，请判断每个传输中是否有错误。

（1）10111001

（2）01101010

20. 写出字符串356对应的ASCII编码。

第2章　逻辑代数基础

无论何种形式的数字系统，都是由一些基本的逻辑电路所组成的。为了解决数字系统分析和设计中的各种具体问题，必须掌握逻辑代数这一重要数学工具。本章从实用的角度介绍了逻辑代数的基本概念、基本定理和规则、逻辑代数的表示形式，以及逻辑函数的化简。

2.1　逻辑代数的基本概念

英国数学家 George Boole 于 1854 年提出了将人的逻辑思维规律和推理过程归结为一种数学运算的代数系统，即布尔代数（Boolean Algebra）。1938 年，贝尔实验室研究员 Claude E. Shannon 将布尔代数的一些基本前提和定理应用于继电器电路的分析与描述上，提出了开关代数的概念。随着数字电子技术的发展，机械触点开关逐步被无触点电子开关所取代，现在已经很少使用“开关代数”这个概念了。为了与数字系统逻辑设计相适应，人们现在更多地采用“逻辑代数”这个概念。逻辑代数是布尔代数的特例，它是采用二值逻辑运算的基本数学工具，主要研究数字电路输入和输出之间的因果关系，即输入和输出之间的逻辑关系。因此，逻辑代数是布尔代数应用于数字系统与数字电路的产物，是数字系统与数字电路分析和设计的数学理论基础工具，被广泛应用于计算机、通信和自动化等领域。

2.1.1　逻辑代数的定义

逻辑代数是用代数的形式来研究逻辑问题的数学工具。其变量可以用字符 A、B、C、D 等表示，并被称为逻辑变量。逻辑变量只有两种取值，一般用“0”和“1”来表示，而这里的“0”和“1”仅仅是一种符号的代表，没有数量的含义，也没有大小和正负的含义，只是用来表示研究问题的两种可能性，如电平的高与低、电流的有与无、命题的真与假、事物的是与非、开关的通与断。

逻辑代数 L 是一个封闭的代数系统，它由一个逻辑变量集 K、常量 0 和 1，以及“与”“或”和“非”3 种基本运算构成，记为 $L=\{K,+,\cdot,-,0,1\}$。这个代数系统满足下列公理。

公理 1　交换律

对于任意的逻辑变量 A、B，有

$$A+B=B+A \qquad A\cdot B=B\cdot A$$

公理 2　结合律

对于任意的逻辑变量 A、B、C，有

$$(A+B)+C=A+(B+C)$$
$$(A\cdot B)\cdot C=(A\cdot B)\cdot C$$

公理 3　分配律

对于任意的逻辑变量 A、B、C，有

$$A+(B\cdot C)=(A+B)\cdot(A+C)$$

$$A\cdot(B+C)=A\cdot B+A\cdot C$$

公理 4　0-1 律

对于任意的逻辑变量 A，有：

$$A+0=A \qquad A\cdot 1=A$$

$$A+1=1 \qquad A\cdot 0=0$$

公理 5　互补律

对于任意的逻辑变量 A，存在唯一的 $\overline{A}$，使得

$$A+\overline{A}=1 \qquad A\cdot\overline{A}=0$$

2.1.2　逻辑代数的基本运算

在数字系统与数字电路中，开关的通与断、电平的高与低、信号的有与无等两种稳定的物理状态都可以用“0”和“1”这两个逻辑值来表示，但是对于一个复杂数字系统，仅用逻辑变量的取值来反映单个开关元件的两种状态是不够的，还必须反映这个复杂数字系统中各开关元件之间的联系，为了描述这些联系，逻辑代数中定义了“与”“或”和“非”3 种基本运算。

1. 与运算

在逻辑问题中，某个事件受若干个条件影响，若所有的条件都成立，则该事件才能成立，这样的逻辑关系称为与逻辑。

例如，图 2-1 所示的电路中，灯 F 由开关 A 和开关 B 串联控制，开关 A 和开关 B 的状态组合有 4 种，这 4 种不同的状态组合与灯 F 的亮灭之间的关系如表 2-1 所示，由表 2-1 可见，只有当开关 A 和开关 B 同时闭合时，灯 F 才亮，否则，灯 F 灭。因此，灯 F 与开关 A 和开关 B 之间的关系就形成了与逻辑关系。

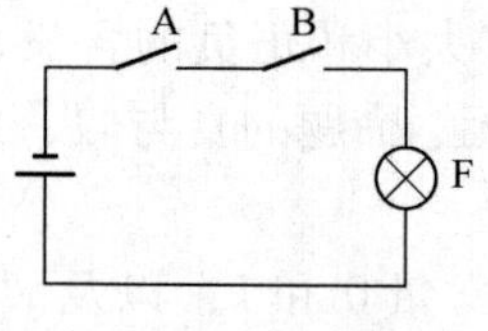

图 2-1　串联开关电路

表 2-1　串联开关电路功能表

开关 A 的状态	开关 B 的状态	灯 F 的状态
断开	断开	灭
断开	闭合	灭
闭合	断开	灭
闭合	闭合	亮

在逻辑代数中，与逻辑关系用与运算来描述，与运算又称逻辑乘，其运算符号为“·”或“∧”。图 2-1 所示的电路可以用与运算表示为

$$F=A\cdot B \quad (\text{或者 } F=A\wedge B)$$

与运算符“·”也可以省略，即 $F=A\cdot B=AB$。

为了用逻辑代数来分析图 2-1 所示的电路，假设“0”表示开关断开，“1”表示开关闭合，“0”表示灯灭，“1”表示灯亮，这样电路状态关系表 2-1 可变换成如表 2-2 所示的真值表。所谓真值表，是指把逻辑变量的所有可能的取值组成及其对应的结果构成一个二维表

格，这张表称为真值表。

表 2-2　与运算真值表

A	B	F
0	0	0
0	1	0
1	0	0
1	1	1

由表 2-2 可得出与运算的运算法则为

$$0 \cdot 0 = 0 \qquad 0 \cdot 1 = 0$$

$$1 \cdot 0 = 0 \qquad 1 \cdot 1 = 1$$

在数字系统与电路中，实现与运算的逻辑电路称为“与门”，其逻辑符号如表 2-3 所示。本书采用国家标准符号。

表 2-3　与门逻辑符号

国际常用符号	曾 用 符 号	国家标准符号
A, B → F	A, B → F	A, B → & → F

2. 或运算

在逻辑问题中，某个事件受若干个条件影响，只要其中一个或一个以上条件成立，则该事件便可成立，这样的逻辑关系称为或逻辑。

例如，图 2-2 所示的电路中，灯 F 由开关 A 和开关 B 并联控制，开关 A 和开关 B 的状态组合有 4 种，这 4 种不同的状态组合与灯 F 的亮灭之间的关系如表 2-4 所示，由表 2-4 可见，只要开关 A 和开关 B 中有一个闭合或两个闭合时，灯 F 便亮，否则，灯 F 灭。这样，灯 F 与开关 A 和开关 B 之间的关系就形成了或逻辑关系。

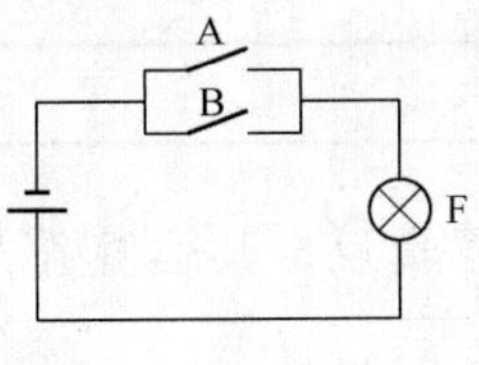

图 2-2　并联开关电路

表 2-4　并联开关电路功能表

开关 A 的状态	开关 B 的状态	灯 F 的状态
断开	断开	灭
断开	闭合	亮
闭合	断开	亮
闭合	闭合	亮

在逻辑代数中，或逻辑关系用或运算来描述，或运算又称逻辑加，其运算符号为“+”或“∨”。图 2-2 所示电路可以用或运算表示为

$$F = A + B \quad （或者 F = A \vee B）$$

为了用逻辑代数来分析图 2-2 所示的电路，假设“0”表示开关断开，“1”表示开关闭合，“0”表示灯灭，“1”表示灯亮，这样电路状态关系表 2-4 可变换成如表 2-5 所示的真值表。因此，或运算可以用表 2-5 描述。

表 2-5　或运算真值表

A	B	F
0	0	0
0	1	1
1	0	1
1	1	1

由表 2-5 可得出或运算的运算法则为

$$0+0=0 \qquad 0+1=1$$
$$1+0=1 \qquad 1+1=1$$

在数字系统与电路中，实现或运算的逻辑电路称为“或门”，其逻辑符号如表 2-6 所示。本书采用国家标准符号。

表 2-6　或门逻辑符号

国际常用符号	曾 用 符 号	国家标准符号
	+	≥1

3. 非运算

在逻辑问题中，某个事件的成立取决于对条件的否定，这样的逻辑关系称为非逻辑。

例如，图 2-3 所示的电路中，灯 F 和开关 A 并联，开关 A 两种不同的状态与灯 F 的亮灭之间的关系如表 2-7 所示。由表 2-7 可见，开关 A 闭合，则灯 F 灭，否则，灯 F 亮。这样，灯 F 与开关 A 之间的关系就形成了非逻辑关系。

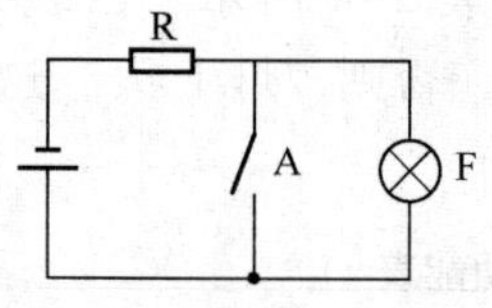

图 2-3　开关与灯并联电路

表 2-7　开关与灯并联电路功能表

开关 A 的状态	灯 F 的状态
断开	亮
闭合	灭

在逻辑代数中，非逻辑关系用非运算来描述，非运算又称逻辑反，其运算符号为“－”。图 2-3 所示的电路可以用非运算表示为

$$F=\overline{A}$$

为了用逻辑代数来分析图 2-3 所示的电路，假设“0”表示开关断开，“1”表示开关闭合，“0”表示灯灭，“1”表示灯亮，这样电路状态关系表 2-7 可变换成如表 2-8 所示的真值表。

由表 2-8 可得出或运算的运算法则为

$$\overline{0}=1 \qquad \overline{1}=0$$

在数字系统与电路中，实现非运算的逻辑电路称为“非门”，其逻辑符号为如表 2-9 所示。本书采用国家标准符号。

表 2-8　非运算真值表

A	F
0	1
1	0

表 2-9　非门逻辑符号

国际常用符号	曾 用 符 号	国家标准符号
A F	A F	1 A F

2.1.3　逻辑代数的复合运算

在实际电路中，利用与门、或门和非门之间的不同组合可构成复合门电路，完成复合逻辑运算。常见的复合门电路有与非门、或非门、与或非门、异或门和同或门。

1. 与非逻辑

与逻辑和非逻辑的复合逻辑称为与非逻辑，它可以看成与逻辑后面加了一个非逻辑，实现与非逻辑的电路称为与非门。其表达式为

$$F=\overline{A\cdot B}=\overline{AB}$$

与非运算的真值表如表 2-10 所示，与非门的逻辑符号如表 2-11 所示。

表 2-10　与非运算真值表

A	B	F
0	0	1
0	1	1
1	0	1
1	1	0

表 2-11　与非门逻辑符号

国际常用符号	曾 用 符 号	国家标准符号

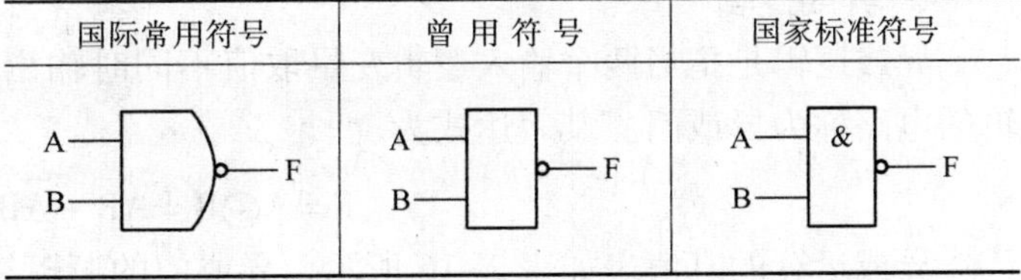

2. 或非逻辑

或逻辑和非逻辑的复合逻辑称为或非逻辑，它可以看成或逻辑后面加了一个非逻辑，实现或非逻辑的电路称为或非门。其表达式为

$$F=\overline{A+B}$$

或非运算的真值表如表 2-12 所示，或非门的逻辑符号如表 2-13 所示。

表 2-12　或非运算真值表

A	B	F
0	0	1
0	1	0
1	0	0
1	1	0

表 2-13　或非门逻辑符号

国际常用符号	曾 用 符 号	国家标准符号
A B F	A B + F	A B ≥1 F

3. 与或非逻辑

与或非逻辑是 3 种基本逻辑（与、或、非）的组合，也可以看成是与逻辑和或非逻辑的组合。其表达式为

$$F=\overline{AB+CD}$$

与或非运算的真值表如表 2-14 所示，与或非门的逻辑符号如表 2-15 所示。

表 2-14　与或非运算真值表

A	B	C	D	F
0	0	0	0	1
0	0	0	1	1
0	0	1	0	1
0	0	1	1	0
0	1	0	0	1
0	1	0	1	1
0	1	1	0	1
0	1	1	1	0
1	0	0	0	1
1	0	0	1	1
1	0	1	0	1
1	0	1	1	0
1	1	0	0	0
1	1	0	1	0
1	1	1	0	0
1	1	1	1	0

表 2-15　与或门逻辑符号

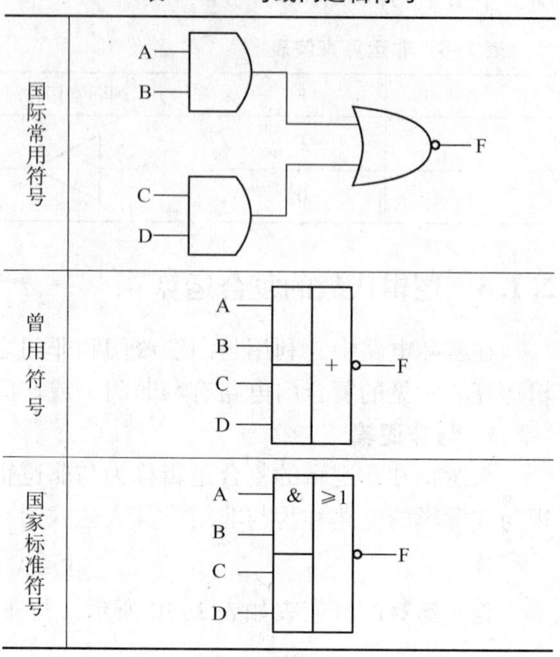

4. 异或逻辑

异或逻辑是指当两个输入逻辑变量取值不同时输出为1，相同时输出为0。实现异或逻辑的电路称为异或门。其表达式为

$$F = A \oplus B = A\overline{B} + \overline{A}B$$

异或运算的真值表如表2-16所示，异或门的逻辑符号如表2-17所示。

表 2-16　异或运算真值表

A	B	F
0	0	0
0	1	1
1	0	1
1	1	0

表 2-17　异或门逻辑符号

国际常用符号	曾 用 符 号	国家标准符号
A, B → F	A, B → ⊕ → F	A, B → =1 → F

5. 同或逻辑

同或逻辑是指当两个输入逻辑变量取值相同时输出为1，不同时输出为0，偶数个变量的同或逻辑和异或逻辑互为反运算。实现同或逻辑的电路称为同或门。其表达式为

$$F = A \odot B = AB + \overline{A}\,\overline{B}$$

同或运算的真值表如表2-18所示，同或门的逻辑符号如表2-19所示。

表 2-18　同或运算真值表

A	B	F
0	0	1
0	1	0
1	0	0
1	1	1

表 2-19　同或门逻辑符号

国际常用符号	曾 用 符 号	国家标准符号
A, B → F	A, B → ⊙ → F	A, B → =1 → F

2.1.4 逻辑函数的表示法和逻辑函数的关系

1. 逻辑函数的定义

逻辑函数中函数的定义与普通代数中函数的定义极为相似，同时逻辑函数具有其自身的特点。

1）逻辑变量和逻辑函数的取值只有 0 和 1 两种可能。

2）逻辑函数和逻辑变量之间的关系是由“与”、“或”和“非”3 种基本运算决定的。

从数字电路的角度看，逻辑函数可以定义为设某一逻辑电路的输入变量为 A_1，A_2，…，A_n，输出变量为 F，当 A_1，A_2，…，A_n的取值确定后，F 的值就被唯一确定下来，则称 F 是 A_1，A_2，…，A_n的逻辑函数，记为

$$F=f(A_1,A_2,\cdots,A_n)$$

2. 逻辑函数的关系

与普通代数一样，逻辑函数也存在相等的问题。

如果函数 F_1 和 F_2 都是 n 个变量的逻辑函数即

$$F_1=f_1(A_1,A_2,\cdots,A_n)$$

$$F_2=f_2(A_1,A_2,\cdots,A_n)$$

若对于这 n 个逻辑变量的 2^n种组合中的任意一组取值，F_1和 F_2都相等，则称函数 F_1和 F_2相等，记为 $F_1=F_2$。

判断两个逻辑函数是否相等，通常有两种方法。一种方法是列出逻辑变量的所有可能的取值组合，并按逻辑运算计算出各种取值组合下两个函数的对应值，然后进行比较，判断两个逻辑函数是否相等。另一种方法是用逻辑代数的公理、定理、公式和规则等进行数学证明。

3. 逻辑函数的表示法

逻辑函数的表示方法有很多种，如逻辑表达式、逻辑电路图、真值表、卡诺图、波形图和硬件描述语言等。本节重点讨论逻辑表达式、逻辑电路图、真值表和波形图，卡诺图和硬件描述语言将在后面的章节介绍。

（1）逻辑表达式

逻辑表达式是逻辑变量和“与”“或”“非”3 种运算符所构成的式子。将逻辑函数输入和输出之间的关系写成逻辑表达式，就得到了逻辑函数的逻辑表达式。例如，逻辑函数

$$F=f(A,B,C)=AB+C$$

是一个由 A、B、C 这 3 个变量进行逻辑运算所构成的逻辑表达式。

（2）逻辑电路图

将逻辑函数的逻辑表达式中各变量之间的与、或、非等逻辑关系用逻辑门电路的图形符号表示出来，就得到了逻辑函数的逻辑电路图。

逻辑函数 $F=f(A,B,C)=AB+C$ 的逻辑电路图如图 2-4 所示。

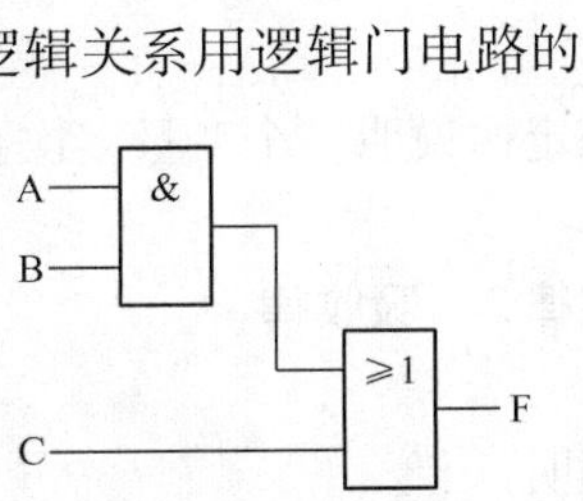

A B & C ≥1 F

图 2-4 逻辑函数 $F=f(A,B,C)=AB+C$ 的逻辑电路图

（3）真值表

前面曾经提到过真值表，即将 n 个输入变量所有 2^n个取值组合所对应的输出值计算出来，列成表格，就得到了逻辑函数的真值表。

逻辑函数 $F = f(A,B,C) = AB + C$ 的真值表如表 2-20 所示。

表 2-20　逻辑函数 $F = f(A,B,C) = AB + C$ 的真值表

A	B	C	F	A	B	C	F
0	0	0	0	1	0	0	0
0	0	1	1	1	0	1	1
0	1	0	0	1	1	0	1
0	1	1	1	1	1	1	1

（4）波形图

用逻辑电平的高、低变化来动态表示逻辑函数的输入变量与输出变量之间的关系，按时间顺序依次排列出来，就得到了逻辑函数的波形图，也称为时序图。由于波形图是一种动态图形语言，非常直观，在数字系统分析和测试中可以利用计算机仿真工具和逻辑分析仪等来分析逻辑函数。

逻辑函数 $F = f(A,B,C) = AB + C$ 的波形图如图 2-5 所示。

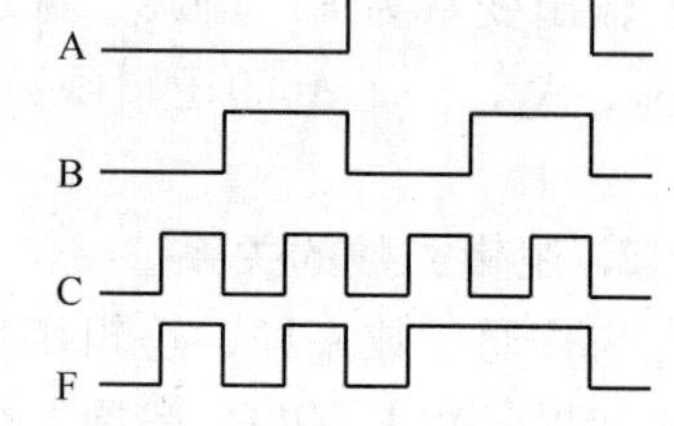

图 2-5　逻辑函数 $F = f(A,B,C) = AB + C$ 的波形图

2.2　逻辑代数的基本定律、规则和常用公式

根据逻辑代数中的与、或、非 3 种基本运算，可以推导出逻辑代数运算的一些基本定律、规则和常用公式。它们为逻辑函数的化简提供了理论依据，也为分析和设计逻辑电路提供了重要工具。

2.2.1　基本定律

根据 2.1.1 节的公理，可以推导出下列常用的定律。

定律 1　重叠律

$$A + A = A \qquad AA = A$$

证明：

$$\begin{aligned} A + A &= A \cdot 1 + A \cdot 1 && (0-1\text{律}) \\ &= A \cdot (1+1) && (\text{分配律}) \\ &= A \cdot 1 && (\text{或运算法则}) \\ &= A && (0-1\text{律}) \end{aligned}$$

该定律说明一个变量多次自与、自或的结果仍为其自身，即逻辑代数中不存在倍乘和方幂运算。

定律 2　吸收律

$$A + AB = A \qquad A(A + B) = A$$

证明：

$$\begin{aligned} A + AB &= A \cdot 1 + A \cdot B && (\text{分配律}) \\ &= A \cdot (1+B) && (\text{互补律}) \end{aligned}$$

$$=A\cdot 1 \qquad (0-1\text{ 律})$$
$$=A \qquad (0-1\text{ 律})$$

该定律说明逻辑表达式中某一项包含了式中另一项，则该项可以去掉。

定律 3　消去律

$$A+\overline{A}B=A+B \qquad A(\overline{A}+B)=AB$$

证明：

$$A+\overline{A}B=(A+\overline{A})(A+B) \qquad (\text{分配律})$$
$$=1\cdot(A+B) \qquad (\text{互补律})$$
$$=A+B \qquad (0-1\text{ 律})$$

定律 4　并项律

$$AB+A\overline{B}=A \qquad (A+B)(A+\overline{B})=A$$

证明：

$$AB+A\overline{B}=A(B+\overline{B}) \qquad (\text{分配律})$$
$$=A\cdot 1 \qquad (\text{互补律})$$
$$=A \qquad (0-1\text{ 律})$$

定律 5　复原律

$$\overline{\overline{A}}=A$$

证明：令$\overline{\overline{A}}=X$，因而存在唯一的 X，使得

$$X\overline{A}=0,\ X+\overline{A}=1 \qquad (\text{互补律})$$

但是
$$A\overline{A}=0,\ A+\overline{A}=1 \qquad (\text{互补律})$$

这样，X 和 A 都满足互补律，因此根据互补律的唯一性，可得 $A=X$，即 $\overline{\overline{A}}=A$。

该定律说明了“否定的否定等于肯定”这一规律。

定律 6　冗余律

$$AB+\overline{A}C+BC=AB+\overline{A}C$$
$$(A+B)(\overline{A}+C)(B+C)=(A+B)(\overline{A}+C)$$

证明：

$$AB+\overline{A}C+BC=AB+\overline{A}C+BC(A+\overline{A}) \qquad (\text{互补律})$$
$$=AB+\overline{A}C+BCA+BC\overline{A} \qquad (\text{分配律})$$
$$=AB+\overline{A}C+ABC+\overline{A}BC \qquad (\text{交换律})$$
$$=AB(1+C)+\overline{A}C(1+B) \qquad (\text{分配律})$$
$$=AB+\overline{A}C \qquad (0-1\text{ 律})$$

该定律说明当逻辑表达式中的某个变量（如 A）分别以原变量和反变量的形式出现在两项中时，该两项中其他变量（如 B、C）组成的第三项（如 BC）是多余的，可从式中去掉。

冗余律的推广：

$$AB+\overline{A}C+BCX_1X_2\cdots X_n=AB+\overline{A}C$$

$$(A+B)(\overline{A}+C)(B+C+X_1+X_2+\cdots+X_n)=(A+B)(\overline{A}+C)$$

冗余律的推广说明若第三项中除了前两项的剩余部分以外，还含有其他部分，它仍然是多余的。

定律 7　摩根律

$$\overline{A+B}=\overline{A}\,\overline{B}\quad \overline{AB}=\overline{A}+\overline{B}$$

证明：

$$
\begin{aligned}
(\overline{A}\,\overline{B})+(A+B)&=(\overline{A}\,\overline{B}+A)+B &&\text{（结合律）}\\
&=(\overline{B}+A)+B &&\text{（消去律）}\\
&=A+(\overline{B}+B) &&\text{（交换律、结合律）}\\
&=A+1 &&\text{（互补律）}\\
&=1 &&\text{（0-1 律）}
\end{aligned}
$$

而且

$$
\begin{aligned}
(\overline{A}\,\overline{B})(A+B)&=\overline{A}\,\overline{B}A+\overline{A}\,\overline{B}B &&\text{（分配律）}\\
&=0+0 &&\text{（互补律）}\\
&=0 &&\text{（0-1 律）}
\end{aligned}
$$

这样 $\overline{A}\,\overline{B}$ 和 $A+B$ 都能满足互补律，根据互补律的唯一性，可得$\overline{A+B}=\overline{A}\,\overline{B}$。

摩根律的推广（n 变量摩根律）：

$$\overline{X_1+X_2+\cdots+X_n}=\overline{X_1}\,\overline{X_2}\cdots\overline{X_n}$$

$$\overline{X_1X_2\cdots X_n}=\overline{X_1}+\overline{X_2}+\cdots+\overline{X_n}$$

以上定律的证明还可以通过真值表进行，读者可以自行证明。

2.2.2　重要规则

逻辑代数有 4 条重要规则：代入规则、反演规则、对偶规则和展开规则。这些规则在逻辑运算中十分有用，可以将原有的定律和公式加以扩充和扩展。

1. 代入规则

代入规则是指在任何一个含有某变量（如 A）的逻辑等式中，如果将等式中所有出现该变量的地方都以同一个逻辑函数（如 $F=B+C$）代替，则等式仍然成立。

【例 2-1】 已知等式 $A(B+C)=AB+AC$，将 $F=D+E$ 代替等式中的变量 B 后，试证明新等式仍然成立。

将 $F=D+E$ 代替等式中的变量 B 后，有

等式左边 $=A[(D+E)+C]=A(D+E+C)=AD+AE+AC$

等式右边 $=A(D+E)+AC=AD+AE+AC$

所以，代入以后得到的新等式仍然成立。

代入规则在推导公式时具有重要意义。利用这条规则可以将逻辑代数基本定律中的变量用任意逻辑函数代替，从而推导出更多的公式。

例如，利用代入规则可以推导出 n 变量的摩根律，即

$$\overline{X_1+X_2+\cdots+X_n}=\overline{X_1}\,\overline{X_2}\cdots\overline{X_n}$$

$$\overline{X_1X_2\cdots X_n}=\overline{X_1}+\overline{X_2}+\cdots+\overline{X_n}$$

证明：由于$\overline{X_1+X_2}=\overline{X_1}\,\overline{X_2}$，将 $F=X_2+X_3$ 代替等式中的变量 X_2 后，根据代入规则新等式仍然成立，可得

$$\overline{X_1+X_2+X_3}=\overline{X_1}\,\overline{X_2}\,\overline{X_3}$$

在将 $F=X_3+X_4$ 代替等式中的变量 X_3 后，根据代入规则新等式仍然成立，可得

$$\overline{X_1+X_2+X_3+X_4}=\overline{X_1}\,\overline{X_2}\,\overline{X_3}\,\overline{X_4}$$

以此类推，可得 n 变量的摩根律：$\overline{X_1+X_2+\cdots+X_n}=\overline{X_1}\,\overline{X_2}\cdots\overline{X_n}$。

2. 反演规则

由原函数求反函数的过程称为反演。对于任何一个逻辑函数 F，在保持函数运算顺序不变的情况下，如果将函数表达式中所有的“·”变为“+”、“+”变为“·”、“0”变为“1”、“1”变为“0”、原变量变为反变量、反变量变为原变量，就得到了逻辑函数 F 的反函数 $\overline{F}$，即若逻辑函数 $F=f(X_1,X_2,\cdots X_n,0,1,+,\cdot)$，则 $\overline{F}=f(\overline{X_1},\overline{X_2},\cdots\overline{X_n},1,0,\cdot,+)$，这就是反演规则。

使用反演规则时要注意以下 3 点。

1）在应用反演规则时需保持原函数表达式运算顺序不变。

2）在非运算符下有两个以上的变量时，非符号应保持不变。

3）反演规则实际上是摩根律的推广，用反演规则求得的反函数和用摩根律求得的反函数是一致的。

【例 2-2】 已知逻辑函数 $F=A\overline{B}+C\overline{D}$，求其反函数。

解： 根据反演规则可求得其反函数为 $\overline{F}=(\overline{A}+B)(\overline{C}+D)$。

【例 2-3】 已知 $F=AB+\overline{ABC}+\overline{B}\,\overline{D}$，求其反函数。

解： 根据反演规则可求得其反函数为 $\overline{F}=(\overline{A}+\overline{B})(\overline{\overline{A}+\overline{B}+\overline{C}})(B+D)$。

3. 对偶规则

对于任何一个逻辑函数 F，在保持函数运算顺序不变的情况下，如果将函数表达式中所有的“·”变为“+”、“+”变为“·”、“0”变为“1”、“1”变为“0”，就得到了逻辑函数 F 的对偶函数 F′，即若逻辑函数 $F=f(X_1,X_2,\cdots X_n,0,1,+,\cdot)$，则 $F'=f(X_1,X_2,\cdots X_n,1,0,\cdot,+)$，这就是对偶规则。

【例 2-4】 已知逻辑函数 $F=A\overline{B}+C\overline{D}$，求其对偶函数。

解： 根据对偶规则可求得其对偶函数为 $F'=(A+\overline{B})(C+\overline{D})$。

【例 2-5】 已知 $F=AB+\overline{ABC}+\overline{B}\,\overline{D}$，求其对偶函数。

解： 根据对偶规则可求得其对偶函数为 $F'=(A+B)(\overline{A+B+C})(\overline{B}+\overline{D})$。

对偶函数和原函数具有以下几个特点。

1）原函数与其对偶函数互为对偶函数，或者说原函数的对偶函数的对偶函数是原函数

本身。

2）若两个逻辑函数相等，则它们的对偶函数也相等，反之亦然。

可以利用对偶规则的特点来证明两个函数相等。

【例 2-6】利用对偶规则证明等式 $A+BC=(A+B)(A+C)$。

证明：令 $F_1=A+BC$，$F_2=(A+B)(A+C)$，则两函数的对偶函数为

$$F_1'=A(B+C)=AB+AC \qquad F_2'=AB+AC$$

由 $F_1'=F_2'$，可得 $F_1=F_2$，因此等式成立。

4. 展开规则

对于任何一个逻辑函数 $F=f(X_1,X_2,\cdots X_n)$，可以将其中任意一个变量（例如 X_1）分离出来，并展开成

$$\begin{aligned}F&=f(X_1,X_2,\cdots X_n)\\&=\overline{X_1}f(0,X_2,\cdots X_n)+X_1f(1,X_2,\cdots X_n)\\&=[X_1+f(0,X_2,\cdots X_n)][\overline{X_1}+f(1,X_2,\cdots X_n)]\end{aligned}$$

这就是展开规则。展开规则的正确性验证可以令 $X_1=0$ 或 $X_1=1$ 分别代入便得证。

【例 2-7】化简函数 $F=A[AB+\overline{A}C+(A+D)(\overline{A}+E)]$

解：根据展开规则有

$$\begin{aligned}F&=A[AB+\overline{A}C+(A+D)(\overline{A}+E)]\\&=\overline{A}\{0[0B+1C+(0+D)(1+E)]\}+A\{1[1B+0C+(1+D)(0+E)]\}\\&=0+A(B+E)\\&=A(B+E)\end{aligned}$$

2.3 逻辑函数表达式的形式与变换

任意一个逻辑函数对应一个唯一的真值表，但是其逻辑表达式却不是唯一的。本节将从理论分析的角度介绍逻辑函数表达式的基本形式、标准形式及其相互转换，作为后面逻辑函数化简的基础。

2.3.1 逻辑函数表达式的基本形式

对于同一个逻辑函数表达式可以有多种形式，如与或式、或与式、与非式、或非式、与或非式，其中与或表达式（积之和）和或与表达式（和之积）是逻辑函数表达式的两种基本形式。

1. 与或表达式

一个逻辑函数表达式中包含若干个“与项”，每个“与项”中可有一个或多个以原变量或反变量形式出现的字母，所有这些“与项”的“或”就构成了该逻辑函数的与或表达式。而“与”运算对应的是“逻辑乘”运算，“与项”就对应了“乘积项”，“或”运算对应的是“逻辑加”运算，因此与或表达式又被称为“积之和”。

例如，逻辑函数 $F=AB+B\overline{C}$ 由两个“与项” AB 和 $B\overline{C}$ 组成，这两个“与项”又通过

“或”运算形成了该逻辑函数表达式。

2. 或与表达式

一个逻辑函数表达式中包含若干个“或项”，每个“或项”中可有一个或多个以原变量或反变量形式出现的字母，所有这些“或项”的“与”就构成了该逻辑函数的或与表达式。而“或”运算对应的是“逻辑加”运算，“或项”就对应了“和项”，“与”运算对应的是“逻辑乘”运算，因此或与表达式又被称为“和之积”。

例如，逻辑函数 $F=(A+B)(B+\overline{C})$ 由两个“或项” $A+B$ 和 $B+\overline{C}$ 组成，这两个“或项”又通过“与”运算形成了该逻辑函数表达式。

逻辑函数还可以表示成其他形式，例如 $F=(AB+C)(BD+\overline{C})$ 既不是与或表达式，也不是或与表达式，但是所有的逻辑函数都可以转换成与或表达式或转换成或与表达式。

2.3.2 逻辑函数表达式的标准形式

通过前面的介绍可以看出，一个逻辑函数的真值表是唯一的，但是它的逻辑表达式不唯一，那么逻辑函数是否存在一个唯一的标准形式呢？答案是肯定的。逻辑函数表达式有两种标准形式：标准的与或表达式（最小项之和）和标准的或与表达式（最大项之积）。下面先介绍最小项和最大项的概念和性质。

1. 最小项

对于一个具有 n 个变量的函数的与项，它包含全部 n 个变量，其中每个变量都以原变量或者反变量的形式出现且仅出现一次，这样的与项称为最小项。任何一个函数都可以用最小项之和的形式来表示，这种函数表达式称为标准的与或表达式（最小项之和）。

例如，一个3变量的逻辑函数 F（A，B，C）$=\overline{A}B\overline{C}+AB\overline{C}+ABC$，其变量按A、B、C顺序排列，由3个最小项组成，这个函数表达式就是标准的与或表达式。

由最小项的定义可知，n 个变量的函数最多可以组成 2^n 个最小项。3个变量最多可以组成 $2^3=8$ 个最小项：$\overline{A}\,\overline{B}\,\overline{C}$、$\overline{A}\,\overline{B}C$、$\overline{A}B\overline{C}$、$\overline{A}BC$、$A\overline{B}\,\overline{C}$、$A\overline{B}C$、$AB\overline{C}$ 和 ABC，其他不同的变量组合，例如 AB、$\overline{A}$（B+C）等都不满足最小项的条件，所以均不是最小项。

为了描述和书写方便，通常用 m_i 表示最小项。按照最小项中的原变量记为1，反变量记为0，且当变量顺序确定后，1和0按顺序排列成一个二进制数，而与这个二进制数相对应的十进制数就是最小项的下标i，表2-21列出了3变量函数的全部的最小项。

表2-21　3变量函数中的最小项和最大项

变量的各组取值	对应的最小项及其编号		对应的最大项及其编号	
A　B　C	最　小　项	编　　号	最　大　项	编　　号
0　0　0	$\overline{A}\,\overline{B}\,\overline{C}$	m_0	$A+B+C$	M_0
0　0　1	$\overline{A}\,\overline{B}C$	m_1	$A+B+\overline{C}$	M_1
0　1　0	$\overline{A}B\overline{C}$	m_2	$A+\overline{B}+C$	M_2
0　1　1	$\overline{A}BC$	m_3	$A+\overline{B}+\overline{C}$	M_3
1　0　0	$A\overline{B}\,\overline{C}$	m_4	$\overline{A}+B+C$	M_4
1　0　1	$A\overline{B}C$	m_5	$\overline{A}+B+\overline{C}$	M_5
1　1　0	$AB\overline{C}$	m_6	$\overline{A}+\overline{B}+C$	M_6
1　1　1	ABC	m_7	$\overline{A}+\overline{B}+\overline{C}$	M_7

因此，逻辑函数 $F(A,B,C)=\overline{A}B\overline{C}+AB\overline{C}+ABC=m_2+m_6+m_7$，若借用数学中常用的符号“$\sum$”表示累计的逻辑加运算，该函数也可以写成如下形式：$F(A,B,C)=\sum m(2,6,7)$，其中符号“$\sum$”表示各项的或运算，后面括号内的数字表示函数的各最小项。等式左边括号内的字母列出所有的变量和它的排列顺序。变量的顺序是很重要的，一旦确定后，就不能任意改变，否则会造成表达式错误。

由表 2-21 可以看出最小项有以下几个性质。

1）对于任意一个最小项 m_i，只有一组变量的取值才能使其值为 1。

例如，最小项 $m_4=A\overline{B}\overline{C}$，只有当 ABC＝100 时，$m_4$ 的值才为 1，而对于 ABC 的其他取值，m_4 均为 0。

2）任意两个不同的最小项之积恒为 0，即 $m_i \cdot m_j \equiv 0$，$i \neq j$。

例如，对于 3 变量 A、B、C 的两个最小项 m_0 和 m_4，则 $m_0 \cdot m_4=(\overline{A}\overline{B}\overline{C})\cdot(A\overline{B}\overline{C})=0$。

3）n 个变量的全部最小项之和为 1，即 $\sum\limits_{i=0}^{2^n-1} m_i = 1$。

例如，对于 3 变量 A、B、C，其所有的最小项之和为

$$
\begin{aligned}
\sum_{i=0}^{2^3-1} m_i &= m_0+m_1+m_2+m_3+m_4+m_5+m_6+m_7 \\
&=\overline{A}\,\overline{B}\,\overline{C}+\overline{A}\,\overline{B}C+\overline{A}B\,\overline{C}+\overline{A}BC+A\,\overline{B}\,\overline{C}+A\,\overline{B}C+AB\,\overline{C}+ABC \\
&=\overline{A}\,\overline{B}+\overline{A}B+A\,\overline{B}+AB \\
&=\overline{A}+A=1
\end{aligned}
$$

4）n 个变量的任何一个最小项有 n 个相邻最小项。

所谓相邻最小项，是指两个最小项中仅有一个变量不同，且该变量为同一变量的原变量和反变量。因此两个相邻最小项相加以后一定能合并成一项，并消去这一对以原变量和反变量形式出现的因子。例如，3 变量 A、B、C 组成的最小项 m_0 和 m_1 为相邻最小项，$m_0+m_1=\overline{A}\,\overline{B}\,\overline{C}+\overline{A}\,\overline{B}C=\overline{A}\,\overline{B}(\overline{C}+C)=\overline{A}\,\overline{B}$。

2. 最大项

对于一个具有 n 个变量的函数的或项，它包含全部 n 个变量，其中每个变量都以原变量或者反变量的形式出现且仅出现一次，这样的或项称为最大项。任何一个函数都可以用最大项之积的形式来表示，这种函数表达式称为标准的或与表达式（最大项之积）。

例如，一个 3 变量的逻辑函数 $F(A,B,C)=(A+B+C)(A+B+\overline{C})(\overline{A}+B+\overline{C})$，其变量按 A、B、C 顺序排列，由 3 个最大项组成，这个函数表达式就是标准的或与表达式。

由最大项的定义可知，n 个变量的函数最多可以组成 2^n 个最大项。3 个变量最多可以组成 $2^3=8$ 个最大项：$A+B+C$、$A+B+\overline{C}$、$A+\overline{B}+C$、$A+\overline{B}+\overline{C}$、$\overline{A}+B+C$、$\overline{A}+B+\overline{C}$、$\overline{A}+\overline{B}+C$ 和 $\overline{A}+\overline{B}+\overline{C}$，其他不同的变量组合，例如 $A+B$、$\overline{A}+BC$ 等都不满足最大项的条件，所以均不是最大项。

为了描述和书写方便，通常用 M_i 表示最大项。按照最大项中的原变量记为 0，反变量记为 1，且当变量顺序确定后，1 和 0 按顺序排列成一个二进制数，而与这个二进制数相对

应的十进制数就是最大项的下标 i，表 2-21 列出了 3 变量函数的全部的最大项。

因此，逻辑函数 $F(A,B,C)=(A+B+C)(A+B+\overline{C})(\overline{A}+B+\overline{C})=M_0M_1M_5$，若借用数学中常用的符号"$\prod$"表示累计的逻辑加运算，该函数也可以简写成如下形式：$F(A,B,C)=\prod M(0,1,5)$，其中符号"$\prod$"表示各项的与运算，后面括号内的数字表示函数的各最大项。等式左边括号内的字母列出所有的变量和它的排列顺序。变量的顺序是很重要的，一旦确定后，就不能任意改变，否则会造成表达式错误。

由表 2-21 可以看出最大项有以下几个性质。

1）对于任意一个最大项 M_i，只有一组变量的取值才能使其值为 0。

例如，最大项 $M_3=A+\overline{B}+\overline{C}$，只有当 ABC = 011 时，$M_3$ 的值才为 0，而对于 ABC 的其他取值，M_3 均为 1。

2）任意两个不同的最大项之和恒为 1，即 $M_i+M_j\equiv 1$，$i\neq j$。

例如，对于 3 变量 A、B、C 的两个最大项 M_0 和 M_3，则 $M_0+M_3=(A+B+C)+(A+\overline{B}+\overline{C})=1$。

3）n 个变量的全部最大项之积为 0，即 $\prod_{i=0}^{2^n-1}M_i=0$。

例如，对于两变量 A、B，其所有的最大项之和为

$$\prod_{i=0}^{2^2-1}M_i=M_0M_1M_2M_3=(A+B)(A+\overline{B})(\overline{A}+B)(\overline{A}+\overline{B})=A\cdot\overline{A}=0$$

4）n 个变量的任何一个最大项有 n 个相邻最大项。

3. 最大项和最小项之间的关系

在同一逻辑问题中，下标相同的最小项和最大项之间存在互补关系，即有

$$M_i=\overline{m_i}\quad 或者\quad m_i=\overline{M_i}$$

例如，对于 3 变量 A、B、C 的最小项 $m_0=\overline{A}\,\overline{B}\,\overline{C}$，则 $\overline{m_0}=\overline{\overline{A}\,\overline{B}\,\overline{C}}=A+B+C=M_0$。

2.3.3 逻辑函数表达式的转换

虽然逻辑函数表达式的形式多种多样，但是各种表达式形式是可以转换的，任何一个逻辑函数不管是什么形式，都可以将其转换成为标准的与或表达式及标准的或与表达式的形式。求一个函数表达式的标准形式有两种方法：代数转换法和真值表转换法。

1. 代数转换法

代数转换法是利用逻辑代数的公理、定律和规则对逻辑函数表达式的形式进行转换得到逻辑函数的标准形式。

用代数转换法求一个逻辑函数的标准的与或表达式一般分两步。

第一步，将逻辑函数表达式转换成一般的与或表达式的形式。

第二步，反复使用形如 $A=A(B+\overline{B})$ 的表达式，将表达式中所有的非最小项的与项扩展成最小项。

【例 2-8】 求逻辑函数 $F(A,B,C)=\overline{(A\overline{B}+B\overline{C})\cdot\overline{AB}}$ 的标准的与或表达式形式。

解：第一步，将逻辑函数表达式转换为一般的与或表达式，即

$$F(A,B,C)=\overline{(A\overline{B}+B\overline{C})\cdot\overline{AB}}=(\overline{A}+B)(\overline{B}+C)+AB=\overline{A}\,\overline{B}+\overline{A}C+BC+AB$$

第二步，把所有的与项扩展成最小项，若某与项中缺少函数变量 B，则用 $(B+\overline{B})$ 与这一项相与，再用分配律将其拆成两项。即

$$\begin{aligned}
F(A,B,C)&=\overline{A}\,\overline{B}+\overline{A}C+BC+AB\\
&=\overline{A}\,\overline{B}(C+\overline{C})+\overline{A}C(B+\overline{B})+BC(A+\overline{A})+AB(C+\overline{C})\\
&=\overline{A}\,\overline{B}C+\overline{A}\,\overline{B}\,\overline{C}+\overline{A}BC+\overline{A}\,\overline{B}C+ABC+\overline{A}BC+ABC+AB\overline{C}\\
&=\overline{A}\,\overline{B}\,\overline{C}+\overline{A}\,\overline{B}C+\overline{A}BC+AB\overline{C}+ABC\\
&=m_0+m_1+m_3+m_6+m_7\\
&=\sum m(0,1,3,6,7)
\end{aligned}$$

类似地，用代数转换法求一个逻辑函数的标准的或与表达式也分两步。

第一步，将逻辑函数表达式转换成一般的或与表达式的形式。

第二步，反复使用形如 $A=(A+B)(A+\overline{B})$ 的表达式，将表达式中所有的非最大项的或项扩展成最大项。

【**例 2-9**】求逻辑函数 $F(A,B,C)=\overline{AB+\overline{A}C}+\overline{B}C$ 的标准的或与表达式形式。

解：第一步，将逻辑函数表达式转换为一般的或与表达式，即

$$\begin{aligned}
F(A,B,C)&=\overline{AB+\overline{A}C}+\overline{B}C\\
&=(\overline{A}+\overline{B})(A+\overline{C})+\overline{B}C\\
&=[(\overline{A}+\overline{B})(A+\overline{C})+\overline{B}][(\overline{A}+\overline{B})(A+\overline{C})+C]\\
&=(\overline{A}+\overline{B}+\overline{B})(A+\overline{C}+\overline{B})(\overline{A}+\overline{B}+C)(A+\overline{C}+C)\\
&=(\overline{A}+\overline{B})(A+\overline{B}+\overline{C})(\overline{A}+\overline{B}+C)
\end{aligned}$$

第二步，把所有的或项扩展成最大项。即

$$\begin{aligned}
F(A,B,C)&=(\overline{A}+\overline{B})(A+\overline{B}+\overline{C})(\overline{A}+\overline{B}+C)\\
&=(\overline{A}+\overline{B}+C)(\overline{A}+\overline{B}+\overline{C})(A+\overline{B}+\overline{C})(\overline{A}+\overline{B}+C)\\
&=(\overline{A}+\overline{B}+C)(\overline{A}+\overline{B}+\overline{C})(A+\overline{B}+\overline{C})\\
&=M_6+M_7+M_3\\
&=\prod M(3,6,7)
\end{aligned}$$

2. 真值表转换法

逻辑函数如果用真值表表示，那么真值表的每一行变量组合就对应了一个最小项。如果对应该行的函数值为 1，则函数的标准与或表达式中应该包含对应该行的最小项；如果对应该行的函数值为 0，则函数的标准与或表达式中不包含对应该行的最小项。因此，求一个逻辑函数的标准与或表达式时，可以列出该函数的真值表，然后根据真值表写出逻辑函数的标准与或表达式。

【**例 2-10**】求逻辑函数 $F(A,B,C)=A\overline{B}+B\overline{C}$ 的标准的与或表达式形式。

解： 首先，列出逻辑函数 F 的真值表如表 2-22 所示。

表 2-22　逻辑函数 F（A，B，C）$=A\overline{B}+B\overline{C}$的真值表

A	B	C	F
0	0	0	0
0	0	1	0
0	1	0	1
0	1	1	0
1	0	0	1
1	0	1	1
1	1	0	1
1	1	1	0

由表 2-22 的真值表可知，逻辑函数 F 的函数值为 1 的行有第 3、5、6、7 行，所对应的最小项为 m_2、m_4、m_5、m_6，则逻辑函数的标准与或表达式为

$$F(A,B,C)=\sum m(2,4,5,6)$$

类似地，逻辑函数真值表的每一行变量组合也对应了一个最大项。如果对应该行的函数值为 0，则函数的标准或与表达式中应该包含对应该行的最大项；如果对应该行的函数值为 1，则函数的标准或与表达式中不包含对应该行的最大项。因此，求一个逻辑函数的标准或与表达式时，可以列出该函数的真值表，然后根据真值表写出逻辑函数的标准或与表达式。

【例 2-11】 求逻辑函数 $F(A,B,C)=\overline{A}C+A\overline{B}\overline{C}$的标准的或与表达式形式。

解： 首先，列出逻辑函数 F 的真值表如表 2-23 所示。

表 2-23　逻辑函数 F（A，B，C）$=\overline{A}C+A\overline{B}\overline{C}$的真值表

A	B	C	F
0	0	0	0
0	0	1	1
0	1	0	0
0	1	1	1
1	0	0	1
1	0	1	0
1	1	0	0
1	1	1	0

由表 2-23 的真值表可知，逻辑函数 F 的函数值为 0 的行有第 1、3、6、7、8 行，所对应的最小项为 M_0、M_2、M_5、M_6、M_7，则逻辑函数的标准或与表达式为

$$F(A,B,C)=\prod M(0,2,5,6,7)$$

2.4　逻辑函数的化简

逻辑函数表达式有各种不同的表示形式，即使同一类型的表达式也可能有繁有简。对于某一个逻辑函数来说，尽管函数表达式的形式不同，但它们所描述的逻辑功能却是相同的。在数字系统中，逻辑函数的表达式和逻辑电路是一一对应的，表达式越简单，用逻辑电路去实现也就越简单。通常，从逻辑问题直接归纳出的逻辑函数表达式不一定是最简单的，为了

降低系统成本、减小复杂度、提高可靠性，必须对逻辑函数进行化简。

逻辑函数表达式是什么形式才能认为是最简呢？衡量逻辑函数最简表达式的标准是表达式中的项数最少，每项中包含的变量最少。这样用逻辑电路去实现时，用的逻辑门的数量就最少，每个逻辑门的输入端也最少。

逻辑函数化简的方法有很多种，最常用的方法是代数化简法和卡诺图化简法。

2.4.1 代数化简法

代数化简法是利用逻辑代数的公理、定律和规则对逻辑函数表达式进行化简。一个逻辑函数可以有多种表达形式，而最基本的就是与或表达式。如果有了最简与或表达式，通过逻辑函数的基本定律和规则进行变换，就可以得到其他形式的最简表达式。

1. 与或表达式的化简

最简的与或表达式应满足两个条件。

1）表达式中的与项个数最少。

2）在满足上述条件的前提下，每个与项中的变量的个数最少。

化简与或表达式的常用方法有：

（1）并项法

利用逻辑代数的并项律 $AB + A\overline{B} = A$，将两个与项合并成一个与项，合并后消去一个变量，例如：$ABC + AB\overline{C} = AB$，$AB\overline{C} + A\overline{B\overline{C}} = A$。

（2）吸收法

利用逻辑代数的吸收律 $A + AB = A$，消去多余的项，例如：$B + ABC = B$，$A\overline{B} + A\overline{B}CD(E+F) = A\overline{B}$。

（3）消去法

利用逻辑代数的消去律 $A + \overline{A}B = A + B$，消去多余的变量，例如：$AB + \overline{A}C + \overline{B}C = AB + (\overline{A} + \overline{B})C = AB + \overline{AB}C = AB + C$

（4）配项法

利用公理 0－1 律的 $A \cdot 1 = A$ 和公理互补律的 $A + \overline{A} = 1$，先从函数表达式中选择某些与项，并配上所缺少的一个合适的变量，然后再利用并项法、吸收法和消去法等方法进行化简。例如：

$$\begin{aligned}
A\overline{B} + B\overline{C} + \overline{B}C + \overline{A}B &= A\overline{B} + B\overline{C} + \overline{B}C(A + \overline{A}) + \overline{A}B(C + \overline{C}) \\
&= A\overline{B} + B\overline{C} + A\overline{B}C + \overline{A}\,\overline{B}C + \overline{A}BC + \overline{A}B\overline{C} \\
&= (A\overline{B} + A\overline{B}C) + (B\overline{C} + \overline{A}B\overline{C}) + (\overline{A}\,\overline{B}C + \overline{A}BC) \\
&= A\overline{B} + B\overline{C} + \overline{A}C
\end{aligned}$$

（5）冗余法

利用逻辑代数的冗余律 $AB + \overline{A}C + BC = AB + \overline{A}C$，消去多余的变量，例如：

$$A\overline{B}C\overline{D} + \overline{A}E + BE + C\overline{D}E = A\overline{B}C\overline{D} + E(\overline{A} + B) + C\overline{D}E$$

$$= A\,\bar{B}C\,\bar{D} + E\,\overline{A\,\bar{B}} + C\,\bar{D}E$$

$$= A\,\bar{B}C\,\bar{D} + E\,\overline{A\,\bar{B}}$$

$$AD + \bar{A}C + \bar{B}C + BC\,\bar{D} = AD + C(\bar{A} + \bar{B}) + BC\,\bar{D}$$

$$= AD + C\,\overline{AB} + BC\,\bar{D}$$

$$= C\,\overline{AB} + AD + BC\,\bar{D} + ABC$$

$$= (C\,\overline{AB} + ABC) + AD + BC\,\bar{D}$$

$$= C + AD$$

上面介绍的例子比较简单，而实际中遇到的逻辑函数往往比较复杂，化简时应灵活地使用逻辑代数的公理、定律和规则，综合运用各种方法。下面给出几个相对复杂一些的例子。

【例 2-12】 化简逻辑函数 $F = A\,\bar{C} + ABC + AC\,\bar{D} + CD$。

解： $F = A\,\bar{C} + ABC + AC\,\bar{D} + CD = A(\bar{C} + BC) + C(A\,\bar{D} + D)$

$$= A(\bar{C} + B) + C(A + D) = A\,\bar{C} + AB + AC + CD = (A\,\bar{C} + AC) + AB + CD$$

$$= A + AB + CD = A + CD$$

【例 2-13】 化简逻辑函数 $F = AC + \bar{B}C + B\,\bar{D} + C\,\bar{D} + A(B + \bar{C}) + \bar{A}BC\,\bar{D} + A\,\bar{B}DE$。

解： $F = AC + \bar{B}C + B\,\bar{D} + C\,\bar{D} + A(B + \bar{C}) + \bar{A}BC\,\bar{D} + A\,\bar{B}DE$

$$= AC + \bar{B}C + B\,\bar{D} + (C\,\bar{D} + \bar{A}BC\,\bar{D}) + A\,\overline{\bar{B}C} + A\,\bar{B}DE$$

$$= AC + (\bar{B}C + A\,\overline{\bar{B}C}) + B\,\bar{D} + C\,\bar{D} + A\,\bar{B}DE$$

$$= AC + \bar{B}C + A + B\,\bar{D} + C\,\bar{D} + A\,\bar{B}DE$$

$$= A + \bar{B}C + B\,\bar{D} + C\,\bar{D}$$

$$= A + \bar{B}C + B\,\bar{D}$$

【例 2-14】 化简逻辑函数 $F = A(B + \bar{C}) + \bar{A}(\bar{B} + C) + BCDE + \bar{B}\,\bar{C}(D + E)F$。

解： $F = A(B + \bar{C}) + \bar{A}(\bar{B} + C) + BCDE + \bar{B}\,\bar{C}(D + E)F$

$$= AB + A\,\bar{C} + \bar{A}\,\bar{B} + \bar{A}C + BCDE + \bar{B}\,\bar{C}(D + E)F$$

$$= (AB + \bar{A}C + BCDE) + [A\,\bar{C} + \bar{A}\,\bar{B} + \bar{B}\,\bar{C}(D + E)F]$$

$$= AB + \bar{A}C + A\,\bar{C} + \bar{A}\,\bar{B}$$

$$= AB + \bar{A}C + A\,\bar{C}(B + \bar{B}) + \bar{A}\,\bar{B}(C + \bar{C})$$

$$= AB + \bar{A}C + AB\,\bar{C} + A\,\overline{BC} + \bar{A}\,\bar{B}C + \bar{A}\,\bar{B}\,\bar{C}$$

$$= (AB + AB\,\bar{C}) + (\bar{A}C + \bar{A}\,\bar{B}C) + (A\,\bar{B}\,\bar{C} + \bar{A}\,\bar{B}\,\bar{C})$$

$$= AB + \bar{A}C + \quad + \bar{B}\,\bar{C}$$

2. 或与表达式的化简

同与或表达式的化简类似，最简的或与表达式也应满足两个条件。

1）表达式中的或项个数最少。

2）在满足上述条件的前提下，每个或项的变量个数最少。

用代数化简法化简或与表达式可直接运用公理、定律中的或与形式，并综合运用前面介绍的与或表达式化简时提出的各种方法进行化简。但是如果对于公理、定律中的或与形式不太熟悉，也可以利用对偶规则对逻辑函数两次求对偶的方法来化简，即首先对逻辑函数的或与表达式求对偶，得到其对偶函数的与或表达式，再按与或表达式化简的方法求出对偶函数的最简与或表达式，最后对最简的对偶函数再求对偶，即可得到逻辑函数的最简的或与表达式。

【例 2-15】 化简逻辑函数 $F=(A+B)(A+\overline{B})(B+C)(A+C+D)$。

解： 逻辑函数 F 的对偶函数为

$$F'=AB+A\overline{B}+BC+ACD=A+BC+ACD=A+BC$$

再对 F′求对偶，可得 $F=A(B+C)$。

2.4.2 卡诺图化简法

卡诺图是美国工程师 Karnaugh 于 20 世纪 50 年代提出的。卡诺图是逻辑函数真值表的一种图形表示。

1. 卡诺图的结构

卡诺图是由 2^n 个小方格构成的正方形或长方形的图形，其中，n 表示变量的个数。每个小方格对应一个最小项，并按照在逻辑上相邻的最小项在几何上也相邻的原则进行排列。两个最小项的逻辑相邻是指这两个最小项只有一个变量互为反变量，其余变量都完全相同，因此要实现逻辑相邻的最小项在几何上也相邻，就需要卡诺图上的变量按照格雷码的顺序排列。

图 2-6 所示为 2 变量的卡诺图，它由 $2^2=4$ 个方格组成。每一列和每一行上的 0 和 1 分别代表变量 A 和 B 的值。

类似地，可以画出 3 变量、4 变量和 5 变量的卡诺图，分别如图 2-7 ～图 2-9 所示。

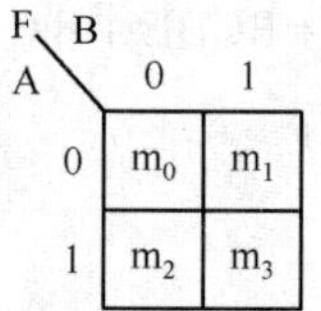

图 2-6　2 变量的卡诺图

F: A \ BC	00	01	11	10
0	m_0	m_1	m_3	m_2
1	m_4	m_5	m_7	m_6

图 2-7　3 变量的卡诺图

F: AB \ CD	00	01	11	10
00	m_0	m_1	m_3	m_2
01	m_4	m_5	m_7	m_6
11	m_{12}	m_{13}	m_{15}	m_{14}
10	m_8	m_9	m_{11}	m_{10}

图 2-8　4 变量的卡诺图

F: BC \ DE	00	01	11	10
00	m_0	m_1	m_3	m_2
01	m_4	m_5	m_7	m_6
11	m_{12}	m_{13}	m_{15}	m_{14}
10	m_8	m_9	m_{11}	m_{10}

A=0

F: BC \ DE	00	01	11	10
00	m_{16}	m_{17}	m_{19}	m_{18}
01	m_{20}	m_{21}	m_{23}	m_{22}
11	m_{28}	m_{29}	m_{31}	m_{30}
10	m_{24}	m_{25}	m_{27}	m_{26}

A=1

图 2-9　5 变量的卡诺图

2. 卡诺图的表示

卡诺图实际上是由真值表变换而来的，真值表有多少行，卡诺图就有多少个小方格，而卡诺图上的每个小方格就代表着真值表上的一行，也代表着一个最小项或最大项。将逻辑函数用卡诺图表示，需分以下 4 种情况。

（1） 最小项表达式

因为构成逻辑函数的每一个最小项，其逻辑取值都是使函数值为 1 的最小项，所以填写卡诺图时，在构成函数的每个最小项相应的小方格中填上 1，而在其他方格中填入 0 即可。也就是说，任何一个逻辑函数都等于它的卡诺图中填 1 的那些最小项之和。

【例 2–16】 画出逻辑函数 $F(A,B,C,D) = \sum m(1,3,6,7)$ 的卡诺图。

解： 先画一个 4 变量的卡诺图，在对应最小项 m_1、m_3、m_6和 m_7的位置填入 1，其余小方格中填入 0，得到逻辑函数 $F(A,B,C,D) = \sum m(1,3,6,7)$ 的卡诺图如图 2–10 所示。

（2） 最大项表达式

因为相同编号的最小项和最大项之间存在互补关系，所以使逻辑函数值为 0 的那些最小项的编号与构成函数的最大项表达式中的那些最大项编号相同，按这些最大项的编号在卡诺图的相应小方格中填入 0，其余方格中填入 1 即可。

【例 2–17】 画出逻辑函数 $F(A,B,C,D) = \prod M(3,4,8,9,11,15)$ 的卡诺图。

解： 先画一个 4 变量的卡诺图，在对应最大项 M_3、M_4、M_8、M_9、M_{11}和 M_{15}的位置填入 0，其余小方格中填入 1，得到逻辑函数 $F(A,B,C,D) = \prod M(3,4,8,9,11,15)$ 的卡诺图如图 2–11 所示。

F　AB \ CD	00	01	11	10
00	0	1	1	0
01	0	0	1	1
11	0	0	0	0
10	0	0	0	0

图 2–10　逻辑函数 $F(A,B,C,D) = \sum m(1,3,6,7)$ 的卡诺图

F　AB \ CD	00	01	11	10
00	1	1	0	1
01	0	1	1	1
11	1	1	0	1
10	0	0	0	1

图 2–11　逻辑函数 $F(A,B,C,D) = \prod M(3,4,8,9,11,15)$ 的卡诺图

（3） 任意与或表达式

对于任意的与或表达式，可以先将其转换为标准的与或表达式，再按最小项表达式的方法填入卡诺图。另外，也可以不经转换直接填写。任意的与或表达式填入卡诺图的方法是：首先分别将每个与项的原变量用 1 表示，反变量用 0 表示，在卡诺图上找出交叉的小方格并填入 1，在没有交叉点的小方格中填入 0。

【例 2–18】 画出逻辑函数 $F(A,B,C,D) = AB + BC + CD$ 的卡诺图。

解： 先画一个 4 变量的卡诺图，与项 AB 用 11 表示，对应的最小项为 m_{12}、m_{13}、m_{14}和 m_{15}，在卡诺图对应小方格中填入 1。与项 BC 用 11 表示，对应的最小项为 m_6、m_7、m_{14}和 m_{15}，在卡诺图对应小方格中填入 1。与项 CD 用 11 表示，对应的最小项为 m_3、m_7、m_{11}和 m_{15}，在卡诺图对应小方格中填入 1。

所以，逻辑函数 $F(A,B,C,D) = AB + BC + CD$ 的最小项包含 m_3、m_6、m_7、m_{11}、m_{12}、

m_{13}、m_{14}和 m_{15}，其卡诺图如图 2-12 所示。

（4）任意或与表达式

与任意的与或表达式类似，对于任意的或与表达式只要当任意一项的或项为 0 时，函数的取值就为 0。要使或项为 0，只需将组成该或项的原变量用 0、反变量用 1 代入即可。故任意或与表达式对应的卡诺图的填入方法是：首先将每个或项的原变量用 0、反变量用 1 代入，在卡诺图上找出交叉的小方格并填入 0，然后在其余小方格中填入 1 即可。

【例 2-19】 画出逻辑函数 $F(A,B,C,D)=(A+C)(\overline{B}+\overline{D})(C+D)$ 的卡诺图。

解： 先画一个 4 变量的卡诺图，或项 A + C 对应的最大项为 M_0、M_1、M_4和 M_5，在卡诺图对应小方格中填入 0。或项$\overline{B}+\overline{D}$对应的最大项为 M_5、M_7、M_{13}和 M_{15}，在卡诺图对应小方格中填入 0。或项 C + D 对应的最大项为 M_0、M_4、M_8和 M_{12}，在卡诺图对应小方格中填入 0。

所以，逻辑函数 $F(A,B,C,D)=(A+C)(\overline{B}+\overline{D})(C+D)$ 的最大项包含 M_0、M_1、M_4、M_5、M_7、M_8、M_{12}、M_{13}和 M_{15}，其卡诺图如图 2-13 所示。

F AB\CD	00	01	11	10
00	0	0	1	0
01	0	0	1	1
11	1	1	1	1
10	0	0	1	0

图 2-12　逻辑函数 $F(A,B,C,D)=AB+BC+CD$ 的卡诺图

F AB\CD	00	01	11	10
00	0	0	1	1
01	0	0	0	1
11	0	0	0	1
10	0	1	1	1

图 2-13　逻辑函数 $F(A,B,C,D)=(A+C)(\overline{B}+\overline{D})(C+D)$ 的卡诺图

3. 卡诺图的性质

卡诺图的特点是任意两个逻辑相邻的最小项（或最大项）在几何上也相邻。在卡诺图中，相邻项有以下 3 种形式。

（1）几何相邻

即几何位置上相邻的最小项，如 4 变量卡诺图中与 m_0的相邻最小项 m_1和 m_4，这些最小项对应的小方格与 m_0对应的小方格分别相连，如图 2-14 所示。

（2）相对相邻

同一行的两端及同一列的两端为相对相邻，如 4 变量卡诺图中 m_0相对相邻的最小项 m_2和 m_8，m_0和 m_2处于同一行的两端，m_0和 m_8处于同一列的两端，如图 2-15 所示。

F AB\CD	00	01	11	10
00	m_0	m_1		
01	m_4			
11				
10				

图 2-14　几何相邻

F AB\CD	00	01	11	10
00	m_0			m_2
01				
11				
10	m_8			

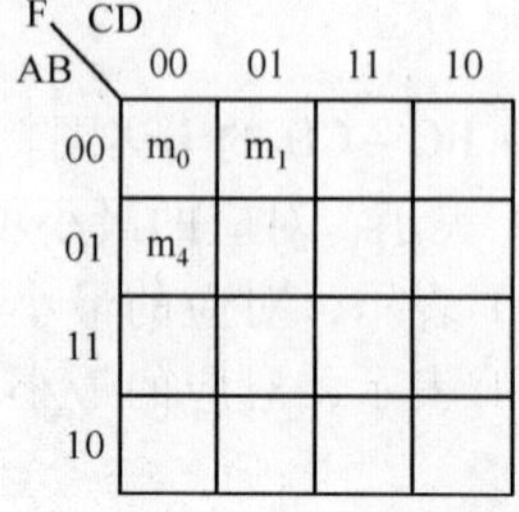

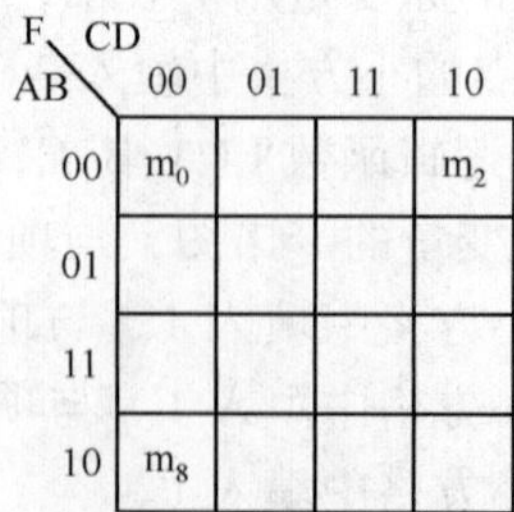

图 2-15　相对相邻

(3) 重叠相邻

5 变量卡诺图中的 m_3 与 m_1、m_2、m_7 为几何相邻，与 m_{11} 相对相邻，与 m_{19} 则是重叠相邻。对于这种情形，可将卡诺图左右两边的矩形重叠，凡上下重叠的最小项即为重叠相邻。只有 5 个及其以上变量的卡诺图中可能存在重叠相邻，如图 2-16 所示。

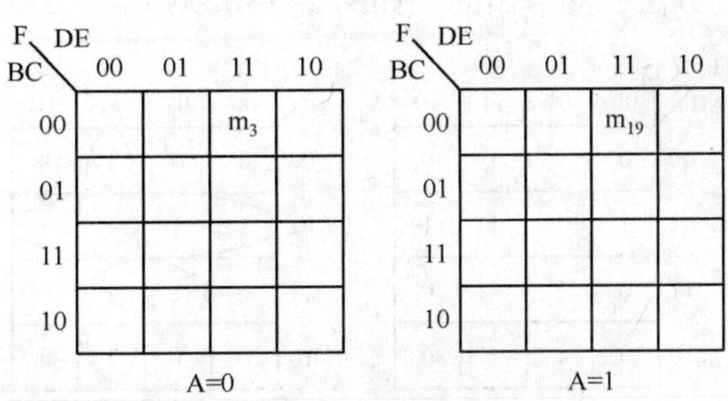

图 2-16 重叠相邻

4. 用卡诺图化简逻辑函数

用卡诺图化简逻辑函数的一般步骤：

1) 将函数化为基本形式之一（与或表达式、或与表达式）。

2) 画出函数对应的卡诺图，在相应的格子里填入 0 和 1。

3) 找出可以合并的相邻项。每 2^m 个相邻项可以合并为一个卡诺图。先画大的卡诺圈，后画小的卡诺圈，每次画圈时尽量圈未被圈过的格子，以提高画圈的效率，至少要圈一个以前没有圈过的格子，以避免重复画圈。如果是求最简与或表达式，则圈为 1 的格子；如果是求最简或与表达式，则圈为 0 的格子。

4) 检查第 3) 步画圈的情况，确保每个需要圈的格子至少被圈一次，不要遗漏。

5) 根据卡诺图写最简形式。

【例 2-20】 用卡诺图化简逻辑函数 $F(A,B,C,D)=ABC+AB\overline{C}D+\overline{A}BCD+\overline{B}CD$，求出其最简的与或表达式。

解： 逻辑函数 $F(A,B,C,D)=ABC+AB\overline{C}D+\overline{A}BCD+\overline{B}CD$ 对应的卡诺图如图 2-17a 所示。根据卡诺图化简的方法，圈卡诺圈，如图 2-17b 所示。

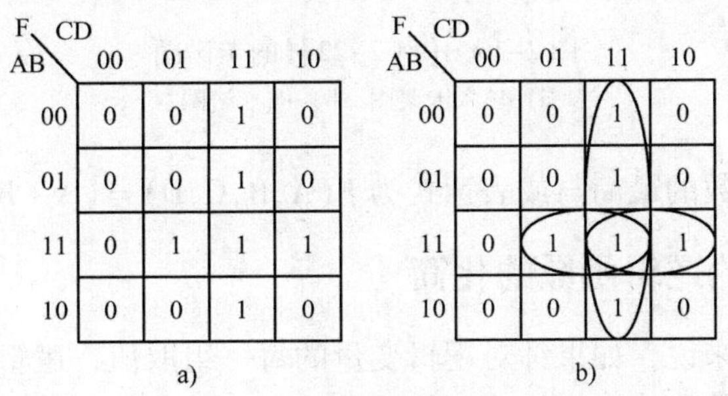

图 2-17 【例 2-20】的卡诺图
a) 填入卡诺图 b) 圈卡诺圈

因此求得的逻辑函数的最简与或表达式为 $F(A,B,C,D)=ABC+ABD+CD$。

【例 2-21】用卡诺图化简逻辑函数 $F(A,B,C,D)=\sum m(3,4,5,6,7,9,11,13,15)$，求出其最简的与或表达式。

解：逻辑函数 $F(A,B,C,D)=\sum m(3,4,5,6,7,9,11,13,15)$ 对应的卡诺图如图 2-18a 所示。根据卡诺图化简的方法，圈卡诺圈，如图 2-18b 所示。

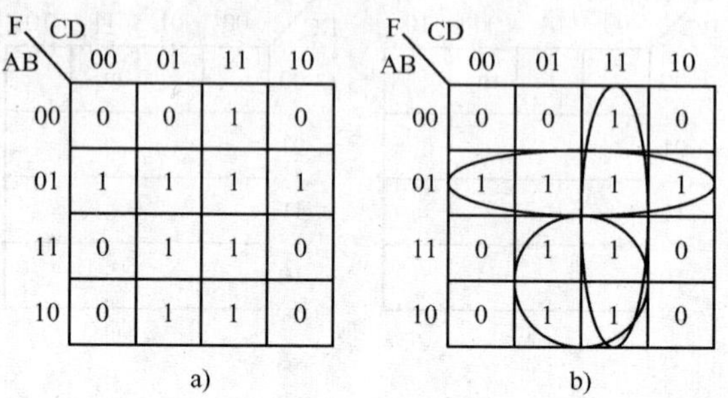

图 2-18 【例 2-21】的卡诺图

a）填入卡诺图 b）圈卡诺圈

因此求得的逻辑函数的最简与或表达式为 $F(A,B,C,D)=\overline{A}B+AD+CD$。

【例 2-22】用卡诺图化简逻辑函数 $F(A,B,C,D)=\prod M(3,4,6,7,11,12,13,14,15)$，求出其最简的与或表达式。

解：逻辑函数 $F(A,B,C,D)=\prod M(3,4,6,7,11,12,13,14,15)$ 对应的卡诺图如图 2-19a 所示。根据卡诺图化简的方法，圈卡诺圈，如图 2-19b 所示。

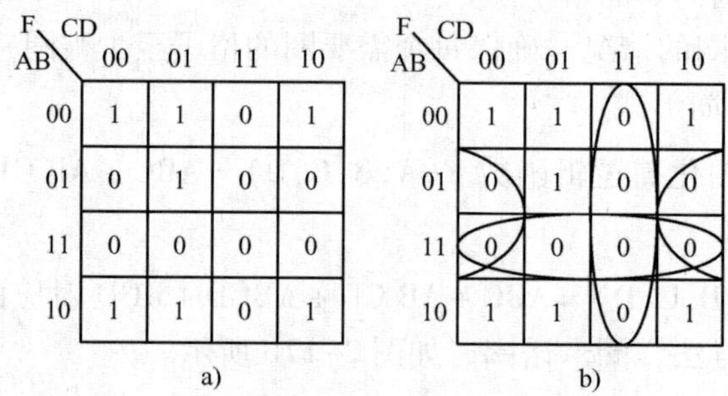

图 2-19 【例 2-22】的卡诺图

a）填入卡诺图 b）圈卡诺圈

因此求得的逻辑函数的最简与或表达式为 $F(A,B,C,D)=(\overline{A}+\overline{B})(\overline{B}+D)(\overline{C}+\overline{D})$。

2.4.3 包含无关项的逻辑函数的化简

对于一个逻辑函数来说，如果针对逻辑变量的每一组取值，逻辑函数都有一个确定的值相对应，则这类逻辑函数称为完全描述逻辑函数。但是，在某些实际问题中，其输出并不是与 2^n 种输入组合都有关，而是仅与其中的一部分输入组合有关，而与另一部分的输入组合无关。例如，一个电路输入为 8421BCD 码，则其输入变量中的 16 种组合中 1010 ～ 1111 不会出现。当函数输出与某些输入组合无关时，这些输入组合就称无关项，又称任意项或约束项。这里的“无关”有两个含义：一是这些输入组合在正常操作中不会出现；二是即使这些输入组合可能出现，但输出实质上与它们无关。换句话说，当输入出现这些组合时，其所对应的输出值可以为0，也可以为1。

与无关项相关的函数就称为包含无关项的逻辑函数，或称为具有约束条件的逻辑函数。若以 d_i 表示无关项，则约束条件（或称约束方程）表示为 $\sum d_i = 0$ 。所以，无关最小项可以随意加到函数表达式中或不加到函数表达式中，而且并不影响函数的实际逻辑功能。根据这一特点，化简含有无关项的逻辑函数时，只要使得表达式最简，无关项可以取0，也可以取1。

【例2-23】 用卡诺图化简逻辑函数 $F(A,B,C,D) = \sum m(0,1,5,7) + \sum d(4,6)$ ，求出其最简的与或表达式。

解： 逻辑函数 $F(A,B,C,D) = \sum m(0,1,5,7) + \sum d(4,6)$ 对应的卡诺图如图2-20a 所示。根据卡诺图化简的方法，圈卡诺圈，如图2-20b 所示。

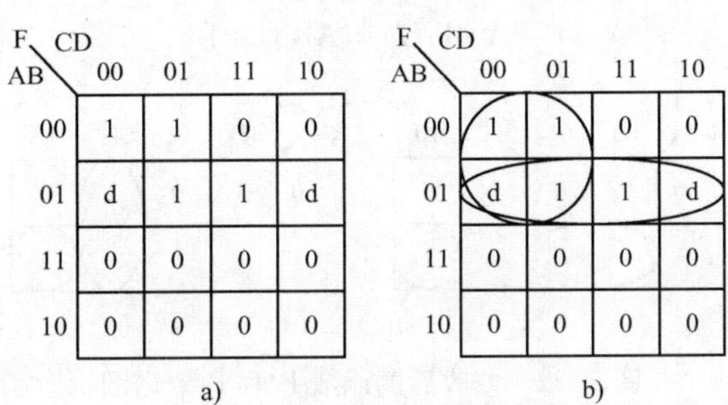

图2-20 【例2-23】的卡诺图

a）填入卡诺图 b）圈卡诺圈

因此求得的逻辑函数的最简与或表达式为 $F(A,B,C,D) = \overline{A}B + \overline{A}\,\overline{C}$。

2.4.4 多输出逻辑函数的化简

单个逻辑函数的化简问题，前面已经进行了系统讨论。但在实际问题中，存在着根据一组相同输入变量产生多个输出函数的情况。对于一个具有相同输入变量的多输出逻辑电路，如果只是孤立地将单个输出函数一一化简，然后直接拼接在一起，通常并不能保证整个电路最简，因为各输出函数之间往往存在可共享的部分，这就要求在化简时把多个输出函数当作一个整体考虑，以整体最简为目标。下面以与或表达式为例来介绍多输出函数的化简。

衡量多输出函数最简的标准如下。

1）所有逻辑表达式中包含的不同与项总数最少。

2）在满足上述条件的前提下，各不同与项中所含的变量总数最少。

多输出函数化简的关键是充分利用各函数之间可供共享的部分（公共项）。例如，某逻辑电路有两个输出函数：

$$F_1(A,B,C) = A\overline{B} + A\overline{C}$$
$$F_2(A,B,C) = AB + BC$$

其对应的卡诺图如图 2-21 所示。从卡诺图可以看出，就单个函数而言，F_1 和 F_2 均已达到最简。此时，两个函数表达式共含 4 个不同的与项，4 个不同的与项所包含的变量总数为 8 个。

F1 BC
A 00 01 11 10
0 0 0 0 0
1 1 1 0 1
a)
F2 BC
A 00 01 11 10
0 0 0 1 0
1 0 0 1 0
b)

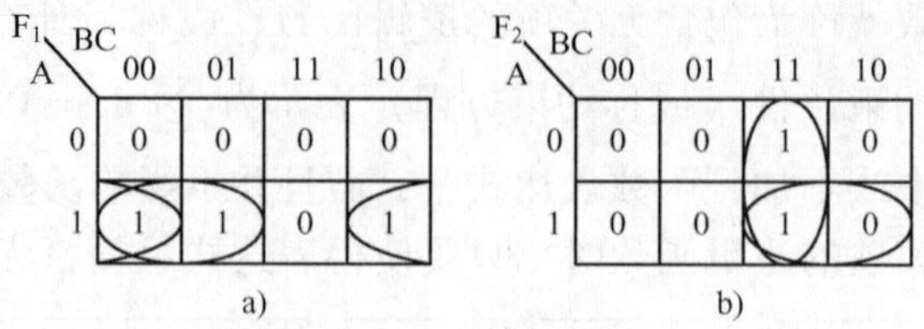

图 2-21　函数 F_1 和 F_2 的卡诺图

a）F_1 的卡诺图　b）F_2 的卡诺图

假如按图 2-22 所示的卡诺图化简上述函数，则可得到函数表达式为：

$$F_1(A,B,C) = A\overline{B} + AB\overline{C}$$

$$F_2(A,B,C) = AB\overline{C} + BC$$

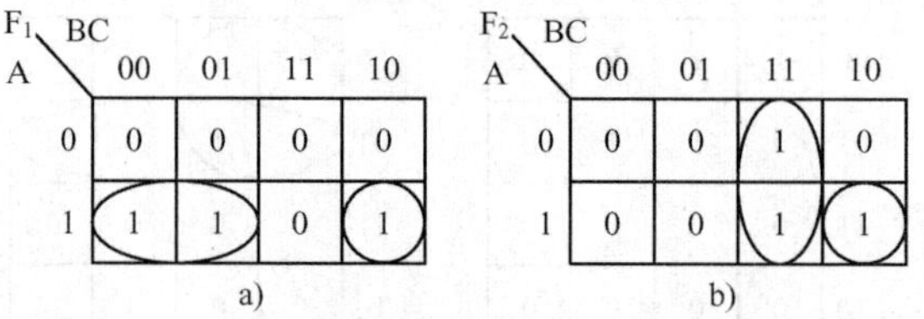

F1 BC
A 00 01 11 10
0 0 0 0 0
1 1 1 0 1
a)
F2 BC
A 00 01 11 10
0 0 0 1 0
1 0 0 1 1
b)

图 2-22　修改后的函数 F_1 和 F_2 卡诺图

a）F_1 的卡诺图　b）F_2 的卡诺图

这样处理后，尽管从单个函数来看，上述两个表达式均未达到最简。但从整体来说，由于恰当地利用了两个函数的共享部分，使两个函数表达式中不同与项总数由原来的 4 个减少为 3 个，各不同与项中包含变量总数由 8 个减少为 7 个，从而使整体得到了进一步简化。

用卡诺图化简多输出函数，一般分两步进行。首先按单个函数的化简方法用卡诺图对各函数逐个进行化简。然后，在卡诺图上比较两个以上函数的相同 1 方格部分，看是否能够通过改变卡诺图的画法找出公共项。在进行后一步时要注意：第一，卡诺圈的变动必须在两个或多个卡诺图的相同 1 方格部分进行，只有这样，对应的项才能供两个或多个函数共享；第二，卡诺圈的变动必须以使整体得到进一步简化为原则。

【例 2-24】 用卡诺图化简多输出函数

$$F_1(A,B,C,D) = \sum m(2,3,5,7,8,9,10,11,13,15)$$

$$F_2(A,B,C,D) = \sum m(2,3,5,6,7,10,11,14,15)$$

$$F_3(A,B,C,D) = \sum m(6,7,8,9,13,14,15)$$

解： 画出 3 个函数的卡诺图，如图 2-23 所示。

考虑到各函数的共享问题，可按图 2-23 所示的卡诺圈的画法，使函数从整体上得到进一步简化，化简结果为

$$F_1(A,B,C,D) = \overline{A}BD + ABD + A\overline{B}\overline{C} + \overline{B}C$$

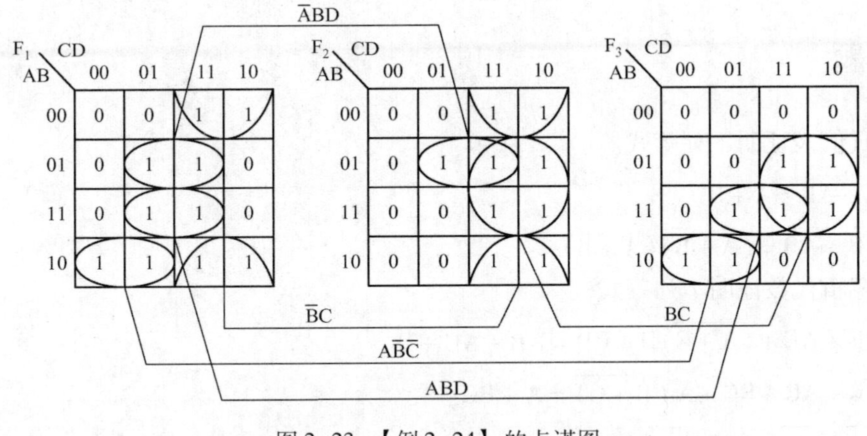

图 2-23 【例 2-24】的卡诺图

$$F_2(A,B,C,D) = \overline{A}BD + \overline{B}C + BC$$
$$F_3(A,B,C,D) = ABD + A\,\overline{B}\,\overline{C} + BC$$

2.5 本章小结

本章学习了逻辑代数的基本概念，认识了逻辑代数的定义、基本运算、复合运算和逻辑函数的表示，以及逻辑代数的基本定律、规则和常用公式，介绍了逻辑函数表达式的基本形式和标准形式，最后学习了逻辑函数常用的化简方法：代数化简法和卡诺图化简法，并且介绍了逻辑函数化简在实际工程中的一些典型问题。

关键知识点：

1. 逻辑代数定义了 3 种基本运算：与、或、非，由与、或、非之间的不同组合可构成很多复合运算。

2. 逻辑代数有很多基本定律、规则和常用公式，利用它们可以证明逻辑等式、变换逻辑函数表达式的形式和化简逻辑函数。

3. 逻辑函数的反演规则可以用来求解逻辑函数的反函数，逻辑函数的对偶规则可以用来求解逻辑函数的对偶函数。

4. 逻辑函数表达式有两种标准的表达形式：最小项之和（标准与或表达式）和最大项之积（标准或与表达式），最小项和最大项的性质都是设计和分析数字电路的基础。

5. 本章介绍了两种最常用的逻辑函数化简方法：代数化简法和卡诺图化简法，代数化简法是利用逻辑代数的各种定律、规则和公式以数学推导的形式对逻辑函数表达式进行化简；卡诺图化简法是利用画卡诺图、圈卡诺圈和合并相邻项的图形方法对逻辑函数表达式进行化简。逻辑函数表达式在后续的数字电路设计和分析中对应的是实际电路，因此逻辑函数表达式的形式的复杂程度直接关系到电路的复杂程度，逻辑函数化简是优化数字电路设计的有效手段之一。

2.6 习题

1. 用真值表证明下列等式。

(1) $A+\overline{A}B=A+B$

(2) $A\overline{B}+\overline{A}B=(\overline{A}+\overline{B})(A+B)$

2. 用逻辑代数证明下列等式。

(1) $A\overline{B}+A\overline{C}+\overline{(A+C)}D+CD=A\overline{B}+A\overline{C}+D$

(2) $AB+AC+BC+A\overline{(B+C)}=A+BC$

(3) $\overline{A}\ \overline{C}+\overline{A}\overline{B}+BC+\overline{A}\ \overline{C}\ \overline{D}=\overline{A}+BC$

(4) $BC+D+\overline{D}(\overline{B}+\overline{C})(AD+B)=B+D$

3. 用代数化简法化简下列函数为与或表达式。

(1) $F=(A+B)(\overline{A}+C)(B+C)+A\ \overline{B}$

(2) $F=\overline{B}+AB+\overline{A}$

(3) $F=\overline{(AB+C)}(A+C)$

(4) $F=\overline{(A+\overline{B}+C)(\overline{A}+\overline{C})}+BC$

4. 写出下列函数的对偶函数和反演函数。

(1) $F=[(AB+C)D+E]\overline{B}$

(2) $F=AB+(A+C)(\overline{C}+DE)$

5. 已知函数 F 的对偶函数 $F'=AB+C\ \overline{D}+\overline{BC}$，写出 F 及$\overline{F}$的代数表达式。

6. 根据函数表达式，画出对应的卡诺图。

(1) $F=\overline{A}\ B\ \overline{C}+\overline{B}\ \overline{D}$

(2) $F=A\ \overline{B}\ C\ \overline{D}+BD+A\ \overline{C}\cdot\overline{D}$

(3) $F=(\overline{B}+C+\overline{D})(A+\overline{D})$

(4) $F=(A+B+C)(B+\overline{C}+\overline{D})(\overline{A}+\overline{B}+D)$

7. 根据如图 2-24 所示的卡诺图，写出最简与或表达式。

F_1 AB \ CD	00	01	11	10
00	0	0	1	1
01	0	0	1	1
11	1	0	0	1
10	1	0	0	1

a)

F_2 AB \ CD	00	01	11	10
00	1	0	0	1
01	0	0	0	0
11	1	1	0	0
10	1	1	1	1

b)

图 2-24　习题 7 图

8. 写出函数 $F=A\overline{B}+\overline{B}(A+C)$ 的真值表。

9. 用卡诺图化简法化简下列函数，写出最简与或表达式。

(1) $F=\sum m(2,3,6,7,8,10,12,13,14,15)$

(2) $F=AB+\overline{A}C+A\overline{B}D+\overline{A}\overline{B}\overline{C}D$

(3) $F(A,B,C,D)=\sum m(1,2,6,9,10)+\sum d(5,7,14)$

(4) $F(A,B,C,D)=\prod M(0,1,2,4,6,8,9,10)\cdot D(3,5)$

10. 根据下列表达式画出对应的卡诺图，写出最简与或表达式。

(1) $F=\sum m(0,3,4,6,7,11,14)$

(2) $F=\sum m(1,5,6,12)+d(7,9,15)$

(3) $F=\prod M(0,1,4,5,13)$

(4) $F=\prod M(1,2,4,6,9,11,15)\cdot D(0,3,8,10,12)$

11. 分别用代数法和卡诺图法将下列函数化为最简与或表达式。

(1) $F=A\overline{B}+\overline{A}C+\overline{C}\overline{D}+D$

(2) $F=(A+\overline{C})(B+D)(B+\overline{D})$

12. 将 $F=A+\overline{B}+C\overline{D}$ 化为最小项之和的形式。

13. 画出下列函数的卡诺图。

(1) $F=[(A+B)\oplus C](A+\overline{D})$

(2) $F=(A\oplus B)\oplus C+A\overline{C}\cdot\overline{D}$

14. 将 $F=AB+\overline{C}D$ 化为最大项之积的形式。

15. 将 $F(A,B,C)=ABC+\overline{B}\cdot\overline{C}+\overline{A}\cdot\overline{B}C+BC$ 化为最简或与表达式。

16. 将 $F=AB+CD$ 化为与非形式。

17. 将 $F=\overline{A}C+BD$ 化为或非形式。

18. 根据表 2-24 所示的真值表，写出函数 F 的最简与或表达式。

表 2-24　真值表

A	B	C	F
0	0	0	0
0	0	1	1
0	1	0	1
0	1	1	0
1	0	0	1
1	0	1	1
1	1	0	0
1	1	1	0

19. 根据表 2-25 所示的真值表，写出函数 F 的最简与或表达式。

表 2-25　真值表

A	B	C	F
0	0	0	1
0	0	1	d
0	1	0	0
0	1	1	1
1	0	0	d
1	0	1	1
1	1	0	0
1	1	1	d

20. 请画出函数 $F = A\overline{C} + \overline{B}C$ 所对应的输入输出波形图。

21. 某电路的输入信号 A、B、C 和输出信号 F 的波形关系如图 2-25 所示，请写出输出 F 的函数表达式，并化简为最简与或表达式。

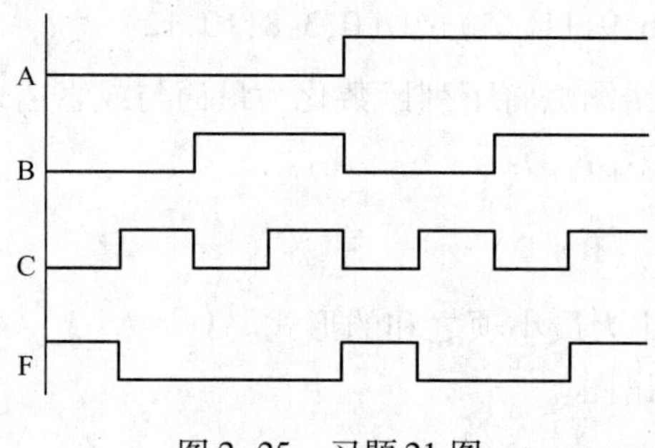

图 2-25　习题 21 图

22. 用卡诺图判断下列函数 F 和 G 的关系。

（1）$F = AB\overline{C} + \overline{A}\,\overline{B}C$，$G = A\overline{B} + BC + \overline{AC}$

（2）$F = AB + BC + AC$，$G = \overline{A}\,\overline{B} + \overline{B}\,\overline{C} + \overline{AC}$

（3）$F = (A\overline{B} + \overline{A}B)\overline{C} + \overline{(A\overline{B} + \overline{A}B)}C, G = \overline{(AB + BC + AC)}(A + B + C) + ABC$

23. 根据下面的叙述建立真值表。

（1）设有一个 3 变量逻辑函数 F(A,B,C)，当变量组合中出现偶数个 1 时，F = 1，否则 F = 0。

（2）设有一个 3 变量逻辑函数 F(A,B,C)，当变量取值完全一致时，F = 1，否则 F = 0。

（3）设有一个 4 变量逻辑函数 F(A,B,C,D)，当变量组合中有奇数个 1 时，F = 1，否则 F = 0。

24. 用卡诺图化简下列多输出逻辑函数。

（1）$F_1(A,B,C,D) = \sum m(0,2,4,5,7,8,10,13,15)$

（2）$F_2(A,B,C,D) = \sum m(0,2,5,7,8,10)$

（3）$F_3(A,B,C,D) = \sum m(2,4,6,13,15)$

第3章　集成门电路

集成门电路是数字系统的基本单元。在数字系统设计中，合理地选择逻辑门和逻辑器件是非常重要的一步，因此需要了解各种逻辑门和逻辑器件及其特性。本章首先介绍了分立元件门电路的结构和特点，然后介绍了 TTL、CMOS 等逻辑门和逻辑器件的结构、工作原理及特性参数等知识。

3.1　概述

由第2章可知，实现基本逻辑运算和常用的复合逻辑运算的电子电路称为逻辑门电路，如与门、或门、非门、与非门、或非门、与或非门、异或门和同或门等。逻辑门电路是构成数字电路的基本单元之一。

目前使用的集成门电路有以下两类：一类是用双极型晶体管构成的电路；另一类是用 MOS 管构成的集成门电路。

常用的双极型晶体管逻辑电路有以下几类。

1）晶体管－晶体管逻辑（Transistor Transistor Logic，TTL）电路。TTL 电路具有中等开关速度，每级门的传输延迟时间大约为 3 ～ 7ns（$1\ ns = 10^{-9}s$），扇出系数（带同类门的个数）一般为 8，电路的功耗较大（5 ～ 10mW）。TTL 电路的性价比较理想，在数字系统中，TTL 电路得到广泛使用。

2）射极耦合逻辑（Emitter Coupled Logic，ECL）电路。电路特点是速度快，电路速度可达 ns 量级；功耗大；负载能力强；抗干扰能力弱；具有互补输出。

双极性晶体管逻辑电路还有高阈值逻辑（High Threshold Logic，HTL）电路和集成注入逻辑（Integrated Injection Logic，I^2L）电路。

3）MOS 逻辑（Metal Oxide Semiconductor Logic，MOSL）电路，按沟道类型来分，有 N 沟道和 P 沟道；按工作类型来分，有耗尽型和增强型；按栅极材料来分，有铝栅和硅栅。

根据集成电路规模的大小，通常将它们分为小规模集成电路（Small Scale Integration，SSI）（含逻辑门数小于 10 门的集成电路）、中规模集成电路（Medium Scale Integration，MSI）（含逻辑门数 10 ～ 99 门的集成电路）、大规模集成电路（Large Scale Integration，LSI）（含逻辑门数 100 ～ 9999 门的集成电路）和超大规模集成电路（Very Large Scale Integration，VLSI）（含逻辑门数大于 10000 门的集成电路）。

3.2　正逻辑和负逻辑

如果把逻辑电路的输入、输出电压的低电平“L”赋值为逻辑“0”；把高电平“H”赋值为逻辑“1”，这种对应关系就是正逻辑关系。

如果把逻辑电路的输入、输出电压的低电平“L”赋值为逻辑“1”；把高电平“H”赋值为逻辑“0”，这种对应关系就是负逻辑关系。

对于同一电路，可以采用正逻辑，也可采用负逻辑。正负逻辑的规定不会影响逻辑电路的结构与性能好坏，但不同的规定可使同一电路具有不同的逻辑功能。

假设有一个逻辑门电路，它的两个输入端A、B中只要有一个为低电平时，输出F就为低电平；当两个输入均为高电平时，输出F为高电平。该电路的功能表如表3-1所示，如果以正逻辑关系来描述则可得如表3-2所示的真值表，根据真值表可写出输出的逻辑表达式为：$F=AB$，电路输出和输入之间为“与”运算。如果按负逻辑关系来描述，则可得如表3-3所示的真值表，根据真值表可写出输出的逻辑表达式为$F=A+B$，电路输出和输入之间为“或”运算。

表3-1　功能表

A	B	F
L	L	L
L	H	L
H	L	L
H	H	H

表3-2　正逻辑真值表

A	B	F
0	0	0
0	1	0
1	0	0
1	1	1

表3-3　负逻辑真值表

A	B	F
1	1	1
1	0	1
0	1	1
0	0	0

可见，同一个逻辑门，在正逻辑下实现的是“与”运算，而在负逻辑下实现的是“或”运算。即正逻辑的与门就是负逻辑下的或门。表3-4列出了正负逻辑下对应的门电路类型。注意本书所采用的都是正逻辑描述。

表3-4　正负逻辑所对应的逻辑门

正　逻　辑	负　逻　辑
与门	或门
或门	与门
与非门	或非门
或非门	与非门
异或门	同或门
同或门	异或门

3.3　分立元件门电路

门电路是构成逻辑系统的主要部件之一，也是由中大规模集成电路组成的数字系统和微机系统中不可缺少的电路。

3.3.1　与门

图3-1所示为一个二输入的二极管与门。二极管具有正向导通、反向截止的特性，因此由图3-1可知，当输入A、B均高电平时，二极管VD_1和VD_2截止，则输出F为“1”；

当输入 A、B 中至少有一个为低电平时，二极管 VD_1 和 VD_2 中至少有一个是导通的，使输出 F 为“0”。因此，实现了“与”逻辑功能。

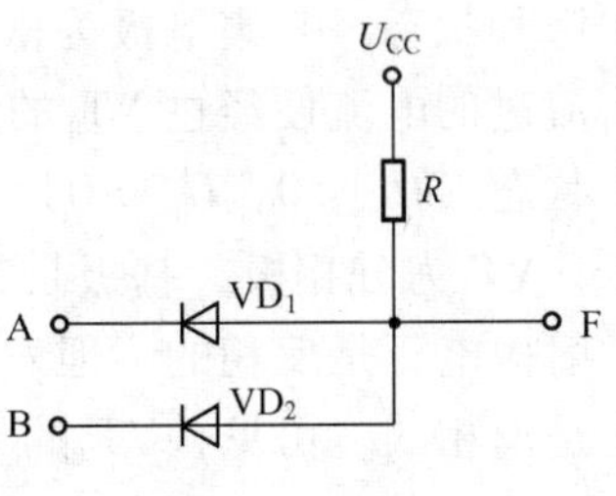

图 3-1　二极管与门

3.3.2　或门

图 3-2 所示为一个二输入的二极管或门。由图 3-2 可知，当输入 A、B 均为低电平时，VD_1 和 VD_2 截止，则输出 F 为“0”；当输入 A、B 中至少有一个为高电平时，二极管 VD_1 和 VD_2 中至少有一个是导通的，使输出 F 为“1”。因此，实现了“或”逻辑功能。

3.3.3　非门

图 3-3 所示为一个晶体管非门，也称为晶体管反相器。根据晶体管的工作特性，由图 3-3 可知，当输入 A 为高电平时，晶体管 VT 处于饱和状态（即导通），则输出 F 为“0”；当输入 A 为低电平时，晶体管 VT 处于截止状态，则输出 F 为“1”。因此，实现了“非”逻辑功能。

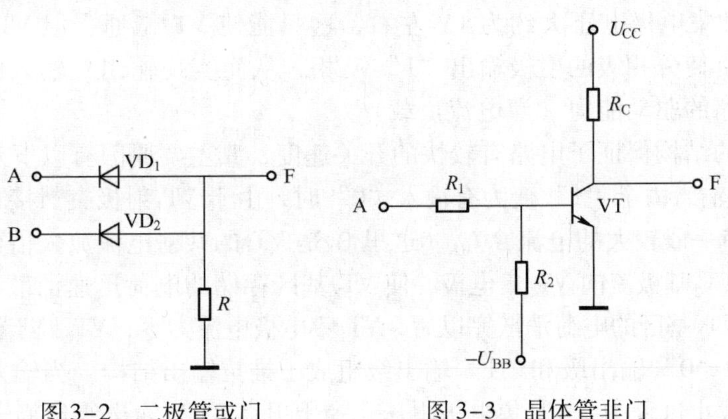

图 3-2　二极管或门　　图 3-3　晶体管非门

3.4　TTL 逻辑门电路

3.4.1　TTL 与非门

与非门是门电路中最重要的器件之一（由于它具备逻辑完备性）。图 3-4 所示是典型的与非门的电路结构图。

从图 3-4 可知，与非门的“与”功能是由多发射极晶体管 VT_1 来实现的。这里，VT_1 的发射极是“与”输入端，VT_1 的集电极是“与”输出端。若 VT_1 有一个输入为“0”，则电源经 R_1 流过的电流便经过 VT_1 的发射极流向“0”输入端，由于此时 VT_1 的集电极电流为零，所以 VT_1 处于

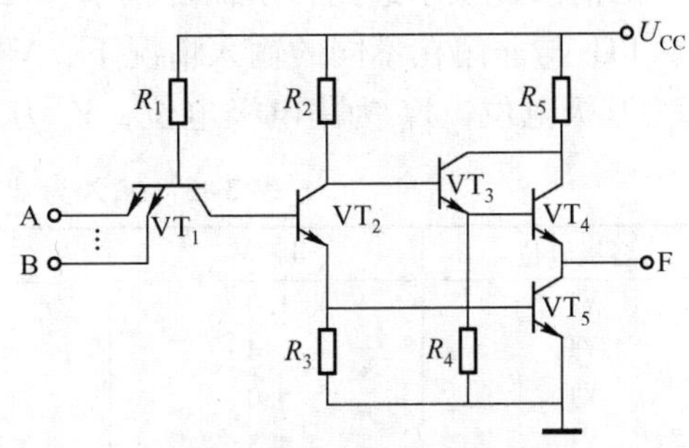

图 3-4　典型 TTL 与非门电路

深饱和状态，其集电极为低电平，“与”输出为“0”。若 VT_1 的输入均为“1”，则电源经 R_1 流过的电流便经过 VT_1 的集电极流向 VT_2 的基极，使 VT_2、VT_5 导通。此时 VT_1 处于倒置工作状态（$U_{be}<0$，$U_{bc}>0$），“与”输出等效为“1”。

VT_2 为分相极，基极是它的输入，而集电极和发射极是它的两个输出端。集电极电压和发射极电压是反相的，但发射极电压是跟随基极电压的。所以 VT_2 的集电极和发射极逻辑状态是反相的。可见，VT_2 的集电极实现“与非”逻辑，而 VT_2 的发射极实现“与”逻辑。

VT_3、VT_4 组成射极跟随电路，构成“1”输出级；VT_5（反相器）构成“0”输出级。这样 VT_3、VT_4 和 VT_5 就组成了与非门的推拉输出结构。这两个输出级分别由分相级的两个输出来驱动。

当与非门输入有一个或几个为“0”时，VT_2 和“0”输出级均截止。此时，VT_2 的集电极电压为 Ucc，使 VT_3、VT_4 组成射极跟随电路导通，从而把 VT_2 集电极的“与非”逻辑（此时为“1”）传送到与非门的输出。由于射极跟随器的输出阻抗很低，因此电路对后级负载有较强的驱动能力（拉电流负载）。

当与非门输入均为“1”时，VT_1 反向导通，VT_2、VT_5 也都导通，VT_5 处于深饱和状态。而由于此时 VT_2 的集电极电压大约为 1V 左右，这只能使 VT_3 微通，但 VT_4 是截止的。“0”输出级的作用为：使分相级的射极输出“1”反相，从而实现输出对输入的“与非”逻辑；另外就是提高电路的驱动能力（灌电流负载）。

与非门电路的结构保证了电路有较快的开关速度，其主要原因有以下几点：

1）当与非门输入由全“1”变为有输入“0”时，由于 VT_1 射极突然接“0”，使 VT_1 处于放大状态，这时有一股较大的电流 $\beta_1 I_{R1}$（这里 β_1 是 VT_1 的共射电流放大倍数，I_{R1} 是流经 VT_1 基极的电流）从 VT_2 基极流向 VT_1 集电极，使 VT_2 基区存储的电荷迅速消散，从而加快了 VT_2 截止的速度。待 VT_2 基区的电荷消散完以后，VT_1 集电极电流为零，VT_1 处于深饱和状态。

2）与非门的“0”输出级和“1”输出级组成了推拉输出结构。当输入由“1”向“0”转换时，在 VT_2 截止过程中，VT_2 集电极电压迅速上升，“1”输出级给尚未脱离饱和的 VT_5 提供较大的集电极电流，使 VT_5 集区的存储电荷迅速消散，从而使 VT_5 很快脱离饱和。此后，大部分的电流都流向与非门的输出负载电容，使输出电压迅速上升。输入由“0”向全“1”转换时，输出由“1”变为“0”，其负载电容上的电荷是通过低阻的“0”输出级 VT_5 来释放的。这使得输出电压很快降为低电平。

3）当电路输出由“0”向“1”转换时，“0”输出级的基极电阻 R_3 便为 VT_5 基区存储电荷的消散提供了通路，从而加快了 VT_5 的截止。

TTL 与非门在不同的输入情况下，VT_1 ～ VT_5 管的各极电位如表 3-5 和 3-6 所示。其中，V_b 为基极电位，V_C 为集电极电位，V_e 为发射极电位。

表 3-5　输入为“0”时 TTL 与非门的工作情况

各极电位	V_b/V	V_c/V	V_e/V	工作状态
VT_1	1.0	0.4	0.3	深饱和
VT_2	0.4	5.0	0.0	截止
VT_3	5.0	4.9	4.3	浅饱和
VT_4	4.3	4.9	3.6	放大
VT_5	0.0	3.6	0.0	截止

表 3-6　输入为全“1”时 TTL 与非门的工作情况

各极电位	V_b/V	V_c/V	V_e/V	工作状态
VT_1	2.1	1.4	3.6	倒置
VT_2	1.4	1.0	0.7	饱和
VT_3	1.0	5.0	0.3	放大
VT_4	0.3	5.0	0.3	截止
VT_5	0.7	0.3	0.0	深饱和

3.4.2　TTL 逻辑门的外特性

从应用的角度出发，TTL 逻辑门的外特性是很重要的。TTL 逻辑门的主要外部特性参数有输出逻辑电平、开门电平、关门电平、扇入系数、扇出系数、平均传输延时时间和空载功耗等。

1. 标称逻辑电平

门电路的逻辑功能是通过指定低电平表示“0”、高电平表示“1”来实现的。这种表示逻辑值“0”和“1”的理想电平值记为 $U(0)$ 和 $U(1)$，称为标称逻辑电平。标称逻辑电平分别为 $U(0)=0\ V$，$U(1)=5\ V$。

2. 开门电平 U_{ON} 和关门电平 U_{OFF}

实际门电路中，低电平或高电平都不可能是标称逻辑电平，而是偏离这一数值的一个范围内。若用 $\Delta U(0)$ 和 $\Delta U(1)$ 分别表示低、高电平的两个允许偏离值，那么低电平在 $U(0)\sim[U(0)+\Delta U(0)]$ 范围时都表示逻辑“0”，高电平在 $U(1)\sim[U(1)-\Delta U(1)]$ 范围时都表示逻辑“1”。此时电路仍能实现正常的逻辑功能。通常把表示逻辑值“0”的最大低电平 U_{OFF}（约 1 V）称为关门电平，把表示逻辑值“1”的最小高电平 U_{ON}（约 1.4 V）称为开门电平。关门电平的大小反映了低电平抗干扰能力，U_{OFF} 越大，在输入低电平时的抗干扰能力就越强。而开门电平的大小反映了高电平抗干扰能力，U_{ON} 越小，在输入高电平时的抗干扰能力越强。

3. 输出高低电平

输出低电平 U_{OL} 是指输入全为高电平时的输出电平。U_{OL} 的典型值是 0.3 V，产品规范值是 $U_{OL}\leqslant 0.4\ V$。输出高电平 U_{OH} 是指输入至少有一个为低电平时的输出电平。U_{OH} 的典型值是 3.6 V。产品规范值是 $U_{OH}\geqslant 2.4\ V$。

4. 输入高电平电流（I_{IH}）和输入低电平电流（I_{IL}）

作为负载的门电路，当某一输入端接高电平时，流入该输入端的电流称为 I_{IH}（74LS 型的约为 20 μA）。即拉出前级门电路输出端的电流。

作为负载的门电路，当某一输入端接低电平时，从该输入端流出的电流称为 I_{IL}（74LS 型的约为 0.4 mA）。即灌入前级输出端的电流。

5. 输出高电平电流（I_{OH}）和输出低电平电流（I_{OL}）

I_{OH}（74LS 型的约为 0.4 mA）是指输出高电平时流出该输出端的电流，它反映了门电路带拉电流负载的能力。

I_{OL}（74LS 型的约为 8 mA）是指输出低电平时灌入该输出端的电流，它反映了门电路带灌电流的能力。

6. 扇入系数 N_I 和扇出系数 N_O

门电路允许的输入端数目称为该门电路的扇入系数。一般门电路的扇入系数 N_I 为 1 ～ 5，最多不超过 8。实际应用中若要求门电路的输入端数目超过它的扇入系数，可使用“与扩展器”或者“或扩展器”来增加输入端的数目。也可以使用分级实现的方法来减少对门电路输入端数目的要求。若使用中所要求的输入端数比门电路的扇入系数小，可将多余输入端接 U_{CC}（与门、与非门）或接地（或门、或非门）。

门电路通常只有一个输出端，但它能与下一级的多个输入端连接。一个门的输出端所能连接的下一级门的个数称为该门电路的扇出系数。TTL 门电路的扇出系数 N_O 一般为 8。但驱动门的扇出系数可达 25。

7. 平均延迟时间 t_{pd}

平均延迟时间是反映门电路工作速度的一个重要参数。以与非门为例，在输入端加一个矩形波，则需经过一定的时间延迟才能从输出端得到一个负矩形波。输入和输出之间的关系如图 3-5 所示。若定义输入波形前沿的 50% 到输出波形前沿的 50% 之间的间隔为前沿延迟 t_{pHL}；同样定义 t_{pLH} 为后沿延迟，则它们的平均值就为 $t_{pd}=(t_{pHL}+t_{pLH})/2$，称为平均延迟时间。

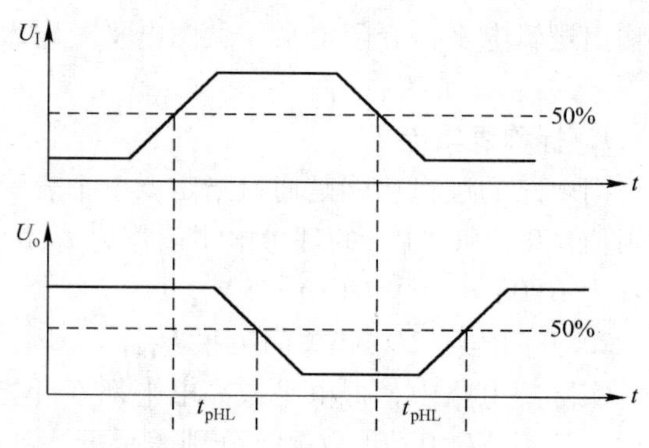

图 3-5　与非门的传输延迟时间

8. 空载功耗 P

空载功耗是当前逻辑门空载时电源总电流 I_{CC} 和电源电压 U_{CC} 的乘积。输出为低电平时的功耗称为空载导通功耗 P_{ON}，输出为高电平时的功耗称为空载截止功耗 P_{OFF}。P_{ON} 总比 P_{OFF} 大。平均功耗 $P=(P_{ON}+P_{OFF})/2$。一般 $P<50\,\mathrm{mW}$。

9. TTL 逻辑门的封装和管脚排列

图 3-6 为 TTL 与非门 74LS00、74LS30 的引脚排列图。它们都是 14 引脚，双列直插式，以集成块左边缺口为标记，14 引脚接 U_{CC}，7 号引脚接地，其余的引脚作为门电路的输入或输出。

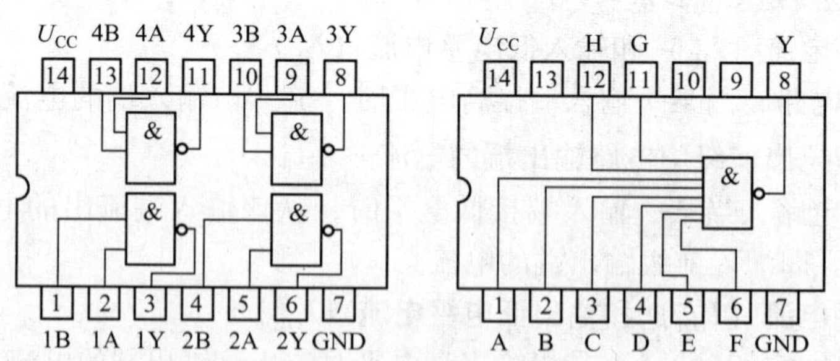

图 3-6　两种 TTL 与非门的引脚排列图

3.4.3 集电极开路输出门（OC 门）

下面以两个分立元件反相器（非门）为例来看逻辑门输出端直接相连的情况。图 3-7 给出了两个反相器输出端的连接，由图可见，当输入信号 A 或 B 处于逻辑高电平时，输出 F 为逻辑低电平。只有在 A 和 B 同时为逻辑低电平时，输出 F 才为逻辑高电平。由此可得到输出与输入的逻辑关系为 $F=F_1\cdot F_2=\overline{A}\cdot\overline{B}$。

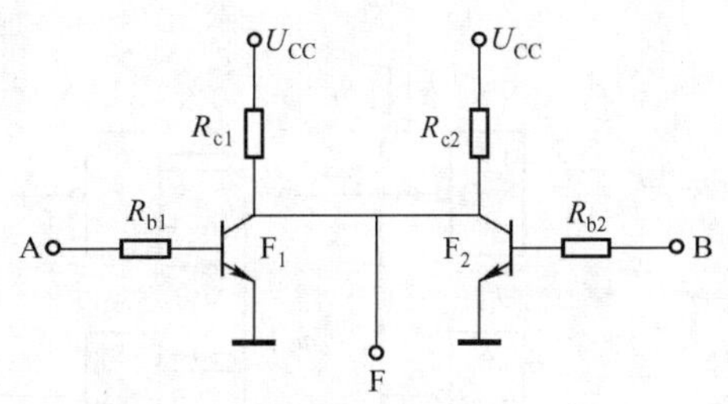

图 3-7 分立元件非门的线与

而使用推拉输出结构的逻辑门时，是不能将两个门的输出端直接连在一起的，否则会将逻辑门损坏。这是因为推拉输出结构无论门电路是处于开态还是关态，输出都呈现低阻抗，这将会有一个很大的电流流过两个门的输出级，这个电流大大超过了晶体管的允许值，而会使芯片烧坏。但 OC 门（Open Collector Gate）就可将多个门的输出相互连接组成“线与”电路。

图 3-8a 和图 3-8b 分别给出了集电极开路与非门的电路结构图和逻辑符号，逻辑符号中的菱形◇表示输出开路，下端横杠表示输出低电平时为低阻抗。下面给出 OC 门使用时需注意的问题和它的特点。

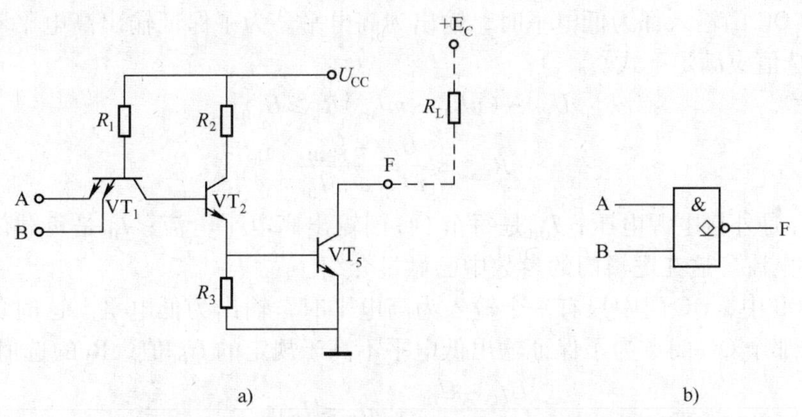

图 3-8 集电极开路与非门的电路结构和逻辑符号

1）OC 门必须外接上拉电阻 R_L 才能正常工作。

2）多个 OC 门的输出可连接在一起构成“线与”逻辑，如图 3-9 所示。

3）若改变上拉电阻连接的电源可实现电平转换。

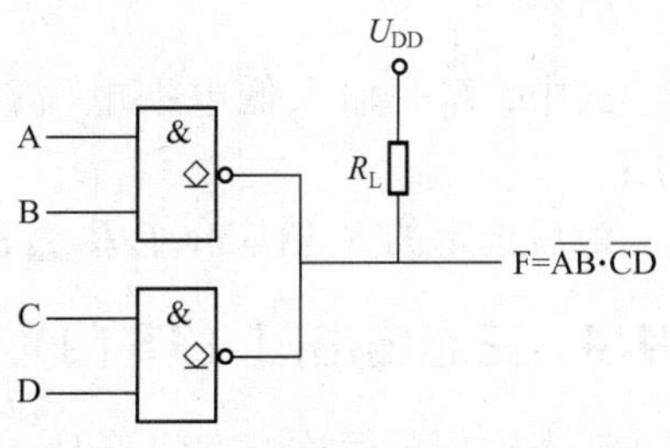

图 3-9 用 OC 门实现“线与”

图 3-9 所示是将两个 OC 结构与非门输出并联（线与）的例子，只要上拉电阻 R_L 和电源的数值选择恰当，就能够保证输出的高、低电平符合要求，而且流经输出晶体管的负载电流又不过大。由图 3-9 可知，$F=\overline{AB}\cdot\overline{CD}=\overline{AB+CD}$，这表明两个 OC 结构的与非门“线与”连接就可得到与或非的逻辑功能。

下面讨论 OC 门外接上拉电阻 R_L 的计算方法。在图 3-10a 中，假设将 n 个 OC 门的输出“线与”连接，其负载是 m 个 TTL 与非门的输入端。

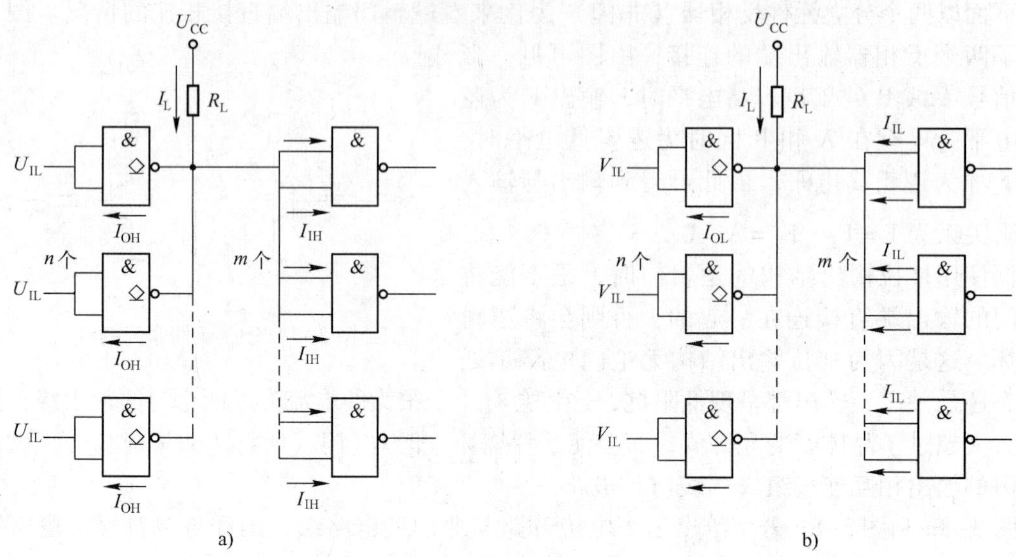

图 3-10　上拉电阻的计算

当所有的 OC 门输入都为低电平时，输出为高电平。为了保证输出高电平不低于规定的 U_{OH} 值，R_L 的选值应满足下式。

$$U_{CC}-(nI_{OH}+mI_{IH})R_L \geqslant U_{OH}$$

所以

$$R_{Lmax} \leqslant \frac{U_{CC}-U_{OH}}{nI_{OH}+mI_{IH}} \tag{3-1}$$

式中，U_{CC} 是外接电源电压；I_{OH} 是每个 OC 门输出高电平电流；I_{IH} 是负载门每个输入端的输入高电平电流。这在逻辑门的参数中已做过介绍。

在图 3-10b 中，OC 门中只有一个输入为高电平时，输出为低电平。这时负载电流全部都流入导通的那个 OC 门。为了保证输出低电平不高于规定的 U_{OL} 值，R$_L$ 的选值应满足下式。

$$\frac{U_{CC}-U_{OL}}{R_L}+mI_{IL} \leqslant I_{OL}$$

所以

$$R_{Lmin} \geqslant \frac{U_{CC}-U_{OL}}{I_{OL}-mI_{IL}} \tag{3-2}$$

式中，I_{IL} 是输入低电平电流；I_{OL} 是输出低电平电流。这些在逻辑门的参数中已做过介绍。

最后选定的 R_L 值应介于 R_{Lmax} 和 R_{Lmin} 之间。

3.4.4　三态输出门（TS 门）

三态输出门简称三态门（Three State Gate）或 TS 门。它有 3 种输出状态：输出高电平、输出低电平和输出高阻态。前两种状态为工作态时的输出，后一种状态表示该门处于禁止状态，在禁止状态下，其输出高阻态相当于开路，表示此时该门电路与其他电路的传送无关。

图 3-11a 和图 3-11b 分别给出了一个三态与非门的电路结构和逻辑符号。逻辑符号中

的三态控制端$\overline{EN}$表示$\overline{EN}=0$时该与非门处于工作态，$\overline{EN}=1$时该与非门处于高阻态。若三态控制端写成 EN，则表示 EN=1 时该与非门处于工作态，EN=0 时该与非门处于高阻态。

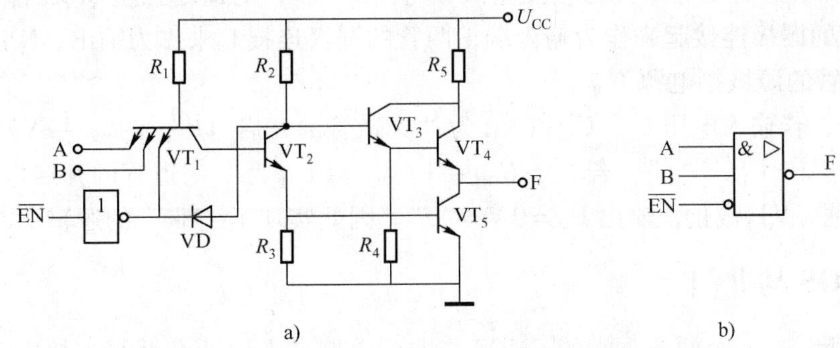

图 3-11　三态输出与非门电路结构图和逻辑符号

三态门主要用于总线传输，这既可用于单向传送，也可用于双向传送。图 3-12a 所示为用三态门构成的单向数据总线；图 3-12b 所示为用三态门构成的双向数据传送。需要注意的是，在三态门构成的数据总线中，任一时刻只允许一个门处于工作态，其余的门必须处于高阻态。这样才能保证 n 个数据的分时传送。

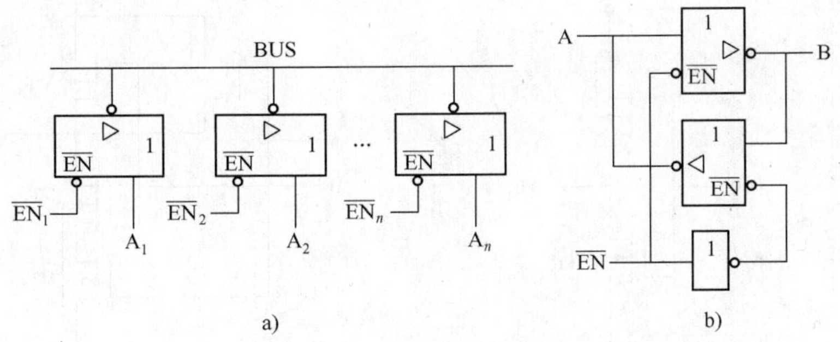

图 3-12　用三态门构成数据总线

多路数据通过三态门共享总线实现数据分时传送的方法，在计算机和数字系统中被广泛使用。

3.5　CMOS 集成逻辑门电路

以 MOS 管作为开关元件的门电路称为 MOS 门电路。由于 MOS 门电路具有制造工艺简单、集成度高、功耗小及抗干扰能力强等优点，所以在数字集成电路产品中占有相当大的比例。与 TTL 门电路相比，MOS 门电路的主要缺点是工作速度低。

MOS 门电路有 3 种类型：使用 P 沟道管的 PMOS 电路；使用 N 沟道管的 NMOS 电路；用 P 沟道管和 N 沟道管组合而成的 CMOS 电路。当前，CMOS 逻辑门是应用比较广泛的逻辑电路之一。本节仅对 CMOS 电路进行讨论。

3.5.1 CMOS 反相器（非门）

图 3-13 所示为由一个 N 沟道增强型 MOS 管和一个 P 沟道增强型 MOS 管构成的 CMOS 反相器。两管的栅极连接起来作为输入端，两管的漏极连接起来作为输出。N 沟道管的源极接地，P 沟道管的源极接电源 U_{DD}。

由图可见，若输入电压 $U_I < U_{TN}$（U_{TN}为 N 沟道管的开启电压，约为 +2 V）则 VT_1截止，T_2导通，输出 $U_O = U_{DD} =$“1”。若 $U_I > U_{DD} - |U_{TP}|$（U_{TP}为 P 沟道管的开启电压，约为 -2 V）则 VT_1导通，VT_2截止，输出 $U_O = 0\ V =$“0”。因此实现了“非”的逻辑功能。

3.5.2 CMOS 与非门

图 3-14 所示是一个两输入端的 CMOS 与非门电路，它由两个并行连接的 PMOS 管和两个串行连接的 NMOS 管构成。两个输入端均分别由一个 PMOS 和一个 NMOS 的栅极相连而得。当输入 A、B 中至少有一个为“0”时，对应的 NMOS 管中至少有一个是截止的，PMOS 管中至少有一个是导通的，输出 F =“1”；当输入 A、B 均为高电平时，NMOS 管都导通，而 PMOS 管均截止，输出 F =“0”。故该电路实现了“与非”逻辑功能。

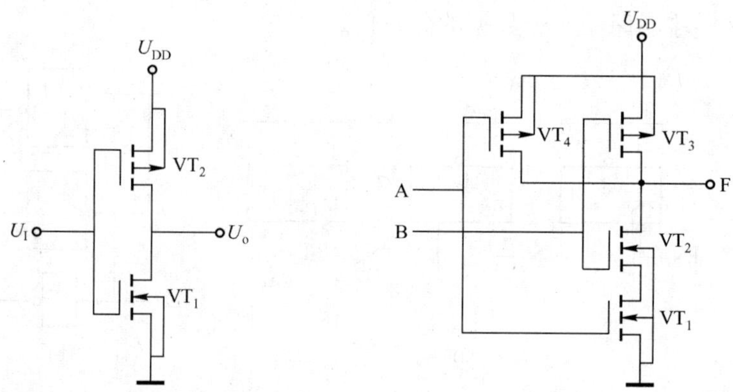

图 3-13　CMOS 反相器电路　　　图 3-14　CMOS 与非门电路

3.5.3 CMOS 或非门

图 3-15 所示是一个两输入端的 CMOS 或非门电路，它由两个并联的 NMOS 管和两个串联的 PMOS 管构成。两个输入端均分别由一个 PMOS 和一个 NMOS 的栅极相连而得。当输入 A、B 中至少有一个为“1”时，则对应的 NMOS 管中必有一个是导通的，PMOS 管中至少有一个截止，使 F =“0”；当输入 A、B 均为“0”时，NMOS 管均截止，PMOS 管均导通，使 F =“1”。故该电路实现了“或非”功能。

3.5.4 CMOS 三态门

图 3-16 所示是一个低电平使能控制的三态非门电路，该电路实际就是在 CMOS 非门的基础上增加了一个反相器、一个 NMOS 管和一个 PMOS 管构成的。当使能控制端$\overline{EN} = 0$时，VT_1和 VT_4同时导通，非门正常工作，实现 $F = \overline{A}$的功能；当使能控制端$\overline{EN} = 1$时，VT_1和

VT_4均截止，使输出呈高阻状态。

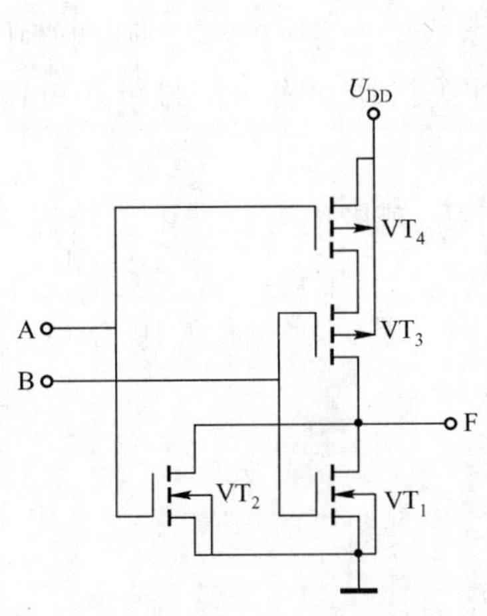

图 3-15　CMOS 或非门电路

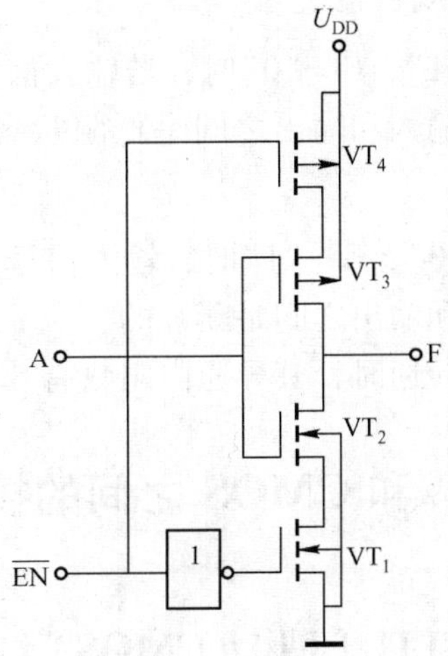

图 3-16　CMOS 三态门电路

3.5.5　CMOS 漏极开路输出门（OD 门）

图 3-17a 和图 3-17b 所示是漏极开路输出的与非门的电路结构和逻辑符号，和 OC 门一样，工作时也必须外接上拉电阻，电路才能工作，同样 OD 门也可实现“线与”，通过改变上拉电阻所接的电源也可实现电平转换。图 3-18 所示是两个 OD 门实现“线与”连接的电路图。

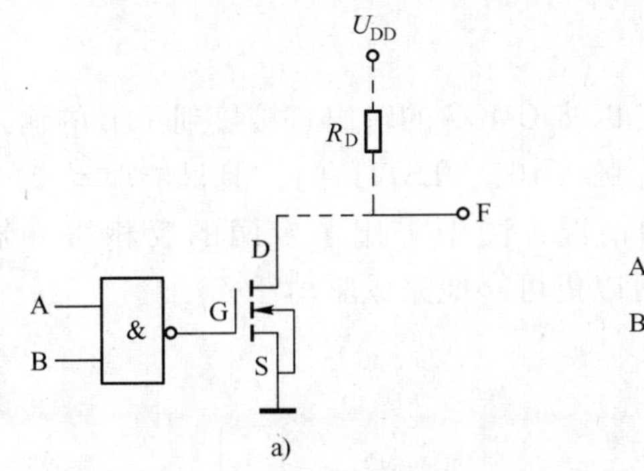

图 3-17　CMOS 漏极开路门

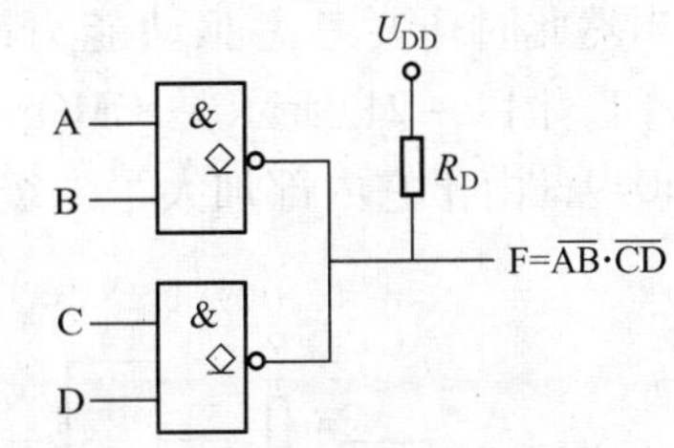

图 3-18　OD 门实现“线与”连接

3.5.6　CMOS 传输门

图 3-19a 所示是一个 CMOS 传输门的电路图，它由一个 NMOS 管和一个 PMOS 管并接而成，其逻辑符号如图 3-19b 所示。

图中，两管的源极连接在一起作为传输门的输入端，漏极连接在一起作为输出端。NMOS 管的衬底接地，PMOS 管的衬底接电源，两管的栅极分别与一对互补的控制信号 C 和$\overline{C}$相连。由于

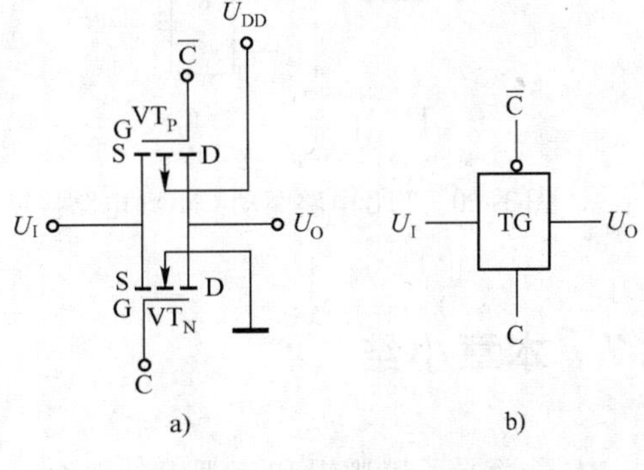

图 3-19　CMOS 传输

MOS 管的结构是对称的，所以信号可以双向传输。传输门实际是一种可以传送模拟信号和数字信号的压控开关。

当 C = “1”，$\overline{C}$ = “0”时，若输入信号 U_I在 0 V ～ U_{DD}范围内变化，则两管中至少有一个是导通的，输入和输出之间呈低阻状态，相当于开关接通，输入信号可通过传输门到达输出端。

当 C = “0”，$\overline{C}$ = “1”时，输入信号 U_I在 0 V ～ U_{DD}范围内变化，由于两管始终处于截止状态，输入和输出之间是断开的。

传输门导通时，其导通内阻只有几百欧；截止时，其关断电阻在 $10^9\Omega$ 以上。

3.6 TTL 和 CMOS 之间的接口电路

3.6.1 用 TTL 门驱动 CMOS 门

当 TTL 和 CMOS 都采用 5V 电源电压时，可以把 TTL 的输出直接接到 CMOS 的输入端，因为此时 TTL 的扇出系数是足够大的。当 U_{CC}和 U_{DD}不相等时，则可采用如图 3-20 所示的处理方法。处于接口处的 TTL 门可以采用 OC 门，利用外接上拉电阻 R_L，使输出 F_1 的高电平提升至 U_{DD}的值，便可驱动后接的 CMOS 电路。当然也可采用专用的 TTL 至 CMOS 电平转移接口电路，如 MC14504。

3.6.2 用 CMOS 门驱动 TTL 门

当 TTL 和 CMOS 采用同样的 5V 电源电压时，可以将 CMOS 的输出直接接到 TTL 的输入端，当然此时还要考虑驱动能力，一般 CMOS 可以驱动 10 个 LSTTL 门，但只能驱动 2 个 STTL 门。图 3-21 所示是 CMOS 门驱动 TTL 门的情况，图中采用了专门的反相缓冲器 MC14049，由于它内部加大了末级输出电流，因此可以更可靠地完成驱动任务。

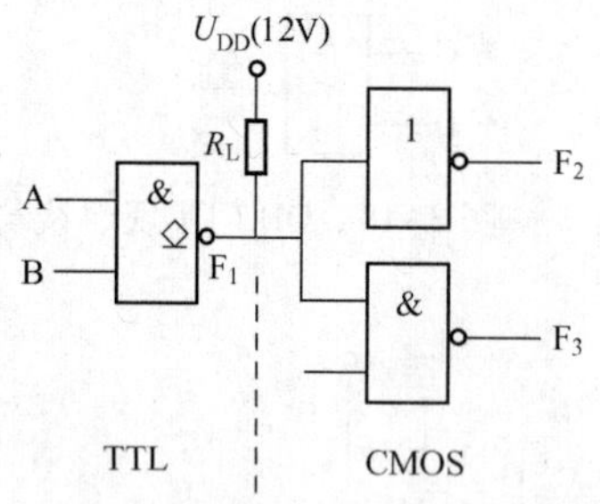

图 3-20 TTL 电路驱动 CMOS 电路接口

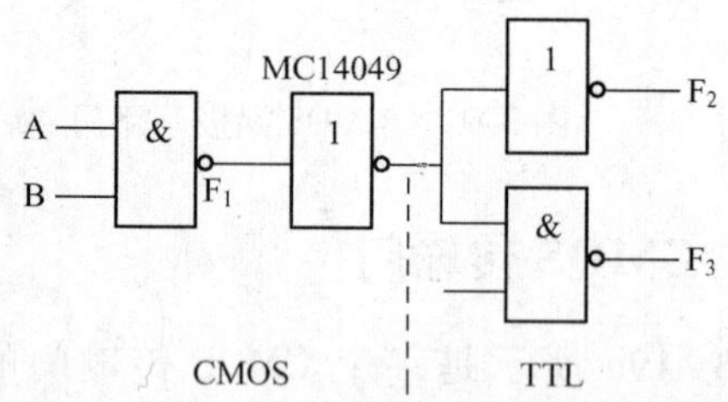

图 3-21 CMOS 电路驱动 TTL 电路接口

3.7 本章小结

本章学习了正逻辑和负逻辑的概念，介绍了数字电路中常用的各种门电路是如何用晶体管或者场效应管设计和实现的，给出了逻辑门的外特性，以及在实际工程使用时需要注意的问题。

关键知识点：

1. 正逻辑和负逻辑的概念，以及同一个电路在不同逻辑假设条件下对应的逻辑函数表达式之间的关系。

2. TTL 逻辑门电路的常见输出形式有 3 种：推拉输出、集电极开路输出（OC）和三态输出（TS），不同的输出形式在工程应用中需要注意的问题不同。

3. 与 TTL 逻辑门类似，CMOS 逻辑门电路的常见输出形式也有 3 种：推拉输出、漏极开路输出（OD）和三态门（TS）。

3.8 习题

1. TTL 与非门的主要性能参数有哪些？

2. 在 TTL 电路中，推拉输出、集电极开路输出（OC 输出）和三态输出（TS 输出）有何不同？各有何主要应用？

3. 有两个型号相同的 TTL 与非门，测得门 A 的关门电平为 1.1 V，开门电平为 1.3 V；门 B 的关门电平为 0.9 V，开门电平为 1.7 V，试问在输入相同低电平时，哪个门抗干扰能力强？在输入相同高电平时，哪个门抗干扰能力强？

4. TTL 与非门的多余输入端悬空时，该端逻辑上等效为什么电平？多余输入端应怎么处理？

5. 多个推拉输出结构的 TTL 门的输出端为什么不能直接连在一起使用？OC 门为什么可以“线与”连接？

6. 用 OC 与非门实现逻辑函数 $F=\overline{AC+BD+AB}$。

7. 试写出如图 3-22 所示的电路输出信号的逻辑函数表达式。

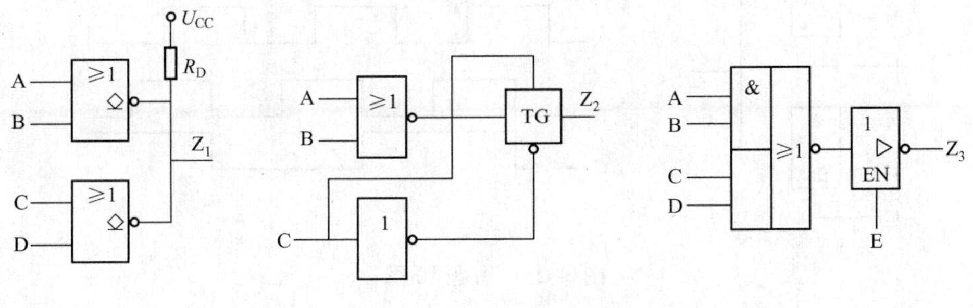

图 3-22　习题 7 图

8. 门电路如图 3-23 所示，试根据输入波形画出输出波形。

9. 门电路如图 3-24 所示，试根据输入波形画出输出波形。

10. TTL 三态门电路如图 3-25 所示，试根据输入波形画出输出波形。

11. 利用正负逻辑的置换关系，写出图 3-26 中输出端的负逻辑函数表达式。

12. 试分析如图 3-27 所示电路，哪些能正常工作，哪些不能。写出能正常工作的电路

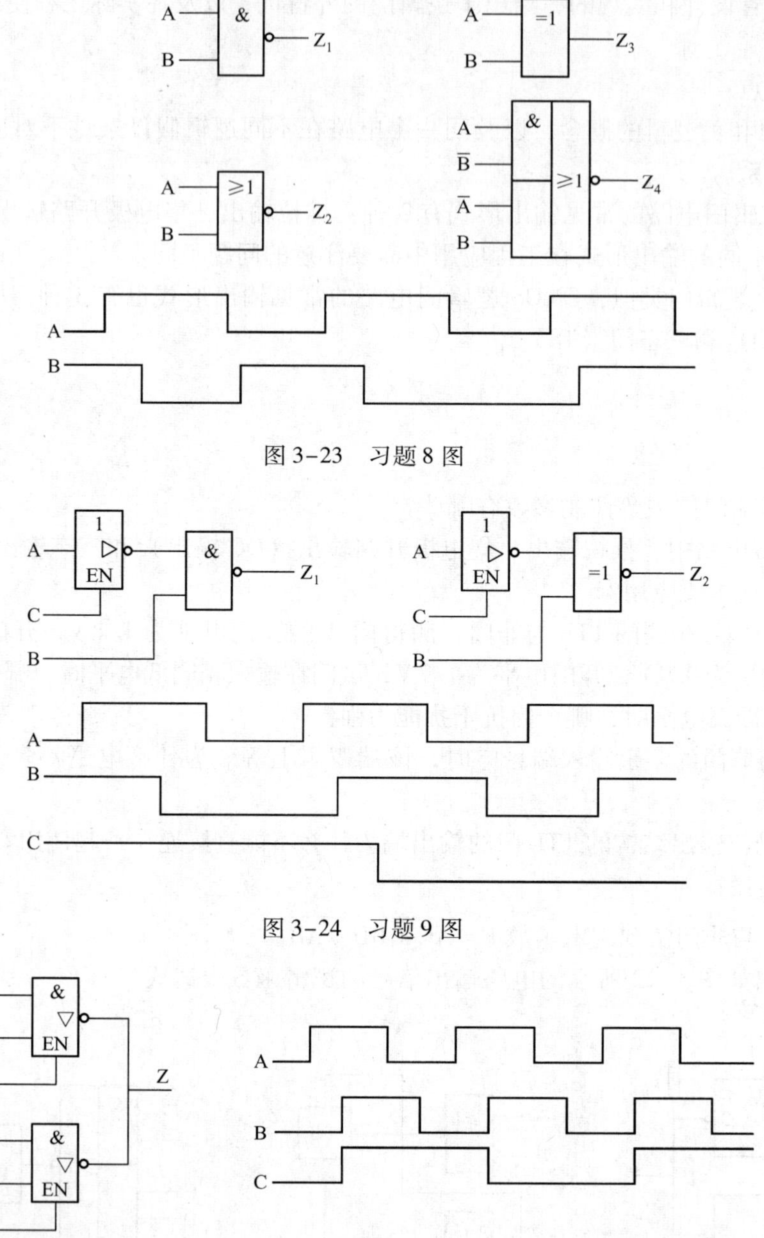

图 3-23　习题 8 图

图 3-24　习题 9 图

图 3-25　习题 10 图

输出端的逻辑函数表达式。

13. 试根据图 3-28 所示电路的输入波形画出输出 Z_1 和 Z_2 的波形。

14. 试计算如图 3-29 所示的 TTL 非门组成的环形振荡器的振荡频率，每个门的平均传输延迟时间 $t_{pd}=10\ \text{ns}$。

15. TTL 门电路如图 3-30 所示，试分析哪些电路可实现 $Z=\overline{A}$ 的功能。

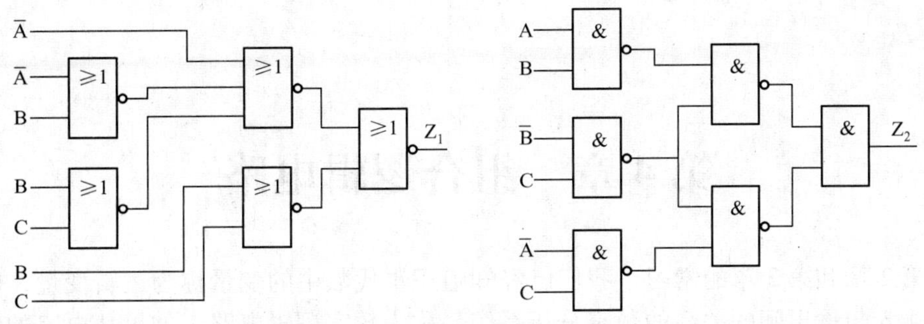

图 3-26　习题 11 图

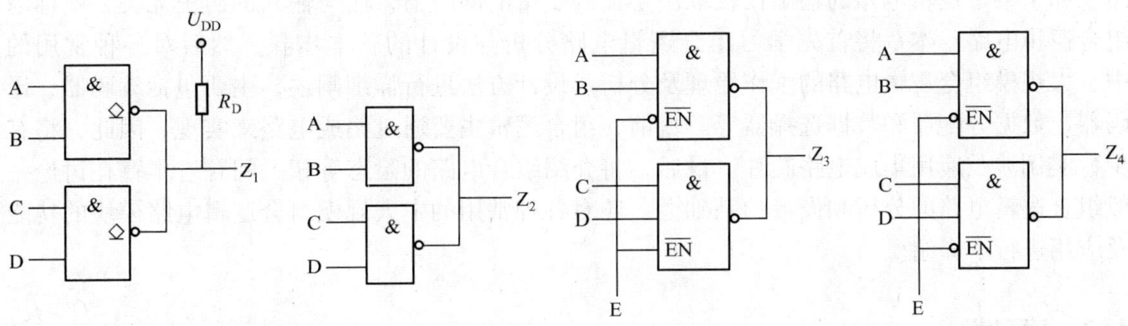

图 3-27　习题 12 图

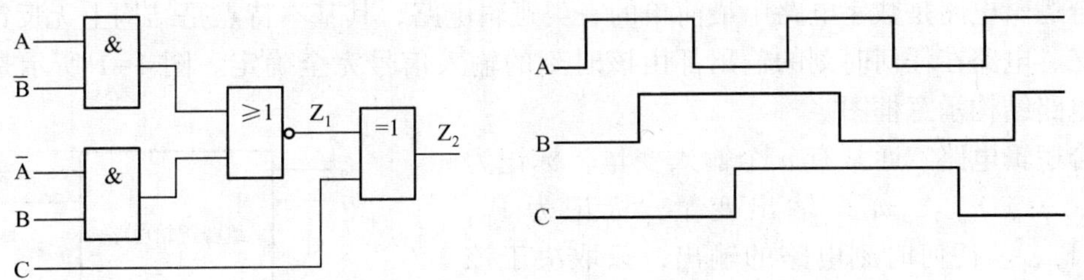

图 3-28　习题 13 图

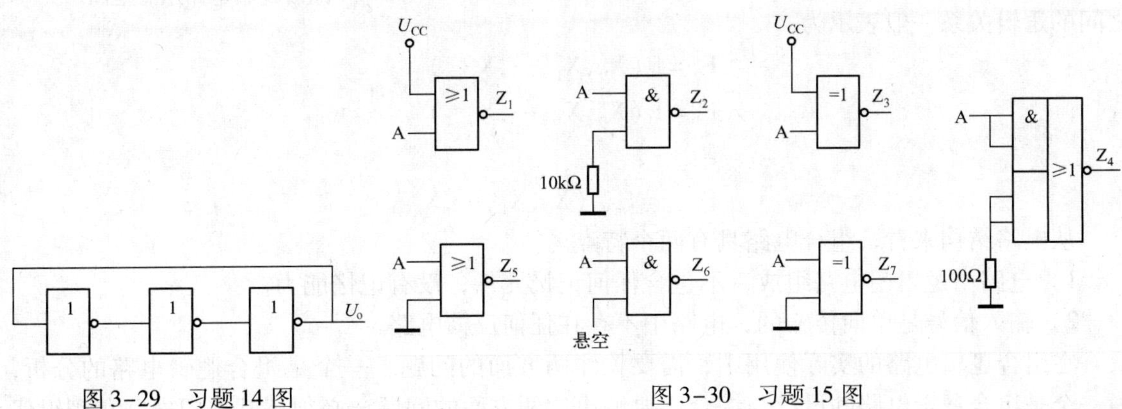

图 3-29　习题 14 图

图 3-30　习题 15 图

第4章　组合逻辑电路

通过第2章和第3章的学习，我们已经知道逻辑代数中的变量称为逻辑变量，研究逻辑变量作为输入与输出间的关系的数字分析系统，称为数字逻辑电路。如果从电路的输出对输入变量依赖关系的即时性来区分，数字系统中的逻辑电路可分为组合逻辑电路和时序逻辑电路。如果某个逻辑电路的输出仅仅取决于输入变量的即时值，而与输入的历史无关，就称为组合逻辑电路。本章将首先学习组合逻辑电路分析与设计的基本步骤，然后对各种常用的中、大规模组合逻辑电路的工作原理及分析、设计方法进行详细阐述，主要包括编码器、译码器、数据分配器和数据选择器等。目前，组合逻辑主要通过集成电路来实现，因此，将有少数实例涉及应用集成电路芯片。最后，将介绍组合电路的险态等相关问题。本章在讨论一般组合逻辑电路的分析和设计的基础上，还对各种常用的中大规模组合逻辑电路模块的功能及应用进行了介绍。

4.1　概述

组合逻辑电路是数字电路中最简单的一类逻辑电路，其基本特点是结构上无反馈、功能上无记忆、电路在任何时刻的输出都由该时刻的输入信号完全确定。图4-1所示是通用组合逻辑电路结构示意框图。

组合逻辑电路，通常有 n 个输入变量，标记为 X_0、X_1、…、X_{n-1}，m 个输出变量，标记为 F_0、F_1、…、F_{m-1}。任何时刻电路的输出，只取决于该时刻各个输入变量的取值，这样的逻辑电路就称组合逻辑电路，简称组合电路。输出变量和输入变量之间的逻辑关系一般表示为

图4-1　组合逻辑电路示意框图

$$F_0 = f_0(X_0, X_1, \cdots, X_{n-1})$$
$$F_1 = f_1(X_0, X_1, \cdots, X_{n-1})$$
$$\cdots$$
$$F_{m-1} = f_{m-1}(X_0, X_1, \cdots, X_{n-1})$$

从电路结构来看，组合电路具有两个特点。

1）电路由逻辑门电路组成，不包含任何记忆元件，没有记忆能力。

2）输入信号是单向传输的，电路中不存在任何反馈电路。

在组合逻辑电路的实际使用中，需要关注两方面的问题：一个是组合逻辑电路的分析，另一个是组合逻辑电路的设计与综合。要解决这两方面的问题，必须把基本门电路和逻辑代数的知识紧密地联系起来。对于一个已知的逻辑电路，应用逻辑函数来描述它的工作、研究它的工作特性和逻辑功能称为分析。反过来，根据逻辑要求，或者描述逻辑功能的函数，确

定用什么逻辑电路来实现其功能称为设计。显然，分析和设计是相反的过程。

组合电路的应用十分广泛。它不但能独立完成各种功能复杂的逻辑操作，而且也是时序逻辑电路的重要组成部分，因此，它在逻辑电路中占有相当重要的地位。另外，对于一些常用的组合逻辑电路，如加法器、比较器、编码器、译码器、数据选择器和数据分配器等，事实上并不需要用逻辑门来设计，因为它们有现成的模块。本章的另一个内容就是介绍各种常用的中规模组合逻辑电路（MSI）及其实现原理和应用方法。

实现组合逻辑功能的基本单元是逻辑门，因此本章将从基本逻辑门组成的组合逻辑电路出发，讨论组合逻辑电路的分析与设计方法。随着学习的深入，还会进一步剖析组合逻辑电路在实际应用中遇到的竞争、险象与优化问题。

4.2　组合逻辑电路的分析

本节主要讨论组合逻辑电路的分析方法，虽然目前中大规模集成电路发展较快，人们也不再单纯地用门电路来组成复杂的数字系统，但是门电路是构成中大规模集成电路的基础，而且门电路作为一种基本的逻辑元件，仍是各种数字系统中不可缺少的组成部分。因此，详细讨论由门电路组成的组合逻辑电路仍然很有必要。

4.2.1　组合电路的分析步骤

组合逻辑电路分析的基本目的，就是要通过分析，导出给定电路输出变量与输入变量之间的逻辑关系，并确定电路的逻辑功能。组合逻辑电路是由基本逻辑门构成的，根据其电路特点，没有反馈路径和存储单元，所以从输入端出发，逐级分析每个点的逻辑运算，并写出逻辑表达式并不困难。

对于逻辑门构成的组合逻辑电路，其分析过程通常包含以下几个步骤：

1）根据给定的逻辑图，写出输出函数逻辑表达式。

2）根据已写出的输出函数逻辑表达式，列出真值表。

3）根据逻辑表达式或真值表，判断电路的逻辑功能。

在第一步中，根据所给电路写出的函数表达式，可能并不是最简表达式，为了便于分析，通常要对逻辑函数进行化简。

以上是逻辑组合电路的一般分析步骤，在实际工作中，一些复杂电路的分析还需借助分析者的实际工作经验。所以，只有多接触实际，分析起来才能得心应手。

4.2.2　组合电路的分析举例

【例 4-1】 分析如图 4-2 所示的电路。

该电路是由 4 个与非门构成的三级门电路结构。组合逻辑电路中的“级”数，是指从某一输入信号发生变化，到引起输出也发生变化，而经历的逻辑门的最大数目。在图 4-2 中，第一个与非门是第 1 级，并列的两个与非门是第 2 级，最后一个与非门是第 3 级。该电路的具体分析如下。

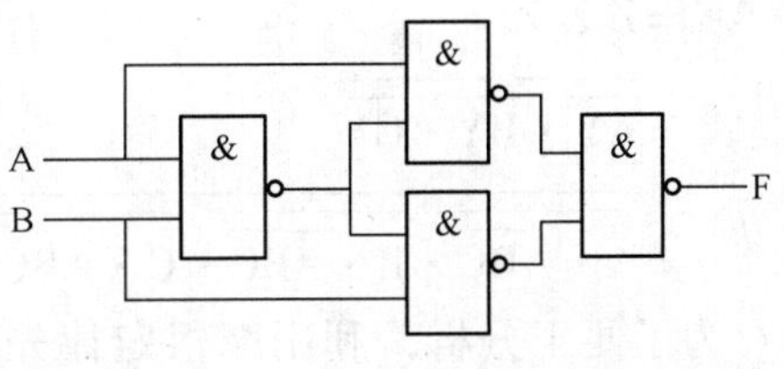

图 4-2 【例 4-1】的逻辑电路

解：

该电路有两个输入变量 A、B 和一个输出变量 F。F 的逻辑表达式为

$$F=\overline{\overline{\overline{AB}\cdot A}\cdot\overline{\overline{AB}\cdot B}}$$

进行化简得

$$F=\overline{AB}\cdot A+\overline{AB}\cdot B=(\overline{A}+\overline{B})A+(\overline{A}+\overline{B})B=A\overline{B}+\overline{A}B=A\oplus B$$

由化简后的表达式可见，该电路能实现异或门的功能。

【例 4-2】试分析如图 4-3 所示的电路。

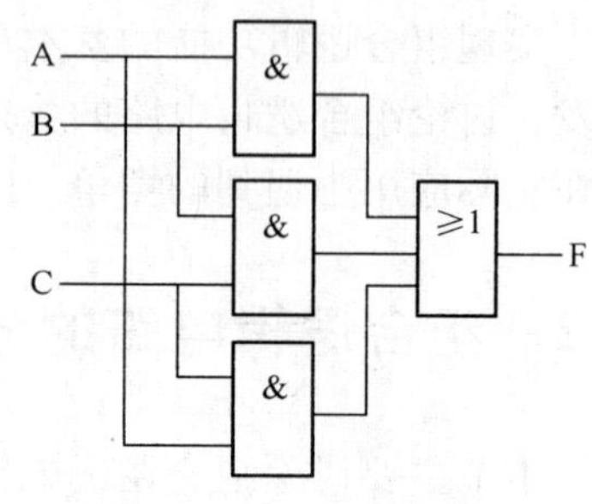

图 4-3 【例 4-2】的逻辑电路

解：

1）写出输出函数的逻辑表达式。电路有三个输入变量 A、B、C 和一个输出变量 F。F 的逻辑表达式为：

$$F=AB+BC+AC$$

2）根据 F 表达式，列出其真值表，如表 4-1 所示。

表 4-1 【例 4-2】真值表

A	B	C	F
0	0	0	0
0	0	1	0
0	1	0	0
0	1	1	1
1	0	0	0
1	0	1	1
1	1	0	1
1	1	1	1

3）分析逻辑功能。由真值表可知，在 3 个输入变量中，只要有两个或两个以上的输入变量为 1，则输出 F=1，否则 F=0。可见电路的功能实质上是对“多数”作判决。如果将 A、B、C 分别看做是 3 个人对某一个提案的表决，“1”表示赞成，“0”表示反对；将函数 F 看作是对该提案的表决结果，“1”表示该提案获得通过，“0”表示该提案未获得通过。所以，该电路称为“多数表决电路”。

【例 4-3】试分析如图 4-4 所示的电路。

解：

1）电路有 3 个输入变量 A、B、C 和 1 个输出变量 F。F 的逻辑表达式为

$$\begin{aligned}F&=\overline{Z_1Z_2Z_3}\\&=\overline{\overline{AY}\cdot\overline{BY}\cdot\overline{CY}}\\&=\overline{\overline{A\cdot\overline{ABC}}\cdot\overline{B\cdot\overline{ABC}}\cdot\overline{C\cdot\overline{ABC}}}\end{aligned}$$

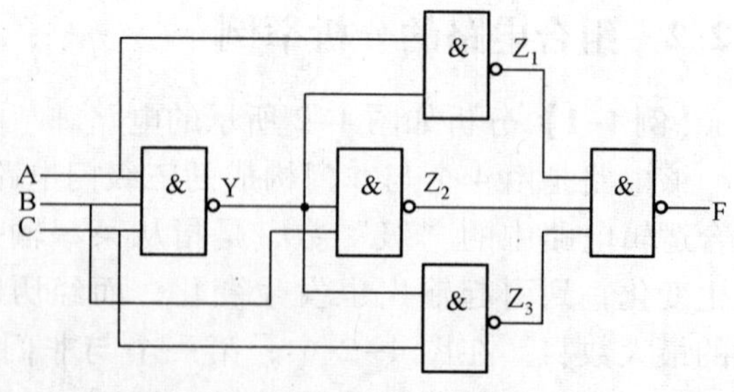

图 4-4 【例 4-3】的逻辑电路

为了便于分析，利用摩根定律先将 F 展成最小项表达式。

$$
\begin{aligned}
F &= A\cdot\overline{ABC}+B\cdot\overline{ABC}+C\cdot\overline{ABC}\\
&=\overline{ABC}(A+B+C)\\
&=\overline{ABC}\cdot\overline{\overline{A}\cdot\overline{B}\cdot\overline{C}}
\end{aligned}
$$

2）再根据最小项表达式列出真值表，如表 4-2 所示。

表 4-2 【例 4-3】真值表

A	B	C	F
0	0	0	0
0	0	1	1
0	1	0	1
0	1	1	1
1	0	0	1
1	0	1	1
1	1	0	1
1	1	1	0

3）由真值表可看出，ABC = 000 或 ABC = 111 时，F = 0；A、B、C 取值不全相同时，F = 1。故这种电路称为“不一致”电路。

注意：分析组合逻辑电路的目的是确定它的逻辑功能。而一个组合逻辑电路的逻辑功能可以用多种形式来描述，如逻辑函数表达式、真值表、时序图和文字叙述等。其中，用真值表反映逻辑功能最直观、最全面。所以，组合逻辑电路分析的最后一步在没有特殊要求的情况下通常要列出真值表。

【例 4-4】 已知如图 4-5a 所示的电路的输出 F = (A + B)(B + C)，图 4-5b 所示是该电路的真值表，但经安装后，测量的结果是 F′，试诊断其故障所在。

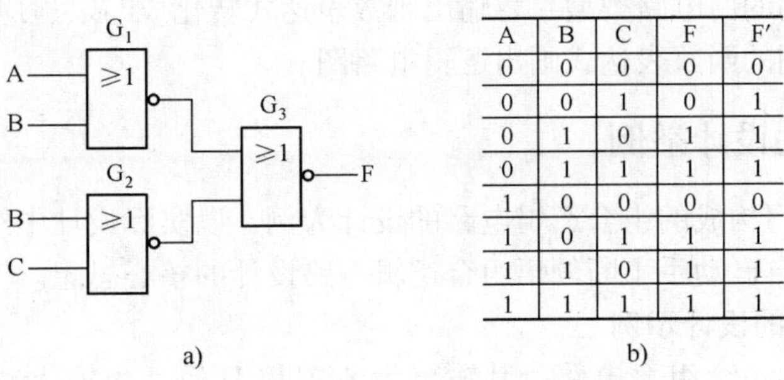

A	B	C	F	F′
0	0	0	0	0
0	0	1	0	1
0	1	0	1	1
0	1	1	1	1
1	0	0	0	0
1	0	1	1	1
1	1	0	1	1
1	1	1	1	1

图 4-5 【例 4-4】电路的故障分析

a）电路原理图 b）电路对应的真值表

解：

由真值表可见，测得的 F′有 0 也有 1，故可判断门 G3 输出端是无故障的。

当输入 ABC 为 001 时，F′ 为 1，而不是 F 应得到的 0，说明电路存在故障，从输出反推，因 F′ = 1 说明门 G3 的两个输入均为 0；但从输入看，门 G2 的输出是 0，而门 G1 的输出应为 1。所以，可以认为是门 G1 ～ G3 的连线可能发生了短路到地的故障。

4.3 组合逻辑电路的设计

组合逻辑电路的设计，涵盖了实现功能需求并尽可能最优化的要求。它是按给定的逻辑问题，运用相应的逻辑设计方法和逻辑器件，设计出符合要求的逻辑电路，再根据工业和实际的最佳设计要求，尽可能去优化它。逻辑电路设计是分析的逆过程，对电路设计的基本要求是功能正确，所用元件最少。因此，本章将对电路设计的优化问题进行专门讨论和分析。

4.3.1 组合电路的设计步骤

组合电路的逻辑功能可以采用硬件逻辑方式，即采用基本逻辑门、中规模集成组件或专用集成电路 ASIC 等数字器件来实现；也可采用程序逻辑方式，即用某一种硬件编程语言，使用计算机实现其逻辑功能。组合电路的设计的方法灵活多样，同一个问题，由不同的设计者设计，或采用不同的设计步骤，不同的元器件，则设计结果也不相同。但不管怎样变化，最终得到的逻辑功能一定是相同的。

用逻辑门设计组合逻辑电路时，一般需要经过以下几个步骤。

1. 进行逻辑抽象

1）分析设计要求，确定输入、输出及它们之间的关系。

2）用英文字母表示输入变量和输出变量。

3）状态赋值，即用 0 和 1 表示输入和输出的有关状态。

4）根据功能要求列出待设计的电路的真值表。

2. 进行化简

根据实际情况用卡诺图法或公式法进行化简。

3. 画逻辑电路

1）根据要求使用的门电路类型，将输出函数表达式转化成与之适应的形式。

2）根据最后得到的函数表达式画出逻辑电路图。

4.3.2 组合电路的设计举例

这里以基本逻辑门构成的组合逻辑电路的设计为例，以实际设计中经常遇到的几类典型问题为样本，让读者自己动手不断领悟组合逻辑电路设计的核心思想。

1. 基本逻辑电路的设计示例

【例 4-5】 试设计一个组合电路，其输出为 8421BCD 码。当输入对应的十进制数 $3 \leqslant X \leqslant 6$ 时，电路有指示。分别用与非门和或非门实现，允许有反变量输入。

解：

设 8421BCD 码输入变量为 A、B、C、D，其中 A 为最高有效位。设输出指示变量为 F，且规定 $3 \leqslant X \leqslant 6$ 时 $F=1$，否则 $F=0$。根据题意，可列出该电路的真值表，如表 4-3 所示。

F 的卡诺图如图 4-6 所示。由于用“与非”门实现需圈“1”，而用“或非”门实现需圈“0”。故用两个卡诺图给出示范。求出最简与或式和最简或与式后，可以用摩根定律将其变换为“与非 - 与非”式和“或非 - 或非”式，然后就可以实现用相应的逻辑门来实现。

表 4-3 【例 4-5】的真值表

A	B	C	D	F	A	B	C	D	F
0	0	0	0	0	1	0	0	0	0
0	0	0	1	0	1	0	0	1	0
0	0	1	0	0	1	0	1	0	d
0	0	1	1	1	1	0	1	1	d
0	1	0	0	1	1	1	0	0	d
0	1	0	1	1	1	1	0	1	d
0	1	1	0	1	1	1	1	0	d
0	1	1	1	0	1	1	1	1	d

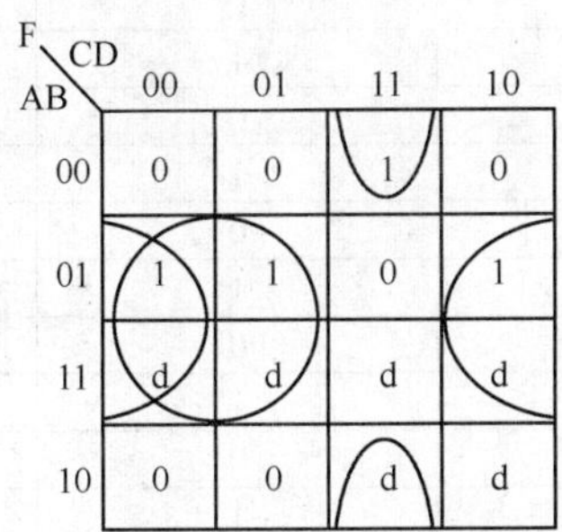

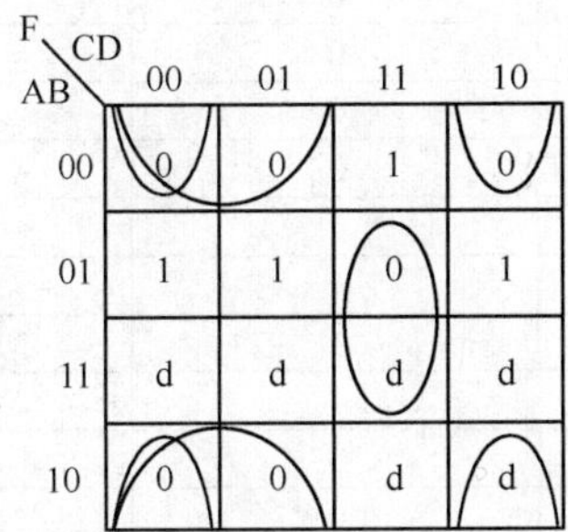

图 4-6 【例 4-5】的卡诺图

从图 4-6 可读出 F 的最简或与表达式为 $F=\overline{B}CD+B\overline{C}+B\overline{D}$

利用摩根定律对其变换得 $F=\overline{\overline{\overline{B}CD+B\overline{C}+B\overline{D}}}=\overline{\overline{\overline{B}CD}\cdot\overline{B\overline{C}}\cdot\overline{B\overline{D}}}$

由此得到用与非门实现的电路如图 4-7 所示。

从图 4-6 可读出的最简或与表达式为 $F=(B+D)(B+C)(\overline{B}+\overline{C}+\overline{D})$，利用摩根定律对其变换得 $F=\overline{\overline{(B+D)(B+C)(\overline{B}+\overline{C}+\overline{D})}}=\overline{\overline{(B+D)}\cdot\overline{(B+C)}\cdot\overline{(\overline{B}+\overline{C}+\overline{D})}}$

由此得到用或非门实现的电路如图 4-8 所示。

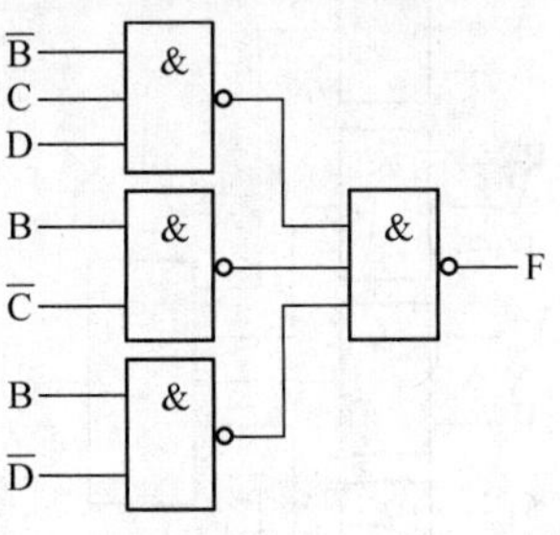

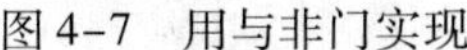

图 4-7 用与非门实现

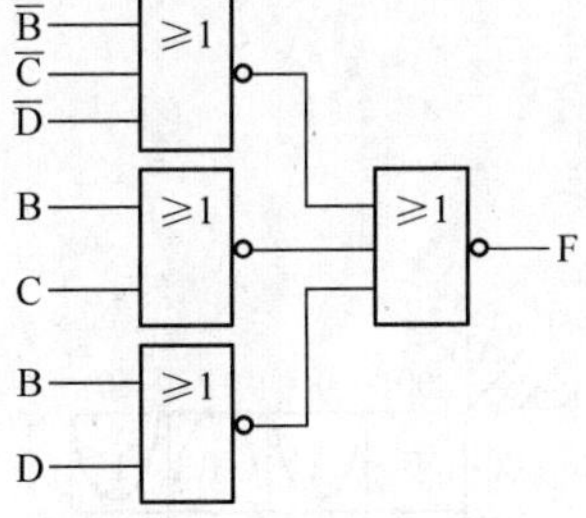

图 4-8 用或非门实现

【例 4-6】 某多功能逻辑运算电路的功能表如表 4-4 所示。该电路具有功能选择开关 K1、K0，两个输入变量 A、B，一个输出变量 F。在 K1、K0 的控制下按表 4-4 所示的功能进行逻辑运算。试用逻辑门设计该电路。

表 4-4 【例 4-6】的功能表

K_1	K_0	F
0	0	$A+B$
0	1	AB
1	0	$A\oplus B$
1	1	$\overline{AB}$

解：

根据功能表可得对应的真值表如表 4-5 所示。

表 4-5 【例 4-6】的真值表

K_1	K_0	A	B	F
0	0	0	0	0
0	0	0	1	1
0	0	1	0	1
0	0	1	1	1
0	1	0	0	0
0	1	0	1	0
0	1	1	0	0
0	1	1	1	1
1	0	0	0	0
1	0	0	1	1
1	0	1	0	1
1	0	1	1	0
1	1	0	0	1
1	1	0	1	1
1	1	1	0	1
1	1	1	1	0

根据真值表得到的卡诺图如图 4-9 所示。

经化简后可得

$$F=\overline{K_0}\,\overline{A}B+\overline{K_1}AB+\overline{K_0}A\overline{B}+K_1A\overline{B}+K_1K_0\overline{A}$$

据此可得如图 4-10 所示的电路图。

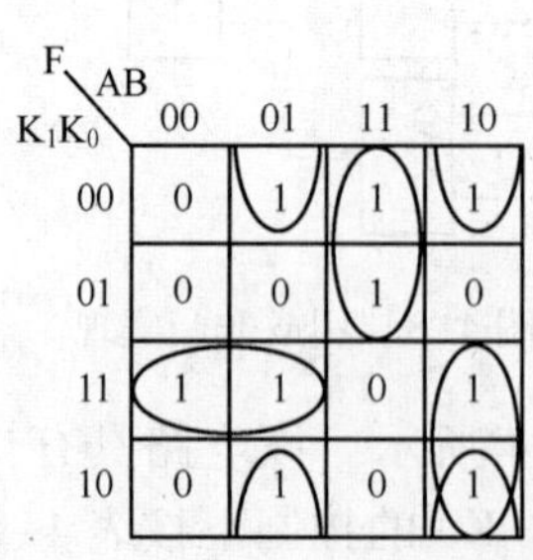

图 4-9 【例 4-6】的卡诺图

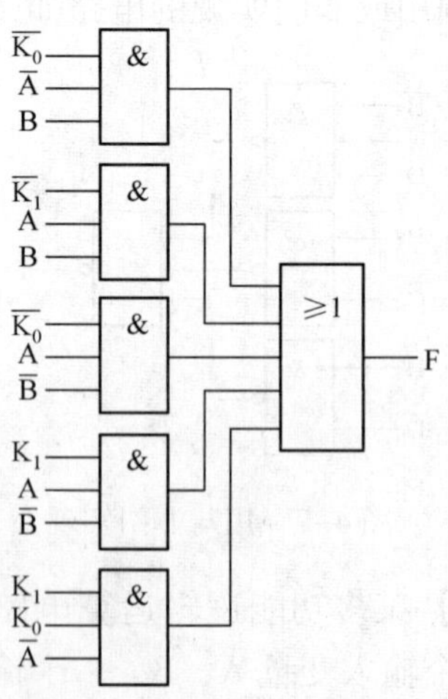

图 4-10 【例 4-6】的电路图

2. 多输出逻辑电路设计实例

【例 4-7】 某飞机有 3 台发动机，当其中任何一台运转时，用点亮一盏绿灯 G 来指示。当其中任意两台同时运转时，用点亮一盏红灯 R 来指示。当 3 台同时运转时，用红、绿灯均点亮来指示。试设计一个组合电路来实现其功能，要求用最少的逻辑门。

解：

设用 A、B、C 表示 3 台发动机，当发动机运转时用“1”表示，不运转时用“0”表示。灯亮用“1”表示，灯灭用“0”表示。由此列出电路的真值表如表 4-6 所示。

表 4-6 【例 4-7】的真值表

A	B	C	G	R
0	0	0	0	0
0	0	1	1	0
0	1	0	1	0
0	1	1	0	1
1	0	0	1	0
1	0	1	0	1
1	1	0	0	1
1	1	1	1	1

G 和 R 的卡诺图如图 4-11 所示。由于需用最少的逻辑门来实现，同时该逻辑需求是多输出函数 G 和 R，故应用第 2 章讲到的“多输出逻辑函数的化简”方法，充分利用各函数直接可共享的部分（公共项）。具体化简和操作如下。

从图 4-11 可读出 G、R 为

$$G = \overline{A}\,\overline{B}C + \overline{A}B\overline{C} + A\overline{B}\,\overline{C} + ABC$$

$$= \overline{A}(B \oplus C) + A(\overline{B \oplus C}) = A \oplus B \oplus C$$

$$R = BC + A\overline{B}C + AB\overline{C} = BC + A(B \oplus C)$$

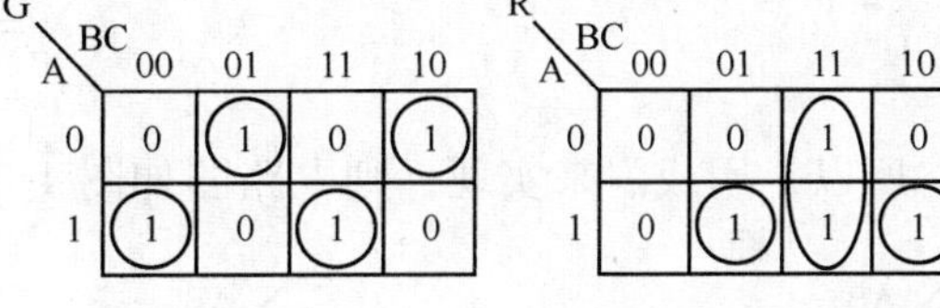

图 4-11　例 4-7 的卡诺图

由此得到的电路图如图 4-12 所示。

【例 4-8】 有一个操作码生成器，如图 4-13 所示。当按下 +、- 和 × 这 3 个操作键时，分别产生加法操作码 01、减法操作码 10，以及乘法操作码 11。试设计一个组合电路来实现其电路功能，要求用最少逻辑门。

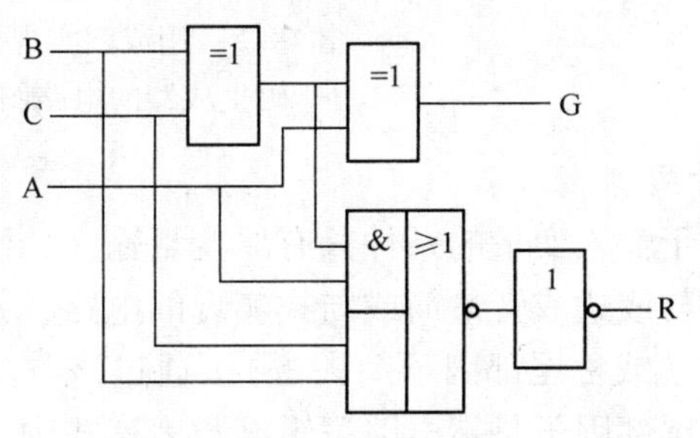

图 4-12 【例 4-7】的电路图

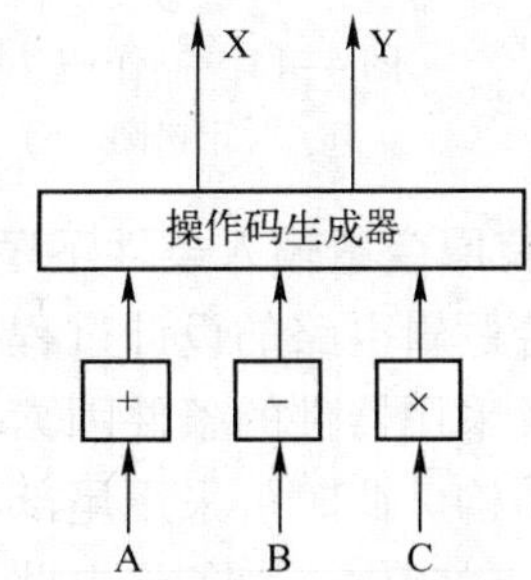

图 4-13　操作码生成器框图

解：

根据题意，将 3 个输入键 +、- 和 × 对应的 3 个变量分别用 A、B、C 来表示，将输出对应操作码的输出函数，分别用 X 和 Y 表示。当按下某一按键时，相应输入变量的取值为 1，否则取值为 0。X、Y 分别对应 01、10 和 11 的高位和低位。在正常操作下，每次只允许按下一个键，不允许同时按两个或两个以上的按键。因此 A、B、C 这 3 个变量中同时有两个或两个以上取值为 1 的情况，就作为随意项处理。由此列出电路真值表如表 4-7 所示。

表 4-7 【例 4-8】的真值表

A	B	C	X	Y
0	0	0	0	0
0	0	1	1	1
0	1	0	1	0
0	1	1	d	d
1	0	0	0	1
1	0	1	d	d
1	1	0	d	d
1	1	1	d	d

由真值表写出函数表达式

$$X = \sum m(1,2) + \sum d(3,5,6,7)$$

$$Y = \sum m(1,4) + \sum d(3,5,6,7)$$

则卡诺图如图 4-14 所示。

由卡诺图化简得：

$$X = B + C$$

$$Y = A + C$$

所以，用或门来实现，则电路图如图 4-15 所示。

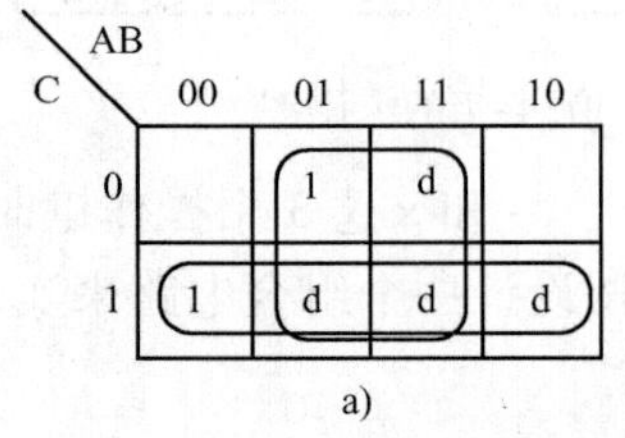

图 4-14 操作码生成器卡诺图
a）X 卡诺图 b）Y 卡诺图

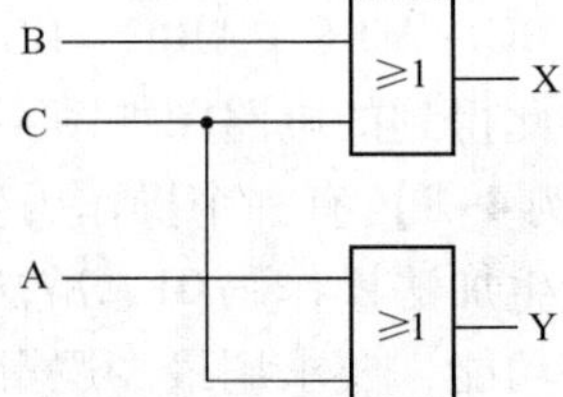

图 4-15 用或门实现操作码生成器的电路图

3. 只有原变量输入条件下逻辑电路设计实例

在组合逻辑电路的设计过程中，有时由于输入变量的条件只有原变量输入，没有反变量输入，以及采用器件的条件因素，采用最简与或式或者最简或与式实现的电路，并不一定是最佳电路结构。此时可采用尾部因子替代法（或称尾部因子消去法），通过该方法，在逻辑函数的化简过程中，力争将电路达到最优。尾部因子是指电路逻辑函数表达式中，乘积项中带非号部分的因子。尾部因子替代法的具体原理和操作通过下例来阐释。

【例 4-9】 试设计一个三位二进制数的判别电路，当对应的二进制数 $3 \leqslant X \leqslant 6$ 时，函数 $F=1$，否则 $F=0$。输入无反变量提供，试用最少的与非门实现该电路。

解：

根据题意列出的真值表如表 4-8 所示。

表 4-8 【例 4-9】的真值表

A	B	C	F
0	0	0	0
0	0	1	0
0	1	0	0
0	1	1	1
1	0	0	1
1	0	1	1
1	1	0	1
1	1	1	0

根据此真值表得到的卡诺图如图 4-16 所示。

经化简后可得

$$F = A\overline{B} + A\overline{C} + \overline{A}BC$$

合并前两项中的头部（原变量部分）得

$$F = A(\overline{B} + \overline{C}) + \overline{A}BC = A\overline{BC} + \overline{A}BC$$

将头部（原变量部分）插入尾部（反变量部分）中可得

$$F = A\overline{ABC} + BC\overline{ABC}$$

将等式化为可用与非门实现的形式

$$F = A\overline{ABC} + BC\overline{ABC} = \overline{\overline{A\overline{ABC} + BC\overline{ABC}}} = \overline{\overline{A\overline{ABC}}\;\overline{BC\overline{ABC}}}$$

据此得到的电路如图 4-17 所示。

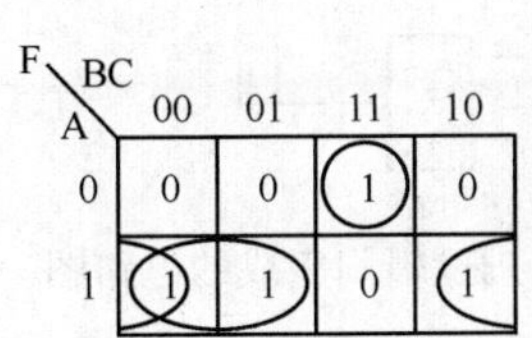

图 4-16 【例 4-9】的卡诺图

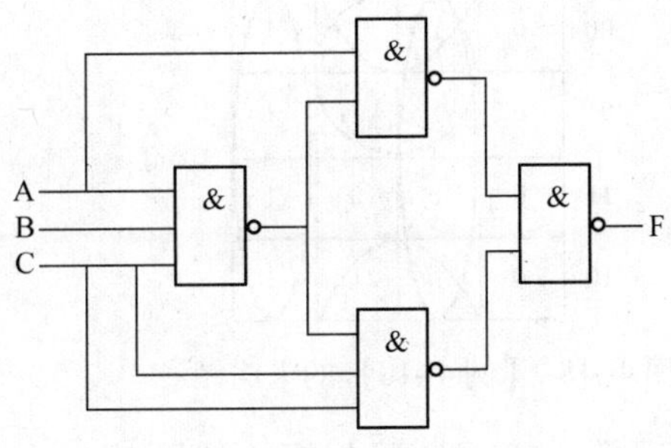

图 4-17 【例 4-9】的电路图

根据上例可以总结出，不能提供反变量时由与非门实现逻辑函数的方法如下：

1）求出函数的最简与或表达式。

2）合并头部（原变量部分）相同的逻辑与项。

3）将头部插入尾部（逻辑与项中的反变量部分），得到合适的尾部因子。

4）求得的尾部因子最好能被多个头部所共享（如【例 4-9】中的$\overline{ABC}$）。

5）利用摩根定律将函数变换为“与非 - 与非”的形式。

同样，可以得到不能提供反变量时由或非门实现逻辑函数的方法：

1）求出函数的最简或与表达式。

2）合并头部（原变量部分）相同的逻辑或项。

3）将头部插入尾部（逻辑或项中的反变量部分），得到合适的尾部因子。

4）求得的尾部因子最好能被多个头部所共享。

5）利用摩根定律将函数变换为“或非－或非”的形式。

【例 4-10】 在只有原变量输入，没有反变量输入的条件下，用与非门实现下列函数。

$$F(A,B,C,D)=\sum m(4,5,6,7,8,9)$$

解：

用卡诺图对上述函数 F（A，B，C，D）进行化简，如图 4-18 所示。

化简结果为

$$F=\overline{A}B+A\overline{B}+B\overline{C}+A\overline{D}$$

两次求反得

$$F=\overline{\overline{\overline{A}B}\;\overline{A\overline{B}}\;\overline{B\overline{C}}\;\overline{A\overline{D}}}$$

如果既有原变量，又有反变量输入，则该函数只需要 5 个与非门即可完成功能需求。但这里没有反变量输入，则$\overline{A}$、$\overline{B}$、$\overline{C}$、$\overline{D}$需用 4 个反相器完成，所以其逻辑电路如图 4-19 所示，电路为 3 级门电路结构，共需 9 个基本逻辑门来实现。

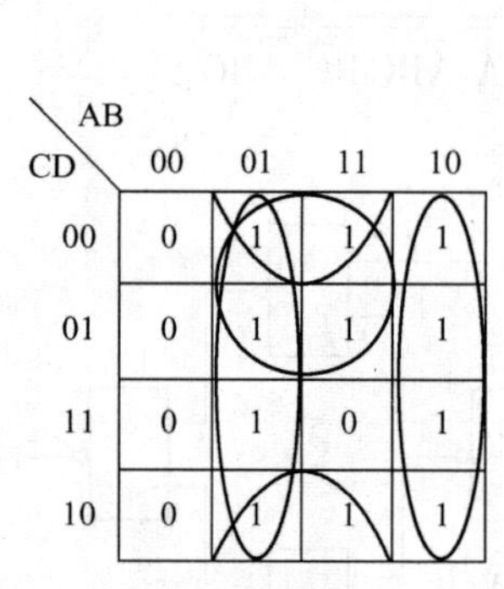

图 4-18 【例 4-10】的卡诺图

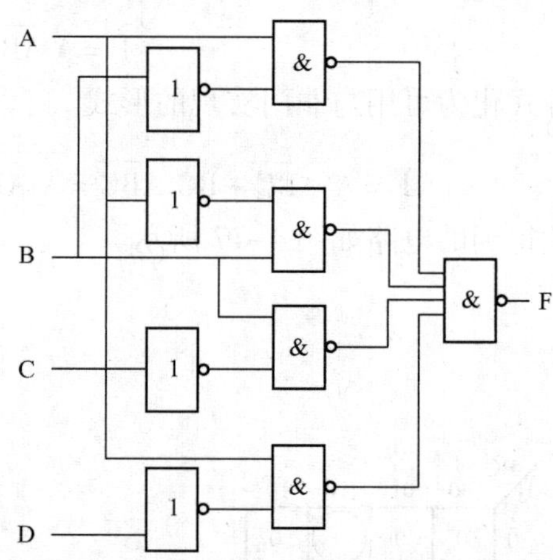

图 4-19 9 个基础逻辑门完成的电路图

这里图 4-19 是否最佳呢？如果对 F 的化简结果进行合并，可得

$$\begin{aligned}F&=A\overline{B}+\overline{A}B+B\overline{C}+A\overline{D}\\&=A(\overline{B}+\overline{D})+B(\overline{A}+\overline{C})\\&=A\,\overline{BD}+B\,\overline{AC}\\&=\overline{\overline{A\,\overline{BD}}\cdot\overline{B\,\overline{AC}}}\end{aligned}$$

此时，初步判断这次优化后的电路，只需要 5 个与非门完成。但仍然不是最佳结果。因为

$$\overline{A}B + A\overline{D} = \overline{A}B + B\overline{D} + A\overline{D}$$

$$A\overline{B} + B\overline{C} = A\overline{B} + B\overline{C} + A\overline{C}$$

$B\overline{D}$和 $A\overline{C}$为尾部因子，加入这些项，函数值不会变化，因此原函数化简结果为

$$\begin{aligned} F &= A\overline{B} + B\overline{C} + A\overline{C} + \overline{A}B + B\overline{D} + A\overline{D} \\ &= A(\overline{B} + \overline{C} + \overline{D}) + B\,\overline{ACD} \\ &= A\,\overline{ABCD} + B\,\overline{ABCD} \\ &= \overline{\overline{A\,\overline{ABCD}} \cdot \overline{B\,\overline{ABCD}}} \end{aligned}$$

显然，这个化简过程进一步应用了尾部因子替代法。由这个结果可画出电路图，如图 4-20 所示。可见带电路仍然是 3 级门结构，却只需要 4 个与非门，至此实现该函数的最佳结果。

【例 4-11】 试用最少的或非门实现下列函数，输入端不能提供反变量。

$$F = (A + \overline{B})(A + \overline{C})(\overline{A} + B + C)$$

解：

合并前两项中的头部（原变量部分）得

$$F = (A + \overline{B} \cdot \overline{C})(\overline{A} + B + C) = (A + \overline{B + C})(\overline{A} + B + C)$$

将头部插入尾部得到适当的尾部因子为

$$F = (A + \overline{A + B + C})(\overline{A + B + C} + B + C)$$

将等式化为可用或非门实现的形式

$$F = \overline{\overline{(A + \overline{A + B + C})(\overline{A + B + C} + B + C)}} = \overline{\overline{A + \overline{A + B + C}} + \overline{\overline{A + B + C} + B + C}}$$

由此得到如图 4-21 所示的电路。

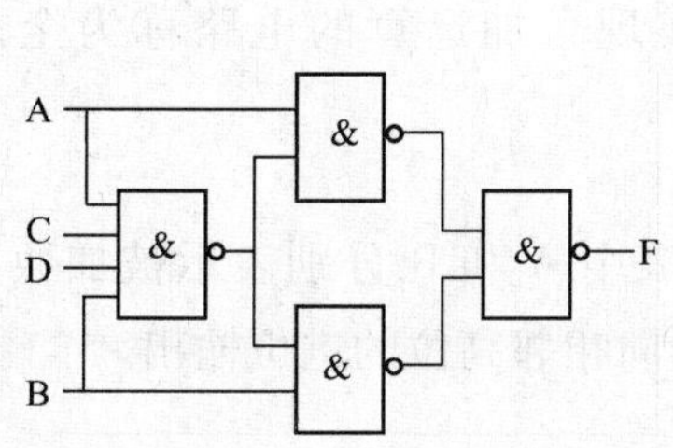

图 4-20 【例 4-10】最佳实现电路图

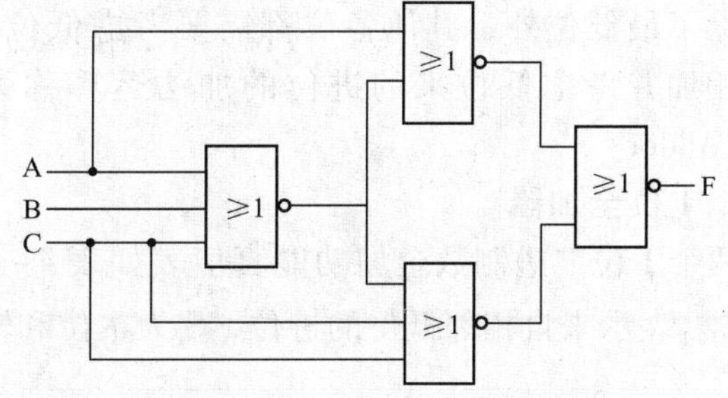

图 4-21 【例 4-11】的电路图

4.4 经典逻辑运算电路

本章从第 4 节开始至第 8 节，介绍的都是中规模集成电路的工作原理、逻辑功能及应用。用中规模集成电路实现复杂的逻辑电路，具有结构简单、功耗低、可靠性高等特点。本节主要介绍经典的逻辑运算电路，包括半加器、全加器和全减器。

4.4.1 半加器

加法器是一种最基本的算术运算电路，其功能是实现二进制数的加法运算。计算机

CPU 中的运算器就包含了加法器单元。通常使用较多的是全加器，而全加器又是从半加器发展而来的，所以先来学习半加器的工作原理和功能。

只考虑本位两个一位二进制数 A_i 和 B_i 而不考虑相邻低位进位的加法器，称为半加器（Half Adder）。半加器的真值表如表 4-9 所示。表中 A_i 和 B_i 分别表示被加数和加数，S_i 为本位和输出，C_i 为向相邻高位的进位输出。

表 4-9　半加器的真值表

A_i	B_i	S_i	C_i
0	0	0	0
0	1	1	0
1	0	1	0
1	1	0	1

由真值表可以直接写出输出逻辑函数表达式为

$$S_i = \overline{A_i}B_i + A_i\overline{B_i} = A_i \oplus B_i$$

$$G_i = A_iB_i$$

半加器的逻辑电路图和逻辑符号如图 4-22 所示。

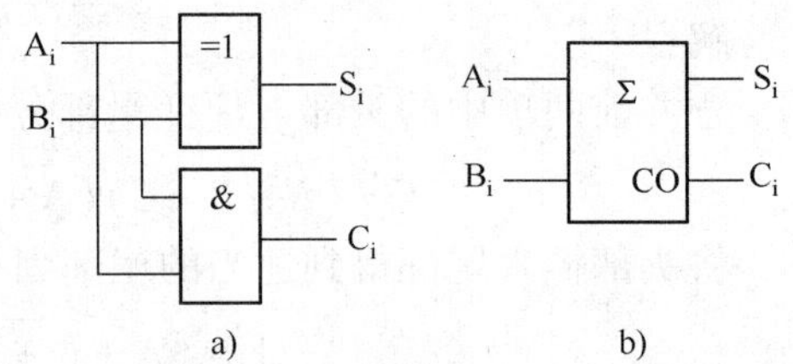

图 4-22　半加器

4.4.2　全加器

数字系统的基本任务之一是进行算术逻辑运算，而在系统中加、减、乘、除均是利用加法来进行的，所以加法器便成为数字系统中最基本的运算单元。在实际的加法运算中，除了最低位外，其他各位都需要考虑低位向本位的进位。这种能够对两个一位二进制数相加并考虑低位来的进位的加法运算称为全加。实现全加运算的电路称为全加器（Full Adder）。

1. 1 位全加器

两个 1 位二进制数全加功能真值表如表 4-10 所示。表中 A_i 和 B_i 分别表示被加数和加数，C_{i-1} 表示来自相邻低位的进位，S_i 为本位和输出，C_i 为向相邻高位的进位输出。

表 4-10　全加器的真值表

A_i	B_i	C_{i-1}	S_i	C_i
0	0	0	0	0
0	0	1	1	0
0	1	0	1	0
0	1	1	0	1
1	0	0	1	0
1	0	1	0	1
1	1	0	0	1
1	1	1	1	1

根据真值表可以写出 S_i 和 C_i 的输出逻辑函数表达式为

$$S_i = \overline{A_i}B_iC_{i-1} + \overline{A_i}B_i\overline{C_{i-1}} + A_i\overline{B_iC_{i-1}} + A_iB_iC_{i-1}$$

$$= \overline{A_i}(B_i \oplus C_{i-1}) + A_i(\overline{B_i \oplus C_{i-1}}) = A_i \oplus B_i \oplus C_{i-1}$$

$$G_i = A_i\overline{B_i}C_{i-1} + A_iB_i\overline{C_{i-1}} + B_iC_{i-1} = A_i(B_i \oplus C_{i-1}) + B_iC_{i-1}$$

1 位全加器的逻辑电路图和逻辑符号如图 4–23 所示。

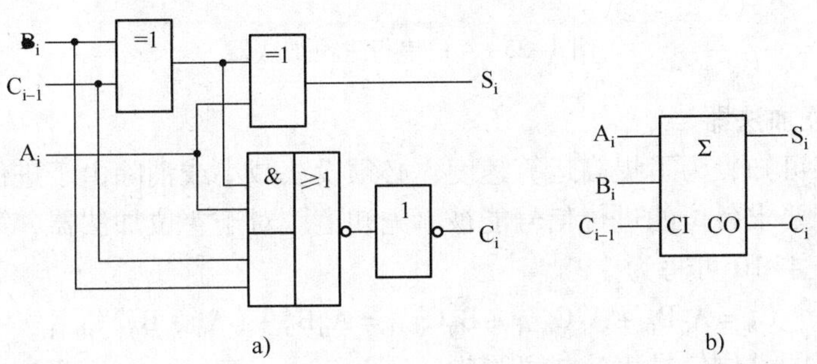

图 4–23　1 位全加器的逻辑电路图和逻辑符号

关于 1 位二进制全加器的设计与实现，方案有多种，除了本方法用到的与或非门，有时也可以使用或非门实现，甚至可以采用半加器、与非门等。每个方案都实现了相同的逻辑功能，只是优先考虑进位速度、电路成本等因素，而采用不同的方案。对于各级间省去了耦合门，进位速度快的“与或非”门使用较多，其余方案，不再一一列举。

2. 集成的 1 位全加器

集成全加器 74183 是将两个全加器集成在一个 14 引脚的芯片上，其外引脚排列图如图 4–24 所示。这种双全加器具有独立的全加和进位输出，这样每个全加器既可单独使用，又可将两个全加器级联起来使用。

在 74183 芯片上集成了完全独立的两个 1 位全加器，其中 1、3 和 4 号引脚分别对应第 1 个全加器的 A_i、B_i 和 C_{i-1}，5 号引脚和 6 号引脚则对应第 1 个全加器的 C_i 和 S_i。同样，13、12、11、10 和 8 号引脚分别对应第 2 个全加器的 A_i、B_i、C_{i-1}、C_i 和 S_i。

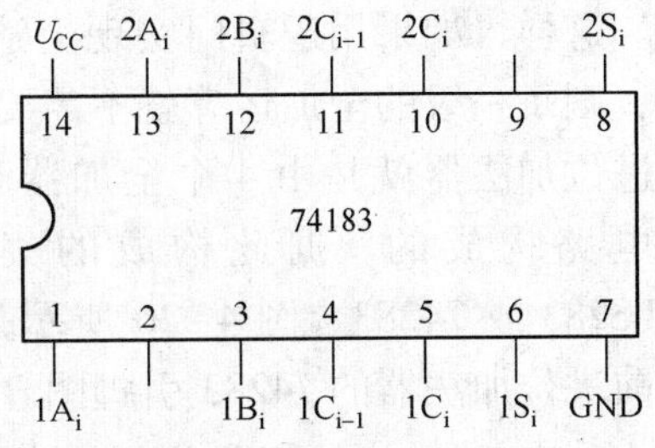

图 4–24　集成全加器

3. 4 位串行进位加法器

实现多位二进制数相加的电路称为加法器。根据进位方式不同，加法器分为串行进位加法器和超前进位加法器。下面分别讨论这两种加法器的设计，首先是 4 位串行进位加法器。

将 4 个全加器依次级联起来，就构成了 4 位串行进位加法器，电路如图 4–25 所示。这种加法器的最大优点是电路简单，连接方便；其最大缺点是运算速度太慢。从图 4–25 中可以看到，被加数和加数各位是同时加到各位的输入端，而各位全加器的进位输入则是按照由低向高逐级串行传送的，各进位形成一个进位链。由于每一位相加的和都与本位的进位输入有关，所以，最高位必须等到各低位全部完成相加并送来进位信号后才能产生运算结果。显然，这种加法器的位数越多，运算速度就越慢。

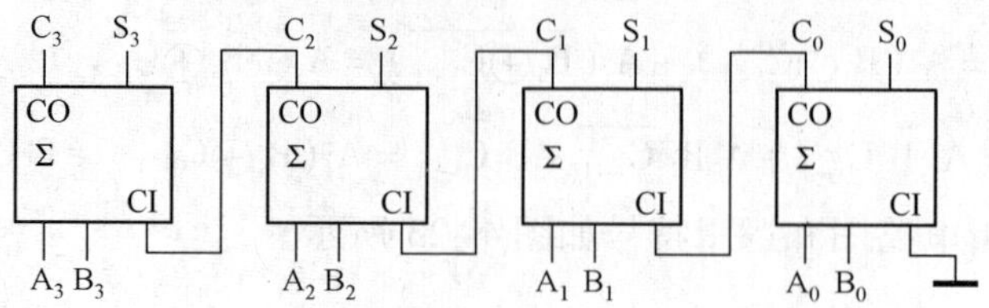

图 4-25　4 位串行进位加法器

4. 带超前进位加法器

由串行加法器可知，为了提高运算速度，必须设法减小或消除由于进位信号逐级传递所浪费的时间。这就要求各位的进位信号能被事先知道。对于 4 位加法器，第 1 位全加器的进位信号表达式由表 4-10 可写为

$$C_0 = A_0B_0 + A_0C_{0-1} + B_0C_{0-1} = A_0B_0 + (A_0 + B_0)C_{0-1}$$

第 2 位全加器的进位信号表达式可写为

$$C_1 = A_1B_1 + (A_1 + B_1)C_0 = A_1B_1 + (A_1 + B_1)[A_0B_0 + (A_0 + B_0)C_{0-1}]$$

第 3 位全加器的进位信号表达式可写为

$$\begin{aligned} C_2 &= A_2B_2 + (A_2 + B_2)C_1 \\ &= A_2B_2 + (A_2 + B_2)\{A_1B_1 + (A_1 + B_1)[A_0B_0 + (A_0 + B_0)C_{0-1}]\} \end{aligned}$$

第 4 位全加器的进位信号可写为

$$\begin{aligned} C_3 &= A_3B_3 + (A_3 + B_3)C_2 \\ &= A_3B_3 + (A_3 + B_3)\{A_2B_2 + (A_2 + B_2)\{A_1B_1 + (A_1 + B_1)[A_0B_0 + (A_0 + B_0)C_{0-1}]\}\} \end{aligned}$$

可见，只要 $A_3A_2A_1A_0$、$B_3B_2B_1B_0$ 和 C_{0-1} 给出后，便可按以上表达式确定 C_3、C_2、C_1、C_0。这样，如果用逻辑门实现上述逻辑函数表达式，并将结果送到相应全加器的进位输入端，则每一级的全加运算就不需要等待了，4 位超前进位加法器就是由 4 个全加器和相应的进位逻辑电路构成的。据此构成的集成芯片，标为 74LS283 或 74283，图 4-26 所示是 4 位二进制带超前进位加法器的 74283 引脚图。

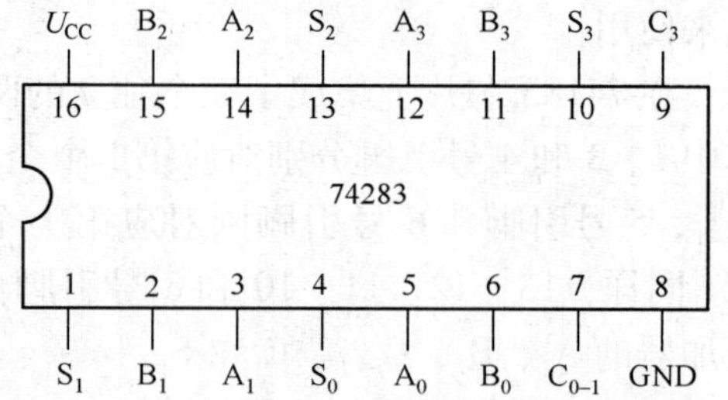

图 4-26　4 位二进制超前进位加法器

其中 $A_3A_2A_1A_0$ 和 $B_3B_2B_1B_0$ 分别是 4 位二进制被加数和加数输入，C_{0-1} 为低位的进位输入，C_3 为相加后的进位输入，$S_3S_2S_1S_0$ 为相加结果的 4 位和输出，U_{CC} 接电源，GND 接地端。

4.4.3　全减器

全加器除了可作加法运算外，还可用于二进制的减法运算、乘法运算、数码比较和奇偶校验等。所以利用“加补”的概念，即可实现用加法表达减法。对于补码的减法运算，运算的规则为

$$[A - B]_{补} = [A]_{补} + [-B]_{补}$$

因此，只要能求出 $[-B]_{补}$，即可将减法变为加法来做，对于定点二进制整数来说，$[-B]_{补}=\overline{B}+1$，也就是说，只要将 B 各位取反，再加上 “1”，即可得 $[-B]_{补}$。$[A]_{补}$ 仍为 A 本身。因此任意 n 位二进制全减器，可以由任意 n 位二进制全加器实现，图 4-27 所示即为 4 位二进制全加器完成的 4 位全减器电路图。

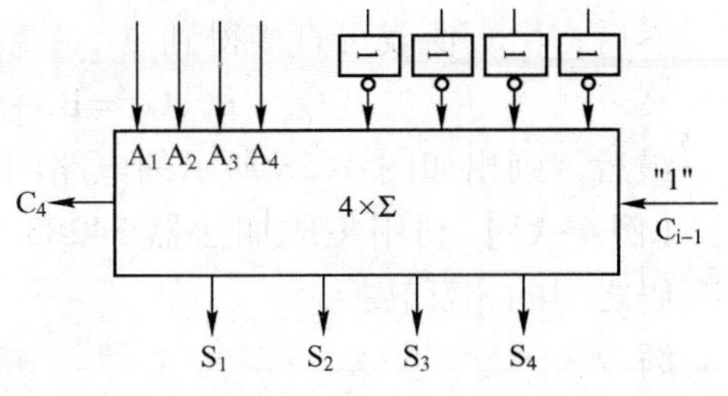

图 4-27　全加器实现二进制全减器电路

4.5　代码转化电路

在第 1 章，我们学习了不同的编码方式，如 8421 BCD 码、2421 码、余 3 码、B 码（指二进制码）等。当需要转换两种不同的代码时，就需要用到代码转化电路。这种电路在各种数字设备及计算机中，对多种类型间代码的转化十分重要。实现这种转化的方法多种多样，这里介绍以组合逻辑实现的方法。

4.5.1　代码转化电路原理分析

对于二进制 B 码向其他代码的转化，往往利用真值表分析法，进而得到其逻辑函数表达式，然后得到电路设计图。当真值表十分庞大时，则需要首先分析其逻辑关系，进而再化简逻辑函数。当两种代码间存在某种数量上的关系时，利用加法器就可以很方便地实现它们之间的转化。

4.5.2　代码转化电路的应用

【例 4-12】 将 4 位二进制 B 码转换成 Gray 码。

解:

首先根据题意，列出真值表，如表 4-11 所示。

表 4-11　B 码转换成 Gray 码真值表

B_8	B_4	B_2	B_1	G_4	G_3	G_2	G_1
0	0	0	0	0	0	0	0
0	0	0	1	0	0	0	1
0	0	1	0	0	0	1	1
0	0	1	1	0	0	1	0
0	1	0	0	0	1	1	0
0	1	0	1	0	1	1	1
0	1	1	0	0	1	0	1
0	1	1	1	0	1	0	0
1	0	0	0	1	1	0	0
1	0	0	1	1	1	0	1
1	0	1	0	1	1	1	1
1	0	1	1	1	1	1	0
1	1	0	0	1	0	1	0
1	1	0	1	1	0	1	1
1	1	1	0	1	0	0	1
1	1	1	1	1	0	0	0

然后，由真值表可直接得到

$$G_4 = B_8, G_3 = B_8 \oplus B_4, G_2 = B_4 \oplus B_2, G_1 = B_2 \oplus B_1$$

最后，画出如图 4-28 所示的电路图。

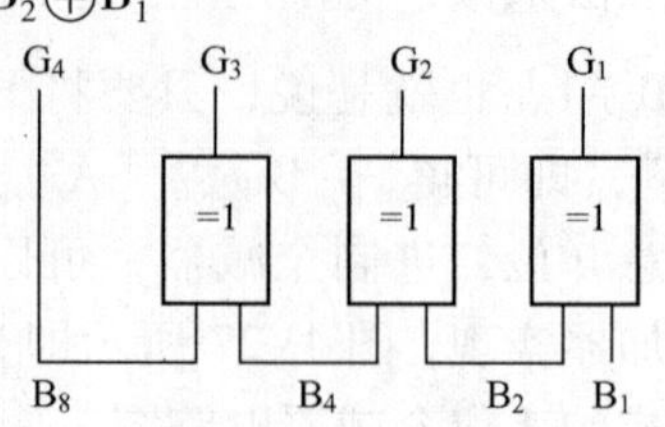

图 4-28　B 码换成 Gray 码的电路

【例 4-13】 利用集成加法器 74283 实现 8421BCD 码与余 3 码之间的相互转换。

解：

8421BCD 码与余 3 码的编码表如表 4-12 所示。从表中可见，余 3 码是在对应的 8421BCD 码的基础上加 0011。

表 4-12　8421BCD 码和余 3 码编码表

十进制数	8421BCD 码				余 3 码			
	A	B	C	D	W	X	Y	Z
0	0	0	0	0	0	0	1	1
1	0	0	0	1	0	1	0	0
2	0	0	1	0	0	1	0	1
3	0	0	1	1	0	1	1	0
4	0	1	0	0	0	1	1	1
5	0	1	0	1	1	0	0	0
6	0	1	1	0	1	0	0	1
7	0	1	1	1	1	0	1	0
8	1	0	0	0	1	0	1	1
9	1	0	0	1	1	1	0	0

可得出

$$WXYZ = ABCD + 0011$$

$$ABCD = WXYZ - 0011$$

为了变减法为加法，可对 -3 求 4 位二进制数的补码得 1101，所以有

$$WXYZ = ABCD + 0011$$

$$ABCD = WXYZ + 1101$$

实现 8421BCD 码与余 3 码之间转换的电路图如图 4-29 所示。

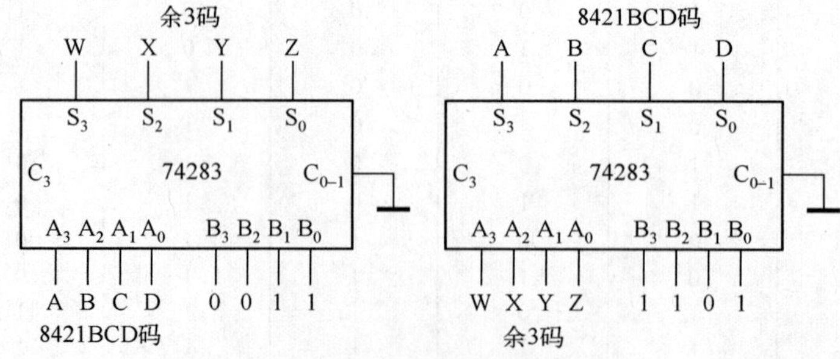

图 4-29　利用加法器实现 8421BCD 码与余 3 码之间的转换

【例 4-14】 用二进制加法器实现十进制加法运算。

解：

为了简便起见，这里只讨论 1 位十进制数的加法运算问题。两个 1 位 8421BCD 码相加，实质上是两个小于等于 9（1001）的 4 位二进制数的相加。按 8421BCD 码的要求，相加后仍应是 8421BCD 码；而按二进制数相加其结果却是二进制数，这就需要进行校正处理。表 4-13 列出了按两种运算规则相加的结果。从表中可见，若相加的结果是 0 ～ 9 之间的数，则二者相同，若相加的结果是 10 ～ 19 之间的数，则二进制数相加和比对应的用 8421BCD 码表示的相加和等效的二进制值固定相差为 6（0110），因此，若要得出用 8421BCD 码表示的相加和，就需要对实际的相加结果加 6（0110）进行校正。

表 4-13　两种运算规则相加的结果

十进制数 N	二进制数相加和					8421BCD 码相加和				
	C_3	S_3	S_2	S_1	S_0	C_{10}	S_8	S_4	S_2	S_1
0	0	0	0	0	0	0	0	0	0	0
1	0	0	0	0	1	0	0	0	0	1
2	0	0	0	1	0	0	0	0	1	0
3	0	0	0	1	1	0	0	0	1	1
4	0	0	1	0	0	0	0	1	0	0
5	0	0	1	0	1	0	0	1	0	1
6	0	0	1	1	0	0	0	1	1	0
7	0	0	1	1	1	0	0	1	1	1
8	0	1	0	0	0	0	1	0	0	0
9	0	1	0	0	1	0	1	0	0	1
10	0	1	0	1	0	1	0	0	0	0
11	0	1	0	1	1	1	0	0	0	1
12	0	1	1	0	0	1	0	0	1	0
13	0	1	1	0	1	1	0	0	1	1
14	0	1	1	1	0	1	0	1	0	0
15	0	1	1	1	1	1	0	1	0	1
16	1	0	0	0	0	1	0	1	1	0
17	1	0	0	0	1	1	0	1	1	1
18	1	0	0	1	0	1	1	0	0	0
19	1	0	0	1	1	1	1	0	0	1

根据表 4-13 分析，先用一片 74283 将两个 1 位的 8421BCD 码相加，并对所得的和数进行判断，决定是否需要进行校正。设校正标志函数为 Z，并设相加和数大于 9（1001）时 Z＝1，表示需要做加 6（0110）校正；否则 Z＝0，表示不需要校正。由表 4-13 可知，需要校正的和数为 01010 ～ 10011。可见函数 $Z=C_3+S_3S_2+S_3S_1$。

在得出 Z 的函数式后，再利用一片 74283 进行加 6（0110）校正运算。此时，参加运算的两个数是 $S_3S_2S_1S_0$ 和 0ZZ0。相加的和作为 8421BCD 码的个位输出，而 Z 则作为 8421BCD 码的十位输出。电路如图 4-30 所示。

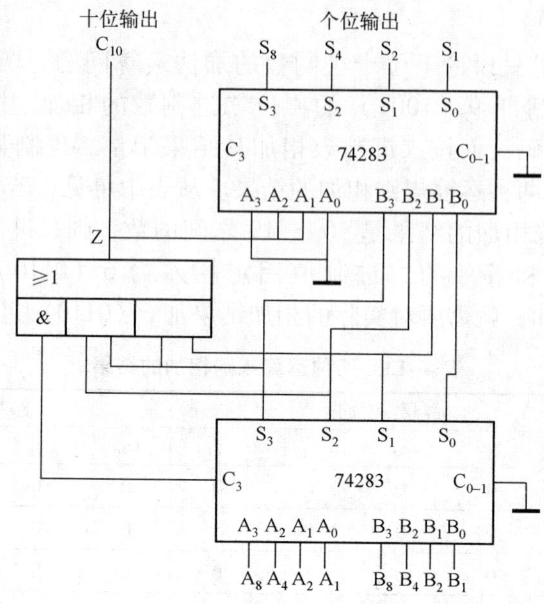

图 4-30　1 位 8421BCD 码加法器电路

4.6　数值比较电路

在各种数字系统中，经常需要比较两个数的大小。对两个位数相同的二进制数进行数值比较并判断其大小关系的算术运算电路，称为数字比较器，简称比较器，其通用逻辑符号如图 4-31 所示。

4.6.1　1 位数值比较器

1 位数值比较器的输入是两个要进行比较的 1 位二进制数，这里用 A、B 表示，输出是比较的结果，有 3 种情况：$A>B$、$A=B$、$A<B$，现分别用 L、G、M 表示，并约定当 $A>B$ 时 $L=1$，$A=B$ 时 $G=1$，$A<B$ 时 $M=1$。图 4-32 所示是 1 位比较器的示意框图。

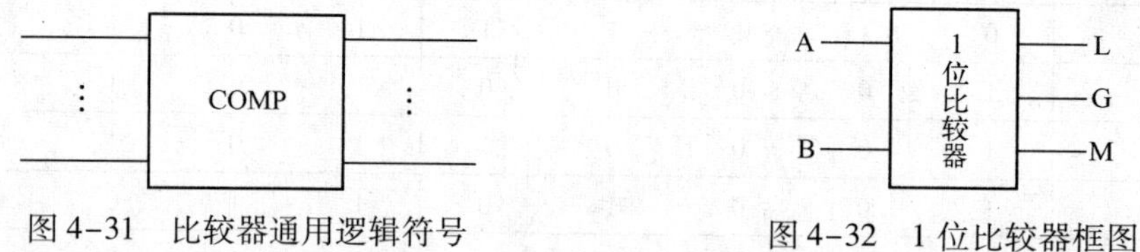

图 4-31　比较器通用逻辑符号　　图 4-32　1 位比较器框图

根据比较器的概念，设满足相应条件时输出为 1，不满足条件时输出为 0。则可得如表 4-14 所示的真值表。

表 4-14　1 位数值比较器的真值表

A	B	L	G	M
0	0	0	1	0
0	1	0	0	1
1	0	1	0	0
1	1	0	1	0

由表 4-14 可直接得到

$$L = A\overline{B}$$

$$G = \overline{A}\,\overline{B} + AB$$

$$M = \overline{A}B$$

所以，可得如图 4-33 所示的 1 位数值比较器的逻辑电路图。

4.6.2　4 位数值比较器

在 1 位数值比较器的基础上，可以进一步构成 4 位数值并行比较器。工业上，一般将此类数值比较器封装成芯片 7485，即 74LS85 或 7485 是比较典型的 4 位数值比较器，图 4-34 所示是它的外引脚图。

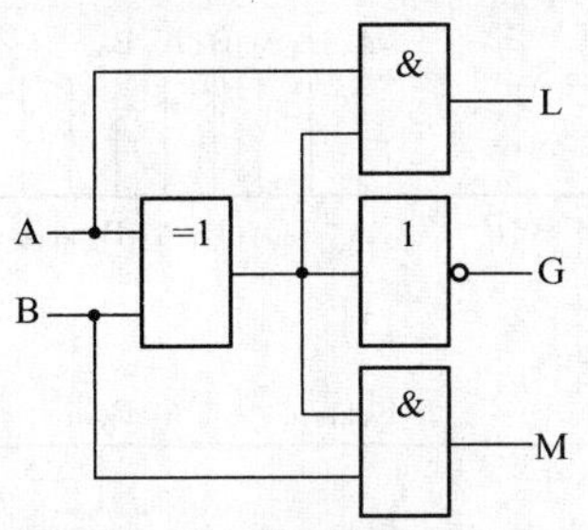

图 4-33　1 位数值比较器

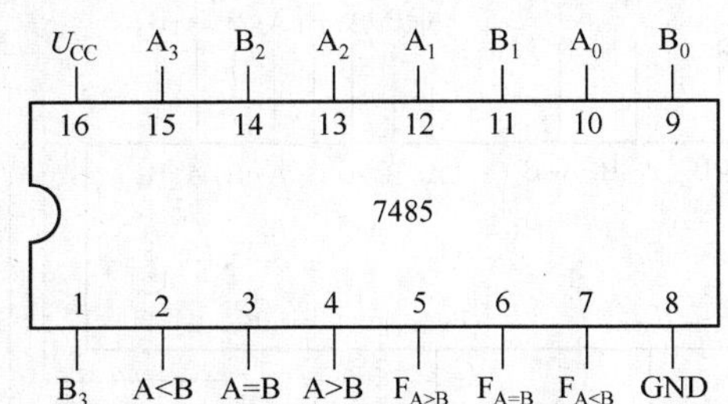

图 4-34　集成数值比较器 7485 外引脚图

其中的 $A_3 \sim A_0$、$B_3 \sim B_0$是待比较的两个 4 位二进制数，3 个输入端 $A<B$、$A=B$ 和 $A>B$为级联输入端，$F_{A<B}$和 $F_{A=B}$，$F_{A>B}$为比较结果输出端。表 4-15 列出了该比较器的功能真值表。

表 4-15　4 位数值比较器的功能真值表

比较器输入				级联输入			输出		
A_3B_3	A_2B_2	A_1B_1	A_0B_0	$A>B$	$A<B$	$A=B$	$F_{A>B}$	$F_{A<B}$	$F_{A=B}$
$A_3>B_3$	d	d	d	d	d	d	1	0	0
$A_3<B_3$	d	d	d	d	d	d	0	1	0
$A_3=B_3$	$A_2>B_2$	d	d	d	d	d	1	0	0
$A_3=B_3$	$A_2<B_2$	d	d	d	d	d	0	1	0
$A_3=B_3$	$A_2=B_2$	$A_1>B_1$	d	d	d	d	1	0	0
$A_3=B_3$	$A_2=B_2$	$A_1<B_1$	d	d	d	d	0	1	0
$A_3=B_3$	$A_2=B_2$	$A_1=B_1$	$A_0>B_0$	d	d	d	1	0	0
$A_3=B_3$	$A_2=B_2$	$A_1=B_1$	$A_0<B_0$	d	d	d	0	1	0
$A_3=B_3$	$A_2=B_2$	$A_1=B_1$	$A_0=B_0$	1	0	0	1	0	0
$A_3=B_3$	$A_2=B_2$	$A_1=B_1$	$A_0=B_0$	0	1	0	0	1	0
$A_3=B_3$	$A_2=B_2$	$A_1=B_1$	$A_0=B_0$	0	0	1	0	0	1

由功能真值表可见，要确定 A 是大于还是小于 B，可从最高位开始逐位比较。即 4 位数值比较器的原理为：若两数的最高位不相等，则最高位的比较结果就是最后的结果。如果两

数的最高位相等，就进而比较次高位，直到发现两数的某位不相等为止。若 A、B 两数各位均相等，则输出状态取决于级联输入的状态。所以，在没有跟低位参与比较时，芯片的级联输入端（A > B）（A < B）（A = B）应接 001，以便在 A、B 两数相等时，产生 A = B 的比较结果。这在使用时应该注意。

4 位数值比较器可用来比较两个 4 位或小于 4 位的二进制数的大小。但当比较的位数多于 4 位时，则需要用到 7845 芯片的级联，将多个比较器级联起来。利用 3 个级联输入端，可以方便地实现比较器功能的扩展。

【例 4-15】 试比较两个 7 位二进制数的大小。

解：

采用 2 块 4 位比较器组件，用分段比较的方法实现该功能需求，逻辑图如图 4-35 所示。低位模块级联输入分别接“0，1，0”，高位多余输入端置“0”。

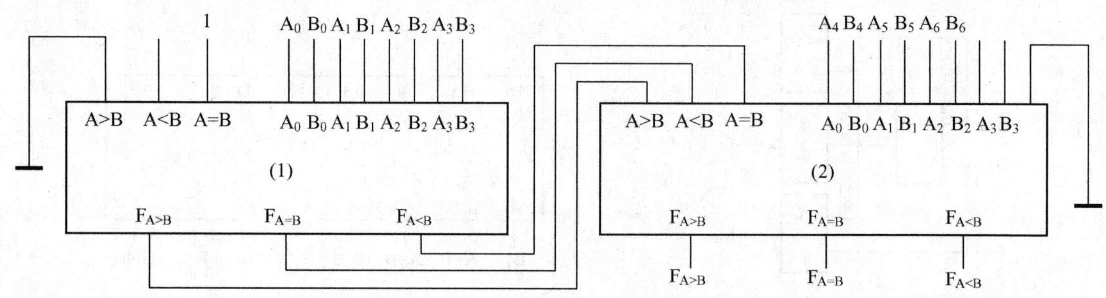

图 4-35　7 位二进制数并行比较器逻辑图

4.6.3　集成比较器的应用

利用集成比较器，可以实现一些特殊的数字电路。

1. 8 位二进制比较器

8 位二进制数比较器的电路如图 4-36 所示。

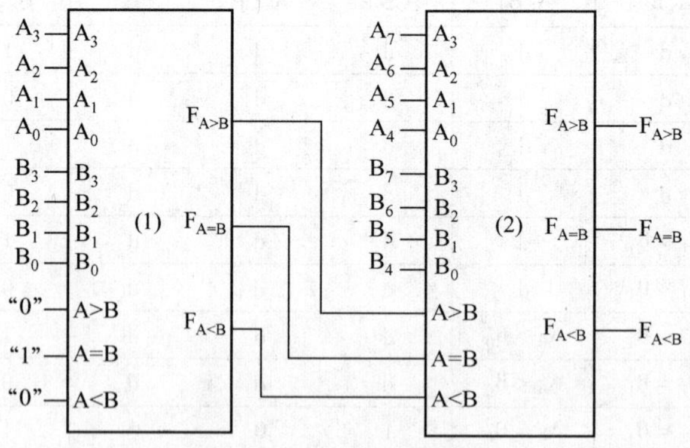

图 4-36　8 位二进制数比较器

图中芯片（1）对低 4 位进行比较，因没有更低的比较结果输入，其级联输入端接“010”。而芯片（2）对高 4 位进行比较，级联端接低位比较器的比较结果输出。当 $A_7A_6A_5A_4 \neq B_7B_6B_5B_4$ 时，8 位比较器的比较结果由高 4 位决定，芯片（1）的比较结果不产生影响；当 $A_7A_6A_5A_4=B_7B_6B_5B_4$ 时，8 位比较器的比较结果由低 4 位决定；当 $A_7A_6A_5A_4\ A_3A_2A_1\ A_0=B_7B_6B_5B_4\ B_3B_2B_1B_0$ 时，比较结果由芯片（1）的级联输入端决定。而当该级联输入是“010”时，最终比较结果为 A = B。

2. 四舍五入判别电路的构成

用一个 4 位比较器可以构成一个四舍五入判别电路。当输入二进制数 $B_3B_2B_1B_0\geqslant(0101)_2$ 时，判别电路输出 F 为 1，否则 F 为 0，电路结构如图 4-37 所示。

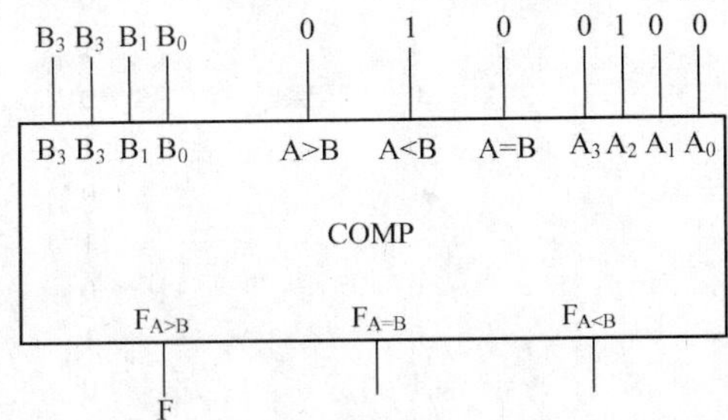

图 4-37 比较器构成四舍五入判别电路

将输入二进制数 $B_3B_2B_1B_0$ 与 $(0100)_2$ 进行比较。将 4 位比较器的一个输入端接 $B_3B_2B_1\ B_0$，另一个接 $(0100)_2$，则当输入二进制数 B3B2B1B0 ≥ $(0101)_2$ 时，比较器 $F_{A>B}$ 端输出为 1。因此可用 $F_{A>B}$ 端作为四舍五入判别电路的输出 F。

3. 输血指示器的应用与设计

利用 4 位比较器与基本逻辑门可以设计实现输血指示器功能。设该输血指示器的输入是一对要求“输血 - 受血”的血型，当符合对应的输 - 受关系时，电路输出为“1”。在人类的 4 种基本血型中，O 型血可输给任意血型的人，但他自己只能接受 O 型；AB 型可接受任意血型，却只能输给 AB 型；A 型能输给 A 型或 AB 型，可接受 O 型和 A 型；B 型能输给 B 型或者 AB 型，可接受 B 型和 O 型。

设用二进制数 00 表示 O 型血；01 代表 A 型血；10 代表 AB 型血；11 代表 B 型血。这样对应输血和受血就需要 4 个输入变量，设用 AB 代表输送血型，CD 代表接受血型。另外，用 F 表示输出函数，并用 F = 1 表示可以输血，F = 0 表示不可以输血。由此可得如表 4-16 所示的真值表。

根据输血常识，可以输血的情况有以下 3 种。

1）只要血型相同就可以输，即只要 AB = CD，则 F = 1。

2）只要输送的是 O 型血，就可以输，即 AB = 00，F = 1。

3）只要接受方是 AB 型血，就可以输，即 CD = 10，F = 1。

其他情况均不可输血，由此得出的用 4 位数码比较器及门电路设计的输血指示器如图 4-38 所示。

表 4-16 输血指示器真值表

输送血型		接受血型		输血指示
A	B	C	D	F
0	0	0	0	1
0	0	0	1	1

（续）

输送血型		接受血型		输血指示
A	B	C	D	F
0	0	1	0	1
0	0	1	1	1
0	1	0	0	0
0	1	0	1	1
0	1	1	0	1
0	1	1	1	0
1	0	0	0	0
1	0	0	1	0
1	0	1	0	1
1	0	1	1	0
1	1	0	0	0
1	1	0	1	0
1	1	1	0	1
1	1	1	1	1

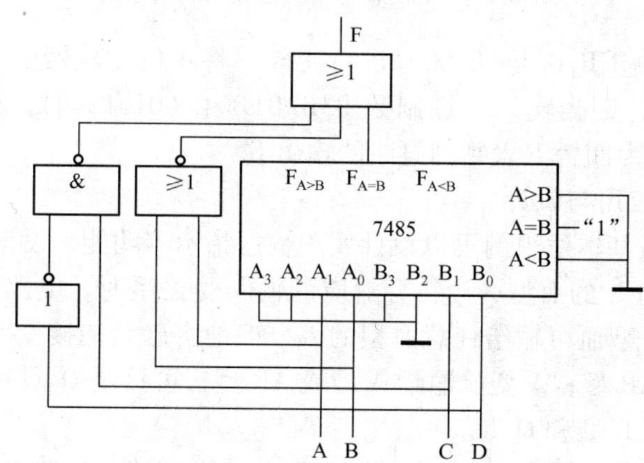

图 4-38　输血指示器电路

4.7　编码器和译码器

在数字系统中，经常需要把具有某种特定含义的数字信号输入，变换成二进制代码，这种用二进制代码表示具有某种特定含义信号的过程称为编码。而把一组二进制代码的特定含义译出来的过程称为译码。这里的编码特指对一组选定的二值代码赋予其特定的含义。如将人们熟悉的十进制数，用二进制码或 BCD 码表示出来。而在日常生活中，电话号码、人名等都是编码的特例。完成编码的电路称为编码器。实际工作中，按照被编码信号的不同特点和要求，有二进制编码器、二－十进制编码器和优先编码器之分。

4.7.1　编码器电路原理分析

已知 1 位二进制数可以表示为“0”和“1”两种状态，则 n 位二进制数可以表示 2^n 种状态。相应地，这 2^n 种状态则能表示 2^n 个不同的信息或数据，编码正是基于此。例如有 3

位二进制数，则有 $2^3=8$ 种状态，它们可以表示 0 ～ 7 的数，也可以对应 8 种不同的其他特定含义，即相同的种类，可以有不同的指定含义，其编码方案也不尽相同。最常用的是二进制编码，它有良好的规律性，便于记忆，同时，有利于电路设计与综合。下面，首先讲解二进制编码器电路的原理分析。

1. 二进制编码器

用 n 位二进制代码对 2^n 个信号进行编码的电路称为二进制编码器。3 位二进制编码器的真值表和逻辑框图分别如表 4-17 和图 4-39 所示。这里输入 $\overline{I_0}$ ～ $\overline{I_7}$ 采用 8 中取 1 码，逻辑 0 有效。而输出 Y_2、Y_1 和 Y_0 是 3 位二进制码。

表 4-17　3 位二进制编码器真值表

$\overline{I_0}$	$\overline{I_1}$	$\overline{I_2}$	$\overline{I_3}$	$\overline{I_4}$	$\overline{I_5}$	$\overline{I_6}$	$\overline{I_7}$	$\overline{Y_2}$	$\overline{Y_1}$	$\overline{Y_0}$
0	1	1	1	1	1	1	1	0	0	0
1	0	1	1	1	1	1	1	0	0	1
1	1	0	1	1	1	1	1	0	1	0
1	1	1	0	1	1	1	1	0	1	1
1	1	1	1	0	1	1	1	1	0	0
1	1	1	1	1	0	1	1	1	0	0
1	1	1	1	1	1	0	1	1	1	0
1	1	1	1	1	1	1	0	1	1	1

编码器输入有 8 个变量，故可能的组合有 256 种，这里只用了 8 种，其余 248 种可视为约束条件。即任一时刻只允许一个输入为“0”。故可得

$$\overline{\overline{I_i}+\overline{I_j}}=\overline{1}\,(i\neq j)$$

约束条件

$$I_i\cdot I_j=1$$

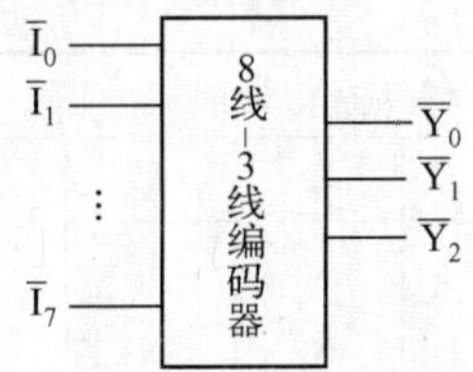

图 4-39　编码器框图

下面求该编码器的逻辑表达式为

$$Y_2=\overline{I_0}\,\overline{I_1}\,\overline{I_2}\,\overline{I_3}\,I_4\overline{I_5}\,\overline{I_6}\,\overline{I_7}+\overline{I_0}\,\overline{I_1}\,\overline{I_2}\,\overline{I_3}\,\overline{I_4}\,I_5\overline{I_6}\,\overline{I_7}+\overline{I_0}\,\overline{I_1}\,\overline{I_2}\,\overline{I_3}\,\overline{I_4}\,\overline{I_5}\,I_6\overline{I_7}+\overline{I_0}\,\overline{I_1}\,\overline{I_2}\,\overline{I_3}\,\overline{I_4}\,\overline{I_5}\,\overline{I_6}\,I_7$$

令
$$\begin{cases}A=\overline{I_0}\,\overline{I_1}\,\overline{I_2}\,\overline{I_3}\,I_4\overline{I_5}\,\overline{I_6}\,\overline{I_7} & B=\overline{I_0}\,\overline{I_1}\,\overline{I_2}\,\overline{I_3}\,\overline{I_4}\,I_5\overline{I_6}\,\overline{I_7}\\ C=\overline{I_0}\,\overline{I_1}\,\overline{I_2}\,\overline{I_3}\,\overline{I_4}\,\overline{I_5}\,I_6\overline{I_7} & D=\overline{I_0}\,\overline{I_1}\,\overline{I_2}\,\overline{I_3}\,\overline{I_4}\,\overline{I_5}\,\overline{I_6}\,I_7\end{cases}$$

根据约束条件，可得

$$\begin{aligned}A&=\overline{I_0}\,\overline{I_1}\,\overline{I_2}\,\overline{I_3}\,I_4\overline{I_5}\,\overline{I_6}\,\overline{I_7}+I_0I_4+I_1I_4+I_2I_4+I_3I_4+I_5I_4+I_6I_4+I_7I_4\\&=I_4[\overline{I_0}\,\overline{I_1}\,\overline{I_2}\,\overline{I_3}\,\overline{I_5}\,\overline{I_6}\,\overline{I_7}+(I_0+I_1+I_2+I_3+I_5+I_6+I_7)]\\&=I_4[\overline{I_0}\,\overline{I_1}\,\overline{I_2}\,\overline{I_3}\,\overline{I_5}\,\overline{I_6}\,\overline{I_7}+\overline{\overline{I_0}\,\overline{I_1}\,\overline{I_2}\,\overline{I_3}\,\overline{I_5}\,\overline{I_6}\,\overline{I_7}}]=I_4\end{aligned}$$

同样可得

$$B=I_5\qquad C=I_6\qquad D=I_7$$

故：$Y_2=I_4+I_5+I_6+I_7=\overline{\overline{I_4}\,\overline{I_5}\,\overline{I_6}\,\overline{I_7}}$

用同样的方法可求得

$$Y_1 = I_2 + I_3 + I_6 + I_7 = \overline{\overline{I_2}\,\overline{I_3}\,\overline{I_6}\,\overline{I_7}}$$

$$Y_0 = I_1 + I_3 + I_5 + I_7 = \overline{\overline{I_1}\,\overline{I_3}\,\overline{I_5}\,\overline{I_7}}$$

可见，用 3 个 4 输入与非门就可实现这种 8 线 - 3 线二进制编码器。

在该编码器中，对$\overline{I_0}$的编码是隐含编码。即当$\overline{I_1}\sim\overline{I_7}$均处于无效状态时，编码器输出的就是对$\overline{I_0}$的编码。

2. 二 - 十进制编码器

所谓二 - 十进制编码器，是指将表示十进制数的 10 个输入信号，通过编码器转换成对应的二进制数表示的 BCD 码。实现该功能的组合逻辑电路称为二 - 十进制编码器，对应的常用集成芯片是 74LS147，其逻辑图如图 4-40 所示。由图可见，该集成芯片输入信号是低电平有效，输入 BCD 码采用反码形式。

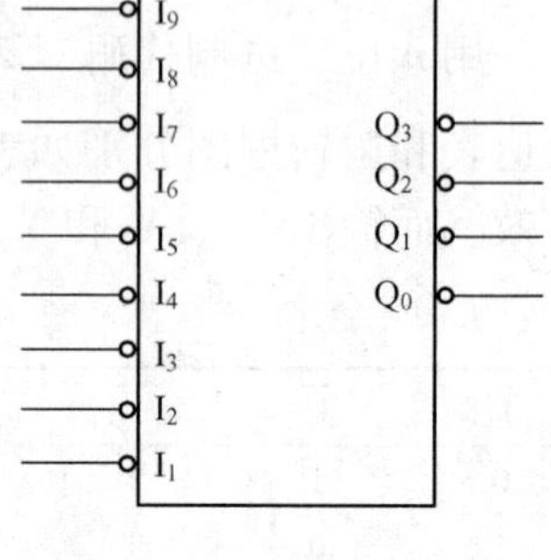

图 4-40　74LS147 逻辑图

74LS147 的功能表如表 4-18 所示。在表中可见，74LS147 芯片允许同时有多个输入端送入编码信号，且只对优先级别高的输入进行编码。其中，I_9级别最高，I_8次之，其余依次递减，I_1的级别最低。当 $I_9\sim I_1$ 各输入均为高电平时，为无效编码信号，则输出 $Q_3Q_2Q_1Q_0=1111$，正好对应 I0 编码，故而 74LS147 中省去了 I_0的信号输入，这点在使用中需要注意。

表 4-18　74LS147 功能表

输入									输出			
I_1	I_2	I_3	I_4	I_5	I_6	I_7	I_8	I_9	Q_0	Q_1	Q_2	Q_3
1	1	1	1	1	1	1	1	1	1	1	1	1
X	X	X	X	X	X	X	X	0	0	1	1	0
X	X	X	X	X	X	X	0	1	0	1	1	1
X	X	X	X	X	X	0	1	1	1	0	0	0
X	X	X	X	X	0	1	1	1	1	0	0	1
X	X	X	X	0	1	1	1	1	1	0	1	0
X	X	X	0	1	1	1	1	1	1	0	1	1
X	X	0	1	1	1	1	1	1	1	1	0	1
X	0	1	1	1	1	1	1	1	1	1	1	0
0	1	1	1	1	1	1	1	1	1	1	1	1

3. 优先编码器

在前面介绍的二进制编码器中，一次只允许一个输入信号有效，即有约束条件。而优先编码器允许一次有多个输入端有编码有效信号输入。但有限编码器对全部编码输入信号规定了不同的优先等级，当多个输入信号有效时，它能够根据事先安排好的优先顺序，只对优先级最高的有效输入信号进行编码。当优先级高的输入没有编码请求时，编码器才对低优先的输入进行编码。图 4-41 所示是优先编码器 74148 的电路图和逻辑符号，

表 4-19 给出了 74148 的功能真值表。

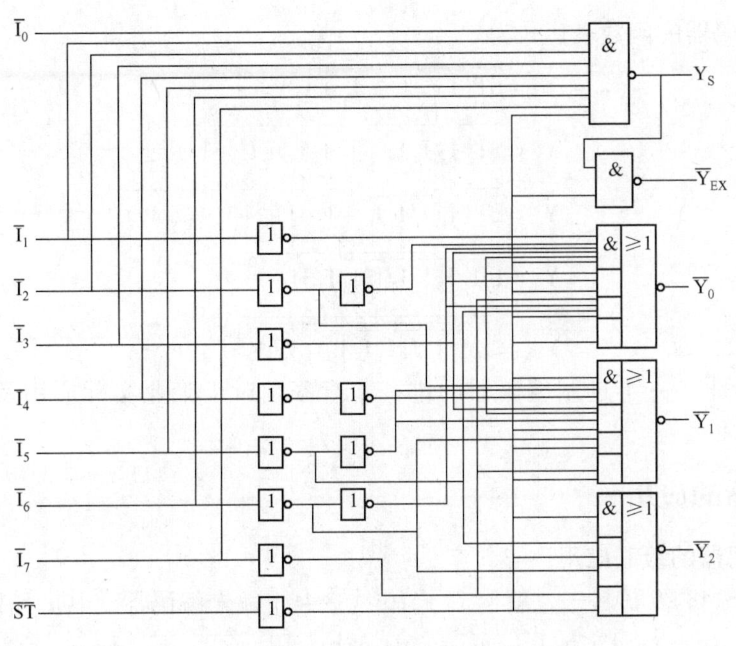

图 4-41　优先编码器 74148 的电路与逻辑符号

表 4-19　优先编码器 74LS148 真值表

$\overline{ST}$	$\overline{I_0}$	$\overline{I_1}$	$\overline{I_2}$	$\overline{I_3}$	$\overline{I_4}$	$\overline{I_5}$	$\overline{I_6}$	$\overline{I_7}$	$\overline{Y_2}$	$\overline{Y_1}$	$\overline{Y_0}$	$\overline{Y_{EX}}$	Y_S
1	d	d	d	d	d	d	d	d	1	1	1	1	1
0	1	1	1	1	1	1	1	1	1	1	1	1	0
0	d	d	d	d	d	d	d	0	0	0	0	0	1
0	d	d	d	d	d	d	0	1	0	0	1	0	1
0	d	d	d	d	d	0	1	1	0	1	0	0	1
0	d	d	d	d	0	1	1	1	0	1	1	0	1
0	d	d	d	0	1	1	1	1	1	0	0	0	1
0	d	d	0	1	1	1	1	1	1	0	1	0	1
0	d	0	1	1	1	1	1	1	1	1	0	0	1
0	0	1	1	1	1	1	1	1	1	1	1	0	1

由真值表可以看出，编码器输入信号$\overline{I_0}$～$\overline{I_7}$均为低电平有效，且$\overline{I_7}$的优先权最高，$\overline{I_6}$次之，$\overline{I_0}$最低。编码输出信号$\overline{Y_2}$、$\overline{Y_1}$和$\overline{Y_0}$则为反码输出。$\overline{ST}$为选通输入端（使能输入端），当$\overline{ST}=0$时，编码器处于工作态；当$\overline{ST}=1$时，输出$\overline{Y_2}$、$\overline{Y_1}$、$\overline{Y_0}$和$\overline{Y_{EX}}$、$\overline{Y_S}$均被封锁，编码器不工作，编码输出 $\overline{Y_2}$、$\overline{Y_1}$和$\overline{Y_0}$全为 1。YS 是选通输出端，级联使用时，高片位的 YS 端与低片位的$\overline{ST}$端连接起来，可以对优先编码器进行扩展。$\overline{Y_{EX}}$为优先拓展输出端，级联使用时可作为输出端的扩展位。

从真值表还可以看出，如果 $Y_S=0$，表示编码器处于工作态，但无有效编码信号输入；如果 $Y_S=1$，则表示编码器不工作，或工作且有有效编码信号输入。而$\overline{Y_{EX}}=0$，表示编码器处于工作态且有有效编码信号输入；如果$\overline{Y_{EX}}=1$，则表示编码器不工作，或编码器工作但无有效编码信号输入。利用使能输出端和扩展输出端，可以很方便地实现编码器的扩展。

74LS148 优先编码器的函数表达式为

$$\overline{Y_2}=\overline{ST(I_4+I_5+I_6+I_7)}$$

$$\overline{Y_1}=\overline{ST(I_2\overline{I_4}\,\overline{I_5}+I_3\overline{I_4}\,\overline{I_5}+I_6+I_7)}$$

$$\overline{Y_0}=\overline{ST(I_1\overline{I_2}\,\overline{I_4}\,\overline{I_6}+I_3\overline{I_4}\,\overline{I_6}+I_5\overline{I_6}+I_7)}$$

$$Y_S=\overline{I_0}\,\overline{I_1}\,\overline{I_2}\,\overline{I_3}\,\overline{I_4}\,\overline{I_5}\,\overline{I_6}\,\overline{I_7}ST$$

$$\overline{Y_{EX}}=\overline{\overline{I_0}\,\overline{I_1}\,\overline{I_2}\,\overline{I_3}\,\overline{I_4}\,\overline{I_5}\,\overline{I_6}\,\overline{I_7}ST}\cdot ST$$

优先编码器是二－十进制编码器的进一步升华，对于工业实际应用及扩展使用极为方便。

4.7.2 编码器的应用

1. 优先编码器的级联应用

将两片 74LS148 级联起来，就构成了 16 线－4 线优先编码器。其电路图如图 4-42 所示。它有 16 个编码信号输入端$\overline{A_{15}}$～$\overline{A_0}$及 4 个编码输出端$\overline{Z_3}$～$\overline{Z_0}$。第 1 片的编码信号输入端$\overline{I_7}$～$\overline{I_0}$作为$\overline{A_{15}}$～$\overline{A_8}$输入；第 2 片的编码输入端$\overline{I_7}$～$\overline{I_0}$作为$\overline{A_7}$～$\overline{A_0}$输入，第 1 片的$\overline{ST}$固定接“0”，处于工作态，而 YS 接第 2 片的$\overline{ST}$输入端，控制第 2 片的工作。第 1 片的$\overline{Y_{EX}}$输出$\overline{Z_3}$。

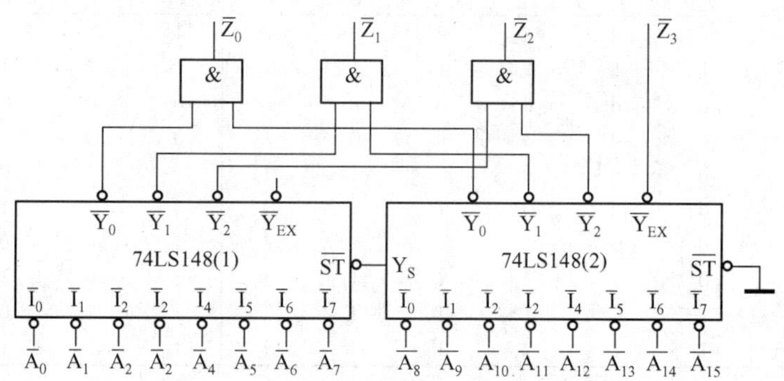

图 4-42　74LS148 的级联应用

当第 1 片有输入时，由于第 2 片的$\overline{ST}=1$，故第 2 片不工作，且输出均为“1”。此时，该级联编码器的输出就是$\overline{Y_{EX}}=0$ 及第 1 片 $\overline{Y_2}\,\overline{Y_1}\,\overline{Y_0}$的输出，即$\overline{Z_3}\,\overline{Z_2}\,\overline{Z_1}\,\overline{Z_0}=\overline{Y_{EX}}\,\overline{Y_2}\,\overline{Y_1}\,\overline{Y_0}=0\,\overline{Y_2}\,\overline{Y_1}\,\overline{Y_0}$。

当第 1 片没有输入信号时，$\overline{Y_{EX}}=1$，YS＝0，使第 2 片的$\overline{ST}=0$，第 2 片处于工作态。此时的输出就是$\overline{Y_{EX}}=1$ 及第 2 片$\overline{Y_2}\,\overline{Y_1}\,\overline{Y_0}$的输出。即$\overline{Z_3}\,\overline{Z_2}\,\overline{Z_1}\,\overline{Z_0}=\overline{Y_{EX}}\,\overline{Y_2}\,\overline{Y_1}\,\overline{Y_0}=1\,\overline{Y_2}\,\overline{Y_1}\,\overline{Y_0}$。

2. 用优先编码器构成 8421BCD 码编码器

用二进制优先编码器 74LS148 构成的 8421BCD 码编码器电路如图 4-43 所示。当输入端$\overline{A_9}$或$\overline{A_8}$为低电平（9 或 8 有编码请求）时，与非门输出为 1，这使得 74LS148 的$\overline{ST}$为 1，编码器不工作，使得$\overline{Y_2}\,\overline{Y_1}\,\overline{Y_0}=111$。如果这时$\overline{A_8}=0$，编码器输出 $Z_8Z_4Z_2Z_1$ 为 1000。如果这时

$\overline{A_9}=0$，编码器输出 $Z_8Z_4Z_2Z_1$ 为1001。当$\overline{A_9}$、$\overline{A_8}$均为高电平时，与非门输出为0，编码器处于工作态，74LS148 对输入的$\overline{A_7}\sim\overline{A_0}$进行编码。这时，若$\overline{A_5}=0$，则 $\overline{Y_2}\,\overline{Y_1}\,\overline{Y_0}=010$，编码输出 $Z_8Z_4Z_2Z_1$ 为0101。即为5 对应的8421BCD 码。对其他位的输入以此类推。

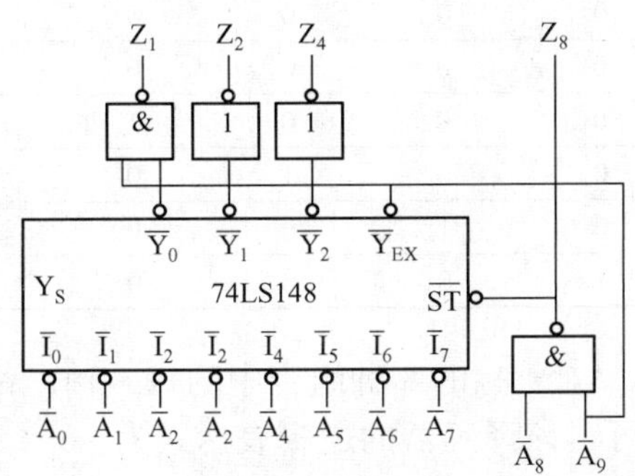

图 4-43　74LS148 构成的 8421BCD 码编码器

4.7.3　译码器电路原理分析

译码是编码的逆过程，即译码器是将特定的二进制代码“翻译”成对应的信号。实现译码的电路称为译码器。下面分别介绍二进制译码器、二－十进制译码器和数字显示译码器。

1. 二进制译码器

把特定的不同二进制代码按其原意翻译成对应的输出信号的电路称为二进制编码器，也称为全译码器，因为它把输入变量的取值全都翻译了出来。图 4-44 所示是它的示意框图，A_0、A_1、…、A_{n-1}是 n 位二进制代码，Y_0、Y_1、…、Y_{m-1}是 m 个输出信号，在二进制译码器中，$m=2^n$。例如，2 位二进制译码器有 2 个输入，则输出为 $2^2=4$ 个信号，其逻辑电路如图 4-45 所示。

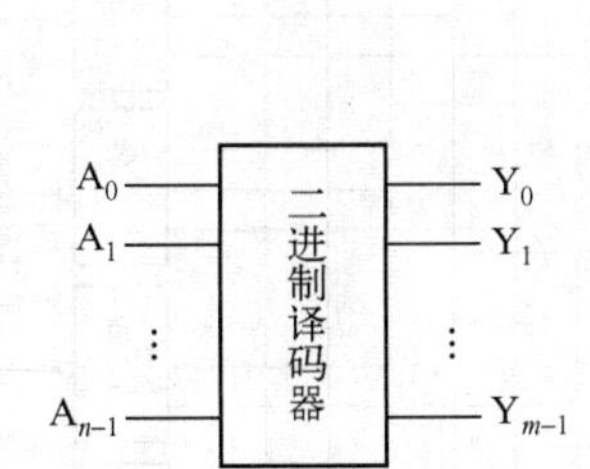

图 4-44　二进制译码器示意框图

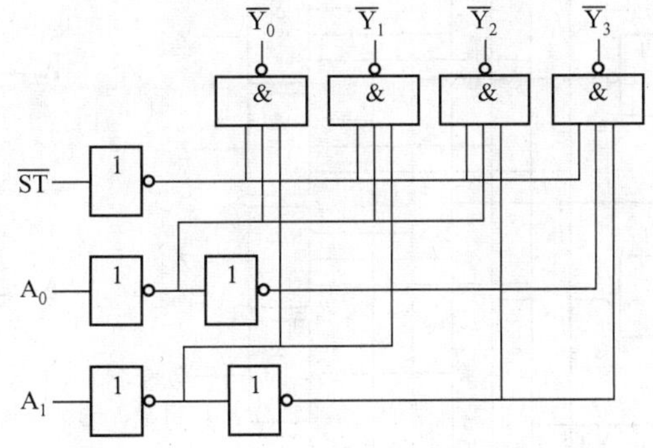

图 4-45　2 位二进制译码器逻辑电路图

（1）3 位二进制译码器

3 位二进制译码器有 3 个输入，$2^3=8$ 个输出。表 4-20 所示是 3 位二进制译码器的真值表，输入的是 3 位二进制代码 $A_2A_1A_0$，输出的是其状态译码 $Z_7\sim Z_0$。

表 4-20　3 位二进制译码器的真值表

A_2	A_1	A_0	Z_7	Z_6	Z_5	Z_4	Z_3	Z_2	Z_1	Z_0
0	0	0	0	0	0	0	0	0	0	1
0	0	1	0	0	0	0	0	0	1	0
0	1	0	0	0	0	0	0	1	0	0
0	1	1	0	0	0	0	1	0	0	0
1	0	0	0	0	0	1	0	0	0	0
1	0	1	0	0	1	0	0	0	0	0
1	1	0	0	1	0	0	0	0	0	0
1	1	1	1	0	0	0	0	0	0	0

从表中可看出，3 个输入 $A_2 \sim A_0$的 8 种组合中的每一种，都唯一地使用 $Z_0 \sim Z_7$这 8 个输入中的一个为“1”。由此可得该译码器的逻辑表达式为：

$$Z_0 = \overline{A_2}\,\overline{A_1}\,\overline{A_0} \qquad Z_1 = \overline{A_2}\,\overline{A_1}\,A_0$$

$$Z_2 = \overline{A_2}\,A_1\,\overline{A_0} \qquad Z_3 = \overline{A_2}\,A_1\,A_0$$

$$Z_4 = A_2\,\overline{A_1}\,\overline{A_0} \qquad Z_5 = A_2\,\overline{A_1}\,A_0$$

$$Z_6 = A_2\,A_1\,\overline{A_0} \qquad Z_7 = A_2\,A_1\,A_0$$

根据真值表和表达式，画出的 3 位二进制译码器电路如图 4-46 所示。图中每个与门的 3 个输入分别接 $A_2 \sim A_0$的 8 种组合之一。对任意一种输入组合，$Z_7 \sim Z_0$中仅有一个为“1”。

如果把图 4-46 中的与门换成非门，同时把输出信号写成反变量，就得到输出低电平有效的 3 位二进制译码器，如图 4-47 所示。

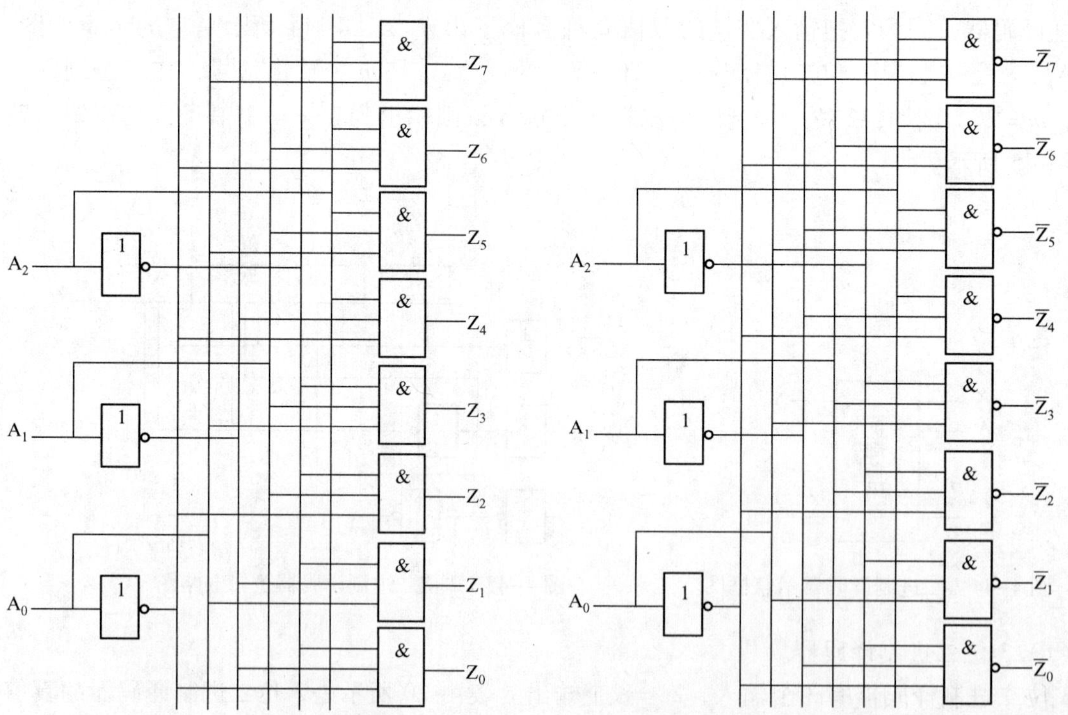

图 4-46　3 位二进制译码器电路　　图 4-47　由与非门构成低电平有效的 3 位二进制译码器电路

由此得到的逻辑表达式为：

$$\overline{Z_0}=\overline{\overline{A_2}\,\overline{A_1}\,\overline{A_0}} \qquad \overline{Z_1}=\overline{\overline{A_2}\,\overline{A_1}\,A_0}$$

$$\overline{Z_2}=\overline{\overline{A_2}\,A_1\,\overline{A_0}} \qquad \overline{Z_3}=\overline{\overline{A_2}\,A_1\,A_0}$$

$$\overline{Z_4}=\overline{A_2\,\overline{A_1}\,\overline{A_0}} \qquad \overline{Z_5}=\overline{A_2\,\overline{A_1}\,A_0}$$

$$\overline{Z_6}=\overline{A_2\,A_1\,\overline{A_0}} \qquad \overline{Z_7}=\overline{A_2\,A_1\,A_0}$$

（2）集成 3 线 – 8 线译码器 74LS138

74LS138 是最常用的中规模集成电路的 3 线 – 8 线译码器，其真值表如表 4–21 所示。图 4–48 给出了 74LS138 的逻辑电路图和符号。

表 4–21　74LS138 真值表

S_1	$\overline{S_2}+\overline{S_3}$	A_2	A_1	A_0	$\overline{Z_0}$	$\overline{Z_1}$	$\overline{Z_2}$	$\overline{Z_3}$	$\overline{Z_4}$	$\overline{Z_5}$	$\overline{Z_6}$	$\overline{Z_7}$
0	d	d	d	d	1	1	1	1	1	1	1	1
d	0	d	d	d	1	1	1	1	1	1	1	1
1	0	0	0	0	0	1	1	1	1	1	1	1
1	0	0	0	1	1	0	1	1	1	1	1	1
1	0	0	1	0	1	1	0	1	1	1	1	1
1	0	0	1	1	1	1	1	0	1	1	1	1
1	0	1	0	0	1	1	1	1	0	1	1	1
1	0	1	0	1	1	1	1	1	1	0	1	1
1	0	1	1	0	1	1	1	1	1	1	0	1
1	0	1	1	1	1	1	1	1	1	1	1	0

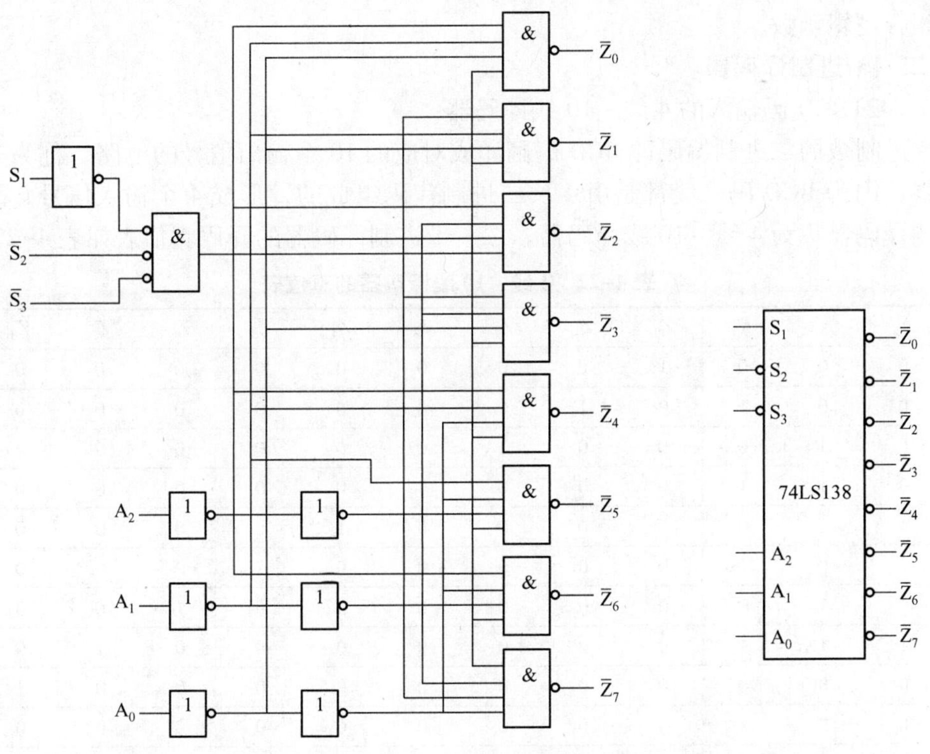

图 4–48　集成 3 线 – 8 线译码器 74LS138 的逻辑电路图和符号

从逻辑电路图可知，74LS138 和低电平有效的 3 位二进制译码器相同。但 74LS138 具有使能（Enable）控制端 S_1、$\overline{S_2}$和$\overline{S_3}$，它们的组合用于控制译码器的“选通”和“禁止”。从逻辑图可以看出，$EN = S_1 \cdot \overline{\overline{S_2}} \cdot \overline{\overline{S_3}} = S_1 \cdot \overline{\overline{S_2} + \overline{S_3}}$，连接到所有与非门的一个输入端上，仅当 $S_1 = 1$ 且$\overline{S_2} = \overline{S_3} = 0$ 时，EN 才为“1”，所有与非门开启，译码器被选通，处于工作状态，由输入 A_2 ～ A_0 来确定$\overline{Z_7}$～$\overline{Z_0}$的状态。否则，EN =“0”，所有与非门的输出均为“1”，译码器处于“禁止”状态。

当译码器工作时，若能使 EN 端在输入信号变化前为“0”，输入信号稳定后为“1”，则可以消除由于输入信号变化过程中的时延引起的险象干扰。

设置 3 个控制端的原因，除了更灵活、有效地控制译码器的工作状态外，还可以利用它实现译码器的扩展。图 4-54 所示为由两片 74LS138 译码器芯片扩展而成的 4 线 - 16 线译码器连接图。当高位 $A_3 = 0$ 时，片（1）的$\overline{S_3} = 0$ 处于工作态，片（2）的 $S_1 = 0$ 被禁止，输出$\overline{Z_7}$～$\overline{Z_0}$是 $0A_2A_1A_0$ 的译码；当 $A_3 = 1$ 时，片（1）的$\overline{S_3} = 1$ 被禁止，片（2）的 $S_1 = 1$ 处于工作态，输出$\overline{Z_7}$～$\overline{Z_0}$是 $1A_2A_1A_0$ 的译码。整个级联电路的使能端是$\overline{S}$，当$\overline{S} = 0$ 时级联电路工作，完成对输入 4 位二进制代码 $A_3A_2A_1A_0$ 的译码；当$\overline{S} = 1$ 时级联电路被禁止，输出$\overline{Z_{15}}$～$\overline{Z_0}$均为 1 状态。

由以上电路分析可知，低电平译码输出有效的每一个译码输出端都是一个最大项，因此，这种译码器是一个最大项发生器。而高电平译码输出有效的译码器的每一个译码输出端都是一个最小项，因此，这种译码器是一个最小项发生器。译码器的这种特性可以用来实现任意的组合逻辑函数。

2. 二 - 十进制译码器

（1）8421BCD 码输入的 4 线 - 10 线译码器

将十进制数的二进制编码即 BCD 码翻译成对应的 10 个输出信号的电路，称为二 - 十进制译码器。因为 BCD 码一般都是由 4 位二进制代码组成的，形成 4 个输入信号，故又把二 - 十进制译码器称为 4 线 - 10 线译码器。二 - 十进制译码器的译码真值表如表 4-22 所示。

表 4-22　4 线 - 10 线译码器的真值表

A_3	A_2	A_1	A_0	Z_0	Z_1	Z_2	Z_3	Z_4	Z_5	Z_6	Z_7	Z_8	Z_9
0	0	0	0	1	0	0	0	0	0	0	0	0	0
0	0	0	1	0	1	0	0	0	0	0	0	0	0
0	0	1	0	0	0	1	0	0	0	0	0	0	0
0	0	1	1	0	0	0	1	0	0	0	0	0	0
0	1	0	0	0	0	0	0	1	0	0	0	0	0
0	1	0	1	0	0	0	0	0	1	0	0	0	0
0	1	1	0	0	0	0	0	0	0	1	0	0	0
0	1	1	1	0	0	0	0	0	0	0	1	0	0
1	0	0	0	0	0	0	0	0	0	0	0	1	0
1	0	0	1	0	0	0	0	0	0	0	0	0	1
1	0	1	0	d	d	d	d	d	d	d	d	d	d

（续）

A_3	A_2	A_1	A_0	Z_0	Z_1	Z_2	Z_3	Z_4	Z_5	Z_6	Z_7	Z_8	Z_9
1	0	1	1	d	d	d	d	d	d	d	d	d	d
1	1	0	0	d	d	d	d	d	d	d	d	d	d
1	1	0	1	d	d	d	d	d	d	d	d	d	d
1	1	1	0	d	d	d	d	d	d	d	d	d	d
1	1	1	1	d	d	d	d	d	d	d	d	d	d

利用卡诺图对以上真值表进行化简，便可得二－十进制译码器的输出表达式，即

$$Z_0=\overline{A_3}\,\overline{A_2}\,\overline{A_1}\,\overline{A_0}\qquad Z_1=\overline{A_3}\,\overline{A_2}\,\overline{A_1}A_0$$

$$Z_2=\overline{A_2}A_1\overline{A_0}\qquad Z_3=\overline{A_2}A_1A_0$$

$$Z_4=A_2\overline{A_1}\,\overline{A_0}\qquad Z_5=A_2\overline{A_1}A_0$$

$$Z_6=A_2A_1\overline{A_0}\qquad Z_7=A_2A_1A_0$$

$$Z_8=A_3\overline{A_0}\qquad Z_9=A_3A_0$$

根据以上表达式可得如图 4-49 所示的二－十进制译码器电路。

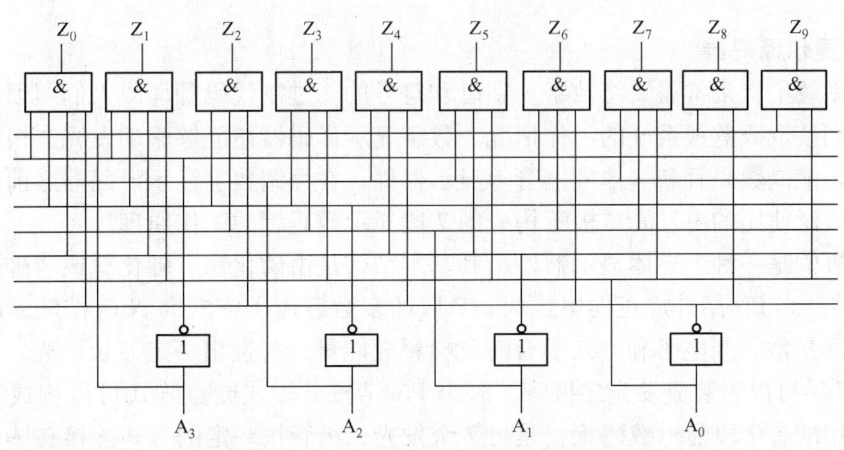

图 4-49　二－十进制译码器 74LS42

（2）集成 4 线－10 线译码器

74LS42 是一种集成 4 线－10 线译码器。因为 $m<2^n$，所以它属于部分译码器。74LS42 译码器的逻辑符号及真值表分别如图 4-50 和表 4-23 所示。

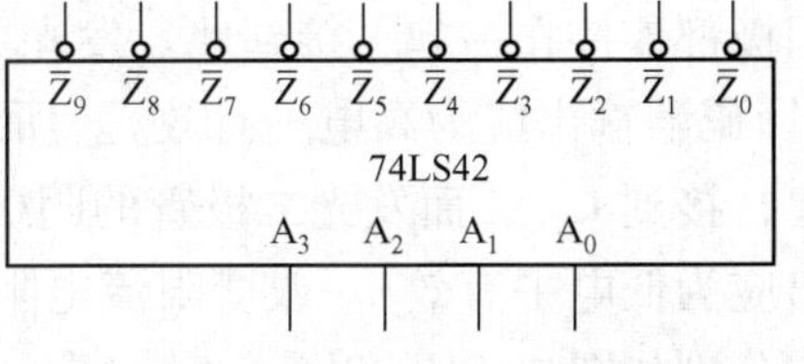

图 4-50　集成 4 线－10 线译码器 74LS42

从真值表可见，74LS42 译码器也是输出低电平有效，因此，它的每一个译码输出端都是一个最大项。此外，当输出为禁用码组 1010 ～ 1111 时，74LS42 译码器不会产生错误输出，被称为拒绝伪输入译码。

表 4-23　集成 4 线 -10 线译码器 74LS42 真值表

A_3	A_2	A_1	A_0	$\overline{Z_0}$	$\overline{Z_1}$	$\overline{Z_2}$	$\overline{Z_3}$	$\overline{Z_4}$	$\overline{Z_5}$	$\overline{Z_6}$	$\overline{Z_7}$	$\overline{Z_8}$	$\overline{Z_9}$
0	0	0	0	0	1	1	1	1	1	1	1	1	1
0	0	0	1	1	0	1	1	1	1	1	1	1	1
0	0	1	0	1	1	0	1	1	1	1	1	1	1
0	0	1	1	1	1	1	0	1	1	1	1	1	1
0	1	0	0	1	1	1	1	0	1	1	1	1	1
0	1	0	1	1	1	1	1	1	0	1	1	1	1
0	1	1	0	1	1	1	1	1	1	0	1	1	1
0	1	1	1	1	1	1	1	1	1	1	0	1	1
1	0	0	0	1	1	1	1	1	1	1	1	0	1
1	0	0	1	1	1	1	1	1	1	1	1	1	0
1	0	1	0	1	1	1	1	1	1	1	1	1	1
1	0	1	1	1	1	1	1	1	1	1	1	1	1
1	1	0	0	1	1	1	1	1	1	1	1	1	1
1	1	0	1	1	1	1	1	1	1	1	1	1	1
1	1	1	0	1	1	1	1	1	1	1	1	1	1
1	1	1	1	1	1	1	1	1	1	1	1	1	1

3. 数字显示译码器

在数字系统中，常常需要将数字、字母和符号的二进制代码翻译成人们习惯的形式显示出来，供人们读取或监视系统的工作情况。数字显示译码器还能够驱动发光二极管（LED）、荧光数码管、液晶数码管和气体放电管等显示器件。在介绍数字显示译码器之前，先简单介绍一下目前广泛使用的由发光二极管构成的 7 段显示数码管的工作原理。

发光二极管是一种半导体显示器件，其基本结构是由磷化镓、砷化镓或磷砷化镓等材料构成的 PN 结。当 PN 结外加正向电压时，P 区的多数载流子空穴向 N 区扩散，N 区的多数载流子向 P 区扩散，当电子和空穴复合时就会释放能量，并发出一定波长的光。

单个 PN 结可以封装成发光二极管，多个 PN 结按分段式或点阵式可以构成半导体数码管。目前常用的有 7 段显示数码管，是将 7 个发光二极管按一定的方式连接在一起，每段为一个发光二极管，7 段分别为 a、b、c、d、e、f、g，显示哪个字形，则对应段的发光二极管就发光。7 段显示数码管的结构如图 4-51a 所示，图中的 dp 是小数点。

7 段显示数码管分为共阴极和共阳极两种。所谓共阴极，是指数码管 7 个发光二极管的阴极都连接在一起，接到地。发光二极管的阳极经过限流电阻接到 7 段译码器相应的输出端（译码器输出应为高电平有效）。所谓共阳极，是指数码管 7 个发光二极管的阳极都连在一起，接到 U_{CC}，而发光二极管的阴极经过限流电阻接到 7 段译码器相应的输出端（译码器输出应为低电平有效）。改变限流电阻可改变发光二极管的亮度。共阴极和共阳极数码管的结构分别如图 4-51b 和图 4-51c 所示。

7 段显示数码管的驱动信号 a ～ g 来自 4 线 -7 线译码器。常用的中规模 4 线 -7 线显示译码器有 74LS46 ～ 74LS49。它们的使用特性大致相同。以 74LS48 为例，它驱动的是共阴极连接的数码管，具有集电极开路输出结构，并接有 2kΩ 的上拉电阻。它将 8421BCD 码译

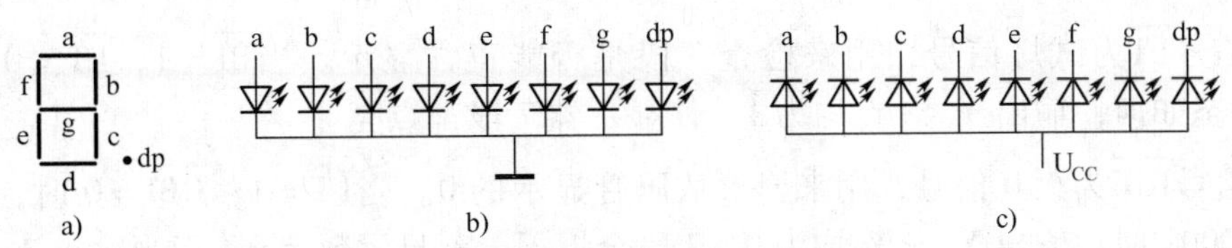

图 4-51　7 段显示数码管的结构

成 a、b、c、d、e、f、g 共 7 段输出并进行驱动，它同时还具有消隐和试灯的辅助功能。表 4-24 所示是 74LS48 的逻辑功能表，它有 4 个输入信号 A_3 ～ A_0，对应 4 位 8421BCD 码；有 7 个输出 a ～ g，对应 7 段字形。当控制信号有效时，A_3 ～ A_0 输入一组 8421BCD 码，a ～ g 输出端便有相应的输出，电路实现正常的译码。译码输出为 1 的端口，对应数码管的字段就点亮。例如，当 $A_3A_2A_1A_0$ = 0101 时，只有 b 和 e 输出为 0，其余的都输出为 1，a 段、c 段、d 段、f 段、g 段点亮，显示数字“5”。图 4-52 所示是译码显示系统框图，它由译码器 74LS48 和共阴极数码管 BS201A 组成。

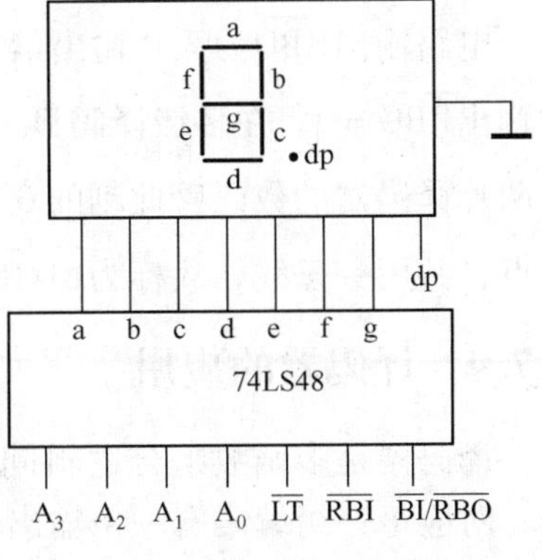

图 4-52　译码显示系统框图

表 4-24　74LS48 逻辑功能表

十进制或功能	输入						输入 \ 输出	输出						
	$\overline{LT}$	$\overline{RBI}$	A_3	A_2	A_1	A_0	$\overline{BI}/\overline{RBO}$	a	b	c	d	e	f	g
0	1	1	0	0	0	0	1	1	1	1	1	1	1	0
1	1	d	0	0	0	1	1	0	1	1	0	0	0	0
2	1	d	0	0	1	0	1	1	1	0	1	1	0	1
3	1	d	0	0	1	1	1	1	1	1	1	0	0	1
4	1	d	0	1	0	0	1	0	1	1	0	0	1	1
5	1	d	0	1	0	1	1	1	0	1	1	0	1	1
6	1	d	0	1	1	0	1	0	0	1	1	1	1	1
7	1	d	0	1	1	1	1	1	1	1	0	0	0	0
8	1	d	1	0	0	0	1	1	1	1	1	1	1	1
9	1	d	1	0	0	1	1	1	1	1	0	0	1	1
10	1	d	1	0	1	0	1	0	0	0	1	1	0	1
11	1	d	1	0	1	1	1	0	0	1	1	0	0	1
12	1	d	1	1	0	0	1	0	1	0	0	0	1	1
13	1	d	1	1	0	1	1	1	0	0	1	0	1	1
14	1	d	1	1	1	0	1	0	0	0	1	1	1	1
15	1	d	1	1	1	1	1	0	0	0	0	0	0	0
灭灯	d	d	d	d	d	d	0	0	0	0	0	0	0	0
灭零	1	0	0	0	0	0	0	0	0	0	0	0	0	0
试灯	0	d	d	d	d	d	1	1	1	1	1	1	1	1

输入信号$\overline{BI}$为熄灭信号。当$\overline{BI}$=0 时，无论$\overline{LT}$和$\overline{RBI}$及数码输入 A_3 ～ A_0 状态如何，输出 Y_a ～ Y_g 均为 0，7 段处于熄灭状态，不显示数字。

输入信号$\overline{LT}$为试灯信号，用来检查7段是否能正常显示。当$\overline{BI}=1$，$\overline{LT}=0$时，无论$A_3 \sim A_0$状态如何，输出$Y_a \sim Y_g$均为1，使显示器7段都点亮。

输入信号$\overline{RBI}$为灭0信号，用来熄灭数码管显示的0。当$\overline{LT}=1$，$\overline{RBI}=0$时，只有输入$A_3 \sim A_0=0000$时，输出$Y_a \sim Y_g$均为0，7段全熄灭，不显示数字0。但当输入$A_3 \sim A_0$为其他组合时，则可以正常显示。

电路输出$\overline{RBO}$为灭0输出信号。当$\overline{LT}=1$，$\overline{RBI}=0$，且$A_3 \sim A_0=0000$时，本片灭0，同时输出$\overline{RBO}=0$。在多级译码显示系统中，这个0送到另一片译码器的$\overline{RBI}$端，就可以使对应这两片译码器的数码管此刻的0都不显示。由于熄灭信号$\overline{BI}$和灭0输出信号$\overline{RBO}$是电路的同一点，共用一条线，故标为$\overline{BI}/\overline{RBO}$。

4.7.4 译码器的应用

译码器是多函数组合逻辑问题，并且输出端数多于输入端数。译码器的输入为编码信号，对应每一组编码有一条输出译码线。当某个编码出现在输入端时，相应的译码线上则输出高电平（或低电平），其他译码线则保持低电平（或高电平）。

分析译码器的原理，可以看到，译码器除了用来驱动各种显示器件外，还可实现存储系统和其他数字系统的地址译码、组合逻辑函数发生电路、程序计数器、组成脉冲分配器、代码转换，甚至数据分配器等。

1. 在计算机系统中用作地址译码器

在计算机系统中，各种外围设备和接口电路，如存储器、A-D转换器、D-A转换器、并行输入/输出接口、键盘和打印机等都是通过地址总线AB、数据总线DB及控制总线CB与CPU进行数据交换的。当CPU需要向某一设备或接口传送数据时，首先要选中该设备或接口。这可以通过简单的线选方式来实现，即用一根高位的地址线来选中该设备或接口，但当外扩的设备和接口较多时，高位的地址线就不够用了。这时就可以利用译码器来扩充地址线。如利用3线-8线译码器74LS138，就可以将3条高位地址线扩充成8条地址线以实现对8个外围设备或接口的选通。译码器在计算机系统扩展中的应用框图如图4-53所示。

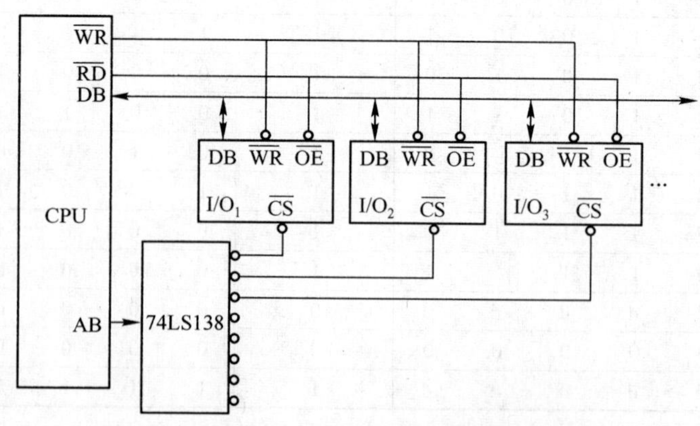

图4-53 译码器在计算机系统扩展中的应用

2. 译码器的扩展

当译码器的容量不能满足实际工作需要时，利用其使能控制端，可以对其进行扩展。图 4-54 所示是利用两片 74LS138 级联起来构成的 4 线 - 16 线译码器。

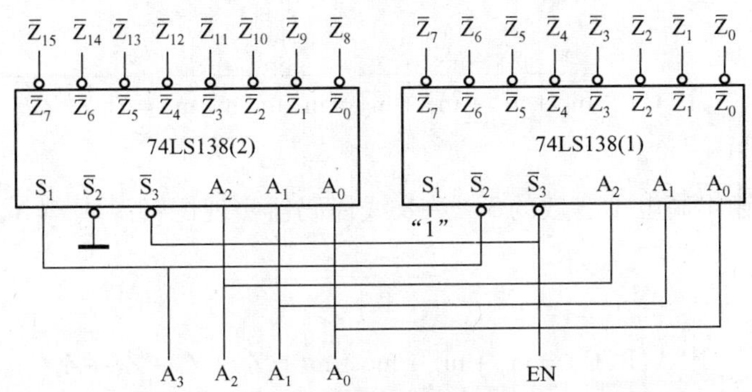

图 4-54　用 74LS138 构成的 4 线 - 16 线译码器

3. 用译码器实现数据分配器

译码器的一个重要应用是作为数据分配器。数据分配器又称为多路分配器或多路解调器，其功能相当于单刀多位开关，如图 4-55 所示。在集成电路中，数据分配器实际上由译码器实现，其详细原理请参见 4.8 节。

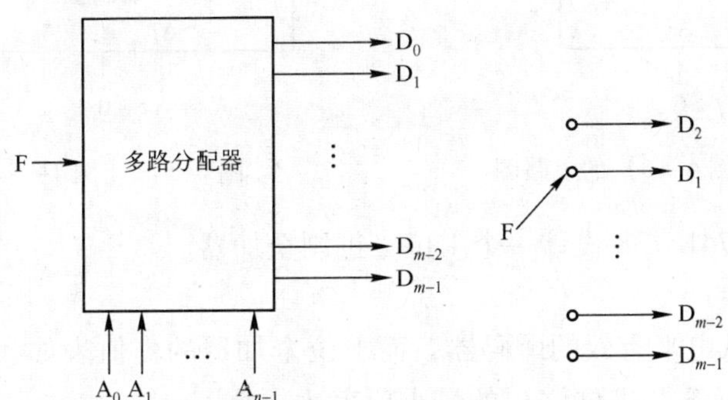

图 4-55　分配器功能框图和分配器开关比较图

4. 用译码器实现组合逻辑函数发生电路

译码输出高电平有效的二进制译码器是一个最小项发生器，它的每一个译码输出端都是一个最小项，即

$$Z_i = m_i = \overline{M_i}$$

译码输出低电平有效的二进制编码器是一个最大项发生器，它的每一个译码输出端都是一个最大项，即

$$\overline{Z_i} = M_i = \overline{m_i}$$

而任一个逻辑函数表达式，都可以写成最小项之和或最大项之积。因此，用译码器可实现任何组合逻辑函数表达式。特别是在实现多输出逻辑函数时，更显得方便。由此可知，对于最小项表示的逻辑函数，既可用输出高电平有效的译码器外加与或门来实现，也可用输出低电平有效的译码器外加与非门来实现。而对用最大项表示的逻辑函数，既可用输出低电平

有效的译码器外加与门来实现，也可用输出高电平有效的译码器外加或非门来实现。

【例 4-16】 用输出低电平有效的3线-8线译码器实现逻辑函数 $F(A,B,C)=\sum m(0,1,3,7)$。

解：

$$F(A,B,C)=\overline{\overline{m_0+m_1+m_3+m_7}}=\overline{\overline{m_0}\ \overline{m_1}\ \overline{m_3}\ \overline{m_7}}=\overline{\overline{Z_0}\ \overline{Z_1}\ \overline{Z_3}\ \overline{Z_7}}$$

实现的电路如图 4-56 所示。

【例 4-17】 用输出高电平有效的3线-8线译码器实现逻辑函数 $F(A,B,C)=\sum m(0,1,3,7)$。

解：

$$F(A,B,C)=m_0+m_1+m_3+m_7=Z_0+Z_1+Z_3+Z_7$$

实现的电路如图 4-57 所示。

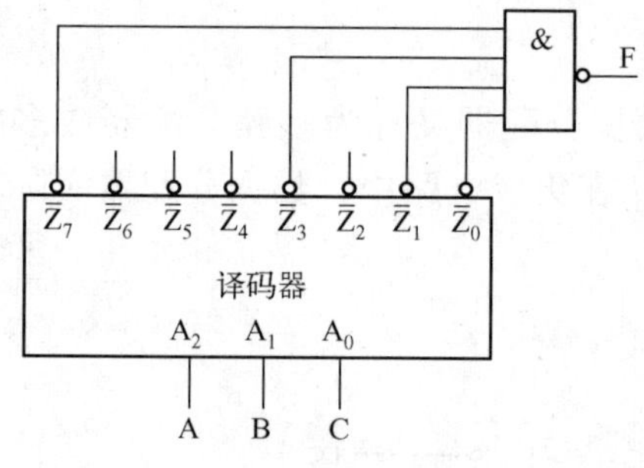

图 4-56 【例 4-16】的电路图

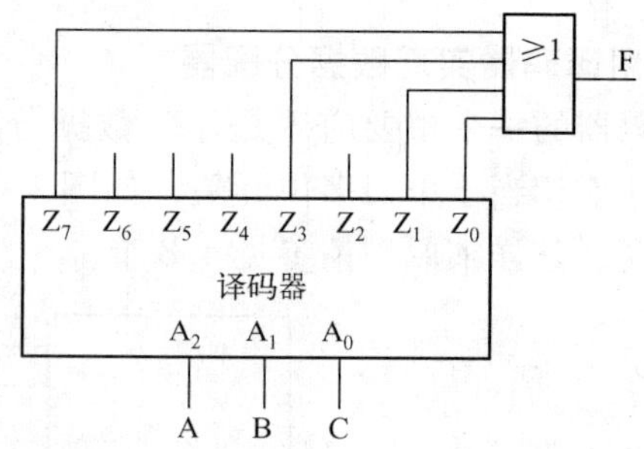

图 4-57 【例 4-17】的电路图

【例 4-18】 试用 74LS138 设计一个 1 位二进制全加器。

解：

74LS138 是输出低电平有效的译码器，而 1 位全加器的真值表如表 4-10 所示。从真值表可得 1 位全加器的和 S_i 及进位位 C_i 的最小项表达式为

$$S_i(A_i,B_i,C_i)=\sum m(1,2,4,7)=\overline{\overline{Y_1}\ \overline{Y_2}\ \overline{Y_4}\ \overline{Y_7}}$$

$$C_i(A_i,B_i,C_i)=\sum m(3,5,6,7)=\overline{\overline{Y_3}\ \overline{Y_5}\ \overline{Y_6}\ \overline{Y_7}}$$

实现的电路如图 4-58 所示。

【例 4-19】 试分析如图 4-59 所示的由译码器和逻辑门构成的电路。设输入 $X=X_2X_1X_0$，输出 $Y=Y_2Y_1Y_0$ 均为 3 位二进制数。

解：

由图 4-59 可列出 Y_2、Y_1、Y_0 的逻辑函数表达式为

$$Y_2(X_2,X_1,X_0)=\sum m(2,3,4,5)$$

$$Y_1(X_2,X_1,X_0)=\sum m(4,5)$$

$$Y_0(X_2,X_1,X_0)=\sum m(0,1,3,5)$$

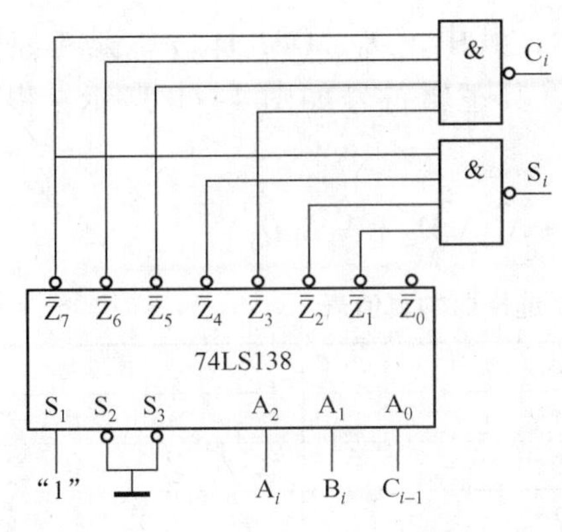

图 4-58　1 位全加器电路

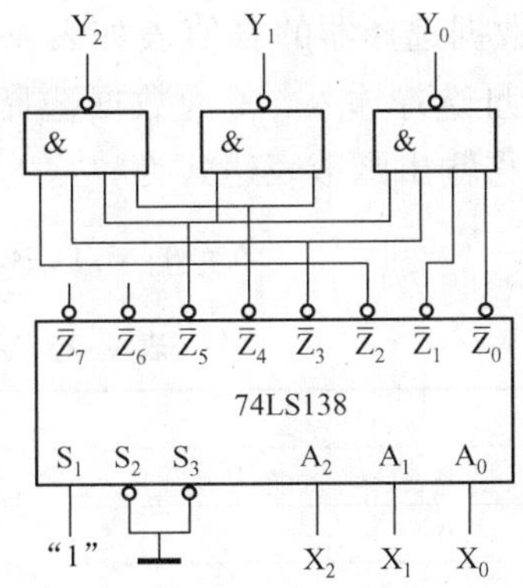

图 4-59　【例 4-19】的逻辑电路

根据函数表达式列出的真值表如表 4-25 所示。

表 4-25　【例 4-19】的真值表

X_2	X_1	X_0	Y_2	Y_1	Y_0
0	0	0	0	0	1
0	0	1	0	0	1
0	1	0	1	0	0
0	1	1	1	0	1
1	0	0	1	1	0
1	0	1	1	1	1
1	1	0	0	0	0
1	1	1	0	0	0

由真值表可见，电路完成的功能如下。

1）当 $X<2$ 时，$Y=1$。

2）当 $2\leqslant X\leqslant 5$ 时，$Y=X+2$。

3）当 $X>5$ 时，$Y=0$。

4.8　数据选择器和数据分配器

数据选择器是目前逻辑设计中较为流行的一种通用中规模组件，除了用作数据通路外，还可用做逻辑函数发生器，这一点有点像译码器。数据分配器的逻辑功能正好与多路数据选择器相反，也可看作是译码器的一种应用。

4.8.1　数据选择器原理分析

1. 数据选择器的逻辑功能

数据选择器的逻辑功能是通过地址选择端的控制，从多路输入数据中选择一路数据输出。因此，它可实现时分多路传输电路中发送端电子开关的功能，故又称为复用器（Multiplexer），并用 MUX 来表示。常用的选择器有 2 选 1、4 选 1、8 选 1 和 16 选 1 等，如果输入数据更多，则可以用扩大上述选择器的功能来得到，如 32 选 1、64 选 1 等。

4 选 1 数据选择器的真值表如表 4-26 所示，其中，D_0、D_1、D_2、D_3 是 4 路数据输入，A_1、A_0 为地址选择输入，Z 为数据选择器输出，其逻辑符号如图 4-60 所示。根据表 4-26 的真值表可得输出函数表达式为

$$Z=\overline{A_1}\,\overline{A_0}D_0+\overline{A_1}A_0D_1+A_1\overline{A_0}D_2+A_1A_0D_3$$

表 4-26　4 选 1 数据选择器的真值表

A_1	A_0	Z
0	0	D_0
0	1	D_1
1	0	D_2
1	1	D_3

根据以上表达式，可画出如图 4-60 所示的逻辑电路图。

2. 集成数据选择器

集成数据选择器的规格和品种很多，这里以 8 选 1 数据选择器 74LS151 为例进行讨论。74LS151 的逻辑符号如图 4-61 所示，其真值表如表 4-27 所示。

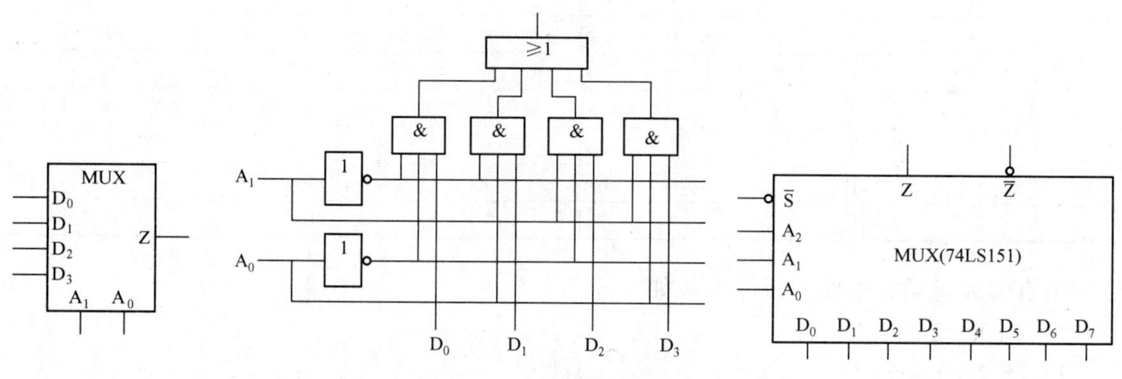

图 4-60　4 选 1 数据选择器逻辑符号和逻辑电路图　　　图 4-61　74LS151 的逻辑符号

表 4-27　74LS151 的真值表

$\overline{S}$	A_2	A_1	A_0	Z
1	d	d	d	0
0	0	0	0	D_0
0	0	0	1	D_1
0	0	1	0	D_2
0	0	1	1	D_3
0	1	0	0	D_4
0	1	0	1	D_5
0	1	1	0	D_6
0	1	1	1	D_7

当使能端 $\overline{S}=1$ 时，数据选择器的输出与任何输入数据无关。当使能端 $\overline{S}=0$ 时，输出 Y 与输入数据 D0 ～ D7 的逻辑关系为

$$Y=\overline{A_2}\,\overline{A_1}\,\overline{A_0}D_0+\overline{A_2}\,A_1\,A_0D_1+\overline{A_2}A_1\,\overline{A_0}D_2+\overline{A_2}A_1A_0D_3+A_2\,\overline{A_1}\,\overline{A_0}D_4+A_2\,\overline{A_1}A_0D_5$$
$$+A_2A_1\,\overline{A_0}D_6+A_2A_1A_0D_7$$

若将 $A_2A_1A_0$ 看成 3 位逻辑变量，则以上逻辑表达式可写为

$$Y = m_0D_0 + m_1D_1 + m_2D_2 + m_3D_3 + m_4D_4 + m_5D_5 + m_6D_6 + m_7D_7 = \sum_{i=0}^{7}(m_i \cdot D_i)$$

由数据选择器的逻辑表达式可以看出，当地址选择输入使某一个最小项 m_i 为“1”时，数据选择器的输出 Y 便为对应的输入数据 D_i，由此便实现了数据选择的功能。

常用的数据选择器还有双 4 选 1 数据选择器 74LS153 和 16 选 1 数据选择器 74LS150。由上可知，若地址选择输入端有 n 位，便可实现 2^n 路数据的选择，即 2^n 选 1，其输出为

$$Y = \sum_{i=0}^{2^n-1}(m_i \cdot D_i)$$

这里可以总结一下，集成数据选择器有以下几种。

1）2 位 4 选 1 数据选择器：74LS153。

2）4 位 2 选 1 数据选择器：74LS157。

3）8 位 2 选 1 数据选择器：74LS151。

4）16 位 2 选 1 数据选择器：74LS150。

数据选择器也可用作函数发生器。数据选择器的输出表达式 $Y = \sum_{i=0}^{2^n-1}(m_i \cdot D_i)$ 本身就表示一个与或函数，只要将适当的数据或变量赋给地址选择输入端和数据输入端，就可以实现特定的函数。这一点在后面将作为数据选择器的应用点单独介绍和分析。

4.8.2 数据选择器的应用

实际应用中经常采用级联的方法来扩展输入端，扩展的方法可以使用使能端，也可不用，视情况而定。这个可以在下文的实例中仔细分析。数据选择器的应用主要从 3 个方面展开。

1. 用作多路数据选择

数据选择器的基本功能就是从多路输入的数据中选择一路输出，故数据选择器可用作多路数据开关，实现多路数据通信和路由选择。

2. 数据选择器的扩展

利用数据选择器的选通控制端很容易实现数据选择器的扩展。例如，用两片 74LS151 可扩展为 16 选 1 数据选择器。扩展电路如图 4-62 所示。

类似的扩展还有很多，例如还可以用 4 片 8 选 1 数据选择器和 1 片 4 选 1 数据选择器构成 32 选 1 的数据选择器。这一类应用或多或少都需要一些基本逻辑门。另外，在实际的连接电路中，各个功能端需要格外注意。

3. 实现组合逻辑函数

数据选择器实现组合逻辑函数时，常采用逻辑函数对比原则，即将要实现的逻辑函数表达式变换成与数据选择器表达式相类似的形式。从输出表达式 $Y = \sum_{i=0}^{2^n-1}(m_i \cdot D_i)$ 可知它是关于地址选择码的全部最小项和对应的各路输入数据的与或表达式。而任何组合逻辑函数都可

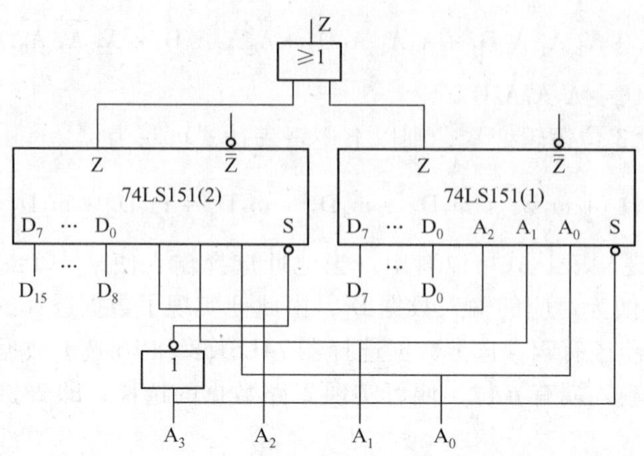

图 4-62　用 74LS151 扩展的 16 选 1 数据选择器

表示为标准与或表达式，故数据选择器可用来实现任意的组合逻辑函数。

用数据选择器实现组合逻辑函数有两种方法，一种是真值表法，另一种是卡诺图法。同时，根据数据选择器的地址输入变量有 n 位，组合逻辑函数的输入变量有 m 个，又可细分为 3 种情况：$n=m$，$n>m$，$n<m$。那么可以分别如下处理。

（1）$n=m$ 的情况

具有 n 位地址输入的数据选择器，有 2^n 个数据选择器功能，例如，$n=3$，可以完成 8 路数据的选择功能。

（2）$n>m$ 的情况

当函数输入变量较少时，只需将数据选择器的高位地址端及相应的数据输入端接地即可。

（3）$n<m$ 的情况

当函数的输入变量较多时，n 个地址输入端就有 2^n 个数据输入端。逻辑函数输入变量数若为 m，则应有 2^m 个最小项。$N<m$，即器件的数据输入端数少于函数的最小项数目时，可通过扩展法，将 2^n 选 1 选择器扩展成 2^m 选 1 选择器。

下面分别介绍真值表法和卡诺图法。

（1）真值表法

所谓真值表法，就是将要实现的逻辑函数用真值表的方法列出输入和输出之间的关系，然后用合适的数据选择器实现。这里通过两个例题分别说明。

【例 4-20】 利用 8 选 1 数据选择器实现下列逻辑函数。

$$F(A,B,C)=\overline{A}\,\overline{C}+AB+AC$$

解：

根据该表达式列出的真值表如表 4-28 所示。可见将真值表中的输入变量作为数据选择器的地址输入，将真值表中的输出数据作为数据选择器的数据输入，则该选择器实现了该逻辑函数。其电路图如图 4-63 所示。

【例 4-21】 试用 4 选 1 数据选择器实现下列逻辑函数。

$$F(A,B,C)=\overline{A}\,\overline{C}+AB+AC$$

表 4-28 【例 4-20】的真值表

A	B	C	F
0	0	0	1
0	0	1	0
0	1	0	1
0	1	1	0
1	0	0	0
1	0	1	1
1	1	0	1
1	1	1	1

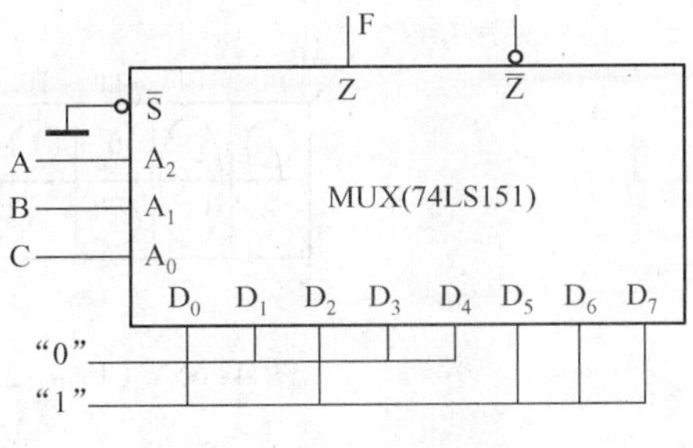

图 4-63 【例 4-20】的电路图

解：

从表 4-28 可知，若选 A、B 作为 4 选 1 数据选择器的地址选择码，则可通过比较变量 C 和输出 F 的关系得到如图 4-64 所示的电路图。

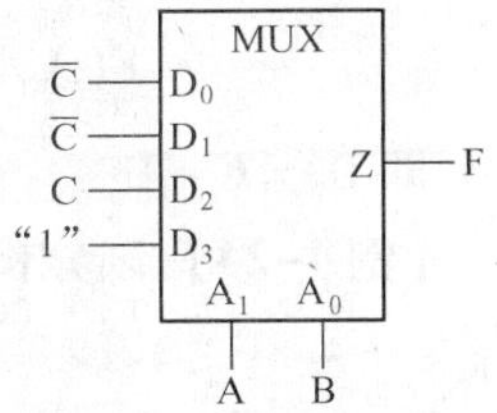

图 4-64 【例 4-21】的电路图

（2）卡诺图法

所谓卡诺图法，就是利用卡诺图来确定数据选择器的地址选择变量和数据输入变量，最后得出实现的电路。下面介绍这种方法的实现步骤。

首先，将卡诺图画成与数据选择器相适应的形式。也就是说，所使用的数据选择器有几个数据选择码输入端，逻辑函数的卡诺图的某一边就应该有几个变量，且将这几个变量作为数据选择器的地址选择码。

再将要实现的逻辑函数填入卡诺图并画卡诺圈。因为数据选择器输出函数是与或型表达式且包含地址选择码的全部最小项，故在画圈时不仅要圈最小项和随意项，而且只能顺着地址选择码的方向圈，保证地址选择变量不被化简掉。

然后读出所圈的结果。注意，地址选择码不读出，只读出其他变量的化简结果，这些结果就是地址选择码所选择的数据输入值。

最后，根据地址选择码和数据输入值，画出用数据选择器实现的逻辑电路。需要注意的是，当读出的数据输入 D 的表达式包含两个或两个以上变量时，需要在数据选择器的基础上外加门电路才行。

【例 4-22】 试用 4 选 1 数据选择器实现下列逻辑函数。

$$F(A,B,C) = \overline{A}\cdot\overline{C} + \overline{B}\cdot\overline{C} + \overline{A}B + BC$$

解：

根据该函数画出的卡诺图及其实现的电路如图 4-65 所示。图中 A、B 作为地址选择码，由此可得到的函数式为

$$F(A,B,C) = \overline{A}\cdot\overline{B}\cdot\overline{C} + \overline{A}B\cdot 1 + A\overline{B}\cdot\overline{C} + AB\cdot C$$

即 $D_0 = \overline{C}$　　$D_1 = 1$　　$D_2 = \overline{C}$　　$D_3 = C$

【例 4-23】 试用 4 选 1 数据选择器实现下列逻辑函数。

$$F(A,B,C,D) = \overline{A}\cdot\overline{B}C + \overline{A}\cdot\overline{B}D + \overline{A}B\overline{C} + ABD + A\overline{B}$$

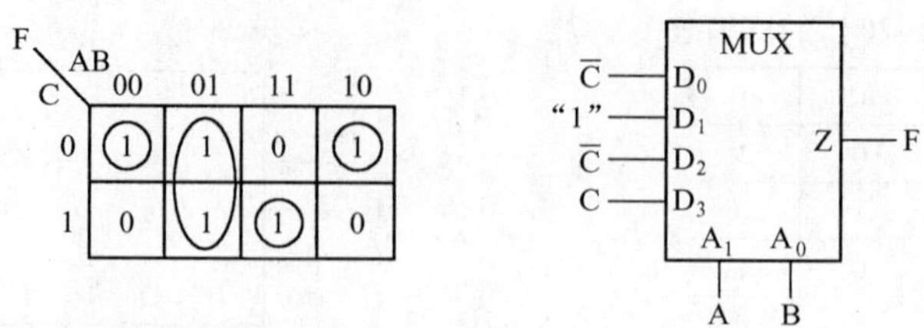

图 4-65 【例 4-22】的卡诺图和实现的电路

解:

根据该函数画出的卡诺图和实现的电路如图 4-66 所示。图中 A、B 作为地址选择码，由此得到的函数式为

$$F(A,B,C,D)=\overline{A}\cdot\overline{B}\cdot(C+D)+\overline{A}B\cdot\overline{C}+AB\cdot D+A\overline{B}\cdot 1$$

即 $D_0=C+D$　　$D_1=\overline{C}$　　$D_2=1$　　$D_3=D$

【例 4-24】 试分析如图 4-67 所示的 4 选 1 数据选择器电路。

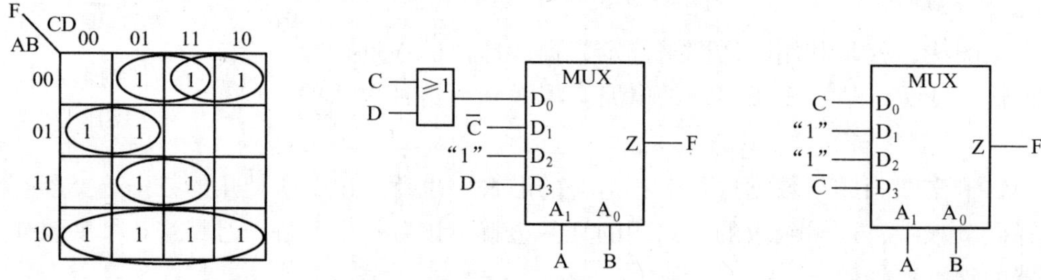

图 4-66 【例 4-23】的卡诺图和实现的电路　　　图 4-67 【例 4-24】的逻辑电路

解:

由 4 选 1 数据选择器的函数表达式可得

$$F=\overline{A}\cdot\overline{B}C+\overline{A}B\cdot 1+\overline{A}B\cdot 1+AB\overline{C}=\overline{A}\cdot\overline{B}C+\overline{A}B+A\overline{B}+AB\overline{C}$$

将该逻辑函数代入真值表，可见该电路实现了“不一致”的功能。

除了这两种方法，有时也会偶尔使用扩展法或降维法，这里不再赘述，大家可以查阅相关资料。

4.8.3 数据分配器原理分析

数据分配器的逻辑功能是将一路输入数据根据地址选择码分配给多路数据输出中的某一路输出。其逻辑功能正好和数据选择器相反。它实现的是时分多路传输电路中接收端电子开关的功能，故又称为解复器（Demultiplexer），并用 DMUX 来表示。通常数据分配器有一根输入线，n 根选择线和 2^n 根输出线。以 4 路数据分配器为例，可以看到 4 路数据分配器的真值表和逻辑符号如表 4-29 和图 4-68 所示，其中，D 为一路数据输入，Z_0 ～ Z_3 为 4 路数据输出，A_1、A_0 为地址选择码输出端。其输出函数表达式为：

$$Z_0=\overline{A_1}\,\overline{A_0}\cdot D\qquad Z_1=\overline{A_1}A_0\cdot D\qquad Z_2=A_1\overline{A_0}\cdot D\qquad Z_3=A_1A_0\cdot D$$

所以可用逻辑门实现 4 路数据选择器的功能。

多路数据选择器相当于一个多路至一路的选择开关，而数据分配器则相当于一个一路到多路的选择开关。如将二者连接起来，就能实现一条线上传送多路数据（如图 4-69 所示）。计算机体系结构中多个通用寄存器之间往往采用该方法，提供数据通路以实现数据相互传送。

表 4-29　4 路数据选择器的真值表

输　入			输　出			
D	A_1	A_2	Z_0	Z_1	Z_2	Z_3
	0	0	D	0	0	0
	0	1	0	D	0	0
	1	0	0	0	D	0
	1	1	0	0	0	D

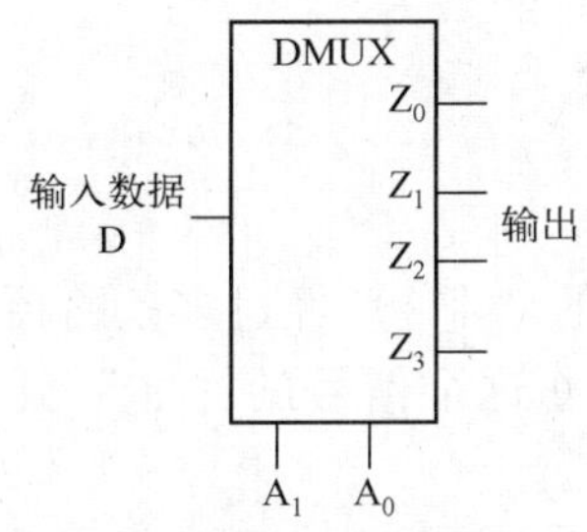

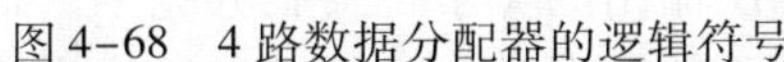

图 4-68　4 路数据分配器的逻辑符号

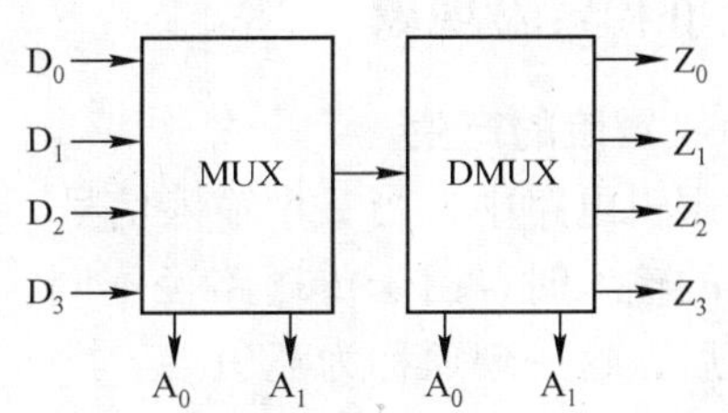

图 4-69　计算机中一线传送多路数据

4.8.4　数据分配器的应用

从数据分配器的真值表和函数表达式可以看出，译码器可实现数据分配功能。因此工程上都将通用二进制译码器作为数据分配器使用。

【例 4-25】 用译码器 74LS138 实现 8 路数据分配器。

解：

用 74LS138 实现 8 路数据分配的电路如图 4-70 所示。下面以$\overline{Z_0}$为例说明输出的确定方法。根据数据分配的定义，当 $A_2A_1A_0=000$ 时与 D 一致的输出是$\overline{Z_0}$。现在 $A_2A_1A_0=000$ 且 $D=1$ 时，$\overline{Z_0}=1$；若 $D=0$ 时，$\overline{Z_0}=0$。可见，$\overline{Z_0}$与 D 一致。

另外，数据分配器的应用也可以用译码器来实现。图 4-71 所示是由 16 选 1 数据选择器和 4 线 - 16 线译码器构成的总线数据传输系统，它能将 16 位并行计算数据转换为串行数据进行传送，到达终端后又还原为并行数据输出。

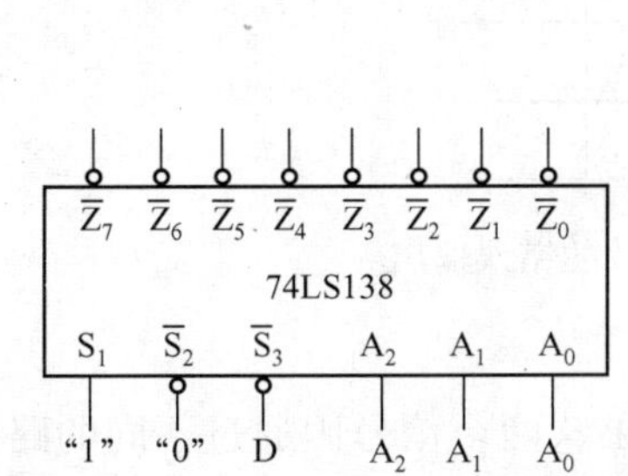

图 4-70　用 74LS138 构成 8 路数据分配器

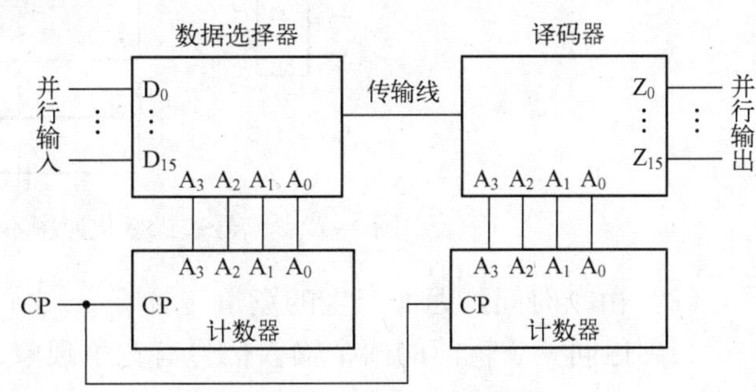

图 4-71　数据传输系统

4.9　竞争和冒险

前面讨论组合电路时，只研究了输入和输出稳定状态之间的关系，均未考虑信号在传输过程中的延迟现象。实际上，信号经过任何逻辑门和电路都会产生时间延迟，这就使得当电路所有输入都达到稳定状态时，输出并不是立即达到稳定状态，而是经过一段过渡时间才能达到稳定状态。

一般来说，延迟时间对数字系统是有害的。它会使系统速度下降，引起电路中信号的波形畸变，更严重的是在电路中产生错误输出，通常把这种现象称为竞争冒险。下面讨论电路中的竞争和冒险现象。

4.9.1　竞争和冒险现象

1. 竞争－冒险的产生

在组合逻辑电路中，当一个输入信号（含这个信号的“非”）经过多条路径传送后到达某一逻辑门的输入时，由于传送路径不同，使这个信号和这个信号的“非”到达门的输入时间有先有后，这一现象称为竞争。

不产生错误输出的竞争称为非临界竞争，产生错误输出的竞争称为临界竞争。临界竞争产生的错误输出即波形上的毛刺，有可能引起后级电路的错误动作，所以，该错误输出称为冒险。

竞争冒险产生的原因通常有以下两个。

（1）输入信号数字化边缘平缓，变化速率不同

在如图4-72所示与非门电路中，当输入信号A和B同时向相反状态变化时，如果电平变化速率不同，比如A从0变到1时略快一些，数字化抽象边缘相对较陡。而B从1变到0时略慢，数字化抽象边缘相对较缓，从而导致在A和B的状态变化中有一段微小的时间里出现了同时满足高电平1的时刻，这就使得原本应该有稳定的输出1的F端，却产生了一个不应该出现的负脉冲输出。这个负脉冲的出现就是错误的输出。需要说明的是，有竞争不一定产生竞争－冒险，这也是临界竞争与非临界竞争的区别。

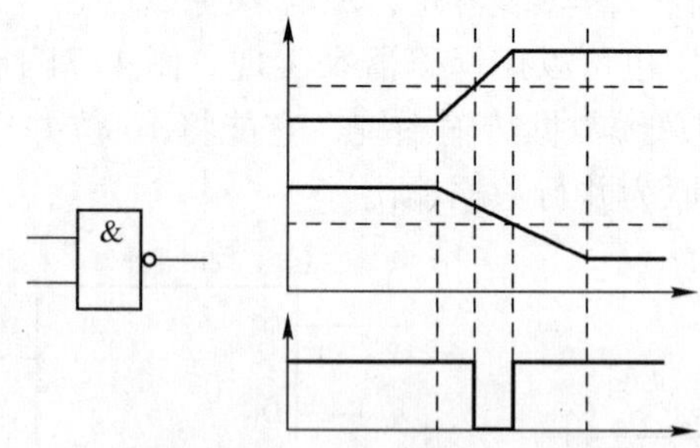

图4-72　信号边缘变化速率不同导致的错误输出

（2）由于时间延迟而产生的竞争－冒险

当到达同一逻辑门的两个输入信号有竞争现象，如果这两个信号因通过不同的路径传输的延迟时间不同，就会产生竞争－冒险。例如，已知逻辑函数 $F=A+\overline{A}$，如图4-73所示，

其中$\overline{A}$的到达时间比 A 延迟了一个非门的传输时间，就产生了竞争 - 冒险，本应稳定输出 1 的 F 端，却出现了一个错误的负脉冲，即有了错误输出。

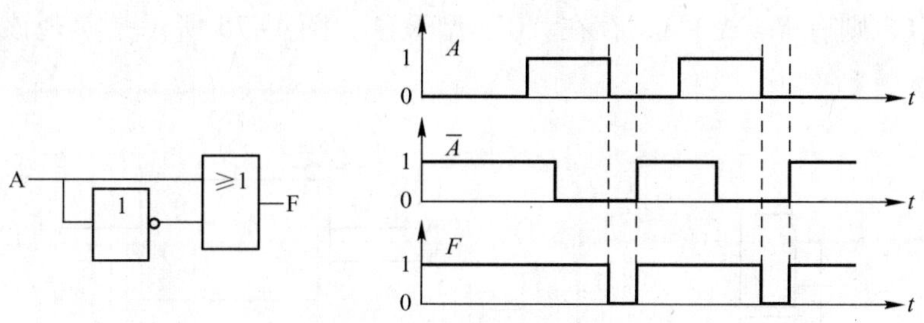

图 4-73　由于时间延迟产生的险象

2. 冒险现象的种类

组合电路中的险象根据输入变化前后输出是否相等而分为静态险象和动态险象。如果在输入变化而输出不应该发生变化的情况下，输出端产生了瞬间的错误输出，即产生了险象，则这种险象称为静态险象。如果在输入变化而输出应该发生变化的情况下，输出在变化的过程中产生了瞬间的错误输出，则这种险象称为动态险象。

除了按输出是否应该变化可分为静态险象和动态险象外，还可以按错误输出脉冲信号的极性分为“1”型险象和“0”型险象。若错误输出信号为正脉冲，称为“1”型险象；反之，若错误输出信号为负脉冲，则称为“0”型险象。图 4-74 给出了静态“1”型险象、静态“0”型险象、动态“1”型险象、动态“0”型险象的波形。

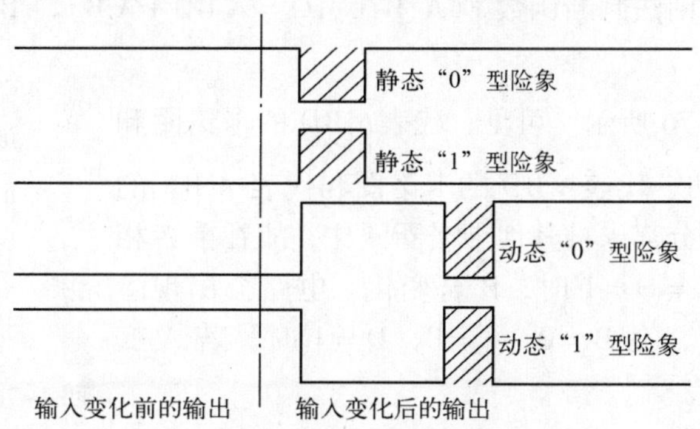

图 4-74　组合电路中可能产生的险象种类

需要指出的是，组合电路中的动态险象一般都是由静态险象引起的。所以，消除了静态险象也就消除了动态险象。

4.9.2　险象的判定

判定一个电路中有无险象的方法有代数法和卡诺图法两种。

1. 代数法

由前面对竞争和冒险的分析可知，当某个变量 A 同时以原变量和反变量的形式出现在函数表达式中，且令除了变量 A（含$\overline{A}$）以外的其他变量为某个恒定值（0 或 1）后，若出现 $Y = A + \overline{A}$，则存在“0”型险象；若出现 $Y = A \cdot \overline{A}$，则存在“1”型险象。

【例 4-26】 判断 $F = AC + \overline{A}B$ 是否存在险象。

解：

令 $B = C = 1$，则有 $Y = A + \overline{A}$，存在“0”型险象。图 4-75 所示是实现该函数式的电路和波形。

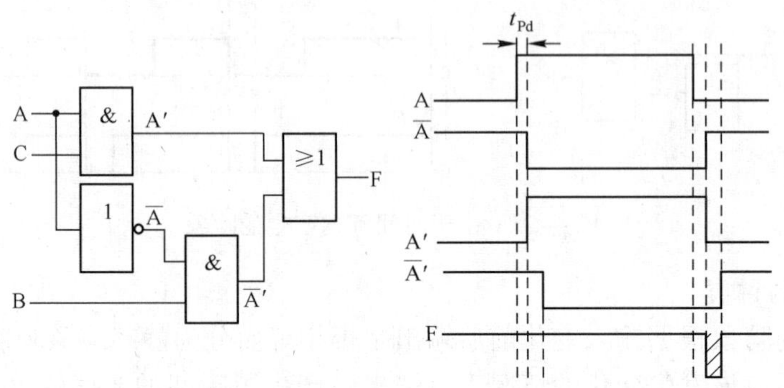

图 4-75 【例 4-26】的电路和波形

2. 卡诺图法

在逻辑函数的卡诺图中，函数式的每一个积项（或和项）对应于卡诺图上的一个卡诺圈。如果两个卡诺圈存在相切部分，且相切部分又未被其他卡诺圈圈住，则该电路必然存在险象。

【例 4-27】 用卡诺图法判断函数 $F(A,B,C,D) = \overline{A}\,\overline{B}D + A\overline{B}\,\overline{C} + BCD$ 是否存在险象。

解：

F 的卡诺图如图 4-76 所示。可见，代表$\overline{A}\,\overline{B}D$ 的卡诺圈和代表 BCD 的卡诺圈相切、代表$\overline{A}\,\overline{B}D$ 的卡诺图和代表 $A\overline{B}\,\overline{C}$的卡诺圈相切，且相切部分都未被其他卡诺圈圈住，故在前者相邻情况下，在 $A = 0$，$C = D = 1$ 时，B 若变化，电路会出现险象。在后者相邻情况下，在 $B = 0$，$C = 0$，$D = 1$ 时，若 A 变化，则电路会出现险象。

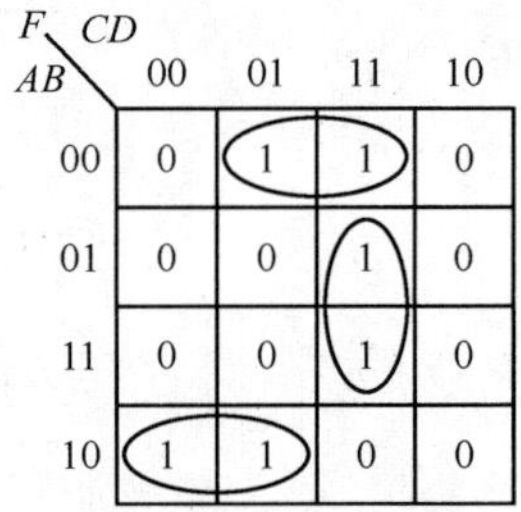

图 4-76 【例 4-27】的卡诺图

3. 软件仿真法

通过计算机辅助分析的手段也可有效判断电路中是否存在险象，其原理是使用 EDA 软件进行仿真、设计等，进而绘制电路原理图。采用与典型参数值相应的激励信号作为输入，运行仿真程序，则仿真结果会直接给出电路中是否存在险象。

4.9.3 险象的消除和减弱

电路中险象的存在会增加电路的补稳定性，降低其抗干扰性，甚至会产生电路操作上的错误，因此，险象的消除和减弱是电路设计者必须考虑的问题。针对险象的原因和特点，常用以下几种方法。

当组合电路存在险象时，可采用增加冗余项、引入封锁脉冲和增加输出端滤波等多种方法来消除和减弱险象。由于引入封锁脉冲会大大增加电路的复杂性，故很少使用。这里介绍用冗余项和输出端加滤波的方法来消除和减弱险象。

1. 增加冗余项

当竞争和险象是由单个变量改变状态引起时，用增加冗余项的方法很方便。

【例 4-28】 $F = AB + \overline{A}C$。

解:

从函数式不难发现，当 B = C = 1 时，有 $F = A + \overline{A}$。若 A 从 1 变为 0（或从 0 变为 1），则在输出门的输出端就会发生竞争，故输出就会发生险象。若在函数式中增加冗余项 BC，则函数式变为 $F = AB + \overline{A}C + BC$。增加冗余项后的电路如图 4-77 所示，不难看出，当 B = C = 1 时，由于 BC = 1，封锁了输出门，故“0”型险象被抑制。

2. 接入滤波电容

因为竞争冒险所产生的干扰脉冲一般都比较窄，所以，可以在电路的输出端并接一个小电容来减弱干扰脉冲。图 4-78 就是加了滤波电容后的电路。由于干扰脉冲通常和门电路的传输时间属于同一个量级，所以，在 TTL 电路中，电容的容量只要几百皮法就可将干扰脉冲减弱到开门以下水平。

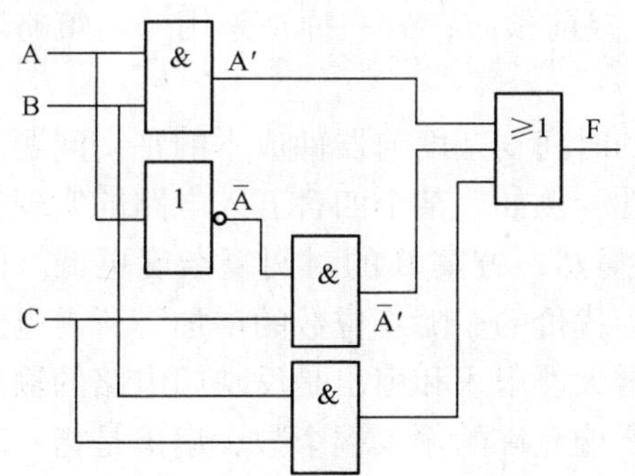

图 4-77 增加冗余项消除险象

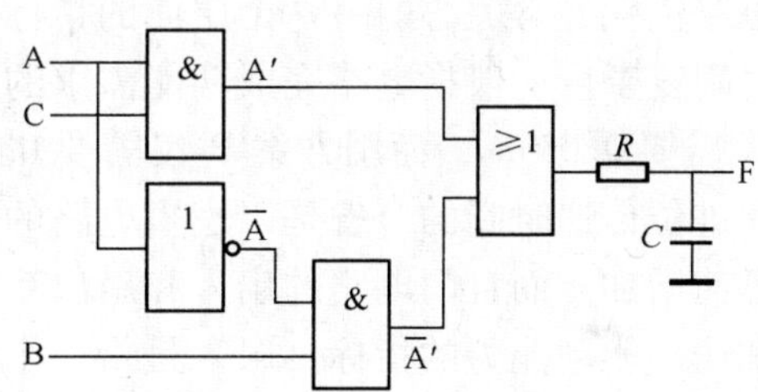

图 4-78 用滤波电容来减弱险象

3. 接入选通/封锁脉冲

选通脉冲又称为封锁脉冲，引入该方法主要是对输出门加以控制，使输入信号稳定之后，有选择地产生逻辑输出。对不同功能的输出门，其选通信号形式也不同。逻辑为“与”性质的一类输出门，必须采用正逻辑或高电平作为选通信号；而逻辑为“或”性质的一类输出门，必须采用负逻辑或低电平作为选通信号，从而达到选通信号无效时，封锁输出门，选通脉冲到来时，开启输出门。

4.10 组合逻辑电路设计的优化问题

本节讲解组合逻辑电路设计的优化问题。前面的章节大多从原理性及简单应用实例的角度让大家掌握基本的小规模或中规模集成电路的组合逻辑分析与设计。然而，在实际设计中，由于工艺要求，成本要求，甚至是客户的特定需求，都需要为降低硬件成本和增加工艺的健壮性或集成电路的可靠性，而不断优化逻辑电路。

下面是设计中经常遇见的几个问题。

1. 多余输入端的处理

多余输入端的处理一般分为两种情况：

第一种情况是TTL电路输入端为“与”逻辑时，可以将多余输入端接高电平，或者与其他输入端并接，或者悬空。但如果信号受到严重干扰的场合，就不能选择悬空。对于CMOS电路的输入端为“与”逻辑时，只能接成高电平或输入端并接，不能悬空。

第二种情况是输入端为“或”逻辑时，无论是TTL电路还是CMOS电路，都可将多余输入端接低电平或者与其他输入端并接。

2. 电路提供的输入端少于实际需要的输入端

当组合逻辑电路的输入端少于实际需要的输入端时，通常采用分组策略或称为分层机制来解决，如图4-79所示，例如，要实现4输入与非关系，但实际提供的集成电路只有2输入与非门。

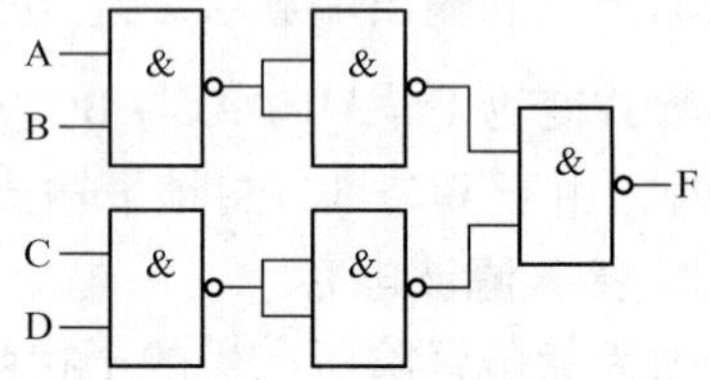

图4-79　分组策略示意图

3. 扇出问题

在电路的设计与综合时，最终的电路可能存在一个门电路的输出负载非常多，甚至超出了器件的负载能力，该问题称为扇出问题。对于这种情况一般采用两种方法来解决：一种是采用扇出系数大的门作为输出（称为带缓冲的门），提前预防；另一种是采用分组策略增加驱动能力（见图4-79）。

电路优化经常关心的另一个层面的指标是电路的时间复杂度与器件成本的平衡问题。电路的时间复杂度一般指电路完成功能需求的及时特性，例如，某个四舍五入电路的实现，用方案A需要0.05 ms，而用方案B仅需要0.01 ms。显然，方案B的时间复杂度更低。但是器件间进位传递时间的节省是以逻辑电路的复杂性为代价的。随着位数的增加，所需电路元件也迅速增加，而且门电路的扇入和扇出系数也会增大。扇入和扇出是反映门电路的输入端数目和输出驱动能力的指标。扇入是指一个门电路所能允许的输入端个数，扇出是指一个门电路所能驱动的同类门的数目。因此，为了提升时间效率，同时又降低电路门器件数量，也会采用分组策略，或者减少不同种类逻辑门的使用。

总之，电路设计的优化没有所谓的终结最优，只要能达到相对最优即可。

4.11　本章小结

本章学习了组合逻辑电路的基本结构与特点，组合逻辑电路分析与设计的基本步骤；对各种常用的中、大规模组合逻辑电路的工作原理及分析、设计方法进行详细阐述，主要包括编码器、译码器、数据分配器和数据选择器等；最后，学习和分析了组合电路的险态、设计优化等相关问题。本章在讨论一般组合逻辑电路的分析和设计基础上，还对各种常用的中大规模组合逻辑电路模块的功能及应用进行了介绍。

关键知识点：

1. 组合逻辑电路的特点是电路在任意时刻的输出状态只取决于该时刻各输入状态的组合，与电路的原状态无关，电路不包含记忆单元及反馈电路。

2. 组合逻辑电路的分析步骤为：根据给定的逻辑图，写出输出函数逻辑表达式→根据已写出的输出函数逻辑表达式，列出真值表→根据逻辑表达式或真值表，判断电路的逻辑功能。

组合逻辑电路的设计步骤为：进行逻辑抽象→进行化简，根据实际情况用卡诺图法或公式法进行化简→画逻辑电路。

3. 中规模组合逻辑电路的功能及应用，主要包括经典逻辑运算电路、代码转换电路、数值比较电路、编码器和译码器、数据选择器和数据分配器等，为了增加器件的灵活使用和可扩展性，要学会合理地使用各个集成器件的控制端（或使能端），最大限度地发挥电路的潜力。

4. 竞争－冒险是组合逻辑电路的工作状态转换中常见的一种现象，本章学习了它的基本概念、特点、分类、险象的判别和避免方法等。

5. 讨论了组合电路设计的优化问题，这是一个持续的没有最优通用范式的事情，大家可以在实际工作中多多思考，不断优化。

4.12 习题

1. 试分析如图 4-80 所示的组合逻辑电路，说明电路功能。

2. 试分析如图 4-81 所示的组合逻辑电路，并用最少的与非门实现电路功能。

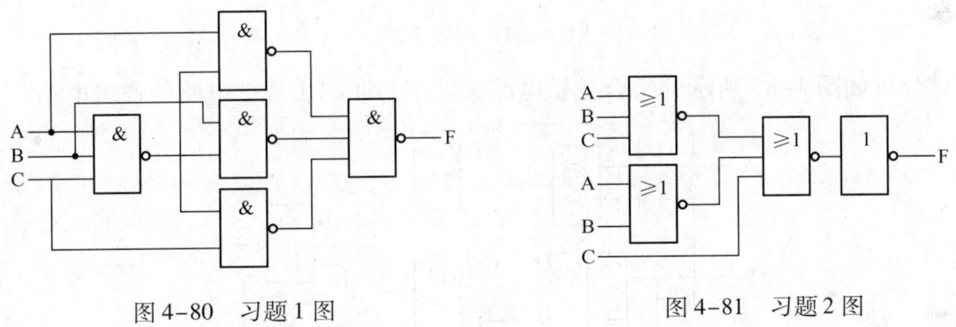

图 4-80　习题 1 图　　图 4-81　习题 2 图

3. 试分析如图 4-82 所示的组合逻辑电路，其中 S4、S3、S2、S1 为控制输入端，请列出真值表，说明 F 与 A、B 之间的逻辑关系。

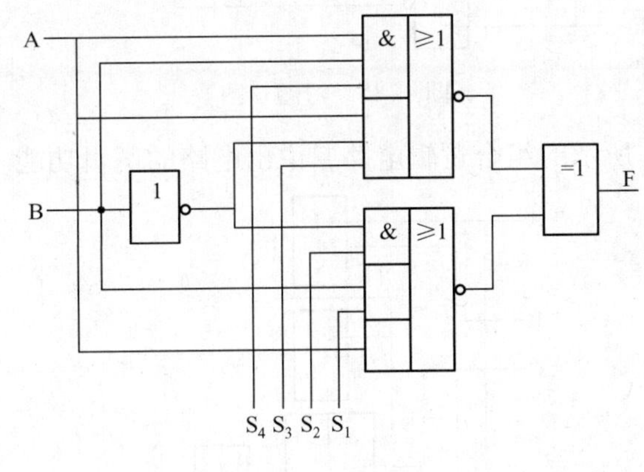

图 4-82　习题 3 图

4. 试分析如图 4-83 所示的组合逻辑电路，说出电路的逻辑电路，并改用异或门实现该电路的逻辑电路。

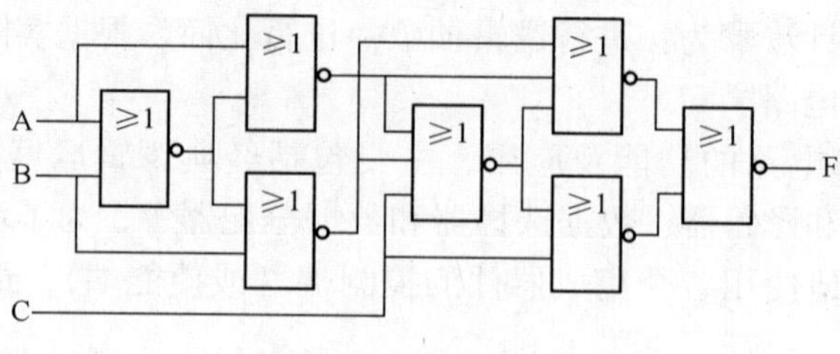

图 4-83　习题 4 图

5. 试分析如图 4-84 所示的组合逻辑电路，说出电路的逻辑功能。

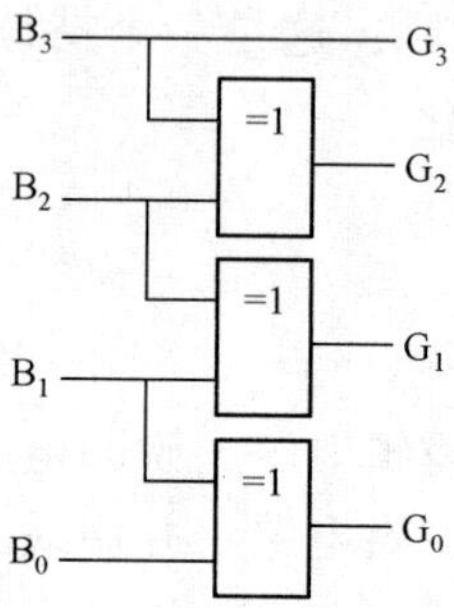

图 4-84　习题 5 图

6. 试分析如图 4-85 所示的组合逻辑电路，并用与非门实现该电路的逻辑电路。

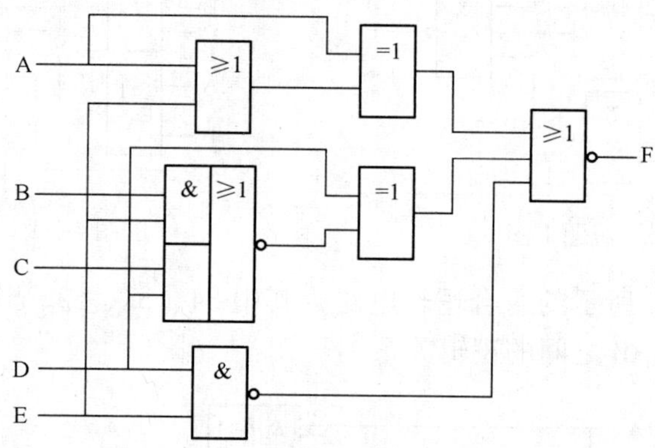

图 4-85　习题 6 图

7. 试分析如图 4-86 所示的组合逻辑电路，说出电路的逻辑功能。

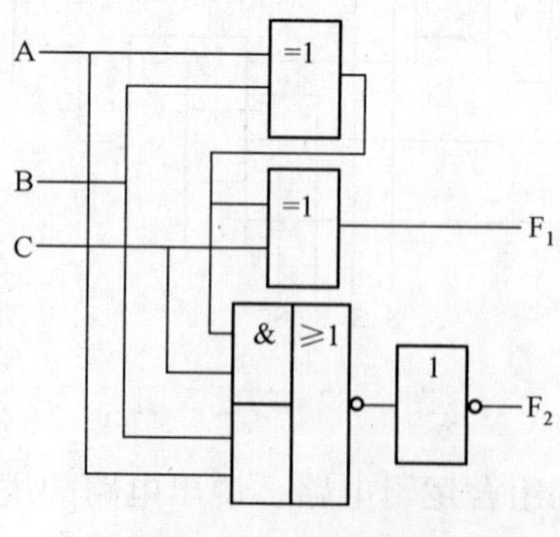

图 4-86　习题 7 图

8. 试设计1个代码转换器电路，将一位8421BCD码转换为余3码。

9. 用与非门设计一个组合电路，输入的是1位的8421BCD码，当输入的数字为素数时，输出为1，否则输出为0。

10. 试用或非门设计一个8421BCD码检测电路，当输入的数字$3 \leqslant X \leqslant 7$时，输出为1，否则输出为0。

11. 在某一旅游胜地，有两辆缆车可供游客上下山，请设计一个控制缆车正常运行的逻辑电路。要求：缆车A和B在同一时刻只能允许一上一下行驶，并且必须同时把缆车的门关好后才能行驶。设输入为A、B、C，输出为Y（设缆车上行为“1”，门关上为“1”，允许行驶为“1”）。

（1）列出真值表。

（2）写出逻辑函数表达式。

（3）用基本门画出实现上述功能的逻辑电路图。

12. 某栋楼有一盏路灯，同住该栋楼的3家住户要求在各自的家门口安装开关，使他们均能独立地控制路灯的开和关。请用最少的逻辑门设计出满足该要求的控制电路。

13. 用逻辑门为医院设计一个血型配对指示器，当供血和受血血型不符合表4-30时，输出为”1“，指示灯亮。

表4-30 习题13

供血血型	受血血型
A	A、AB
B	B、AB
AB	AB
O	A、B、AB、O

14. 用与或非门设计一个2位二进制数A、B的比较电路，要求有$A<B$、$A=B$和$A>B$共3种比较结果输出。

15. 分别用与非门设计能实现下列功能的组合电路。

（1）3变量的表决电路（输出与多数变量的状态一致）。

（2）3变量的不一致电路（3个变量状态不相同时输出为1，相同时输出为0）。

（3）3变量判奇电路（3个变量中有奇数个1时输出为1，否则输出为0）。

（4）3变量判偶电路（3个变量中有偶数个1时输出为1，否则输出为0）。

16. 某药店常用中药有50种，编号为1～50。在中药配方时必须遵守下列配方规定。

（1）第6号与第9号不能同时使用。

（2）第22号与第38号不能同时使用。

（3）第1号、第43号、第48号不能同时使用。

（4）用第5号时必须同时配用第8号。

（5）当第33号和第42号一起使用时，必须配用第2号。

设计一个组合逻辑电路，要求违反上述任一项规定时，输出$F=1$，否则输出$F=0$。

17. 试设计一个将4位二进制代码转换为相应的补码的码制转换电路。

18. 用与非门实现下列逻辑函数，要求不会产生险象。

(1) $F_1(A,B,C,D)=\sum m(2,3,5,7,8,10,13)$

(2) $F_2(A,B,C,D)=\sum m(0,2,3,4,8,9,14,15)$

(3) $F_3(A,B,C,D)=\sum m(1,5,6,7,11,12,13,15)$

19. 函数 $F=AC\cdot B\overline{C}$，试分析当实现该电路的逻辑门的平均延迟时间为 10ns 时，会不会产生险象？什么条件下产生险象？画出无险象产生的改进电路图。

20. 试用 74LS38（3 线－8 线译码器）和与非门实现下列逻辑函数。

(1) $F_1(A,B,C)=A\overline{C}+\overline{B}C+\overline{A}B$

(2) $F_2(A,B,C)=\overline{A}\cdot\overline{C}+A\overline{B}C$

21. 举重比赛有 A、B、C 3 个裁判和 1 个总裁判 D，当 D 同意时，运动员可得两票，而 A、B、C 有一个人同意通过时，可得一票，总票数为 5，获得 3 票或以上为举重成功。设计裁判表决电路。

22. 某学生参加 3 类课程考试，规定如下：文化课程（A）及格得 2 分，不及格得 0 分；专业理论课程（B）及格得 3 分，不及格得 0 分；专业技能课程（C）及格得 5 分，不及格得 0 分。若总分大于 6 分则可顺利过关（Y），设计实现上述功能的逻辑电路。

23. 试用 74LS38（3 线－8 线译码器）和与非门设计一个全减器。

24. 试用 4 路数据选择器实现余 3 码到 8421BCD 码的转换。

25. 试用一片 4 线－16 线译码器和适当的逻辑门设计一个 1 位十进制 8421BCD 码的奇偶位产生电路（假定采用偶检验）。

26. 当 4 路数据选择器的选择控制变量 A1、A0 接变量 A、B，数据输入端 D0、D1、D2、D3 依次接 C、1、1、$\overline{C}$时，电路实现什么功能？

27. 试用 4 位二位制加法器设计下列十进制代码转换器。

(1) 8421BCD 码转换为余 3 码。

(2) 余 3 码转换为 8421BCD 码。

28. 试用输出高电平有效的 4 线－16 线译码器和逻辑门实现两个 2 位二进制的乘积。

29. 分别用 4 选 1 和 8 选 1 数据选择器实现下列逻辑函数。

(1) $F(A,B,C,D)=\sum m(1,2,5,6,7,10,15)$

(2) $F(A,B,C,D)=\sum m(0,3,8,9,10,11)+\sum d(1,2,5,14,15)$

(3) $F(A,B,C,D)=\prod M(1,2,8,9,10,12,14)+\prod d(0,3,5,6,11,13)$

30. 用一片 4 位全加器和必要的逻辑门，设计一个可控的 4 位加/减法器，当控制信号 $M=0$ 时，进行 A 加 B；当 $M=1$ 时，进行 A 减 B，此时 $A\geqslant B$。

第5章 触 发 器

触发器是继门电路之后，又一类重要的逻辑单元电路。它本身也是由多个逻辑门构成的，与组合逻辑电路不同的是，由于在触发器电路内部存在输出对输入的信号反馈，因而触发器具有记忆输入信息的功能。

根据不同的电路结构，触发器可以分为基本 RS 触发器、同步触发器、主从触发器和边沿触发器；根据不同的电路逻辑功能，可以分为 RS 触发器、D 触发器和 JK 触发器等，不同的电路结构决定了它的触发方式，进而决定其状态转换过程中的不同动作特点。

触发器广泛应用于现代数字逻辑系统中，在数字系统中都是采用触发器来暂存数字信息的。本章将对常用触发器的工作原理及特性进行详细讨论，并介绍它们的应用。

5.1 概述

在数字电路中，不但需要对二进制数字信号进行算术运算或逻辑运算，而且还需要将这些信号和运算结果保存起来。为此，需要使用具有记忆功能的逻辑元器件。通常把能存储 1 位二进制信息的基本单元电路称为触发器。

触发器是广泛应用于现代数字系统和计算机中的一类逻辑单元电路，可以说，凡是涉及数字信号处理的系统，都采用触发器来暂存数字信息。下面详细讨论几种常用触发器的工作原理及特性，并简介其应用。

5.1.1 触发器的电路结构和特点

为了实现存储 1 位二进制信息的功能，触发器应该具备以下基本特点：

1）具有两个能自行保持的稳定状态，用来表示逻辑状态的“0”或“1”，或二进制数的“0”和“1”。当没有外来触发信号时，触发器的稳定状态可永久保持。

2）具有一对互补输出 Q 和$\overline{Q}$。当 $Q=0$（$\overline{Q}=1$）时称触发器存储了“0”；当 $Q=1$（$\overline{Q}=0$）时称触发器存储了“1”。

3）根据不同的输入信号可以将触发器设置成“0”或“1”状态。

4）在输入信号消失后，电路能将获得的新状态保存下来。

5）有些触发器有定时（时钟）端 CP（Clock Pulse）。

5.1.2 触发器的逻辑功能和分类

根据触发器在电路结构上的不同特点，可以将其分为基本 RS 触发器、钟控 RS 触发器、主从触发器、维特阻塞触发器和边沿触发器。这些不同的电路结构有其不同的动作特点，掌握这些动作特点对正确运用这些触发器是十分必要的。

根据激励方式（即信号的输入方式及触发器状态随输入信号变化的规律）的不同，触发器的逻辑功能在细节上又有所不同。据此可将触发器按逻辑功能分为 RS 触发器、D 触发器、JK 触发器、T 触发器和 T′触发器等。

若输入信号是直接加到激励输入端的，称为基本触发器。若输入信号是经过控制门加到激励输入端的，而控制门是由时钟脉冲（CP）管理的，只有在 CP 到来时输入信号才能进入触发器。这种触发器称为钟控触发器。

5.2 RS 触发器

基本 RS 触发器是各类触发器中电路结构最简单的一种，它是各类触发器的基本组成部分。

5.2.1 用与非门构成的基本 RS 触发器

1. 电路结构及工作原理

图 5-1a 所示是用两个与非门交叉连接构成的基本 RS 触发器。$\overline{R}$、$\overline{S}$是信号输入端，字母上的“-”号表示低电平有效，即$\overline{R}$、$\overline{S}$端为低电平时表示有信号输入，为高电平时表示无信号输入。Q、$\overline{Q}$表示触发器的状态，也是两个互补的输出信号。

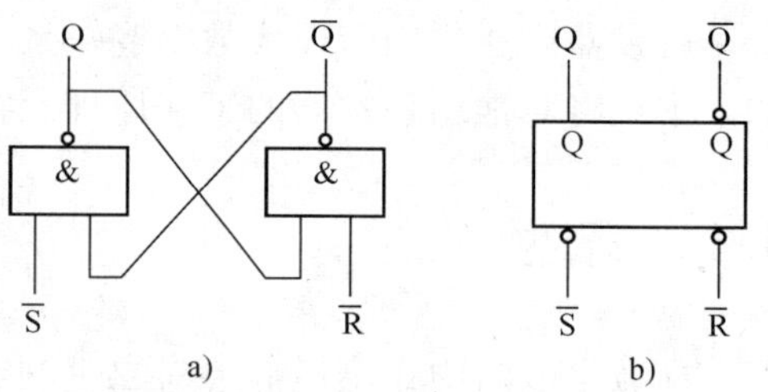

图 5-1　由与非门构成的基本 RS 触发器
a）RS 触发器逻辑图
b）与非门构成的 RS 触发器电路图

图 5-1b 所示是基本 RS 触发器的逻辑符号，方框下面的输入端处的小圆圈表示低电平有效，这是一种约定，即该小圆圈和$\overline{R}$、$\overline{S}$一起是强调输入低电平有效，而不是“非”了又“非”。输出的 Q 和$\overline{Q}$在正常工作情况下，两个状态是互补的，即一个为“1”另一个就为“0”，反之亦然。

下面讨论该触发器的工作原理。

1）$\overline{R}=0$、$\overline{S}=1$ 时：由$\overline{R}=0$，可知$\overline{Q}=1$，再由$\overline{S}=1$、$\overline{Q}=1$ 导出 $Q=0$，即此时触发器处于“0”状态。因为在$\overline{R}$端加“0”也只能将触发器置为 0 状态，所以，将$\overline{R}$端称为置 0 输入端，习惯上称为复位端。

2）$\overline{R}=1$、$\overline{S}=0$ 时：由$\overline{S}=0$，可知 $Q=1$，再由$\overline{R}=1$、$Q=1$ 导出$\overline{Q}=0$，即此时触发器处于“1”状态。因为在$\overline{S}$端加“0”也只能将触发器置为 1 状态，所以，将$\overline{S}$端称为置 1 输入端，习惯上称为置位端。

3）$\overline{R}=1$、$\overline{S}=1$ 时：此时触发器的状态将由触发器的原态决定。若触发器的原态是 $Q=0$、$\overline{Q}=1$，结合此时的输入值$\overline{R}=1$、$\overline{S}=1$，可导出次态仍是 $Q=0$、$\overline{Q}=1$。若触发器的原态是 $Q=1$、$\overline{Q}=0$，结合此时的输入值$\overline{R}=1$、$\overline{S}=1$，可导出次态仍是 $Q=1$、$\overline{Q}=0$。所以，当$\overline{R}=1$、$\overline{S}=1$ 时，触发器的状态不会改变。习惯上称为保持。

4）$\overline{R}=0$、$\overline{S}=0$ 时：触发器的互补状态 $Q=1$、$\overline{Q}=1$，这就破坏了触发器的输出信号应

该是互补的规则。而且当$\overline{R}$和$\overline{S}$又同时变为“1”时，次态将出现不确定的现象，故常称为禁用。

通常把触发器接收输入信号之前所处的状态称为原态，并用Q^n和$\overline{Q^n}$表示。前面已介绍过，触发器有两个稳定状态，在未接收到输入信号前，它总是处于某一个稳态，不是“0”就是“1”，也就是说，Q^n不是“0”就是“1”（习惯上，触发器都是用Q端来作为描述对象的）。

触发器接收输入信号之后转换到新状态称为次态，并用Q^{n+1}和$\overline{Q^{n+1}}$表示。而Q^{n+1}和$\overline{Q^{n+1}}$的值不仅和输入信号有关，还和Q^n、$\overline{Q^n}$有关。

2. 状态转换真值表和特性方程

反映触发器次态Q^{n+1}与原态Q^n和输入$\overline{R}$、$\overline{S}$之间对应关系的表称为状态转换真值表。根据工作原理的分析，可以很容易地列出如图5-1a所示的基本RS触发器的状态转换真值表，如表5-1所示。它是与非门构成的基本RS触发器逻辑功能的数学表达式，直观地表示了Q^{n+1}与Q^n和$\overline{R}$、$\overline{S}$之间的对应关系。

表5-1 由与非门构成的基本RS触发器的状态转换真值表

Q^n	$\overline{S}$	$\overline{R}$	Q^{n+1}	$\overline{Q^{n+1}}$	注释
0	0	0	1	1	禁用
0	0	1	1	0	置位
0	1	0	0	1	复位
0	1	1	0	1	保持
1	0	0	1	1	禁用
1	0	1	1	0	置位
1	1	0	0	1	复位
1	1	1	1	0	保持

表5-2是表5-1的简化形式，它简要地阐述了由与非门构成的基本RS触发器的特性。

由表5-1可列出如图5-2所示的Q^{n+1}的卡诺图，由图可得到由与非门构成的基本RS触发器的特性方程为

表5-2 由与非门构成的基本RS触发器的简化特性表

$\overline{S}$	$\overline{R}$	Q^{n+1}	注释
0	0	d	禁用
0	1	1	置位
1	0	0	复位
1	1	Q^n	保持

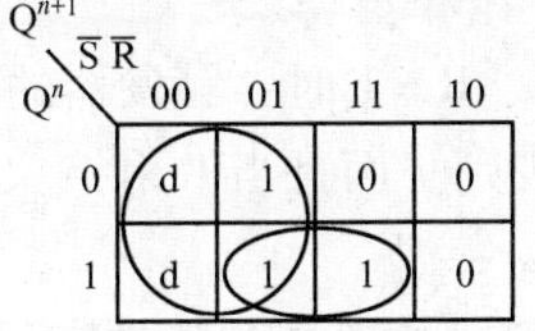

图5-2 用与非门构成的基本RS触发器Q^{n+1}的卡诺图

$$Q^{n+1}=S+\overline{R}Q^n$$

$$\overline{R}+\overline{S}=1 \quad \text{（约束条件）} \qquad (5\text{-}1)$$

式（5-1）高度概括了用与非门构成的基本RS触发器次态输出Q^{n+1}与原态Q^n和输入$\overline{R}$、$\overline{S}$之间的函数关系，称为特性方程。在遵守约束条件$\overline{R}+\overline{S}=1$的前提下，可以根据输入

信号$\overline{R}$、$\overline{S}$的取值和原态 Q^n，利用特性方程计算出次态输出方程 Q^{n+1}。

5.2.2 用或非门构成的基本 RS 触发器

1. 电路结构及工作原理

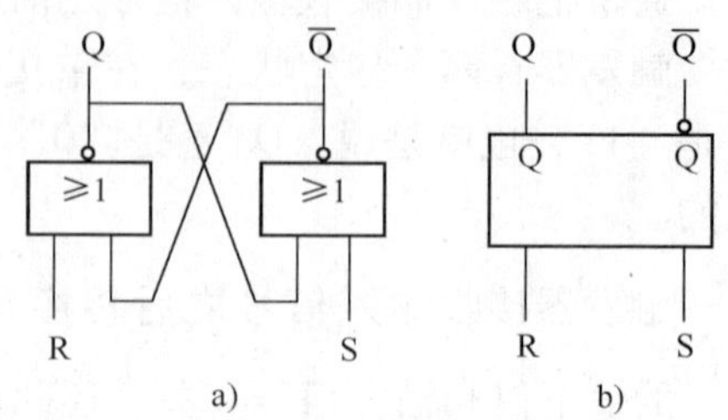

图 5-3 由或非门构成的基本 RS 触发器

a）或非门构成的 RS 触发器

b）基本 RS 触发器逻辑图

图 5-3a 所示是用两个或非门交叉连接起来构成的基本 RS 触发器。和图 5-1a 所示电路相比较，不仅 R、S 的几何位置不同，而且其上无反号，注意到了这种区别，就能很容易地理解其工作原理。R、S 上面无反号，表示输入高电平有效，即 R 端、S 端为高电平时表示有输入信号，为低电平时表示无信号。Q 和$\overline{Q}$同样既表示触发器的状态，又是两个互补的输出端。

图 5-3b 所示是基本 RS 触发器的逻辑符号，和图 5-1b 所示的符号相比较，R 端和 S 端无小圆圈，表示高电平有效，即在 R 端和 S 端加的输入信号为高电平时表示有信号，为低电平时表示无信号，这也是一种约定。

下面讨论该触发器的工作原理。

1）S=0、R=1 时：由 R=1，可知 Q=0，再由 S=0、Q=0 导出$\overline{Q}$=1，即此时触发器处于“0”状态。因为在 R 端加“1”只能将触发器置为 0 状态，所以，将 R 端称为置 0 输入端，习惯上称为复位端。

2）S=1、R=0 时：由 S=1，可知$\overline{Q}$=0，再由 R=0、$\overline{Q}$=0 导出 Q=1，即此时触发器处于“1”状态。因为在 S 端加“1”也只能将触发器置为 1 状态，所以，将 S 端称为置 1 输入端，习惯上称为置位端。

3）S=0、R=0 时：此时触发器的状态由触发器的原态决定。若触发器的原态是 Q=0、$\overline{Q}$=1，结合此时的输入值 S=0、R=0，可导出次态仍是 Q=0、$\overline{Q}$=1。若触发器的原态是 Q=1、$\overline{Q}$=0，结合此时的输入值 S=0、R=0，可导出次态仍是 Q=1、$\overline{Q}$=0。所以，当 S=0、R=0 时，触发器的状态不会改变。习惯上称为保持。

4）S=1、R=1 时：触发器的互补状态 Q=0、$\overline{Q}$=0，这就破坏了触发器的输出信号应该是互补的规则。而且当 R 和 S 又同时变为“0”时，次态将出现不确定的现象，故常称为禁用。

2. 状态转换真值表和特性方程

根据工作原理的分析，可以很容易列出图 5-3a 所示的基本 RS 触发器的状态转换真值表（表 5-3）。它是或非门构成的基本 RS 触发器逻辑功能的数学表达式，直观地表示了 Q^{n+1}与 Q^n 和 R、S 之间的对应关系。

表 5-3 由或非门构成的基本 RS 触发器的状态转换真值表

Q^n	S	R	Q^{n+1}	$\overline{Q^{n+1}}$	注释
0	0	0	0	1	保持
0	0	1	0	1	复位

（续）

Q^n	S	R	Q^{n+1}	$\overline{Q^{n+1}}$	注释
0	1	0	1	0	置位
0	1	1	0	0	禁用
1	0	0	1	0	保持
1	0	1	0	1	复位
1	1	0	1	1	置位
1	1	1	0	0	禁用

表5-4是表5-3的简化形式，它简要地阐述了由或非门构成的基本RS触发器的特性。

由表5-3可列出如图5-4所示的Q^{n+1}的卡诺图，由图可得到由或非门构成的基本RS触发器的特性方程为

$$
\begin{aligned}
Q^{n+1} &= S + \overline{R}Q^n \\
SR &= 0\text{（约束条件）}
\end{aligned}
\tag{5-2}
$$

表5-4　由或非门构成的基本RS触发器的简化特性表

S	R	Q^{n+1}	注释
0	0	Q^n	禁用
0	1	1	复位
1	0	0	置位
1	1	D	禁用

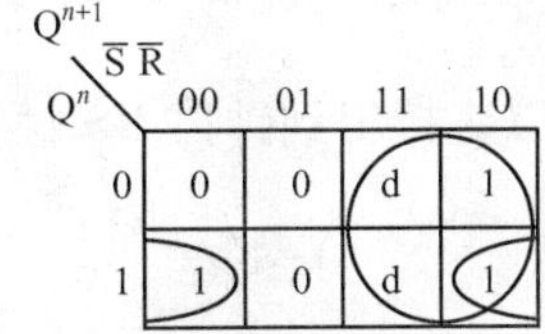

图5-4　用或非门构成的基本RS触发器的Q^{n+1}卡诺图

通过以上分析可知，无论是与非门还是或非门构成的基本RS触发器，其特征方程都是一样的。即$Q^{n+1}=S+\overline{R}Q^n$，只有约束条件不同，由与非门构成的基本RS触发器的$\overline{R}$和$\overline{S}$不允许同时为“0”，而由或非门构成的基本RS触发器的S和R不允许同时为“1”。其优点是电路结构简单，是各类触发器的结构基础。其存在的问题是输出受电平直接控制，即在输入信号存在期间，其电平直接控制着触发器的输出状态。这不仅给触发器的使用带来了不便，而且导致了电路抗干扰能力的下降。输入之间存在约束条件，这也带来了使用不便的问题。另外，其不受统一的时钟控制，使得多个触发器无法统一工作。

5.2.3　钟控触发器（锁存器）

由于基本RS触发器的输入信号是直接加到输出门的输入端的，故常称为直接置位或复位触发器。又由于当输入信号发生变化时，将直接影响触发器的状态及输出，所以，基本RS触发器也称为透明触发器。但在实际使用中，通常要求触发器的状态变化受外部时钟控制，以便整个系统按一定的节拍工作。钟控触发器就是符合这种要求的基本电路单元。

5.2.4　钟控RS触发器

图5-5a所示是钟控触发器的逻辑电路图。与非门G_1、G_2构成基本触发器，与非门G_3、G_4是控制门，输入信号R、S通过控制门进行传送，CP为时间脉冲，是输入的控制信号。图5-5b所示是钟控RS触发器的逻辑符号。

从图 5-5a 所示的电路可见，CP = 0 时，控制门 G_3、G_4被封锁，基本 RS 触发器保持原态不变。只有当 CP = 1 时，控制门 G_3、G_4被打开，输入信号才会被接收。而且工作情况和图 5-1a 所示的电路没什么区别。故可得到钟控触发器的状态转换表，如表 5-5 所示。

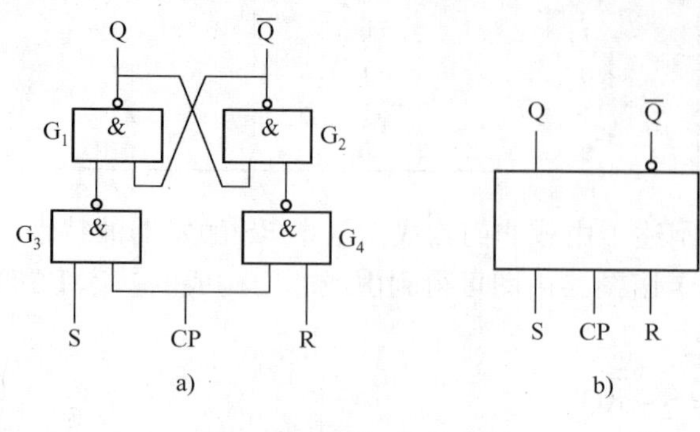

图 5-5　钟控 RS 触发器
a）钟控 RS 触发器逻辑电路图　b）RS 触发器逻辑图

表 5-5　钟控 RS 触发器的状态转换表

Q^n	S	R	Q^{n+1}
0	0	0	0
0	0	1	0
0	1	0	1
0	1	1	d
1	0	0	1
1	0	1	0
1	1	0	1
1	1	1	d

由该表可以直接得到钟控 RS 触发器的特性方程为

$$\begin{cases} Q^{n+1} = S + \overline{R}Q^n & （CP = 1 \text{ 有效}） \\ SR = 0 & （\text{约束条件}） \end{cases} \tag{5-3}$$

由以上分析可知，钟控 RS 触发器在 CP = 1 时接收输入信号，CP = 0 时触发器保持状态不变。多个这样的触发器可以在同一个时钟脉冲控制下工作。但在使用过程中，如果违反了 RS = 0 的约束条件，则可能出现下列情况之一。

1）在 CP = 1 期间，若 R = S = 1，则将出现 $Q = \overline{Q} = 1$ 的不正常情况。

2）在 CP = 1 期间，若 R、S 分别从 1 变为 0，则触发器的状态取决于后变 0 者。

3）在 CP = 1 期间，若 R、S 同时从 1 变为 0，则会出现结果不确定的情况。

4）在 R = S = 1 时，若 CP 突然从 1 变为 0，也会出现输出结果不确定的情况。

图 5-6 所示是钟控 RS 触发器的状态转换图。

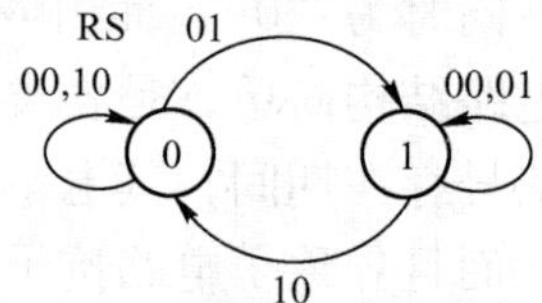

图 5-6　钟控 RS 触发器的状态转换图

5.2.5　主从 RS 触发器

为了从根本上解决输入电平直接控制触发器输出的问题，推出了主从型触发器。

主从 RS 触发器由两个钟控 RS 触发器组成，电路如图 5-7a 所示。图 5-7b 所示是其逻辑符号。方框中的符号“¬”表示延迟，即直到 CP 下降沿到来时 Q 端和 $\overline{Q}$ 端才会改变状态。S、R 是信号输入端；CP 是时钟脉冲端，小圆圈表示 CP 的下降沿有效。

在主从 RS 触发器中，接收输入信号和输出是分两步进行的。在 CP = 1 期间，主触发器接收信号，从触发器保持原态不变。即当 CP = 1、$\overline{CP}$ = 0 时，主触发器控制门 G_7、G_8 被打开，因此，可以顺利地把输入信号 R、S 接收进去，是主触发器的状态根据 R、S 而改变。而从触发器控制门 G_3、G_4被封锁，因此其状态不会改变。

当 CP 下降沿到来时，主触发器控制门 G_7、G_8 被封锁，其在 CP = 1 期间接收到的信息

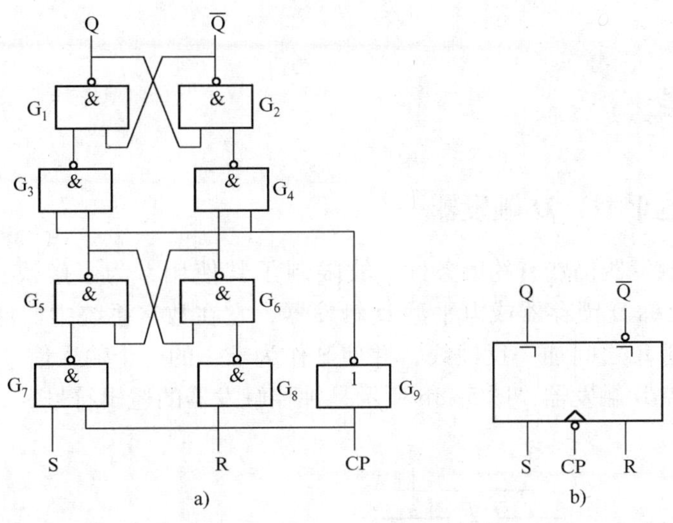

图 5-7　主从 RS 触发器

a）主从 RS 触发器功能电路图　b）主从 RS 触发器逻辑图

被存储起来。同时，从触发器的控制门 G_3、G_4 被打开，主触发器将其接收到的信号传送给从触发器，这样，输出状态也随之变更为刚才主触发器存储的状态。在 CP = 0 期间，由于主触发器状态不会改变，所以，受其控制的从触发器的状态也不会再改变。因此，在 CP 的一个变化周期中，触发器的输出状态只可能改变一次。

将上面叙述的逻辑关系写成真值表，即可得到主从 RS 触发器状态转换真值表，如表 5-6 所示。

表 5-6　主从 RS 触发器的状态转换真值表

Q^n	S	R	Q^{n+1}
0	0	0	0
0	0	1	0
0	1	0	1
0	1	1	d
1	0	0	1
1	0	1	0
1	1	0	1
1	1	1	d

根据表 5-6 可得到主从触发器的特性方程为

$$Q^{n+1} = S + \overline{R}Q^n \quad \text{（CP 下跳瞬间有效）}$$
$$SR = 0 \quad \text{（约束条件）} \tag{5-4}$$

主从 RS 触发器解决了钟控 RS 触发器的空翻问题，但由于主从 RS 触发器是由两个钟控 R 触发器组合而成的，在 CP = 1 期间，R、S 的变化必然会直接影响主触发器的状态。所以，当 CP 下降沿到来时，主触发器的状态必须根据在 CP = 1 期间的 R、S 变化的情况而定。同样，若在 CP = 1 期间 R、S 的取值违反了约束条件 RS = 0 的规定，主触发器的两个输出不仅会出现都为高电平的情况，而且若同时 R、S 由 1 变为 0，或者在 R = S = 1 时 CP 从高变为低，都会出现不确定现象，并最终使从触发器的输出状态也无法确定。故电路的结构还需进一步改进。

5.3 D触发器

5.3.1 钟控（电平型）D触发器

由于钟控RS触发器仍然有约束条件，故限制了其使用，为了解决这个问题，出现了钟控D触发器，又称D锁存器或电平型D触发器，它在数字系统中广泛应用于数据暂存。这只需在G_3输出到R之间加一反馈线，并使S作为唯一的一个输入信号端D，就得到了如图5-8a所示的钟控D触发器，图5-8b所示是钟控触发器的逻辑符号。

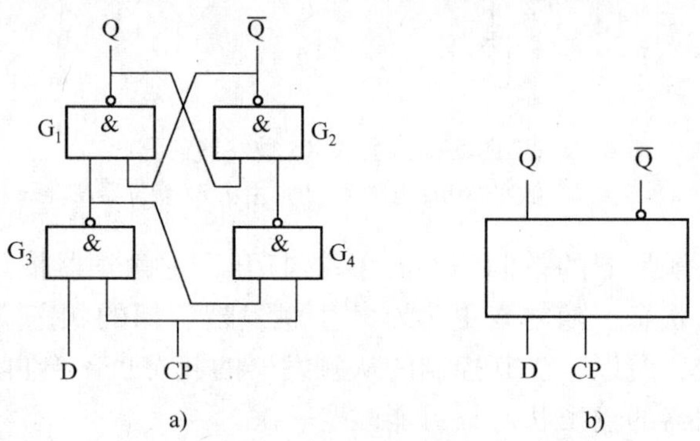

图5-8 钟控（电平型）D触发器

a）钟控D触发器电路结构图 b）D触发器逻辑图

由电路可以看出，将$S=D$；$R=\overline{D}$，代入钟控RS触发器的特性方程可得

$$Q^{n+1}=S+\overline{R}Q^n=D+\overline{\overline{D}}Q^n=D \quad (\text{CP}=1\text{期间有效}) \tag{5-5}$$

式（5-5）就是反映钟控（电平型）D触发器逻辑功能的特性方程，显然，方程中已经没有约束条件。

钟控（电平型）D触发器在$CP=1$期间，若$D=1$则$Q^{n+1}=1$；若$D=0$则$Q^{n+1}=0$。可见，在$CP=1$，输出Q和$\overline{Q}$的状态跟随端D变化，只有在CP的下降沿到来时，才将Q和$\overline{Q}$的状态封锁。锁存的内容是CP下降沿瞬间D的值。

5.3.2 边沿（维持-阻塞）D触发器

图5-9a所示为上升沿触发的维持-阻塞D触发器的电路结构图。图中的4个与非门G_1～G_4构成钟控RS触发器，两个与非门G_5、G_6作为输入信号的引导门，D为输入信号端。$\overline{R}_D$和$\overline{S}_D$为直接置0、置1端，它们均为低电平有效，平时应保持为高电平。维持-阻塞D触发器利用电路内部反馈来实现边沿触发。当$CP=0$时，G_3、G_4的输出$S=R=1$，使钟控RS触发器的状态保持不变。若输入$D=1$，在时钟脉冲的上升沿，把1送入触发器，使$Q=1$、$\overline{Q}=0$。当触发器进入“1”状态后，由于置1维持线和置0阻塞线的低电平的作用，即使输入又由1变为0，触发器的“1”状态也不会改变。同样，若$D=0$，在时钟脉冲的上

升沿把 0 送入触发器，使 Q = 0、$\overline{Q}$ = 1。由于置 0 维持线和置 1 阻塞线的低电平的作用，即使输入又由 0 变为 1，触发器的“0”状态也不会改变。保证了触发器的状态在时钟脉冲作用期间只变化一次。图 5-9b 所示是维持 - 阻塞 D 触发器的逻辑电路符号，图 5-10 所示是其状态转换图。维持 - 阻塞触发器的特性方程为

$$Q^{n+1} = D \tag{5-6}$$

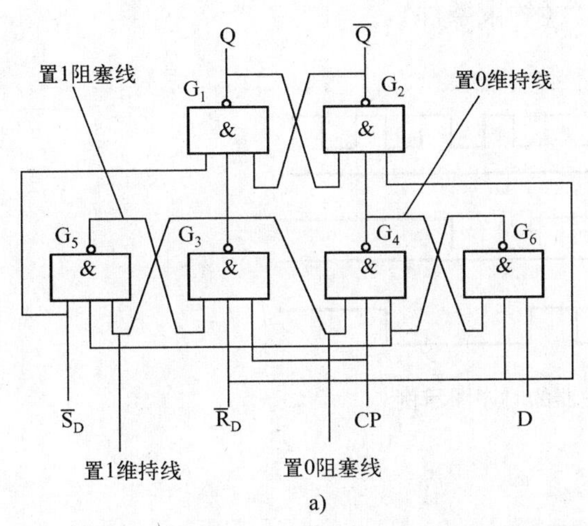

a)

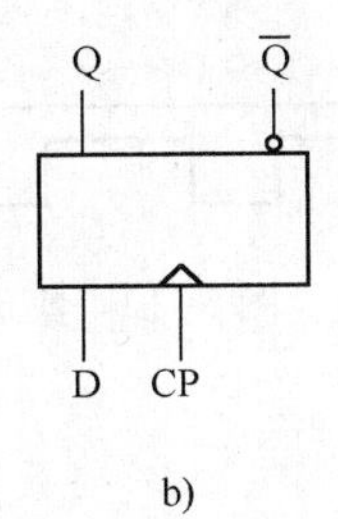

b)

图 5-9　维持 - 阻塞 D 触发器

a）维持 - 阻塞 D 触发器电路结构图　b）维持 - 阻塞 D 触发器电路符号

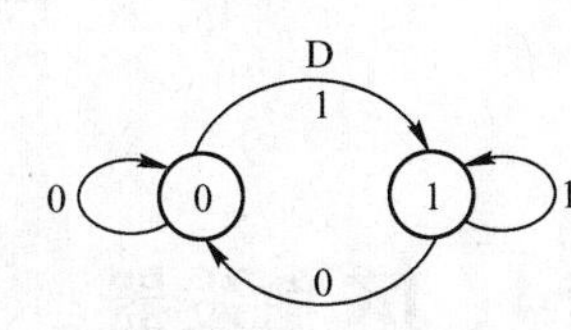

图 5-10　维持 - 阻塞 D 触发器的状态图

维持 - 阻塞 D 触发器的主要优点是不存在约束条件，克服了空翻现象，在时钟脉冲作用期间有维持阻塞作用，抗干扰能力强，用途广，可实现寄存、计数和移位等功能。其主要缺点是只有一个输入端，逻辑功能比较简单，有的场合设计的电路形式比较复杂。

5.3.3　集成 D 触发器

集成 D 触发器的逻辑符号如图 5-11 所示，集成 D 触发器除了具有受时钟控制的激励输入端 D 外，还设置了优先级更高的异步置位端$\overline{S}_D$和异步复位端$\overline{R}_D$。图中的$\overline{S}_D$、$\overline{R}_D$端的小圆圈同样表示低电平有效。异步端的功能及异步端与时钟控制的激励输入端的关系如表 5-7 所示。异步置位和异步复位信号不允许同时有效，这个特点与基本 RS 触发器的用法相同。当异步置位或复位信号有效时，触发器的状态就立即被确定了，此时，时钟 CP 和激励输入信号都不起作用。只有当异步信号无效时，触发器才能在时钟和激励输入信号控制下工作。

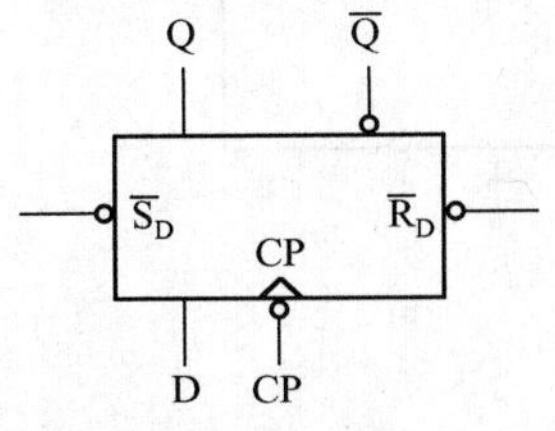

图 5-11　集成 D 触发器

表 5-7　集成 D 触发器功能表

$\overline{R}_D$	$\overline{S}_D$	D	CP	Q^{n+1}
0	1	d	d	0
1	0	d	d	1
1	1	0	↑	0
1	1	1	↑	1
0	0	d	d	d

集成 D 触发器在同步工作方式时的特性和在异步工作方式时的特性方程如下：

$$\begin{cases} Q^{n+1} = D & \text{同步工作时} \\ \overline{S}_D \cdot \overline{R}_D = 1 & \text{（约束条件）} \end{cases}$$

$$\begin{cases} Q^{n+1} = S_D + \overline{R}_D Q^n & \text{异步工作时} \\ \overline{S}_D + \overline{R}_D = 1 & \text{（约束条件）} \end{cases}$$

图 5-12 所示是集成 D 触发器的时序图示例。

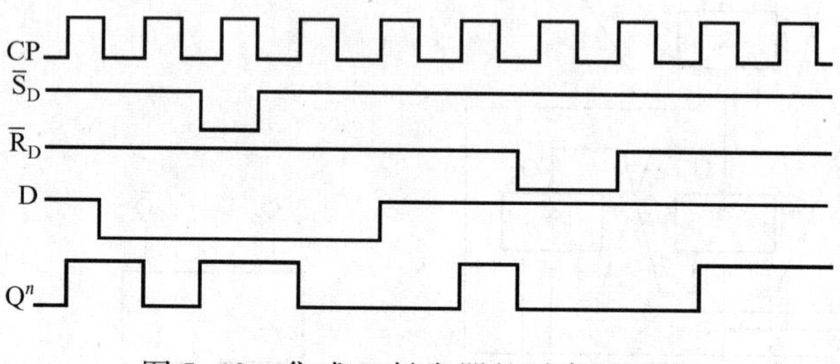

图 5-12　集成 D 触发器的时序图示例

5.4　JK 触发器

5.4.1　主从 JK 触发器

主从 JK 触发器是为了解决主从 JK 触发器中 R、S 之间有约束条件的问题而提出的。如果把主从 RS 触发器的 Q 和$\overline{Q}$端的状态作为一对附加的控制信号反馈回输入端，如图 5-13a 所示，就可以达到消除约束条件的目的。为了表示与主从 RS 触发器的区别，以 J、K 表示两个信号输入端，并把其称为主从 JK 触发器。图 5-13b 所示是它的逻辑符号。

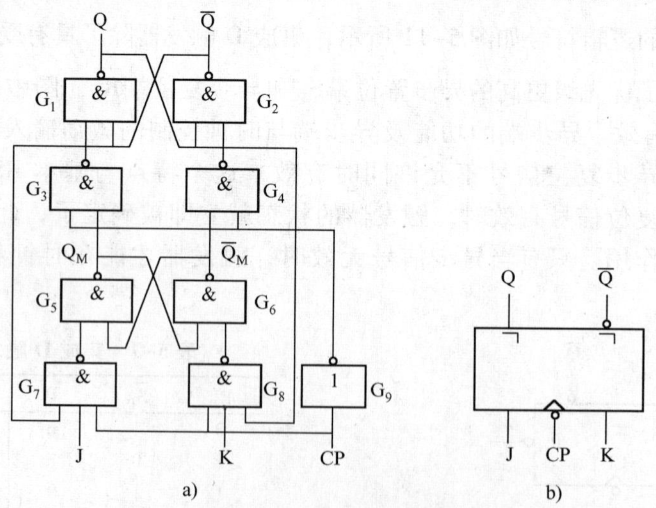

图 5-13　主从 JK 触发器
a）主从 JK 触发器电路结构图　b）主从 JK 触发器逻辑示意图

下面讨论该触发器的工作情况。

1）若 J＝1、K＝0，则 CP＝1 时主触发器置 1，待 CP 从 1 变为 0 后从触发器也随之置 1，即 $Q^{n+1}=1$。

2）若 J＝0、K＝1，则 CP＝1 时主触发器置 0，待 CP 从 1 变为 0 后从触发器也随之置 0，即 $Q^{n+1}=0$。

3）若 J＝K＝0，则 G_7、G_8被封锁，触发器保持原态不变，即 $Q^{n+1}=Q^n$。

4）若 J＝1、K＝1，这时需要分别考虑两种情况。第一种情况是 $Q^n=0$。由于门 G_8被 Q^n 的低电平封锁，故 CP＝1 时仅 G_7输出低电平，主触发器置 1。CP 从 1 变为 0 后从触发器也随之置 1，即 $Q^{n+1}=1$。第二种情况是 $Q^n=1$。由于门 G_7被低电平封锁，故 CP＝1 时仅 G_8 输出低电平，主触发器置 0。当 CP 从 1 变为 0 后从触发器也随之置 0，即 $Q^{n+1}=0$。

由此可见，当 J＝K＝1 时，可以把 $Q^n=0$ 和 $Q^n=1$ 这两种情况的次态统一表示为 $Q^{n+1}=\overline{Q^n}$。即当 J＝K＝1 时，CP 下降沿到达后触发器翻转为与原态相反的状态。

表 5-8 所示是主从 JK 触发器的状态转换真值表。

表 5-8　主从 JK 触发器的状态转换真值表

Q^n	J	K	Q^{n+1}	注释
0	0	0	0	保持
0	0	1	0	置 0
0	1	0	1	置 1
0	1	1	1	翻转
1	0	0	1	保持
1	0	1	0	置 0
1	1	0	1	置 1
1	1	1	0	禁用

根据表 5-8 可得到主从 JK 触发器的特性方程为

$$Q^{n+1}=J\overline{Q^n}+\overline{K}Q^n \tag{5-7}$$

由此可见，主从 JK 触发器已清除了约束条件，是一种使用起来十分灵活方便的钟控触发器。但其存在“一次变化”问题，即主从 JK 触发器中的主触发器，在 CP＝1 期间其状态仅能变化一次。这种变化既可能发生在 CP 上升沿，也可能发生在 CP＝1 期间的某时刻，甚至发生在 CP 下降沿之前一瞬间。这种变化既可能是由变化引起的，也可以是外界的干扰脉冲造成的。这是由于把输出 Q、$\overline{Q}$引回到主触发器的输入控制门 G_7、G_8造成的。从图 5-13a 可看出以下两点。

1）若在 CP＝0 时：$Q=Q_M=0$、$\overline{Q}=\overline{Q}_M=1$，则当 CP 从 0 跳变到 1 时，因 Q＝0 封锁了门 G_8，输入信号只能从 J 端经门 G_7进入主触发器，显然主触发器一旦从 0 变为 1 以后，其状态就不可能再改变。当 CP 从 1 变为 0 时，从触发器的控制门 G_3、G_4被打开，主触发器的 1 便进入从触发器，使触发器输出 Q＝1、$\overline{Q}=0$。

2）若在 CP＝0 时：$Q=Q_M=1$、$\overline{Q}=\overline{Q}_M=0$，则当 CP 从 0 跳变到 1 时，因$\overline{Q}=0$ 封锁了门 G_7，输入信号只能从 K 端经门 G_8进入主触发器，显然主触发器一旦从 0 变为 1 以后，其状态也不可能再改变。当 CP 从 1 变为 0 时，从触发器的控制门 G_3、G_4被打开，主触发器的

0 便进入从触发器，使触发器输出 $Q=0$、$\overline{Q}=1$。

从以上分析可知，如果干扰信号引起“一次变化”，则该变化结果在 CP 下降沿到来时将被送到触发器的输出端，造成错误输出，故主从 JK 触发器的抗干扰性有待改进。另外，主从 JK 触发器要求在 $CP=1$ 期间输入信号（J、K 的值）应该保持不变。

图 5-14 所示是主从 JK 触发器的时序图，图 5-15 所示是主从 JK 触发器的状态转换图。

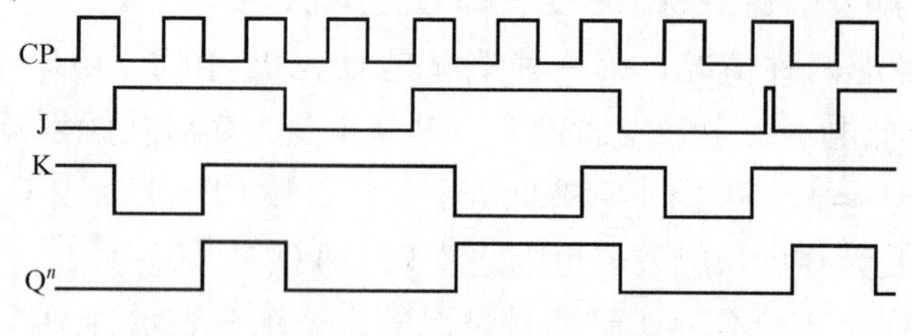

图 5-14　主从 JK 触发器的时序图

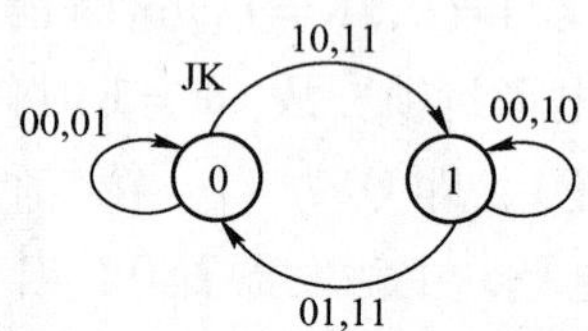

图 5-15　主从 JK 触发器的状态转换图

5.4.2　边沿 JK 触发器

为了解决主从 JK 触发器的“一次变化”问题，增强电路的可靠性，推出了边沿触发器。边沿触发器仅在 CP 的某个规定跳变（上升沿或下降沿）到来时刻才接收输入信号，并根据该时刻的输入确定触发器的状态。由于边沿触发器在 $CP=0$ 和 $CP=1$ 期间，以及非规定跳变时刻不接收输入信号，所以，这些时刻输入信号的变化不会引起触发器输出状态的改变，从而避免了“空翻”和“一次变化”问题。

图 5-16a 所示是下降沿触发的 JK 触发器的电路结构图。图中两个或非门构成基本 RS 触发器，两个与非门作为输入信号的导引门。图 5-16b 所示是其逻辑电路。

在 $CP=0$ 期间，门 G_1、G_2、G_3、G_6 均被封锁，此时，$R=S=1$，由门 G_4、G_5 构成的 RS 触发器状态不变，即整个触发器不受输入信号 J、K 的影响，维持原态不变。

而在 $CP=1$ 期间，由于

$$Q^{n+1}=\overline{CP\cdot\overline{Q^n}+S\cdot\overline{Q^n}}=\overline{\overline{Q^n}+S\cdot\overline{Q^n}}=Q^n$$

$$\overline{Q^{n+1}}=\overline{CP\cdot Q^n+R\cdot Q^n}=\overline{Q^n+R\cdot Q^n}=\overline{Q^n}$$

所以，触发器状态也不受输入信号 J、K 的影响，保持原态不变。实际上，此时的触发器处于“自锁”状态，即如果原态是 $Q=0$、$\overline{Q}=1$，则门 G_1 封锁，输入信号 K 无法进入基本 RS 触发器；输入信号 J 虽能通过门 G_2、G_5，但由于门 G_6 输出为 1，使其不能对与或非门的输出产生影响。如果原态是 $Q=1$、$\overline{Q}=0$，则门 G_2 封锁，输入信号 J 无法进入基本触发器；输入信号 K 虽能通过门 G_1、G_4，但由于门 G_3 输出为 1，也使其不能对与或非门的输出产生影响。

CP 下降沿到来时，由于 CP 由 1 变为 0，门 G_3、G_6 的输出也由 1 变为 0，它们对与或非门的封锁作用消失，触发器的自锁状态立即被解除。此时，虽然门 G_1、G_2 由于 CP 由 1 变为 0 而被封锁，但其输出端 R、S 要经过一个与非门的延时才能变为 1。所以，在触发器自锁状态解除的瞬间，被基本 RS 触发器接收的 R、S 仍为 CP 下降沿到来之前的值。即

$$R=\overline{K\cdot Q^n}\qquad S=\overline{J\cdot\overline{Q^n}}$$

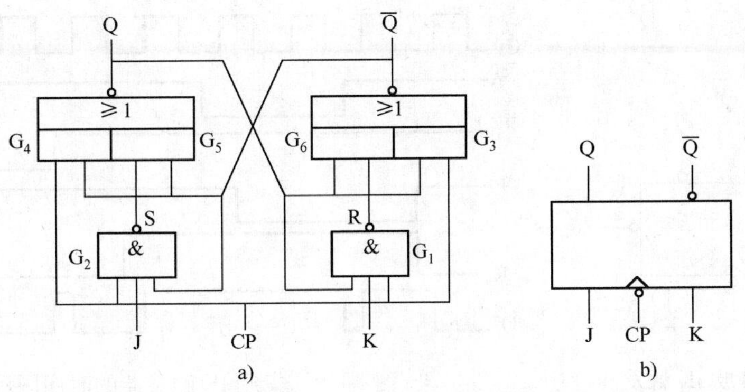

图 5-16　下降沿触发的 JK 触发器

a）JK 触发器电路结构图　b）JK 触发器逻辑图

又由图 5-16a 可得

$$\overline{Q^n} = 0 + \overline{R \cdot Q^n} = \overline{\overline{K \cdot Q^n} \cdot Q^n}$$

将它们代入前面的表达式，可得

$$Q^{n+1} = \overline{0 \cdot \overline{Q^n} + S \cdot \overline{Q^n}} = \overline{\overline{J \cdot \overline{Q^n}} \cdot \overline{\overline{K \cdot Q^n} \cdot Q^n}} = J \cdot \overline{Q^n} + \overline{K} \cdot Q^n$$

这就是 JK 触发器的特性方程。可见，在 CP 由 1 变为 0 的下降沿，触发器接收下降沿到来之前一刻的输入信号 J、K，并按照 JK 触发器的规律转换状态，从而实现了 JK 触发器的功能。

图 5-17 给出了一个下降沿触发的 JK 触发器的时序图示例，从图中可以看出，在每一个 CP 的下降沿时刻，触发器均根据当时的 J、K 值进行转换，其他时刻触发器保持原态不变。

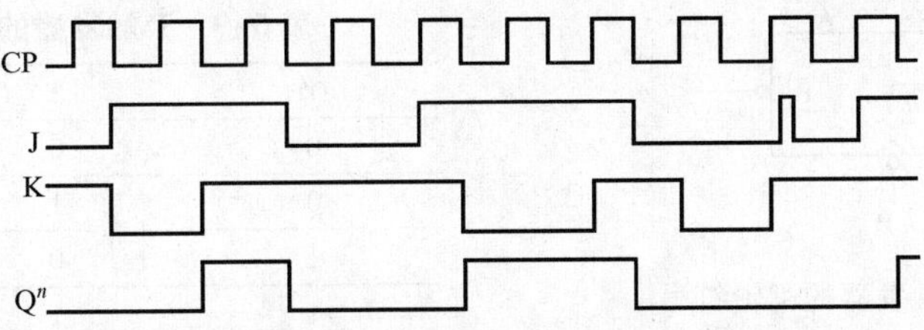

图 5-17　下降沿触发的 JK 触发器的时序图示例

5.4.3　集成 JK 触发器

集成 JK 触发器的逻辑符号如图 5-18 所示，集成 JK 触发器除了具有受时钟控制的激励输入端 J、K 外，还设置了优先级数更高的异步置位端$\overline{S_D}$和异步复位端$\overline{R_D}$。

下面是集成 JK 触发器在同步工作方式时的特性方程和在异步工作方式时的特性方程，图 5-19 所示是集成 JK 触发器的时序图示例。

$$\begin{cases} Q^{n+1} = J\overline{Q^n} + \overline{K}Q^n & \text{同步工作时} \\ \overline{S}_D \cdot R -_D = 1 & \text{（约束条件）} \end{cases}$$

$$\begin{cases} Q^{n+1} = S_D + \overline{R}_D Q^n & \text{异步工作时} \\ \overline{S}_D + \overline{R}_D = 1 & \text{（约束条件）} \end{cases}$$

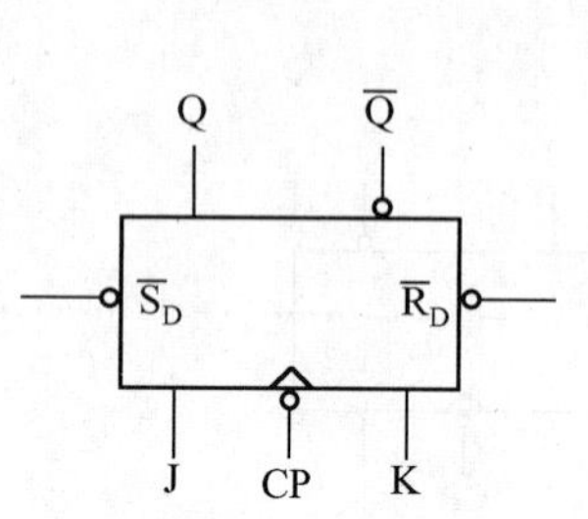

图 5-18　集成 JK 触发器

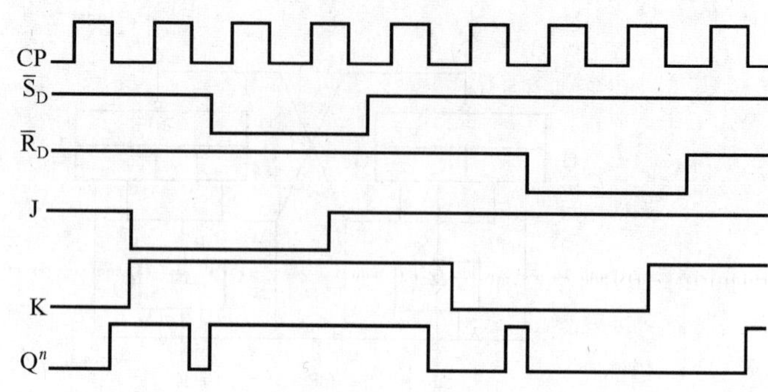

图 5-19　集成 JK 触发器的时序图示例

5.5　其他功能的触发器

5.5.1　T 触发器

T 触发器在时钟脉冲作用下，根据激励输入信号 T 取值的不同，具有保持和翻转功能的电路，即当 T=0 时 $Q^{n+1}=Q^n$，T=1 时 $Q^{n+1}=\overline{Q^n}$。T 触发器的逻辑符号如图 5-20 所示，表 5-9所示是其状态转换真值表，由表可得 T 触发器的特性方程为

$$Q^{n+1}=T\overline{Q^n}+\overline{T}Q^n=T\oplus Q^n$$

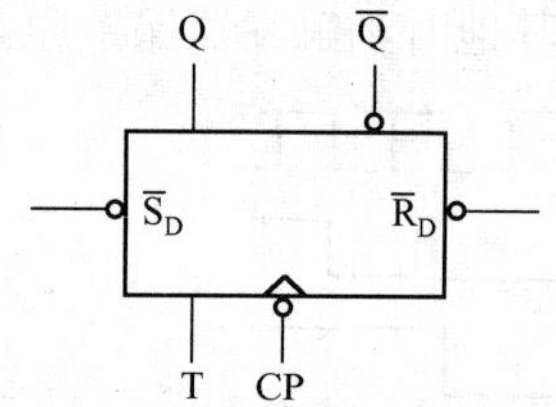

图 5-20　T 触发器的逻辑符号

表 5-9　T 触发器的状态转换真值表

Q^n	T	Q^{n+1}
0	0	0
0	1	1
1	0	1
1	1	0

5.5.2　T′触发器（翻转触发器）

凡是每来一个时钟脉冲就翻转一次的电路，都称为 T′触发器。不难看出，在 T 触发器中，若 T=1，就成了 T′触发器。图 5-21 所示是 T′触发器的逻辑符号，T′触发器的特性方程为

$$Q^{n+1}=\overline{Q^n} \tag{5-8}$$

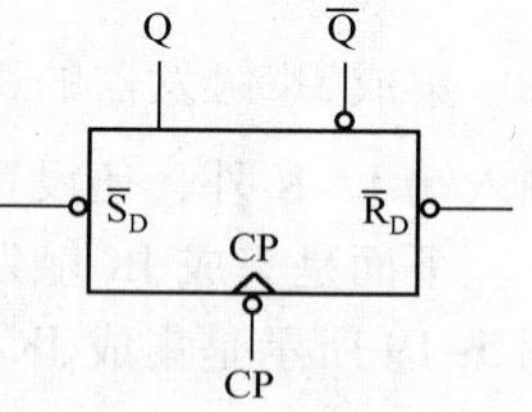

图 5-21　T′触发器的逻辑符号

需要指出的是，早期集成触发器的品种和种类很多，但现在逐渐归并为两大类，即 D 触发器型和 JK 触发器型。因为作为小规模集成触发器，它们已能满足各种情况下对钟控触发器的需要。而其他类型的触发器也都可以由这两种触发器进行转换。

5.6 集成触发器的参数

5.6.1 触发器的静态参数

前面介绍的触发器都是 TTL 触发器，TTL 集成触发器的静态参数与 TTL 门电路的静态参数基本相同，可以用同样的方式进行测试。这些参数包括输入低电平（关门电平）、输入高电平（开门电平）、输出低电平、输出高电平、低电平输入电流、高电平输入电流和电源电流等。

5.6.2 触发器的动态参数

从概念上讲，逻辑门电路中的动态特性分析对触发器也适用，但是触发器有着和门电路截然不同的特点，下面进行介绍。

为了使触发器能可靠地接收输入信号，输入信号必须在 CP 有效边沿作用之前一段时间建立（这段时间称为建立时间 t_{set}），并且在 CP 有效边沿作用之后一段时间内保持不变（这段时间称为保持时间 t_{hold}）。任何触发器均不允许输入信号在建立时间和保持时间内发生变化。不同触发器的建立时间和保持时间可能不相同，它们可以从相关的器件手册中查找。典型的建立时间和保持时间均在 10 ns 左右。

从 CP 触发沿到达开始，到输出完成状态改变为止，其间经历的时间称为传输延迟时间。输出端由高电平变为低电平的传输延长时间为 t_{PHL}，典型的 $t_{PHL} \leqslant 40$ ns。输出端由低电平变为高电平的传输延迟时间为 t_{PLH}，典型的 $t_{PLH} \leqslant 25$ ns。

为了使触发器在输入信号作用下可靠地翻转，CP 的高电平宽度不得小于最小高电平宽度 $t_{1\min}$，CP 的低电平宽度不得小于最小低电平宽度 $t_{0\min}$。$t_{1\min}$ 和 $t_{0\min}$ 之和是能确保触发器可靠翻转的最小 CP 周期，由此可确定触发器的最高工作频率为

$$f_{max} \leqslant \frac{1}{t_{1\min} + t_{0\min}}$$

TTL 触发器 f_{max} 的典型值是≤30 MHz。

5.7 各类触发器的相互转换

前面介绍的各种类型的触发器的主要用途不尽相同，由于实际生产的集成触发器只有 JK 型和 D 型两种，所以，这里介绍如何将这两种触发器转换为其他类型的触发器。

5.7.1 JK 触发器转换为 D、T、T′和 RS 触发器

JK 触发器的特性方程为

$$Q^{n+1} = J\overline{Q^n} + \overline{K}Q^n \tag{5-9}$$

1. JK 触发器转换为 D 触发器

D 触发器的特性方程为

$$Q^{n+1} = D$$

变换此表达式，使其形式与式（5-9）相同。即

$$Q^{n+1}=D(\overline{Q^n}+Q^n)=D\,\overline{Q^n}+DQ^n \tag{5-10}$$

比较式（5-9）和式（5-10）可知，如使 $J=D$，$K=\overline{D}$，则所得电路如图 5-22 所示。

2. JK 触发器转换为 T 触发器

T 触发器的特性方程为

$$Q^{n+1}=T\,\overline{Q^n}+\overline{T}Q^n \tag{5-11}$$

比较式（5-9）和式（5-11）可知，如使 $J=T$，$K=T$，则所得电路如图 5-23 所示。

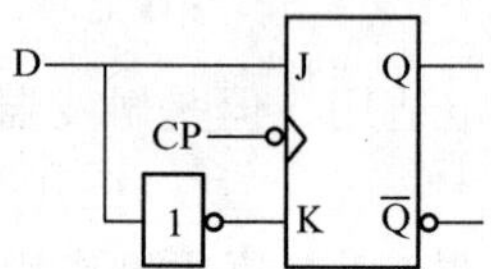

图 5-22　JK 触发器转换为 D 触发器号

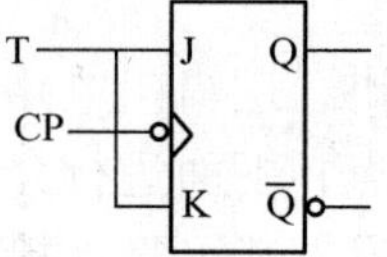

图 5-23　JK 触发器转换为 T 触发器

3. JK 触发器转换为 T′触发器

T′触发器的特性方程为

$$Q^{n+1}=\overline{Q^n} \tag{5-12}$$

变换表达式为

$$Q^{n+1}=\overline{Q^n}=1\cdot\overline{Q^n}+\overline{1}\cdot Q^n \tag{5-13}$$

比较式（5-9）和式（5-13）可知，如使 $J=1$，$K=1$，则所得电路如图 5-24 所示。

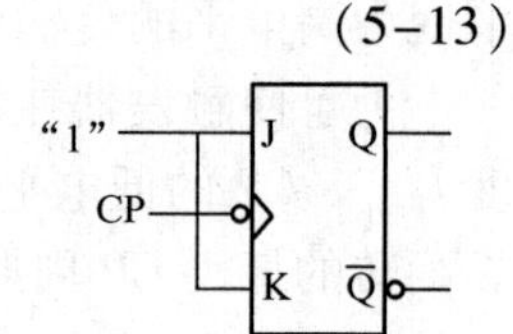

图 5-24　JK 触发器转换为 T′触发器

4. JK 触发器转换为 RS 触发器

RS 触发器的特性方程为

$$Q^{n+1}=S+\overline{R}Q^n$$
$$SR=0\text{（约束条件）}$$

变换此表达式为

$$\begin{aligned}Q^{n+1}&=S+\overline{R}Q^n=S(\overline{Q^n}+Q^n)+\overline{R}Q^n\\&=S\,\overline{Q^n}+SQ^n+\overline{R}Q^n=S\,\overline{Q^n}+\overline{R}Q^n+SQ^n(\overline{R}+R)\\&=S\,\overline{Q^n}+\overline{R}Q^n+\overline{R}SQ^n+RSQ^n\end{aligned}$$

由于 $\overline{R}SQ^n$ 可被吸收，RSQ^n 是约束项应去掉，这样得到：

$$Q^{n+1}=S\,\overline{Q^n}+\overline{R}Q^n \tag{5-14}$$

比较式（5-9）和式（5-14）可得 $J=S$，$K=R$。所得电路如图 5-25 所示。

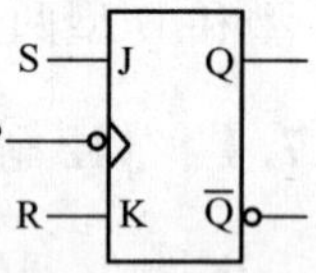

图 5-25　JK 触发器转换为 RS 触发器

5.7.2　D 触发器转换为 JK、T、T′和 RS 触发器

D 触发器的特性方程为

$$Q^{n+1}=D \tag{5-15}$$

1. D 触发器转换为 JK 触发器

JK 触发器的特征方程为

$$Q^{n+1}=J\overline{Q^n}+\overline{K}Q^n \tag{5-16}$$

比较式（5-15）和（5-16）可得 $D=J\overline{Q^n}+\overline{K}Q^n$。

所得电路如图 5-26 所示。

2. D 触发器转换为 T 触发器

T 触发器的特征方程为

$$Q^{n+1}=T\oplus Q^n \tag{5-17}$$

比较式（5-15）和（5-17）可得 $D=T\oplus Q^n$。

所得电路如图 5-27 所示。

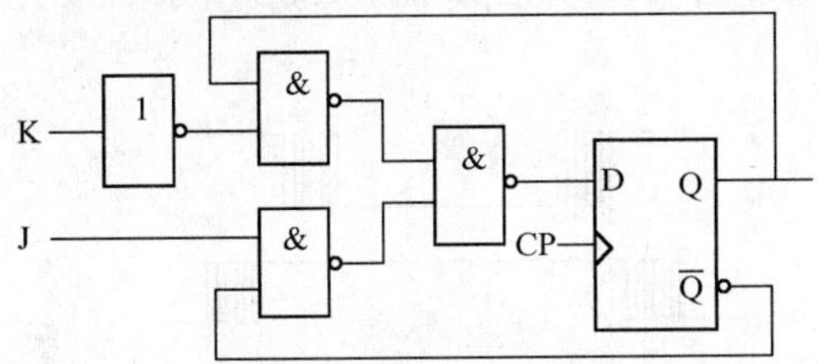

图 5-26 D 触发器转换为 JK 触发器

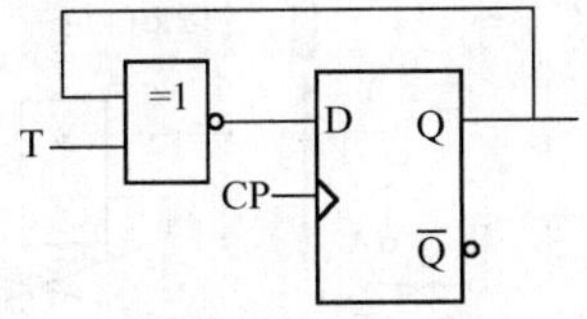

图 5-27 D 触发器转换为 T 触发器

3. D 触发器转换为 T′触发器

T′触发器的特征方程为

$$Q^{n+1}=\overline{Q^n} \tag{5-18}$$

比较式（5-15）和（5-18）可得 $D=\overline{Q^n}$。

所得电路如图 5-28 所示。

4. D 触发器转换为 RS 触发器

RS 触发器的特征方程为

$$Q^{n+1}=S+\overline{R}Q^n \tag{5-19}$$

$$SR=0 \quad （约束条件）$$

比较式（5-5）和（5-19）可得 $D=S+\overline{R}Q^n$。

所得电路如图 5-29 所示。

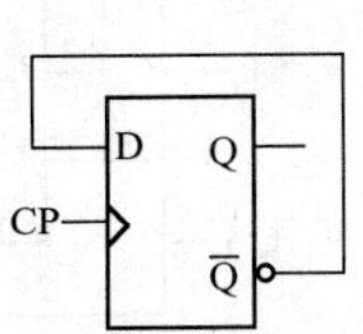

图 5-28 D 触发器转换为 T′触发器

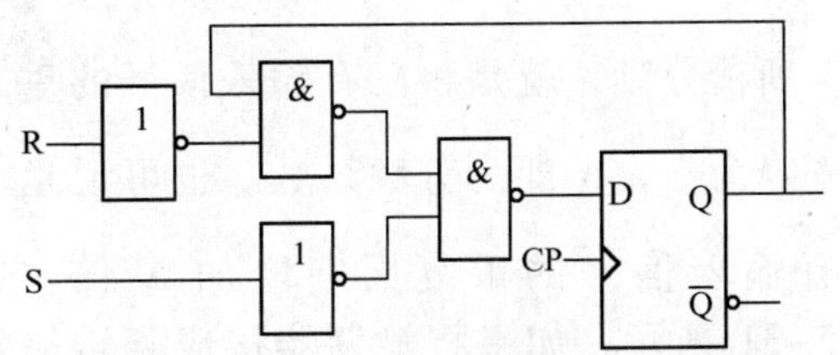

图 5-29 D 触发器转换为 RS 触发器

5.8 触发器的应用

触发器（包括锁存器）是一类多功能的记忆元件，在数字系统和计算机中，它们既是大规模功能块的基础单元，也能直接担当许多重要的功能，例如，机械开关的消颤、分频及异步信号的同步化等。

5.8.1 消颤开关

在计算机控制系统或电子设备的面板上，都大量使用了各种机械开关。这类机械开关在接通或断开过程中，通常都会产生不规则的振动。这种振动会产生一串随机电脉冲，这些电脉冲加到后接的计数器等电路，就会产生错误的动作。为了实现一次开关只产生对应的单脉冲或阶跃信号，可利用 RS 触发器消除这种机械颤动，具体电路如图 5-30a 所示。

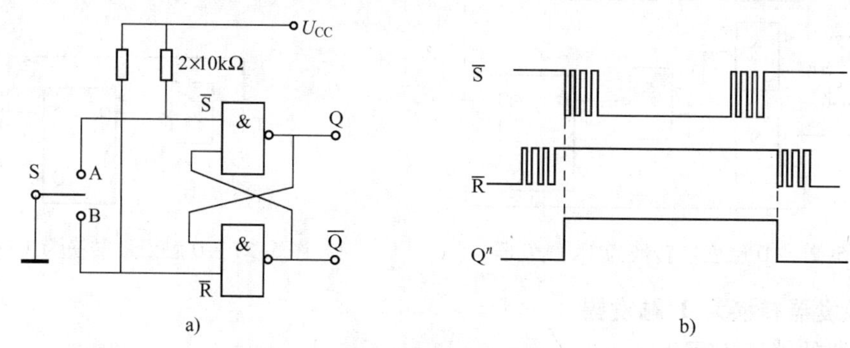

图 5-30　消颤开关

a）消颤开关电路结构图　b）消颤开关波形图

图中 S 是单刀双掷开关，假设起始情况是 S 与下方 B 点接通，即$\overline{R}=0$，$\overline{S}=1$，这时输出 Q=0。现将开关 S 拨向上方，显然，其过程是 S 先脱离$\overline{R}$端，再接触$\overline{S}$端，在这种脱离和接触过程中，$\overline{S}$端点上会产生颤动脉冲，但 RS 触发器只对$\overline{S}$的第一个负跳变产生置位响应，使 Q 变为 1。同样，在将 S 再拨向下方时，在$\overline{R}$端点也会产生颤动脉冲，但触发器仅对$\overline{R}$的第一个负跳变产生复位响应，使 Q 变为 0。这样，与开关 S 触点动作对应的波形 Q 是没有颤动的，如图 5-30b 所示，可以作为理想的控制信号送到其他电路使用。

5.8.2 分频和双相时钟的产生

所谓分频，就是将已有输入信号的重复频率降为$\frac{1}{N}$，N 即为分频系数。也可说是将原有输入信号的重复周期增加 N 倍。如图 5-31a所示，如果将触发器接成翻转触发器，就构成了分频系数 $N=2$ 的分频器。由图 5-31b 可见，CP 每输入两个脉冲，Q 端便形成一个周期，Q 端输出和 CP 相比，重复频

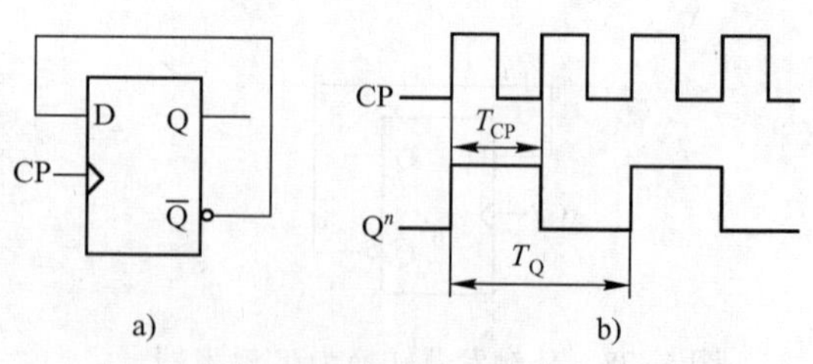

图 5-31　由触发器构成的 2 分频电路

a）2 分频电路结构图　b）2 分频电路波形图

率降低1/2，而重复周期却增加了一倍。应该说明的是，上述分频功能的实现必须建立在CP是周期性信号的基础上。

图5-32a所示是利用2分频器构成的双相时钟产生电路，图5-32b所示是双相时钟的输出波形。可见双相时钟信号CP_1和CP_2的周期均为输入时钟CP的一倍，但正沿出现的时间（相位）却相差一个CP周期。

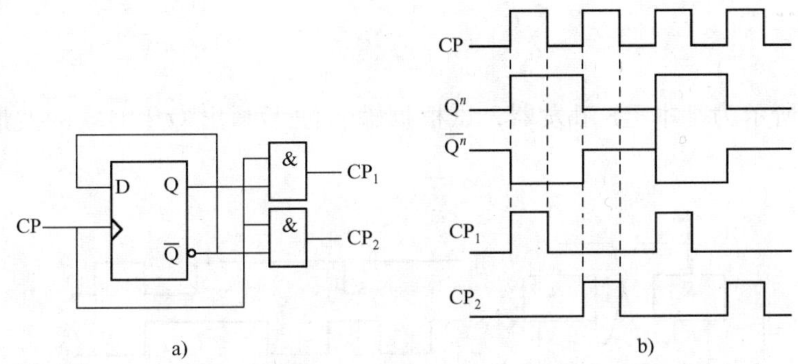

图5-32　双相时钟电路

a）双向时钟电路结构图　b）双向时钟电路波形图

5.8.3　异步脉冲同步化

所谓异步脉冲同步化，就是在系统中使异步输入的脉冲波形，变换成边沿与系统时钟同步的波形。图5-33a给出了实现电路，在图中，将输入的异步脉冲D_1加到FF_1的$\overline{S_D}$端，使Q_1波形的前沿受D_1的控制，而后沿则受CP控制。经FF_2的调整，输出Q_2的波形的前后沿都与时钟脉冲的前沿同步。图5-33b给出了相应的输入/输出波形。

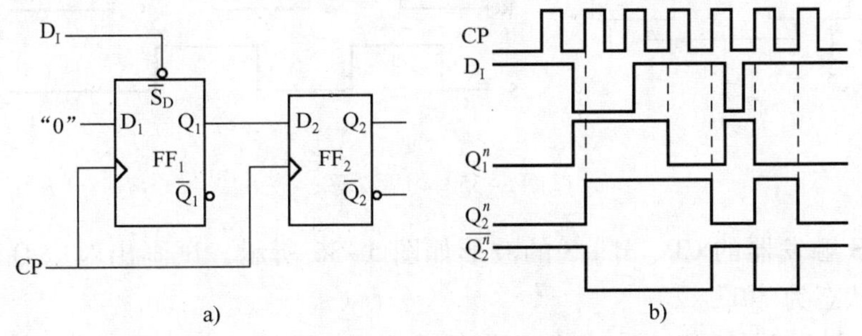

图5-33　异步脉冲同步化

a）异步脉冲同步化电路结构图　b）异步脉冲同步电路波形图

5.9　本章小结

触发器是时序逻辑电路的基本组成单元，它具有记忆和存储的功能。触发器具有两种能自行保持的稳定状态——低电平和高电平，用来表示0和1两种逻辑状态，并且触发器的输出只有在一定的外部信号作用下才会发生改变，根据不同的输入可将其输出置为0或1的状态。

常见的触发器有RS触发器、D触发器和JK触发器等。不同的电路结构决定了它的触发方式，进而决定其状态转换过程中的不同动作特点。本章主要介绍了RS触发器、D触发器、JK 触发器和 T 触发器，简单介绍了集成触发器的参数，包括静态参数和动态参数。触发器之间的相互转换也是在实际工作中经常遇到的，这里介绍了 JK 触发器与 D 触发器和其他触发器之间的相互转换。最后，简单阐述了触发器的应用，包括消颤开关的设计、分频双相时钟的设计和异步脉冲同步化的应用等。

5.10 习题

1. 图 5-34 所示为基本 RS 触发器，试根据输入波形画出 Q 和 $\overline{Q}$ 端的波形。设触发器起始状态为“0”。

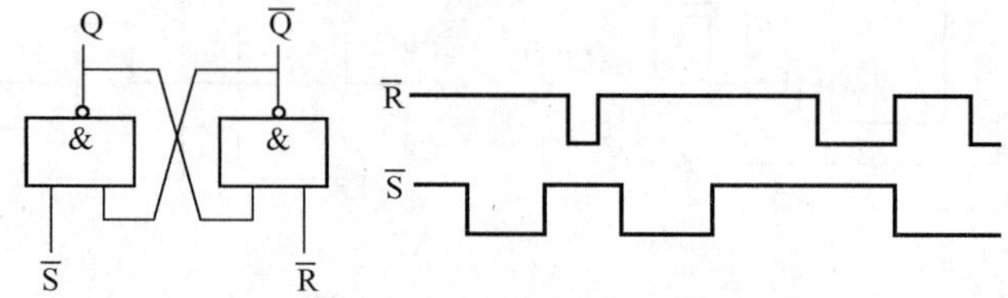

图 5-34　习题 1 图

2. 钟控 RS 触发器如图 5-35 所示，试根据 CP、R、S 画出 Q 端波形。设触发器起始状态为“0”。

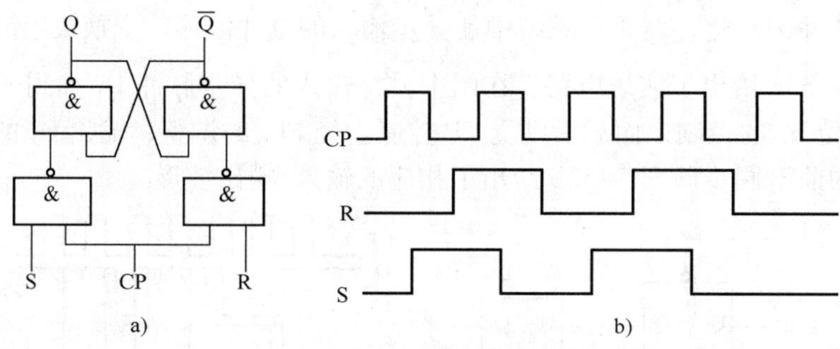

图 5-35　习题 2 图

3. 主从 RS 触发器的 CP、R、S 的波形如图 5-36 所示，试画出对应 Q 和 $\overline{Q}$ 端的波形。设触发器起始状态为“0”。

4. 主从 JK 触发器的 CP、J、K 的波形如图 5-37 所示，试画出 Q 端的波形。设触发器起始状态为“0”。

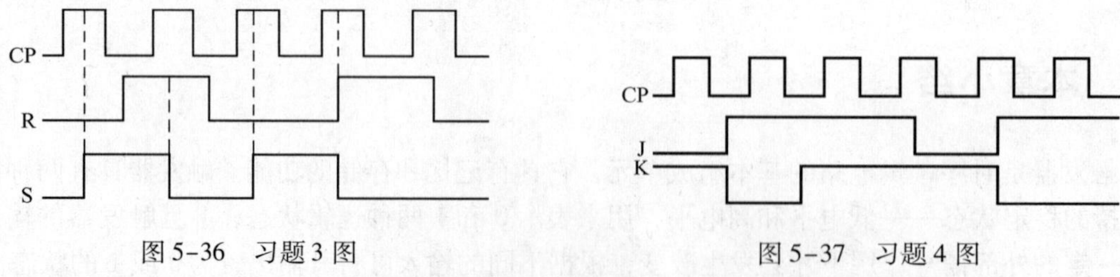

图 5-36　习题 3 图　　图 5-37　习题 4 图

5. 试根据如图 5-38 所示的 JK 触发器和 CP 及 J、K 的波形，画出 Q 端的波形。设触发器初始状态为“0”。

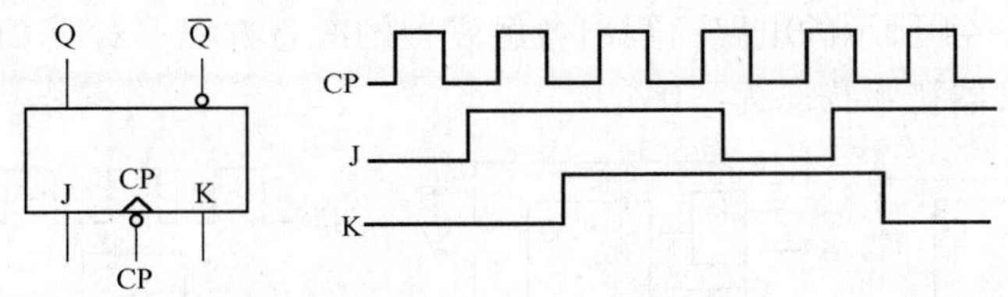

图 5-38　习题 5 图

6. 试根据如图 5-39 所示的各 TTL 触发器，画出在 6 个 CP 作用下，触发器 Q 端的波形。设触发器初始状态为“0”。

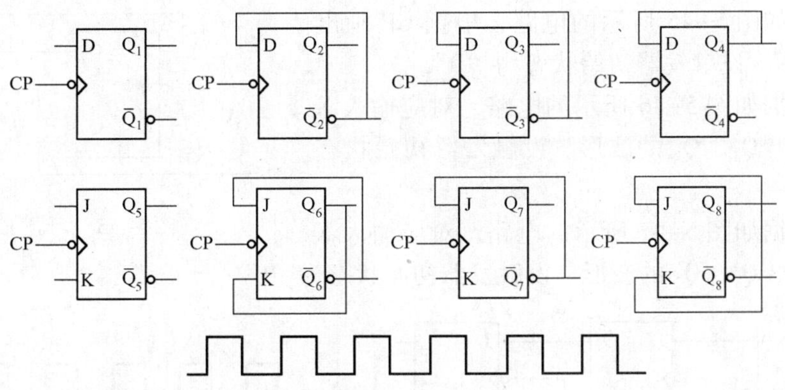

图 5-39　习题 6 图

7. 下降沿触发的边沿 JK 触发器的输入波形如图 5-40 所示。试画出 Q 端的波形。设触发器初始状态为“0”。

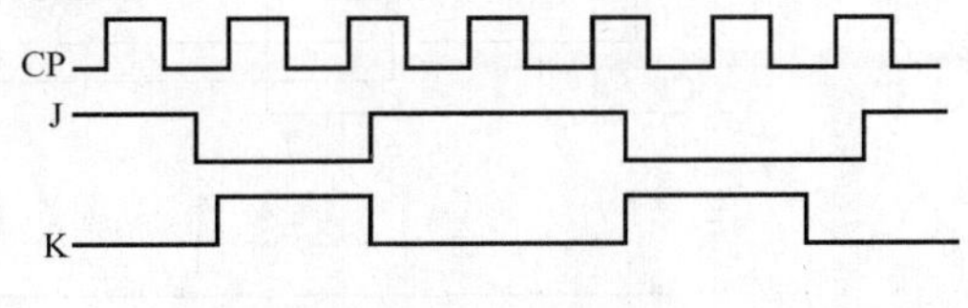

图 5-40　习题 7 图

8. 上升沿触发的边沿 D 触发器的输入波形如图 5-41 所示。试画出 Q 端的波形。设触发器初始状态为“0”。

9. 电平型 D 触发器的输入信号如图 5-42 所示。试画出 Q 和$\overline{Q}$端的波形。设触发器初始状态为“0”。

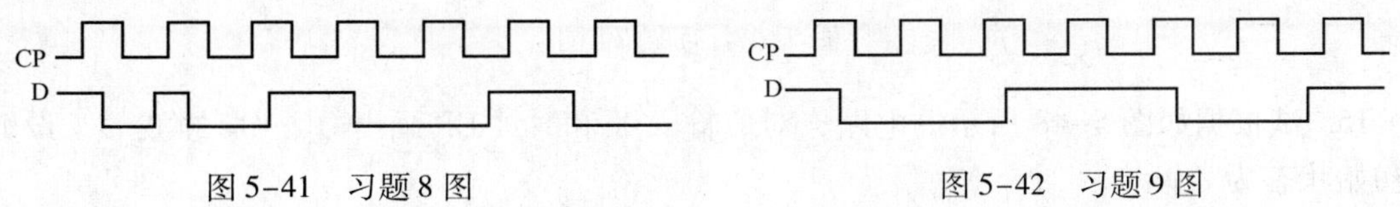

图 5-41　习题 8 图　　图 5-42　习题 9 图

10. 试画出如图 5-43 所示的电路中 Q_1 和 Q_2 的波形，并说明该电路的功能。设触发器初始状态为“0”。

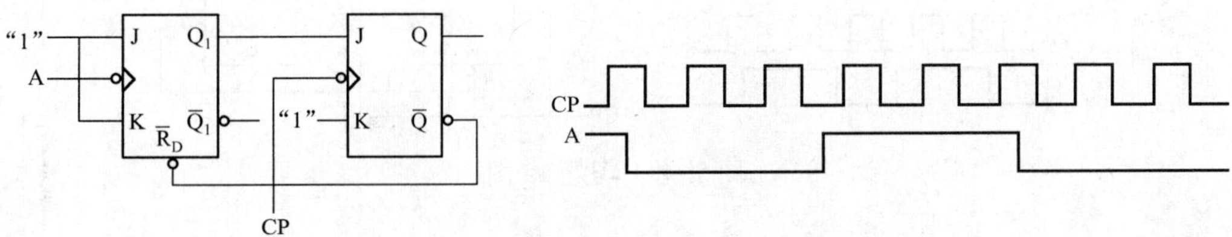

图 5-43　习题 10 图

11. 对应如图 5-44 所示的电路，写出各触发器的次态方程；对应 CP 和输入 A、B 画出 Q 端的波形。设触发器初始状态为“0”。

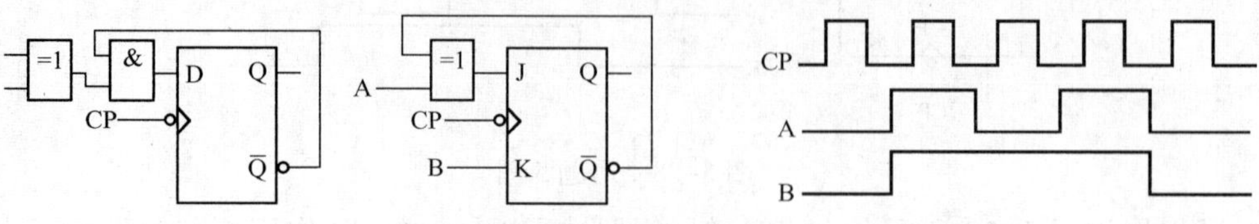

图 5-44　习题 11 图

12. 对应如图 5-45 所示的电路，根据 CP 画出 Q_1、Q_2 的波形。设触发器初始状态为“0”。

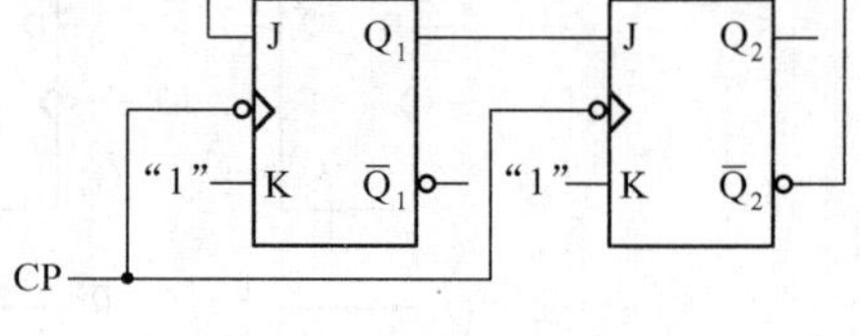

图 5-45　习题 12 图

13. 试根据如图 5-46 所示的电路，对应输入 X 和时钟 CP 画出 Q_1、Q_2 的波形。设触发器初始状态为“0”。

14. 试根据如图 5-47 所示的电路，对应输入 X 和时钟 CP 画出 Q_1、Q_2 的波形。设触发器初始状态为“0”。

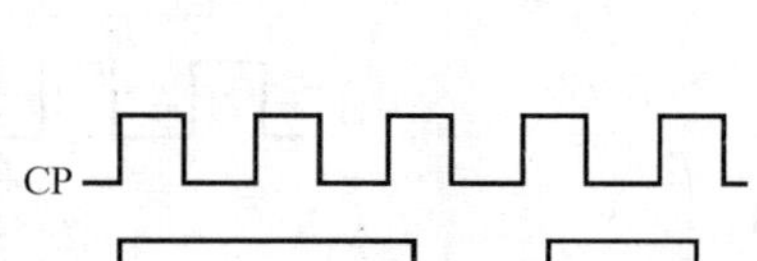
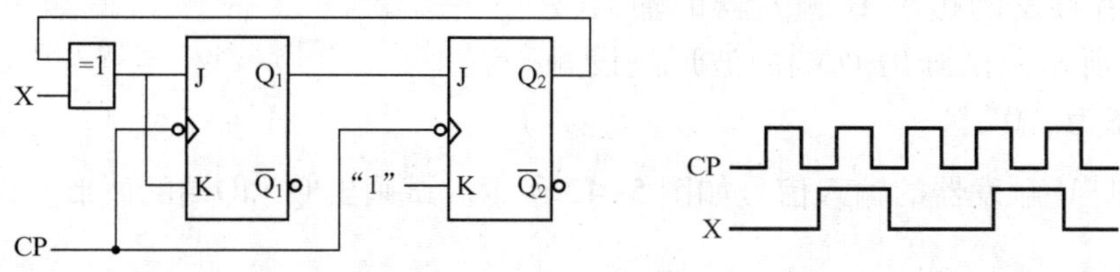

图 5-46　习题 13 图

图 5-47　习题 14 图

15. 试根据如图 5-48 所示的电路，对应输入 X 和时钟 CP 画出 Q_1、Q_2 的波形。设触发器初始状态为“0”。

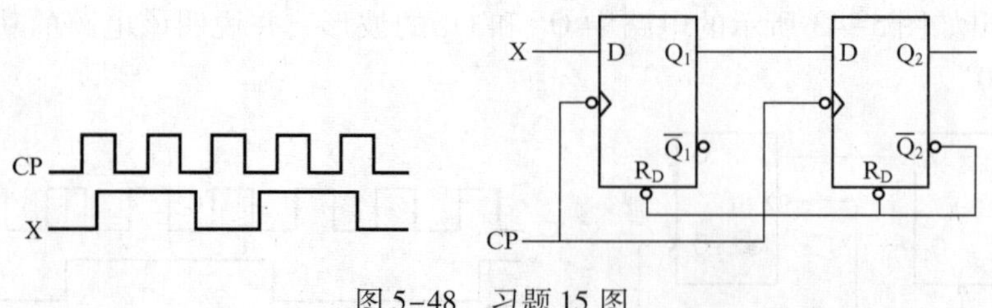

图 5-48　习题 15 图

第6章 同步时序逻辑电路

时序逻辑电路是含有触发器等存储器件的又一类数字逻辑电路。按照电路的工作方式，时序逻辑电路可分为同步时序逻辑电路和异步时序逻辑电路。同步时序逻辑电路的存储器件的时钟端均由外部统一的时钟脉冲控制。本章主要讨论各种同步时序逻辑电路的分析和设计方法，同时介绍几种典型的同步时序逻辑电路的设计与应用。

6.1 概述

数字逻辑电路一般分为两大类，即组合逻辑电路和时序逻辑电路。组合逻辑电路的特点是在任何时刻电路产生的稳定输出信号仅与该时刻电路的输入有关。而时序逻辑电路的特点是，在任何时刻电路的稳定输出信号不仅与该时刻电路的输入信号（若有输入）有关，还与该电路的状态有关（与过去的输入有关）。记忆元件是时序逻辑电路的重要组成部分，而记忆元件又都是由触发器担任的，所以本章将在第5章的基础上，进一步深入理解和使用触发器。

时序逻辑电路按其工作方式不同，又分为同步时序逻辑电路和异步时序逻辑电路。同步时序逻辑电路的特点是电路有统一的时钟脉冲，在激励函数的控制下，只有当时钟脉冲到达时电路的状态才会发生改变；新的状态一旦确定，又形成新的激励，但直到下一个时钟脉冲到达之前，电路的状态不会发生新的变化。该工作方式在实际使用中有利有弊。其有利之处是在时钟脉冲的间隔时间里，激励函数的瞬间变换不会影响电路的状态和输出，所以，设计时不用考虑门电路的延迟问题。这就保证了同步时序逻辑电路的稳定、可靠、简单，故而该种电路被广泛采用。其弊端是同步脉冲的间隔时间必须大于电路中各级电路形成的激励函数所产生的延迟最大值，这就限制了电路的工作速度。所以，如果电路的工作速度要求较高，或者输入是随机变化的使用场合，或者电路各部件工作速度相差较为悬殊，则往往采用异步时序逻辑电路。关于异步时序逻辑电路，将在第7章详细讨论。

本章将从阐明时序逻辑电路的基本概念出发，讨论时序逻辑电路的结构和类型，重点讨论同步时序逻辑电路的分析和设计方法。

6.2 时序逻辑电路的结构和类型

首先，需要学习和认识什么是时序逻辑电路，它的基本结构是什么，它有什么特点，以及基本类型有哪些。

6.2.1 时序逻辑电路的结构和特点

时序逻辑电路的特点是，在任何时刻电路产生的稳定输出信号不仅仅与当前该电路的输入信号有关，而且还与电路的过去状态相关。由于与过去的状态相关，所以电路中必须有存储单元，用来记忆过去的状态，这一点与组合逻辑电路形成了鲜明对比。二者的详细对比如表 6-1 所示。

表 6-1　组合逻辑电路与时序逻辑电路的对比

属　　性	组合逻辑电路	时序逻辑电路
电路特性	输出只与当前输入有关	输出与当前输入和之前状态有关
电路结构	不含记忆/存储元件	含记忆/存储元件
函数描述	用输出函数描述	用输出函数和次态函数描述

在研究组合逻辑电路时，通常用图 6-1a 作为其电路模型。相应的函数关系可表示为

$$Z_i = f_i(X_1, X_2, \cdots, X_n) \qquad i = 1, \cdots, m \tag{6-1}$$

式（6-1）中的每个变量都是逻辑变量，只能取值 0 或 1。任意给定一组输入变量值，就有一组确定的输出值与之对应。该表达式说明：在任何时刻，组合电路的输出只能是当时输入信号的函数，而与以前的输入无关，即组合电路没有记忆能力。

当要实现对输入值进行计数等这类功能时，对应的电路就必须具有记忆能力。每输入一个脉冲，计数电路就要在原有计数值基础上加 1 或减 1，这就要求电路必须记住已输入了多少个脉冲。具有记忆功能的逻辑电路称为时序电路。时序电路的记忆能力是通过电路中的存储器件（即触发器）来实现的。时序电路的状态就是电路内部存储器件的状态组合，时序电路用存储器件的不同状态组合来反映输入信号的历史状况，并通过状况之间的相互转换来跟踪输入信号的变化过程。

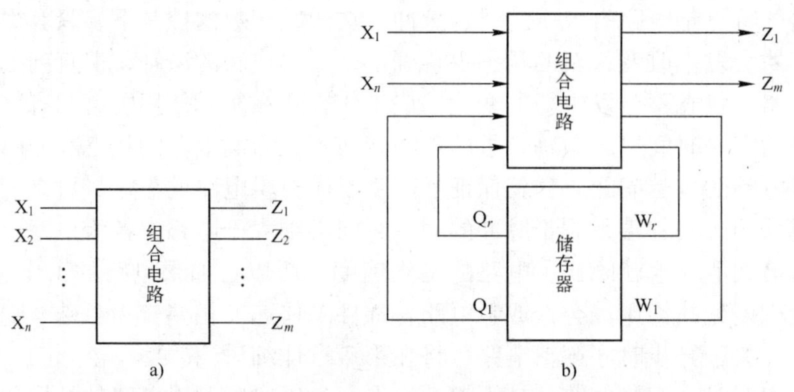

图 6-1　组合逻辑电路和时序逻辑电路示意框图
a）组合逻辑电路示意图　b）时序逻辑电路示意图

时序逻辑电路的通用模型可用图 6-1b 表示。该模型具有区别于组合电路模型的两个特点：一是其中包含存储器件；二是时序逻辑电路具有反馈电路。在图 6-1b 中，$X_1 \sim X_n$ 是 n 个输入，$Z_1 \sim Z_m$ 是 m 个输出，$Q_1 \sim Q_r$ 是时序逻辑电路的状态变量，状态变量的取值组合用于表示时序电路当前所处的状态，$W_1 \sim W_r$ 是存储器的激励输入信号，用于控制存储器的状态变化。这些变量之间的关系可用下面 3 个方程组来描述。

输出方程　$$Z_i = f(X_1 \sim X_n; Q_1^n \sim Q_r^n) \qquad i = 1, \cdots, m \tag{6-2}$$

激励方程　$$W_i = g(X_1 \sim X_n; Q_1^n \sim Q_r^n) \qquad i = 1, \cdots, r \tag{6-3}$$

状态方程 $$Q_i^{n+1}=h(W_i;Q_i^n) \qquad i=1,\cdots,r \tag{6-4}$$

上述方程表明，输出函数取决于即刻输入变量和电路的当前状态；激励函数也取决于即刻输入变量和电路的当前状态；而状态函数则表示电路的下一个状态取决于电路的原态和激励输入的组合。

时序电路中可用的存储器件很多，但最常用的就是第5章介绍的触发器。触发器的状态变化是由其原态和当前的激励信号确定的。这样，状态方程中的 Q_i^{n+1} 就是第 i 个触发器的次态，Z_i^n 就是该触发器当前的激励信号，Q_i^n 就是该触发器的原态。即一个触发器的次态只由该触发器本身的原态和其激励信号确定。

6.2.2 时序逻辑电路的分类

目前，主流的时序逻辑电路的分类方法是采用按照电路输出信号特性，或者按照触发器状态转换方式进行分类。

1. 按存储电路中触发器状态转换方式分类

根据触发器状态变化是否同步可分为同步时序逻辑电路和异步时序逻辑电路。

若时钟脉冲是同时加到每一个触发器的CP端，即电路中各触发器的状态转换都是在这个时钟脉冲的作用下发生的，称为同步时序逻辑电路。通常只是将时钟脉冲看作是同步时序逻辑电路的时间基准，而不是把时钟脉冲看作同步时序逻辑电路的输入变量。对每个时钟脉冲来说，该脉冲作用前时序电路的状态是原态，脉冲作用后的状态是次态。只要时钟脉冲没有到来，同步时序逻辑电路的状态就不会改变。

若时钟脉冲不是同时加到每一个触发器的CP端，即电路中各触发器的状态转换不是在统一的时钟脉冲作用下发生的，称为异步时序逻辑电路。异步时序逻辑电路通常又分为电平型和脉冲型。其中，电平型异步时序逻辑电路的状态转换是由输入信号的电平变化直接引起的；脉冲型异步时序逻辑电路虽有时钟，但各触发器所用时钟并不统一，从而各触发器状态转换也不是同时发生的。

2. 按电路输出信号特性分类

按照输出信号的特性，时序逻辑电路可分为Mealy型和Moore型。

在Mealy型时序逻辑电路中，输出 Z_i 不仅是当前输入 $X_1 \sim X_n$ 的函数，同时也是当前状态 $Q_1^n \sim Q_r^n$ 的函数，即 $Z_i=f(X_1 \sim X_n;Q_1^n \sim Q_r^n)$。在Moore型时序逻辑电路中，输出 Z_i 仅是当前状态 $Q_1^n \sim Q_r^n$ 的函数。即 $Z_i=f(Q_1^n \sim Q_r^n)$。或者根本就不存在专门的输出 Z_i，而以电路中触发器的状态直接作为输出。

从电路结构上看，Mealy型电路与Moore型电路本质上并无区别，只是Mealy型电路的组合逻辑部分比较复杂一些而已。因此，它们的分析和设计方法是一样的。接下来将学习同步时序逻辑电路的分析和设计。

6.3 同步时序逻辑电路的分析

所谓同步时序逻辑电路的分析，就是研究一个给定的同步时序逻辑电路在输入序列和时钟脉冲作用下的输出序列，进而确定电路的逻辑功能。

同步时序逻辑电路分析的关键是要确定电路随时间推移，在输入序列作用下，电路状态和输出的变化规律。而这种变化规律通常表现在状态转换表、状态图或时序（时间）图中。因此，分析一个给定的同步时序逻辑电路，实际上就是如何求出该电路的状态转换表、状态图或时序图，以此来确定该电路的逻辑功能。

6.3.1 时序逻辑电路的表示方法

描述时序逻辑电路的功能，一般采用存储电路的状态方程、输出方程、状态转换表、状态转换图和工作波形图（时序波形图）等方法。

1. 逻辑方程

前面在讨论时序逻辑电路的基本框架时，学习了输出函数、激励函数和状态函数，所以式（6-2）～式（6-4）就组成了表示时序逻辑电路的基本逻辑方程。这3个逻辑函数表达式有效地表示了存储电路与组合逻辑电路之间的逻辑关系。但是，该方法描述时序逻辑电路不够直观形象，而且在时序逻辑电路的设计过程中，也很难直接从实际问题写出各个逻辑方程，所以研究者设计出了以下更加直观、全面、形象的几种方法。

2. 状态转换表

状态转换表又称状态转换真值表，就是将不同输入条件下，电路的各个状态之间的转换关系和对应的输出结果，用真值表的形式表示出来。这类似于组合逻辑电路中的真值表。

状态转换表的一般结构如图6-2所示。其中，表的“输入”部分列出该电路的所有可能的输入组合；“现态”有时也称为“原态”，是指电路所有可能出现的状态；对应的“次态/输出”则是指在特定的输入条件下，某个原态所对应的次态及电路输出。

输入 / 现态 / 次态/输出	…	X	…
…	…	…	…
Q	…	Q*/Z	…
…	…	…	…

图6-2 状态转换真值表一般结构

从状态转换真值表中可以看出电路各种状态之间的转换过程，以及输入、输出之间的对应关系。只是在实际的使用过程中，表格的结构可以根据实际情况稍作调整。这一点将在6.3.3“分析举例”中讲解。

3. 状态转换图

状态转换图是状态转换真值表的进一步图形化。图中，各电路状态用圆圈加状态名表示，状态间的转换方向用箭头表示，并将状态发生转换前的输入、输出用X/Y（左边X表示输入，右边Y表示输出）的形式标在带箭头的连线的一侧，具体实例可以参见图6-4或图6-7。

另外，状态转换真值表与状态转换图之间可以实现轻松的转换，只是状态转换图更加直观。

4. 时序波形图

时序波形图也称为工作波形图，是指在时钟脉冲序列的作用下，电路状态和输出结果随着时间变化的波形展示，实例可以参见图 6-5。

以上 4 种时序逻辑电路的表示方法是可以相互转换的。在实际的时序逻辑电路分析与设计工作中，需要根据具体的情况，分别选择合适的表示方法来进行分析与设计。

6.3.2 分析方法和步骤

通常，同步时序逻辑电路的分析可以按以下步骤进行。

1. 根据电路写出逻辑方程组

这里指获得输出方程、激励方程和状态方程。

输出方程是同步时序逻辑电路各个输出信号的逻辑表达式；激励方程是各个触发器同步输入端信号的逻辑表达式；把激励方程代入相应触发器的特性方程，即可求出时序电路的状态方程，也就是各个触发器次态输出的逻辑表达式。

2. 列出状态转换真值表

状态转换真值表由电路的输入、电路的原态、激励函数、次态和输出函数组成。

3. 画出状态转换图

根据状态转换真值表画出状态图或列出状态表。画状态图的方法是将时序电路的所有状态画成状态圈；再以每个状态作为原态，在状态转换真值表中找出该状态在不同输入条件下的次态和输出值，并在各状态圈之间用有向箭头表示状态转换，输入条件和输出值在箭头旁标出。状态图是时序电路逻辑功能的图示法，它比状态转换真值表更直观地反映了电路中各状态间的转换关系，有利于理解电路的逻辑功能。

4. 画出时序波形图（工作波形图）

在给定输入信号和时钟脉冲，并指定电路的起始状态后，可由状态转换真值表或状态图画出电路中各触发器状态变换和输出信号变化的时序图。时序图是分析各类电路的重要手段。画时序图时要明确，只有当 CP 触发沿到来时相应的触发器状态才会改变，否则只会保持原态不变。

5. 分析说明电路逻辑功能

最后需要用文字说明电路的逻辑功能。实际应用中一个逻辑电路的输入和输出都有一定的物理含义。此时，应结合物理量的含义，进一步说明逻辑电路的具体功能。或者结合时序图说明时钟脉冲与输入、输出，以及内部变量之间的时间关系。

6.3.3 分析举例

在同步时序逻辑电路中，由于所有的存储元件都是由同一个时钟信号来触发的，它只控制触发器的翻转时刻，而对触发器翻转到何种状态没有影响。因此，在实际分析同步时序逻辑电路时，可以不考虑时钟条件，这样有时就能简化状态转换真值表。

【例 6-1】 分析如图 6-3 所示的同步时序逻辑电路的功能。

解：

1. 写方程组

（1）输出方程

$$Z = Q_2^n Q_1^n$$

显然，图 6-3 所示的电路是一个简单的 Moore 型时序电路，其输出仅与电路原态有关。

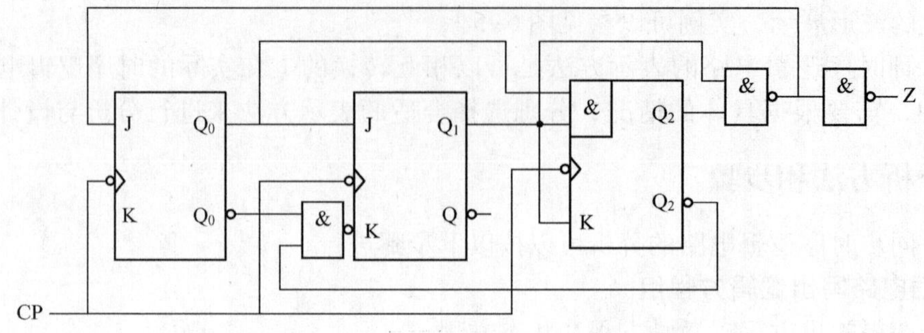

图 6-3 【例 6-1】的同步时序逻辑电路

（2）激励方程

$$J_0 = \overline{Q_2^n Q_1^n} \quad K_0 = 1$$

$$J_1 = Q_0^n \quad K_1 = \overline{\overline{Q_2^n Q_0^n}}$$

$$J_2 = Q_1^n Q_0^n \quad K_2 = Q_1^n$$

（3）状态方程

JK 触发器的特性方程为

$$Q^{n+1} = J\,\overline{Q^n} + \overline{K}Q^n$$

把求出的激励方程打入 JK 触发器的特性方程，可得

$$Q_0^{n+1} = J_0\overline{Q_0^n} + \overline{K_0}Q_0^n = \overline{Q_2^n Q_1^n} \cdot \overline{Q_0^n}$$

$$Q_1^{n+1} = J_1\overline{Q_1^n} + \overline{K_1}Q_1^n = Q_0^n\overline{Q_1^n} + \overline{Q_2^n} \cdot \overline{Q_0^n}Q_1^n$$

$$Q_2^{n+1} = J_2\overline{Q_2^n} + \overline{K_2}Q_2^n = Q_1^n Q_0^n \overline{Q_2^n} + \overline{Q_1^n}Q_2^n$$

2. 列出状态转换真值表

依次假设电路的原态 $Q_2^n Q_1^n Q_0^n$，代入状态方程和输出方程即可得到对应的状态转换真值表，如表 6-2 所示。

表 6-2 【例 6-1】的状态转换真值表

Q_2^n	Q_1^n	Q_0^n	Q_2^{n+1}	Q_1^{n+1}	Q_0^{n+1}	Z
0	0	0	0	0	1	0
0	0	1	0	1	0	0
0	1	0	0	1	1	0
0	1	1	1	0	0	0
1	0	0	1	0	1	0
1	0	1	1	1	0	0
1	1	0	0	0	0	1
1	1	1	0	0	0	1

3. 画出状态图和时序图

状态图和时序图如图 6-4 和图 6-5 所示，注意画时序图时无效状态一般不画。

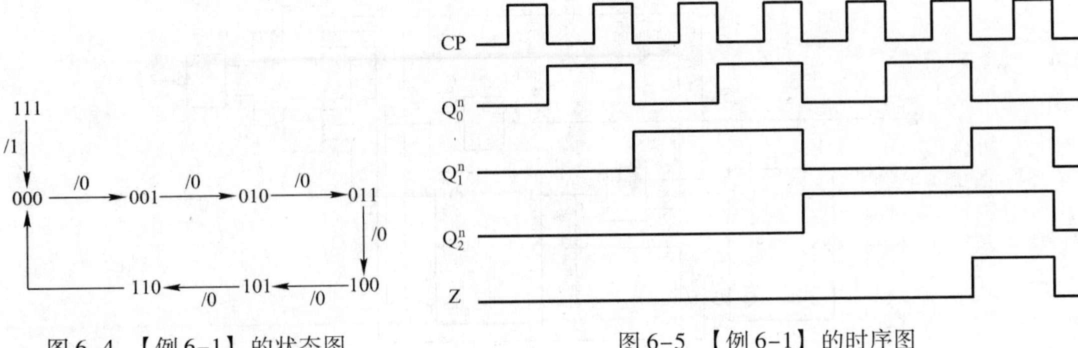

图 6-4 【例 6-1】的状态图　　　　图 6-5 【例 6-1】的时序图

4. 说明电路的逻辑功能

实际应用中一个逻辑电路的输入和输出都是有一定的物理意义的。此时，应结合这些物理量的含义，进一步说明逻辑电路的具体功能。就本例而言，若 CP 是一串要计数的连续脉冲，则由状态图和时序图可知，图 6-3 所示是一个七进制加法计数器。

上面这个例子已经能让我们感受到基本的、简单的同步时序逻辑电路的分析方法和步骤。但是在实际的分析过程中，往往还会遇到有效状态、有效循环、无效状态、无效循环、能自启动和不能自启动的概念。

（1）有效状态和有效循环

有效状态：在时序电路中，凡是被利用了的状态，都称为有效状态。例如在图 6-4 中，从 000 ～ 110 都是有效状态。

有效循环：在时序电路中，凡是有效状态形成的循环，都称为有效循环。

（2）无效状态和无效循环

无效状态：在时序电路中，凡是没有被利用的状态，都称为无效状态。例如在图 6-4 中，状态 111 就是无效状态。

无效循环：如果无效状态之间形成了循环，那么这种循环就称为无效循环。

（3）能自启动和不能自启动

能自启动：在时序电路中，虽然存在无效状态，但它们没有形成循环，在时钟脉冲作用下，这些无效状态最终都进入了有效循环，这样的时序电路称为能够自启动的时序电路。如本例就是一个能自启动的电路。

不能自启动：在时序电路中，若存在无效状态，它们之间又形成了循环，这样的时序电路称为不能自启动的时序电路。

【例 6-2】分析图 6-6 所示的同步时序逻辑电路的功能。

解：

1. 写方程组

（1）输出方程

$$Z = X\,\overline{Q_1^n}\cdot\overline{Q_0^n} + \overline{X}Q_1^nQ_0^n$$

显然，图 6-6 所示的电路是一个 Mealy 型时序电路，其输出不仅与电路原态有关，而且还和输入信号 X 有关。

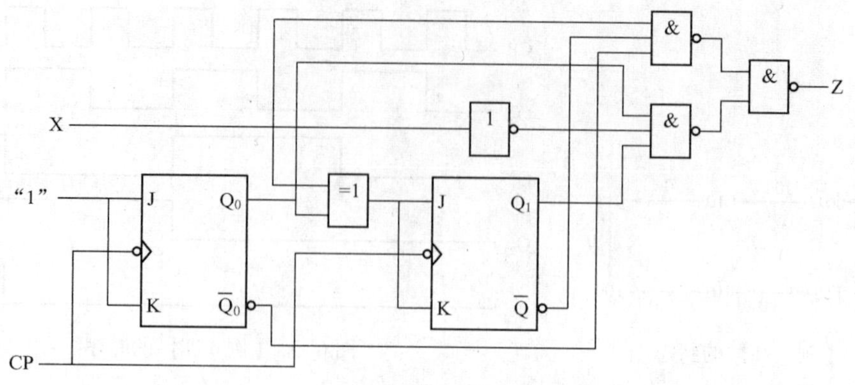

图 6-6 【例 6-2】的同步时序逻辑电路

（2）激励方程

$$J_0 = K_0 = 1$$

$$J_1 = K_1 = X \oplus Q_0^n$$

（3）状态方程

将激励方程代入 JK 触发器的特性方程中可得

$$Q_0^{n+1} = J_0\,\overline{Q_0^n} + \overline{K_0}Q_0^n = 1 \cdot \overline{Q_0^n} + \overline{1} \cdot Q_0^n$$

$$Q_1^{n+1} = J_1\,\overline{Q_1^n} + \overline{K_1}Q_1^n = (X \oplus Q_0^n)\,\overline{Q_1^n} + (\overline{X \oplus Q_0^n})\,Q_1^n = X \oplus Q_0^n \oplus Q_1^n$$

2. 列出状态转换真值表

依次假设电路的原态 $Q_1^nQ_0^n$并结合输入 X，代入状态方程和输出方程，即可得到对应的状态转换真值表，如表 6-3 所示。

表 6-3 【例 6-2】的状态转换真值表

X	Q_1^n	Q_0^n	Q_1^{n+1}	Q_0^{n+1}	Z
0	0	0	0	1	0
0	0	1	1	0	0
0	1	0	1	1	0
0	1	1	0	0	1
1	0	0	0	1	1
1	0	1	0	0	0
1	1	0	0	1	0
1	1	1	1	0	0

3. 画出状态图和时序图

状态图和时序图如图 6-7 和图 6-8 所示。

4. 说明电路的逻辑功能

若已知输入 X 是一个电位控制信号，CP 是一串要计数的连续脉冲，则图 6-6 所示是一个两位二进制可异（即既可作加法又可作减法）计数器。

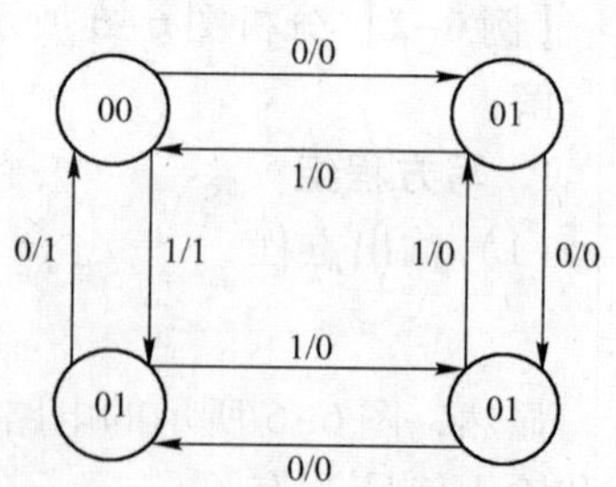

图 6-7 【例 6-2】的状态图

【例 6-3】 分析图 6-9 所示的同步时序逻辑电路的功能。

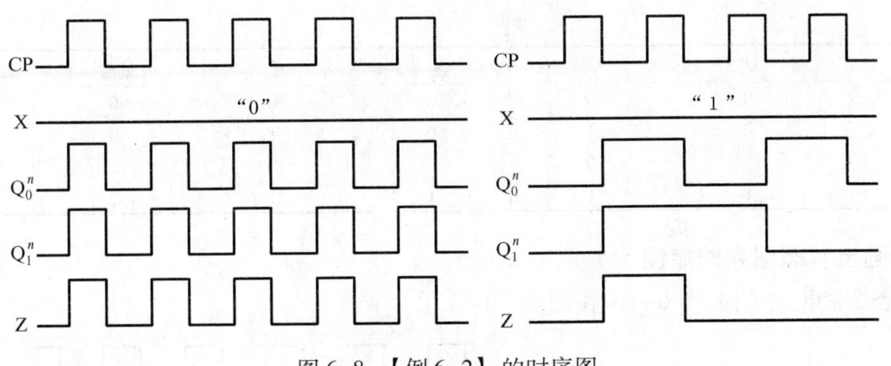

图 6-8 【例 6-2】的时序图

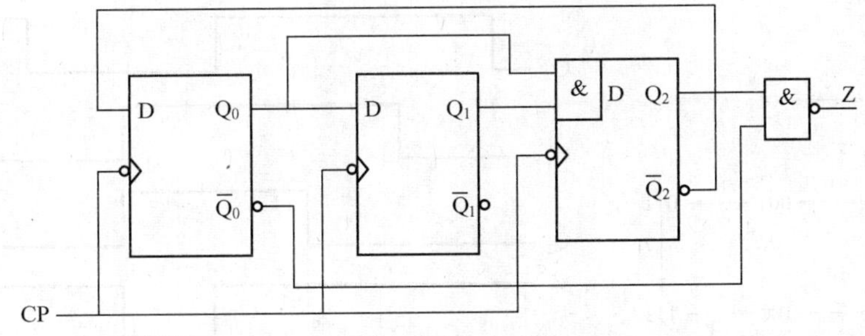

图 6-9 【例 6-3】的同步时序逻辑电路

解：

1. 写方程组

（1）输出方程

$$Z = \overline{Q_2^n \overline{Q_0^n}}$$

（2）激励方程

$$D_0 = \overline{Q_2^n} \qquad D_1 = Q_0^n \qquad D_2 = Q_1^n Q_0^n$$

（3）状态方程

D 触发器的特征方程为

$$Q^{n+1} = D$$

将激励方程代入 D 触发器的特性方程中可得

$$Q_0^{n+1} = D_0 = \overline{Q_2^n} \quad Q_1^{n+1} = D_1 = Q_0^n \quad Q_2^{n+1} = D_2 = Q_1^n Q_0^n$$

2. 列出状态转换真值表

依次假设电路的原态 $Q_2^n Q_1^n Q_0^n$，代入状态方程和输出方程，即可得到对应的状态转换真值表，如表 6-4 所示。

表 6-4 【例 6-3】的状态转换真值表

Q_2^n	Q_1^n	Q_0^n	Q_2^{n+1}	Q_1^{n+1}	Q_0^{n+1}	Z
0	0	0	0	0	1	1
0	0	1	0	1	1	1
0	1	0	0	0	1	1
0	1	1	1	1	1	1

（续）

Q_2^n	Q_1^n	Q_0^n	Q_2^{n+1}	Q_1^{n+1}	Q_0^{n+1}	Z
1	0	0	0	0	0	0
1	0	1	0	1	0	1
1	1	0	0	0	0	0
1	1	1	1	1	0	1

3. 画出状态图和时序图

状态图和时序图如图 6-10 和图 6-11 所示。

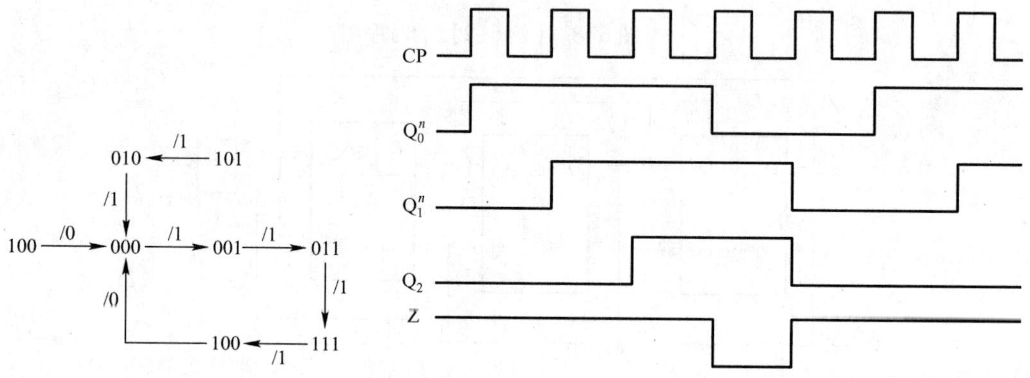

图 6-10 【例 6-3】的状态图

图 6-11 【例 6-3】的时序图

4. 说明电路的逻辑功能

根据状态真值表或状态图可知，该电路是一个无权的五进制计数器。

【例 6-4】 分析图 6-12 所示的串行加法器的电路。

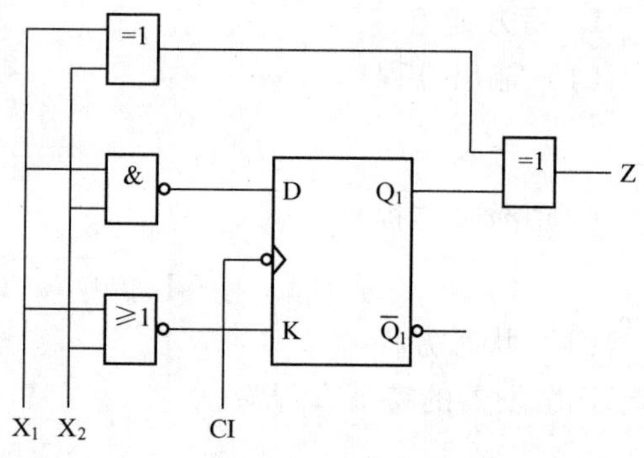

图 6-12 【例 6-4】串行加法器电路

解：

该电路有两个输入端 X_1 和 X_2，用来输入加数和被加数。有一个输入端 Z，用来输出相加的“和”。触发器用来存储“进位”，其状态 Q_n 为低位向本位的进位，Q_{n+1} 为本位向高位的进位。

1. 写方程组

（1）输出方程

$$Z = X_1 \oplus X_2 \oplus Q^n$$

（2）激励方程

$$J = X_1X_2 \qquad K = \overline{X_1 + X_2}$$

（3）状态方程

$$\begin{aligned} Q^{n+1} &= J\,\overline{Q^n} + \overline{K}Q^n = X_1X_2\,\overline{Q^n} + \overline{\overline{X_1 + X_2}}Q^n \\ &= X_1X_2\,\overline{Q^n} + X_1Q^n + X_2Q^n = X_1X_2 + X_1Q^n + X_2Q^n \end{aligned}$$

2. 列出状态转换真值表

本例的状态转换真值表如表 6-5 所示。

表 6-5 【例 6-4】的状态转换真值表

X_1	X_2	Q^n	Q^{n+1}	Z
0	0	0	0	0
0	0	1	0	1
0	1	0	0	1
0	1	1	1	0
1	0	0	0	1
1	0	1	1	0
1	1	0	1	0
1	1	1	1	1

3. 画出状态图

本例的状态图如图 6-13 所示。

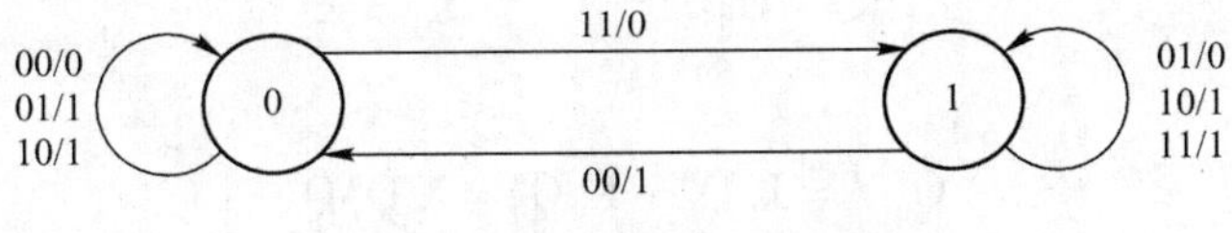

图 6-13 【例 6-4】的状态图

4. 作电路的输出和状态响应序列

设电路初始状态为 0。

加数 X1：1　0　1　1

被加数 X2：0　0　1　1

加数和被加数均按先低位后高位的顺序串行地加到相应的输入端。输出 Z 也是从低位到高位串行地输出。

根据状态图做出的响应序列为

CP：	1	2	3	4
X_1X_2：	11	11	00	10
Q^n：	0	1	1	0
Q^{n+1}：	1	1	0	0
Z：	0	1	1	1

5. 说明电路的逻辑功能

从以上状态响应序列看出，每位相加产生的进位由触发器保存，以便参加下一位的相加。从输出响应序列可以看出，X_1 和 X_2 相加的“和”由 Z 端输出。由于该电路的输入和输出均是在时钟脉冲作用下，按位串行输入加数和被加数并串行输出“和”数，因此称为串行加法器。

【例 6-5】 分析图 6-14 所示的同步时序逻辑电路的功能。

解：

1. 写方程组

（1）输出方程

$$Z = XQ_1^n$$

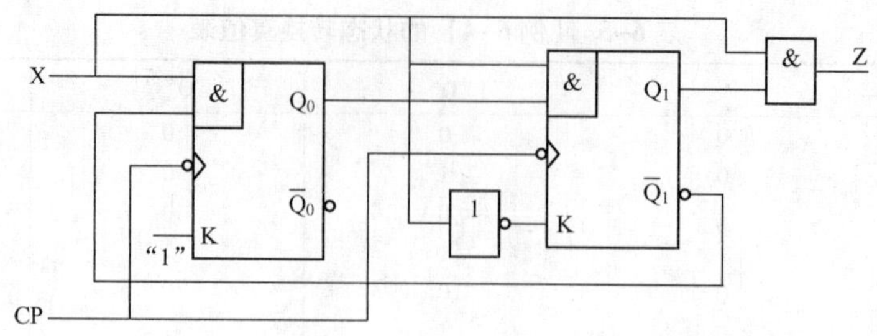

图 6-14 【例 6-5】的同步时序逻辑电路

（2）激励方程

$$J_0 = X\overline{Q_1^n} \qquad K_0 = 1$$

$$J_1 = XQ_0^n \qquad K_1 = \overline{X}$$

（3）状态方程

$$Q_0^{n+1} = J_0\overline{Q_0^n} + \overline{K_0}Q_0^n = X\overline{Q_1^n}\,\overline{Q_0^n}$$

$$Q_1^{n+1} = J_1\overline{Q_1^n} + \overline{K_1}Q_1^n = XQ_0^n\overline{Q_1^n} + XQ_1^n$$

2. 列出状态转换真值表

本例的状态转换真值表如表 6-6 所示。状态图如图 6-15 所示。

3. 画状态图

表 6-6 【例 6-5】的状态转换真值表

X	Q_1^n	Q_0^n	Q_1^{n+1}	Q_0^{n+1}	Z
0	0	0	0	0	0
0	0	1	0	0	0
0	1	0	0	0	0
0	1	1	0	0	0
1	0	0	0	1	0
1	0	1	1	0	0
1	1	0	1	0	1
1	1	1	1	0	1

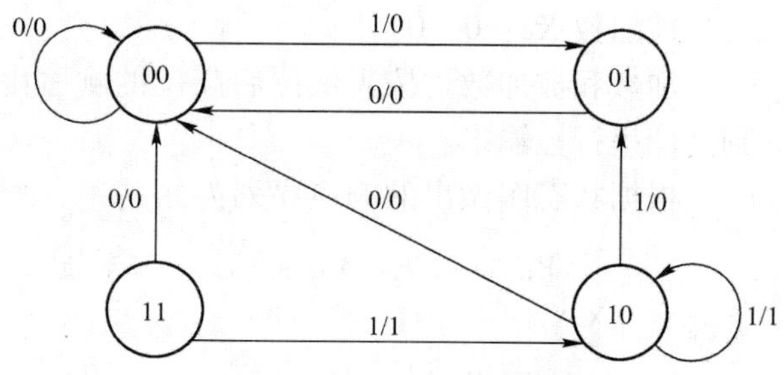

图 6-15 【例 6-5】的状态图

4. 说明电路的逻辑功能

由状态图可见，一旦输入 X 出现“111”序列，输出 Z 便产生一个脉冲，其他情况下输出 Z=0。因此，该电路是一个“111”串行序列检测器。

6.4 同步时序逻辑电路的设计

同步时序逻辑电路的设计是同步时序逻辑电路分析的逆过程。即通过对设计命题的分析确定体现命题要求的状态图或状态表，进而设计出符合逻辑要求的同步时序逻辑电路。本节介绍的设计方法基于采用触发器和逻辑门等小规模集成电路，是同步时序电路设计的经典方法。与最简组合逻辑电路的设计要求类似，这里的设计要求仍需符合最简要求，即用最少的触发器和逻辑门来实现。

任何一个数字逻辑电路，总是从一组特定的输入得到一组确定的输出。只是输入与输出之间的映射关系，未必一一对应，有可能是一对多。这是因为，这对于组合电路，多次重复出现的输入，可以得到完全相同的输出；对于时序电路，如果一组输入多次反复出现，却未必得到相同的输出，因为在同一输入的情况下，可能有不同的原态或现态。由于时序电路设计不仅有状态定义与状态转换，还涉及状态化简、状态分配等问题，因此比组合电路的设计过程复杂。

6.4.1 设计方法和步骤

同步时序逻辑电路的一般设计步骤如下。

1. 建立原始状态图（或状态表）

根据命题要求，建立满足逻辑功能要求的状态图或状态表，由于其中可能包含多余的状态，所以称为原始状态图或原始状态表。

2. 状态化简

找出原始状态表中的多余状态，并将它们消去，得到符合功能要求的最简状态表。

3. 状态分配及状态编码

将最简状态表中的各个状态用二进制编码的形式来表示（即进行状态赋值）。所谓状态分配，也就是用电路中触发器的状态编码来表示状态表中的状态，得到编码状态表。不同的状态分配方案将得出不同的逻辑电路。因此，应寻找能使电路达到最简的分配方案。

4. 选择触发器类型

根据所设计的电路功能特点，选用适当的触发器类型，以达到简化电路中组合网络的目的。

5. 列出状态转换真值表

列出状态转换真值表，并从中求出激励函数和输出函数。

6. 讨论自启动问题

对存在无效状态的电路，原则上应讨论其自启动问题。即电路处于无效状态时，能否在有限个时钟脉冲的作用下，进入有效状态，即能否自启动。当电路存在无效循环时，电路就不能自启动。对不能自启动的电路，需要修改其状态转换表或采取适当的解决措施。

7. 画出电路图

最后一步就是根据选型器件和逻辑关系，画出最终电路图。

以上是同步时序逻辑电路设计的一般步骤，只是实际的工程应用中并不一定全部按照这个流程，可以灵活应用，有所取舍。下面讨论其中最关键的几个步骤。

6.4.2 状态图和状态表

状态图和状态表是用来描述时序机的输入、输出和状态之间关系的一种手段，因为状态图或状态表能反映同步时序电路的逻辑功能，所以它们是设计同步时序电路的依据。直接从设计命题的文字描述得到的状态图（或状态表）称为原始状态图（或状态表）。建立原始状态图（或状态表）的过程就是对命题进行分析的过程。只有对命题的逻辑功能有了清楚的了解，才能建立正确的原始状态图（或状态表）。

建立原始状态图（或状态表）的过程是，先假设一个初始状态 S_0，从这个初始状态 S_0 出发，每接收一个要记忆的输入信号，就用另一个状态（如 S_0）记忆它，并标出相应的输出值；这“另一个状态”可以是原态本身（即状态不变），也可以是状态图（或状态表）

中已有的状态，或是新增加的一个状态。继续这个过程，直到没有新的状态出现，并且从每个状态出发，输入的各种可能取值引起的状态转移都已考虑过。下面通过几个不同的例子来说明建立原始状态图（或状态表）的方法。

【例 6-6】 某串行序列检测器有一个输入端 X 和一个输出端 Z。从 X 端输入一组按时间顺序排列的串行二进制码。当输入序列中出现连续的 3 个（或 3 个以上）1 时，输出 Z = 1，否则Z = 0。试做出该序列检测器的原始状态图和状态表。

解：

该序列检测器框图如图 6-16a 所示。其功能是对输入 X 逐位进行检测，若输入序列中出现“111”，当最后一个 1 在输入端 X 出现时，输出 Z = 1；若随后的输入仍为 1，则输出也为 1。而其他输入组合时，输出 Z = 0。其输入输出关系如图 6-16b 所示。显然，该序列检测器应该记住 X 端输入的连续 1 的个数。可以用触发器组合的不同状态来记忆 X 端输入的序列情况，定义如下。

状态 S_0：表示起始状态，即未收到第 1 个有效输入 1 时电路所处的状态。

状态 S_1：表示已收到第 1 个有效输入 1 时电路所处的状态。

状态 S_2：表示已收到 2 个连续的 1，即收到 11 时电路所处的状态。

状态 S_3：表示已连续收到 3 个（或 3 个以上）1 时电路所处的状态。

本例中感兴趣的是连续收到 1 的个数，所以，定义状态时是围绕收到连续 1 的个数进行的。

下面分别从 S_0 ～ S_3 出发，确定在不同输入条件下的输出和次态，进而构成完整的原始状态图，如图 6-17 所示。该状态图的构造过程如下。

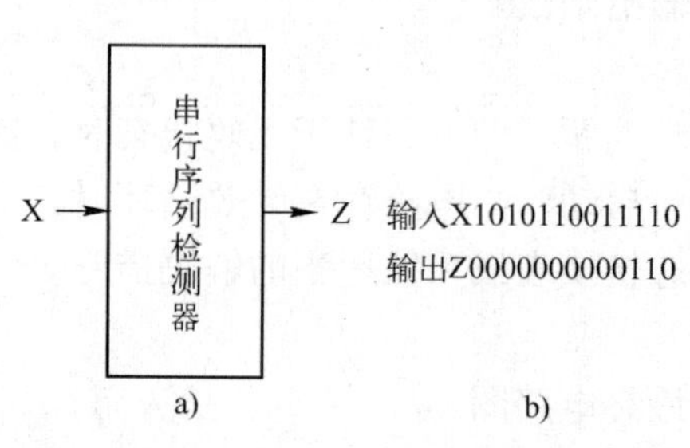

图 6-16 “111” 序列检测器框图和输入输出关系
a）串行序列检测器框图
b）串行序列检测器输入输出

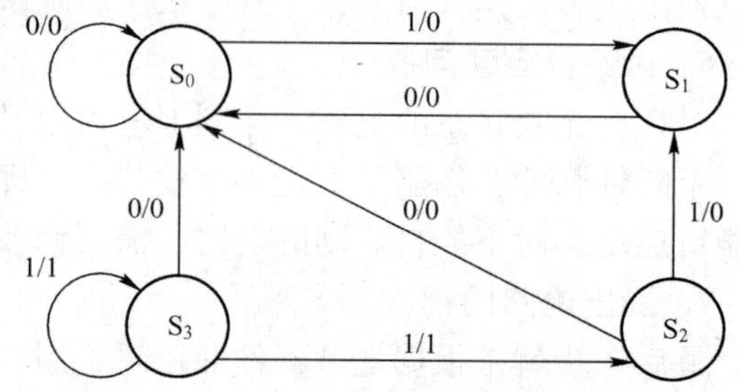

图 6-17 “111” 序列检测器原始状态图

当电路处于初始状态 S_0 时，表明电路未收到有效输入 1，若此时输入 X = 0，则电路的输出应该为 0，由于仍未收到 1，所以，时钟脉冲作用后，电路仍应处于 S_0 状态。即电路的次态为 S_0。若此时输入 X = 1，则电路的输出 X = 0，但由于收到了第 1 个 1，故电路应转到 S_1 状态。

当电路处于 S_1 状态时，表明电路已接收到一个 1。若此时输入 X = 0，则电路的输出应该为 0，由于收到 0 后，将连续接收 1 的过程破坏，所以，电路应回到起始状态 S_0。重新等待满足条件的输入组合。即电路的次态是 S_0。若此时输入 X = 1，则电路的输出 Z = 0，由于输入的 1 是连续收到的第 2 个 1，所以，电路应该转到 S_2 状态。

当电路处于 S_2 状态时，表明电路已连续收到两个 1，此时若输入 X =0，则电路的输出应该为 0，由于收到 0 后，将连续接收 1 的过程破坏，所以，电路应回到起始状态 S_0。重新等待满足条件的输入组合。即电路的次态是 S_0。若此时输入 X =1，由于输入的 1 是连续收到的第 3 个 1，所以输出 Z =1。由于已连续收到第 3 个 1，所以，电路应该转到 S_3 状态。

当电路处于 S_3 状态时，表明电路已连续收到第 3 个 1，此时若输入 X =0，则电路的输出应该为 0，由于收到 0 后，使已收到的输入序列被消除。电路应回到起始状态 S_0。若此时输入 X =1，说明电路已连续收到 4 个 1，输出 Z =1，根据定义可知，新状态仍为 S_3。此后，若输入 X 继续为 1，则输出也为 1，电路仍停留在 S_3 状态。

将原始状态图所表示的状态转换关系用表格的形式表示，就得到了原始状态表，如图 6–18 所示。

原态	次态/输出	
	X=0	X=1
S_0	S_0/0	S_1/0
S_1	S_0/0	S_2/0
S_1	S_0/0	S_3/1
S_3	S_0/0	S_3/1

图 6–18 “111” 序列检测器的原始状态表

【例 6–7】 设计一个能将串行输入的 3 位二进制代码转换为串行输出的 3 位循环码的同步时序电路，试做出其原始状态图和状态表。

解：

按题意，输入的 3 位一组的二进制代码为

000，001，010，011，100，101，110，111

与之对应的循环码输出为

000，001，011，010，110，111，101，100

根据题意，电路有一个输入 X，用于接收二进制代码，有一个输出 Z，用于送出循环码。

设电路的初始状态为 S_0，接收到的代码第 1 位有 0 和 1 两种可能，故需用状态 S_1 和状态 S_2 来记忆这两种输入情况。由以上 3 位二进制代码和 3 位循环码可见，若串行输入的第 1 位是 0，则电路的输出必为 0，而且在串行输入 3 位代码后，电路的串行输出码为 000、001、011、010 这 4 种中的一种。反之，若串行输入的第 1 位是 1，相应的电路输出必为 1，当串行输入 3 位代码后，电路的串行输出码为 110、111、101、100 这 4 种中的一种。

由以上分析可得，该串行代码转换器的原始状态图如图 6–19 所示，原始状态表如表 6–7 所示。

表 6–7　3 位二进制代码转换为 3 位循环码原始状态表

原态	次态/输出		原态	次态/输出	
	X =0	X =1		X =0	X =1
S_0	S_1/0	S_2/1	S_8	S_1/0	S_2/1
S_1	S_3/0	S_4/1	S_9	S_1/0	S_2/1
S_2	S_5/1	S_6/0	S_{10}	S_1/0	S_2/1
S_3	S_7/0	S_8/1	S_{11}	S_1/0	S_2/1
S_4	S_9/1	S_{10}/0	S_{12}	S_1/0	S_2/1
S_5	S_{11}/0	S_{12}/1	S_{13}	S_1/0	S_2/1
S_6	S_{13}/1	S_{14}/0	S_{14}	S_1/0	S_2/1
S_7	S_1/0	S_2/1			

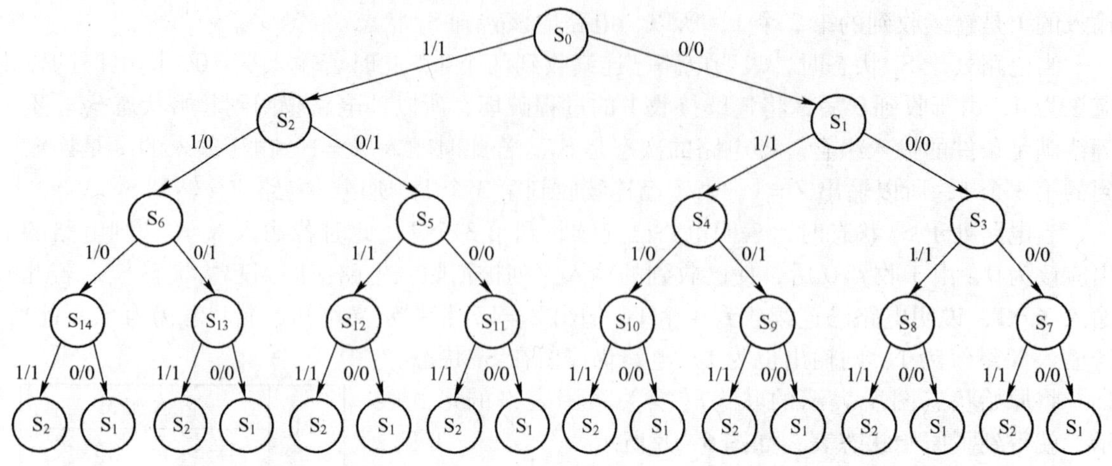

图 6-19　3 位二进制代码转换为 3 位循环码原始状态图

【例 6-8】 设某同步时序电路，用于检测串行输入的余 3 码，其输入的顺序是先低位后高位，当出现非法数字（即输入了 0000，0001，0010，1101，1110，1111）时，电路的输出为 1，其余情况输出为 0。试做出该代码检测器的原始状态图和状态表。

解：

根据题意，电路有一个输入 X，用于接收余 3 码，有一个输出 Z，用于指示检测的结果。

该题需检测的代码组合有 16 种，并且要求对输入的 4 位二进制代码一组一组地进行检测，这与上例中的“111”串行序列检测器不同，所以，建立原始状态图的过程也不同。

设电路的初始状态为 A 状态，接收到的代码第 1 位有 0 和 1 两种可能，故需用状态 B 和状态 C 来记忆这两种输入情况，如图 6-20a 所示。

当电路处于状态 B 时，电路将接收代码的第 2 位，这也有 0 和 1 两种可能，故在状态 B 又派生出了状态 D 和状态 E，如图 6-20b 所示。同理，由状态 D 又可派生出状态 F 和状态 G，如图 6-20c 所示。

当电路处于状态 F 时，表示电路已接收了 3 位代码，因此，无论收到的第 4 位数码是 0 还是 1，都应回到状态 A，以便检测下一组代码，如图 6-20d 所示。

以此类推，可做出一个完整的余 3 码检测电路的原始状态图，如图 6-20e 所示。对应的原始状态表如表 6-8 所示。

表 6-8　余 3 码检测器的原始状态表

原态	次态/输出		原态	次态/输出	
	X = 0	X = 1		X = 0	X = 1
A	B/0	C/0	I	A/0	A/0
B	D/0	E/0	J	L/0	M/0
C	J/0	K/0	K	N/0	P/0
D	F/0	G/0	L	A/0	A/0
E	H/0	I/0	M	A/0	A/0
F	A/1	A/1	N	A/0	A/1
G	A/1	A/0	P	A/1	A/1
H	A/0	A/0			

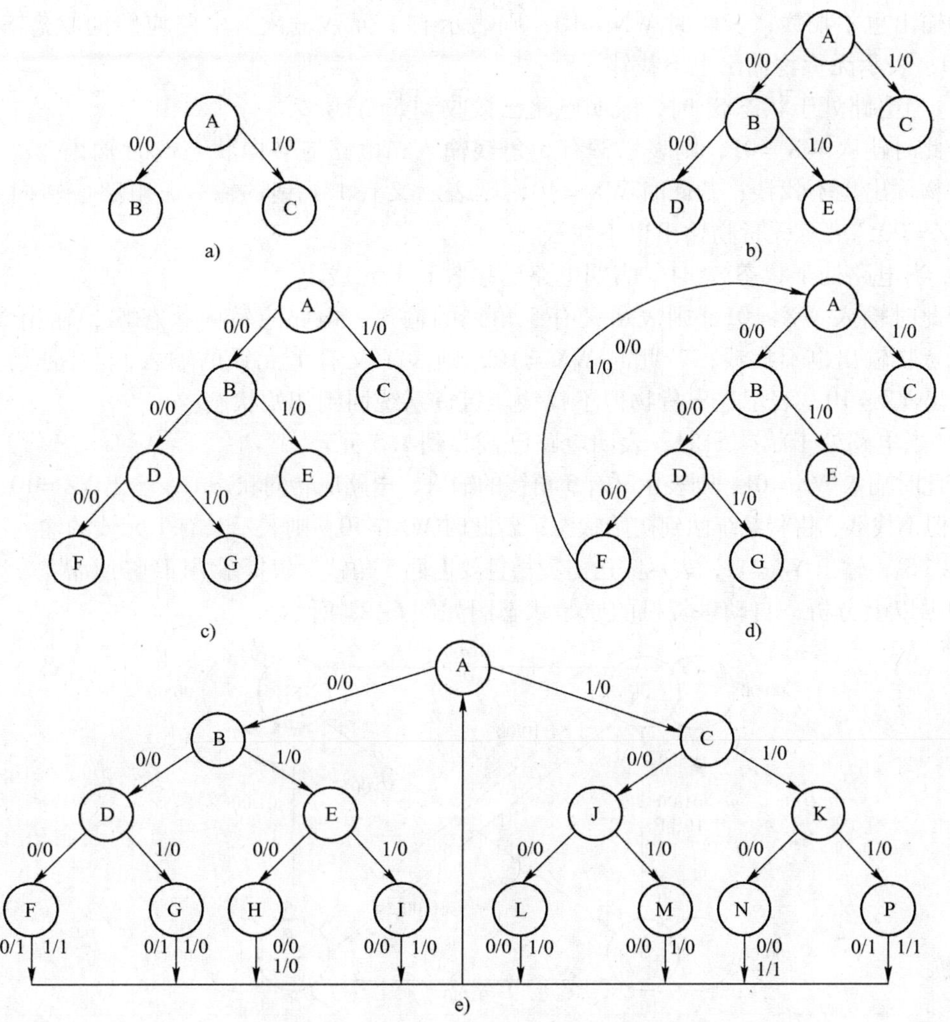

图 6-20　余 3 码检测器的原始状态图

【例 6-9】 试设计一个自动售货机投币控制电路。设计要求是每次只能投入一枚 5 角或 1 元的硬币，投满 2 元后货物送出，若有余钱也同时找回，试做出其原始状态图和状态表。

解：

根据题意，电路有两个输入 W、X，分别表示 1 元和 5 角的输入；有两个输出 Y、Z，分别表示货物送出的驱动信号和找回的 5 角钱。

设电路的初始状态为 S_0，输入和输出写成 WX 和 YZ 的形式，即

WX = 01 表示 5 角钱的输入

WX = 10 表示 1 元钱的输入

YZ = 00 表示无任何输出

YZ = 10 表示有货物输出

YZ = 11 表示有货物输出同时找回 5 角钱

1）当电路处于初始状态 S_0 时，表明没有钱投入。

若此时输入 WX = 01，则表示有 5 角钱输入，电路应转向状态 S_1，输出 YZ = 00，表示

无货物输出也不找钱；若此时 WX = 10，则表示有 1 元钱输入，电路应转向状态 S_2，输出 YZ = 00，表示无货物输出也不找钱。

2）当电路处于状态 S_1 时，表明电路已接收到 5 角钱。

若此时输入 WX = 01，则表示又有 5 角钱输入，电路应转向状态 S_4，输出 YZ = 00，表示无货物输出也不找钱；若此时 WX = 10，则表示又有 1 元钱的输入，电路应转向状态 S_3，输出 YZ = 00，表示无货物输出也不找钱。

3）当电路处于状态 S_2 时，表明电路已接收到 1 元钱。

若此时输入 WX = 01，则表示又有 5 角钱的输入，电路应转向状态 S_3，输出 YZ = 00，表示无货物输出也不找钱；若此时 WX = 10，则表示又有 1 元钱的输入，电路应转向状态 S_0，输出 YZ = 10，表示送出货物但不找钱。售货系统回到初始状态。

4）当电路处于状态 S_3时，表明电路已接收到 1.5 元。

若此时输入 WX = 01，则表示又有 5 角钱的输入，电路应转向状态 C，输出 YZ = 10，表示送出货物但不找钱，售货系统回到初始状态；若此时 WX = 10，则表示又有 1 元钱的输入，电路应转向状态 S_0，输出 YZ = 11，表示需送出货物且要退回 5 角钱。售货系统回到初始状态。

根据以上分析，自动售货机的原始状态图如图 6-21 所示。

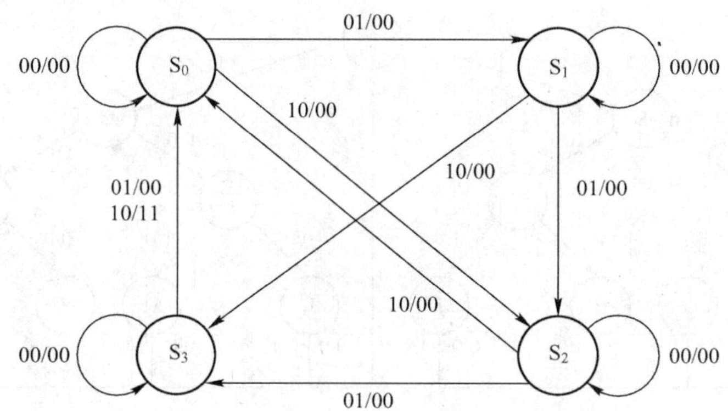

图 6-21　自动售货机原始状态图

将原始状态图所表示的状态转换关系用表格的形式表示，就得到了原始状态表，如表 6-9 所示。

表 6-9　自动售货机原始状态表

原态	次态/输出			
	WX = 00	WX = 01	WX = 10	WX = 11
S_0	S_0/00	S_1/00	S_2/00	d/d
S_1	S_1/00	S_2/00	S_3/00	d/d
S_2	S_2/00	S_3/00	S_0/10	d/d
S_3	S_3/00	S_0/10	S_0/11	d/d

6.4.3　状态化简方法

在构成时序逻辑电路状态图时，主要考虑如何正确地反映设计要求，在无法确定是否需要定义某个状态时，遵循的是宁多勿缺的原则，这样做出的状态图就很难做到最简，它可能包含多余状态。而状态数的多少又直接影响时序电路所需触发器的数目和组合电路的复杂程度。在进行时序电路设计时，应考虑实现电路所需的成本，而降低成本的方法是减少电路中使用触发器和逻辑门的数量。因此，状态化简是时序电路设计中不可缺少的步骤。

所谓状态化简，又称为状态表的化简，就是从原始状态表中消去多余状态，得到一个最小化状态表。这个最小化状态表既能实现逻辑命题的全部要求，而且状态数又最少。状态数的减少将使时序电路所需的触发器减少，还可使组合电路部分变得简单，故障率也会随之下降。

通过前面建立原始状态表的过程可以看出，设置电路状态的目的在于利用这些状态记住输入的历史情况，然后观察对其后的输入产生不同的输出。如果所设置的两个状态对任一输入序列产生的输出序列完全相同，则这两个状态可以合并为一个状态。这就是状态化简的基本原理。

基于这个基本原理，针对完全确定状态表和不完全确定状态表，其具体的化简技巧又不尽相同。下面分别讨论。

1. 完全确定状态表的化简

如果状态表中的次态和输出都有确定状态和确定的输出，称为完全确定状态表，它所描述的电路称为完全确定电路；而次态或输出存在任意项的状态表称为不完全确定状态表，它所描述的电路称为不完全确定电路。

对于完全确定状态表来说，状态化简是建立在状态等效这个概念基础上的。因此，先介绍等效状态等几个基本概念。

（1）等效状态

设状态 S_1 和 S_2 是完全确定状态表中的两个状态，若分别以它们为起始状态，加入任意的输入序列，两者对应的输出序列都完全相同，则这两个状态对外的表现完全一样，去掉任何一个都不会对电路产生影响，故把 S_1 和 S_2 称为等效状态，记为(S_1,S_2)。也可说 S_1 和 S_2 是等效对。等效状态可以合并。

（2）等效状态的传递性

若状态 S_1 和 S_2 等效，状态 S_2 和 S_3 等效，则状态 S_1 和 S_3 也等效。表示为(S_1,S_2)，$(S_2,S_3)\rightarrow(S_1,S_2,S_3)$。

（3）等效类

彼此等效的状态的集合，称为等效类。如(S_1,S_2)，(S_2,S_3)，则有等效类为(S_1,S_2,S_3)。

（4）最大等效类

若一个等效类不是其他等效类的子集，则此等效类称为最大等效类，即使是一个状态，只要它不包含在其他等效类中，它也是最大等效类。

可见，状态化简的根本任务就是要从原始状态表中找出最大等效类的集合。然后赋予每个最大等效类一个新符号，从而得到最小化状态表。

两个或多个状态是等效状态必须满足以下条件。

① 任意一种输入条件下，两个或多个状态对应的输出必须相同。

② 任意一种输入条件下，这些状态对应的次态必须满足下列条件之一。

- 次态相同。
- 次态保持原态不变。
- 次态循环。
- 次态对等效。

在状态表中判别等效状态常用的方法是观察法和隐含表法。

(1) 观察法

根据状态等效的条件直接对原始状态表中的状态进行观察比较。首先找到状态表中输出相同的那些状态，再进一步观察其次态是否满足相同、保持原态不变、循环和次态对等效这些条件之一。

【例 6-10】化简如表 6-10 所示的完全确定状态表。

解：

由表 6-10 可见，在输入的各种取值下，对应的输出都相同的原态只有 A 和 B，以及 C 和 D。先观察 A 和 B 的次态是否满足等效的条件。在 X=0 时，A 和 B 的次态都为 A，但在 X=1 时，A 和 B 的次态为 B 和 C，由于状态 B 和 C 在 X=1 时的输出不相同，所以 B 和 C 不等效，从而导致了 A 和 B 也不等效。再看 C 和 D，在 X=0 时，C 和 D 的次态均为 A，在 X=1 时，C 和 D 的次态均为 D。可见，C 和 D 满足等效条件，记为（C，D）。

通过观察比较求得最大等效类集合为 CT_T，将该集合中的最大等效类分别用 a、b 和 c 表示，并代入原态表中得到的最小化状态表，如表 6-11 所示。

表 6-10 【例 6-10】的状态表

原态	次态/输出	
	X=0	X=1
A	A/1	B/1
B	A/1	C/1
C	A/1	D/0
D	A/1	D/0

表 6-11 【例 6-10】的最小化状态表

原态	次态/输出	
	X=0	X=1
a	a/1	b/1
b	a/1	c/1
c	a/1	c/0

观察法一般用于简单的状态表的化简，对比较复杂的状态表化简常用的是隐含表法。

(2) 隐含表法

隐含表法化简的基本原理是根据状态等效的概念，对各个状态进行系统的比较，找出相互等效的状态。为了防止遗漏，比较是在一种称为隐含表的表格中进行的。下面举例说明。

【例 6-11】化简表 6-12 所示的状态表。

解：

作出如图 6-22 所示的阶梯形表格。

表 6-12 【例 6-11】的状态表

原态	次态/输出	
	X=0	X=1
A	E/0	D/0
B	A/1	F/0
C	C/0	A/1
D	B/0	A/0
E	D/1	C/0
F	C/0	D/1
G	H/1	G/1
H	C/1	B/1

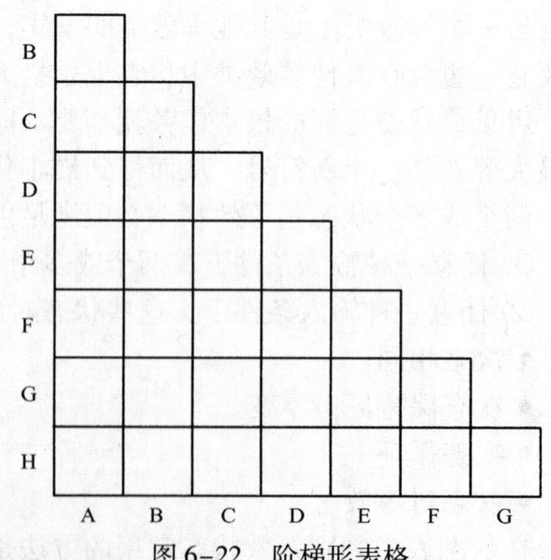

图 6-22 阶梯形表格

为了保证状态表中8个状态之间的两两比较，阶梯形的隐含表共有7行7列，其特点是“横向少尾，纵向少头”，即横坐标到状态G结束（少了状态H），纵坐标从状态B开始（少了状态A）。隐含表中的每个方格对应着横、纵坐标上的两个状态，这两个状态是否等效及等效的条件就填在该方格中。阶梯形表格的这种排列保证了状态表中的状态的两两比较，没有重复和遗漏。

按隐含表中的排列顺序，对原始状态表中的状态进行两两比较，并将比较结果填入相应方格中。

比较的结果有3种：第1种是两个状态等效，则在隐含表相应方格内填入“√”；第2种是两个状态不等效，则在隐含表相应方格内填入“×”；第3种是两个状态是否等效还需进一步检查，则将它们的次态对填入隐含表相应方格内。

例如，状态表中状态A和C不满足等效条件，故在隐含表相应方格内填入“×”；状态A和D虽满足输出相同这个条件，但它们的次态在X=0时为B和E，在X=1时为A和D。由于当前还不能确定B和E，以及A和D是否等效，所以，将BE和AD填入对应方格内。

按这种方法将隐含表对应的状态都两两比较完，所得的隐含表如图6-23所示。

第三，关联比较，确定等效状态对。

关联比较是要确定隐含表中待检查的那些次态对是否等效，并由此确定原态对是否等效。如果隐含表某方格内有一个次态对不等效，则该方格所对应的两个状态就不等效，这样，就在相应方格内加标志“/”。若该方格内的次态对均为等效状态对，则该方格对应的状态就是等效状态，该方格不增加任何标志。这种判别有时需经过多次才能确定对应的状态是否等效，比较完毕的隐含表如图6-24所示。

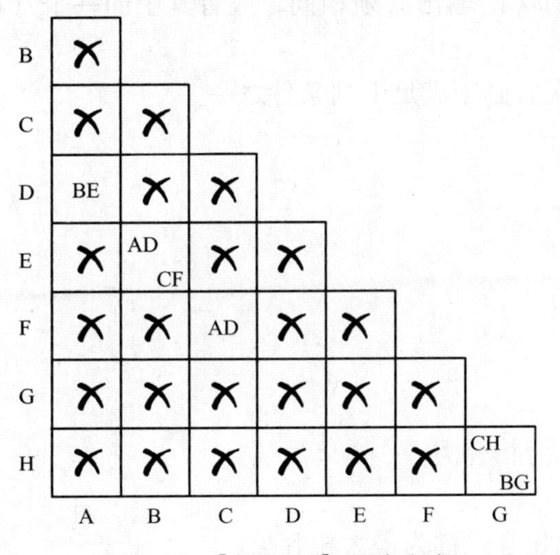

图6-23 【例6-11】的隐含表

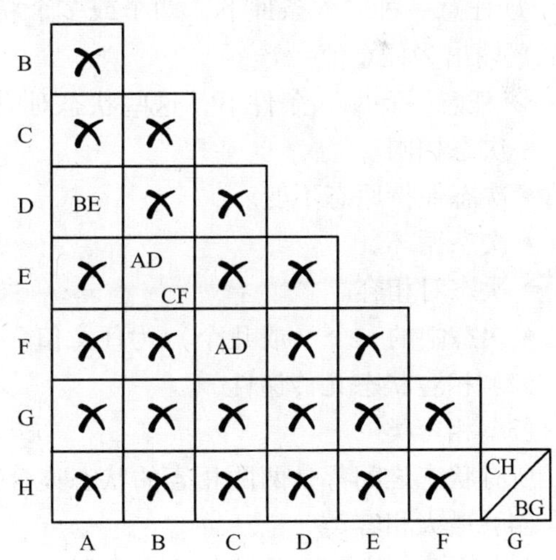

图6-24 【例6-11】比较完毕的隐含表

第四，求出全部等效状态，确定最大等效类，画出最小化状态表。

在本例中，有等效对（A，D），（B，E），（C，F），由于它们相互不是对方的子集，故都是最大等效类。由于状态G和H不包含在任何其他等效类中，所以，G和H本身也是最大等效类，分别记作（G）和（H）。这样最大等效类的集合为

{(A,D),(B,E),(C,F),(G),(H)}

将最大等效类（A，D），（B，E），（C，F），（G），（H）分别用新符号 a，b，c，d，e 表示，并代入原始状态表中，得到最小化状态表如表 6-13 所示（最大等效类的集合必须包含原始状态表中的全部状态）。

表 6-13 【例 6-11】的最小化状态表

原　态	次态/输出		原　态	次态/输出	
	X=0	X=1		X=0	X=1
a	b/0	a/0	d	e/1	d/1
b	a/1	c/0	e	c/1	b/1
c	c/0	a/1			

2. 不完全确定状态表的化简

不完全确定状态表的化简是建立在相容状态基础上的，所以，这里先讨论相容状态等概念。

（1）相容状态

设状态 S_1 和 S_2 是不完全确定状态表中的两个状态，若分别以它们为起始状态，加入任意的输入序列，两者对应的输出序列（除不定的那些位之外）都完全相同，则这两个状态对外的表现完全一样，去掉任何一个都不会对电路产生影响，故把 S_1 和 S_2 称为相容状态。记为（S_1，S_2），也可说 S_1 和 S_0 是相容对，相容状态可以合并。

在不完全确定状态表中判断两个状态是否相容也是根据表中给出的次态和输出来决定的。

两个或多个状态是相容状态必须满足以下条件。

① 任意一种输入条件下，两个或多个状态对应的输出必须相同，或者其中的一个（或几个）输出为任意值。

② 任意一种输入条件下，这些状态对应的次态必须满足下列条件之一。

- 次态相同。
- 次态保持原态不变。
- 次态循环。
- 次态对相容。
- 次态中的一个（或几个）为任意值。

（2）相容状态无传递性

（3）相容类

所有状态之间都是两两相容的状态集合，称为相容类。

（4）最大相容类

若一个相容类不是其他相容类的子集，则此相容类称为最大相容类。

为了从相容状态对中找出所有的最大相容类，这里引入了状态合并图。状态合并图是一种将不完全确定状态表中的状态以“点”的形式均匀地绘制在圆周上，然后将所有的相容对都用直线连接起来而构成的图形。圆周上的点表示状态，点与点之间的连线表示两状态之间的相容关系。而所有点之间都有连线的多边形就构成了最大相容类。

图 6-25a 和图 6-25b 分别表示包含 3 个、4 个状态的最大相容类。下面讨论不完全确定

状态表的化简步骤。

① 作隐含表，寻找相容状态对。

和完全确定状态表的方法一样，若隐含表方格对应的两状态相容，则在方格中填“√”。若两状态不相容，则在方格中填“×”。若是否相容还需进一步考察，则在方格中填入对应的次态对。

② 画状态合并图，找出最大相容类。

③ 做出最小化状态表，首先要从最大相容类（或相容类）中选出一组能满足以下 3 个条件的相容类：

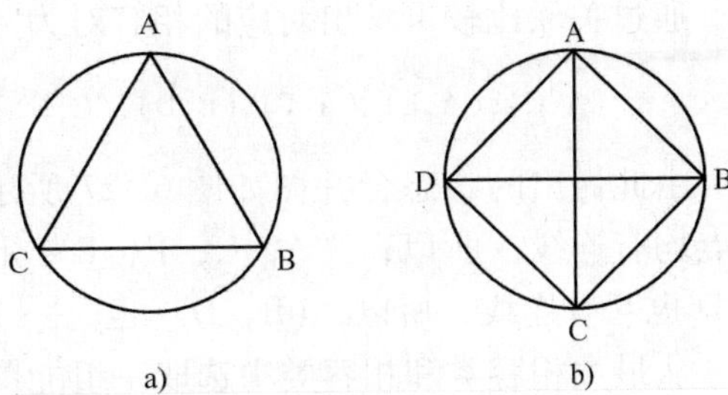

图 6-25 状态合并图示例
a) 3 个状态最大相容类 b) 4 个状态最大相容类

- 覆盖性。即所选相容类的集合必须包含原始状态表中的全部状态。
- 最少性。即所选相容类的集合中的相容类个数应最少。
- 闭合性。即所选相容类集合中的任一相容类，代入原始状态表中任一输入条件下产生的次态应该包含在该集合的某一相容类中。

同时具备覆盖、最少和闭合这 3 个条件的最大相容类（相容类）集合，称为最小闭覆盖。不完全确定状态表的化简，就是如何找出最小闭覆盖。找到最小闭覆盖后，给每个相容类以一个新符号。这样就形成了最小化状态表。

【例 6-12】 化简如表 6-14 所示的不完全确定状态表。

解：

首先，作隐含表，寻找相容状态对。

经过顺序比较后，可得如图 6-26 所示的隐含表。

表 6-14 【例 6-12】的状态表

原态	次态/输出	
	X = 0	X = 1
A	C/0	E/0
B	D/d	F/1
C	E/0	A/0
D	B/1	C/d
E	F/0	d/0
F	A/0	E/d

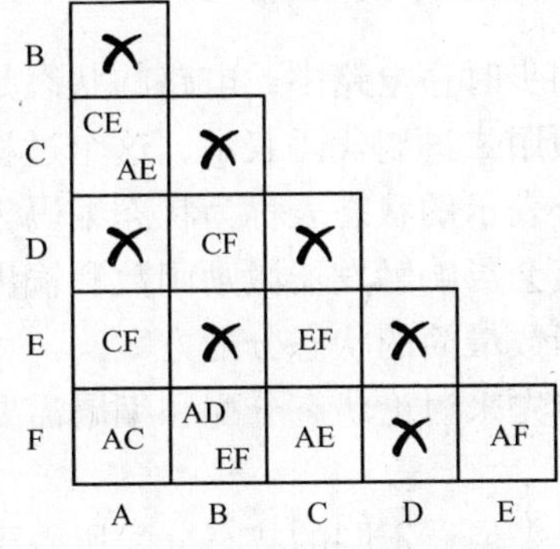

图 6-26 【例 6-12】的隐含表

关联比较结果如下

AC → AE → CF → EF → AF → AC
└→CE → EF → AF → AC
AE→ CF → AE →CF
AF→ AC → AE
BD→ CF → AE
BF→ AD ×
CE→ EF → AF → AC
CF→ AE
EF→ AF

通过关联比较可求出对应的相容对为

(A,C),(A,E),(A,F),(B,D),(C,E),(C,F),(E,F)

由此做出的状态合并图如图 6-27 所示。图中 A、C、E、F 各点均有连线，所以，（A，C，E，F）是一个最大相容类。B 和 D 也互有连线，所以，（B，D）也是一个最大相容类。

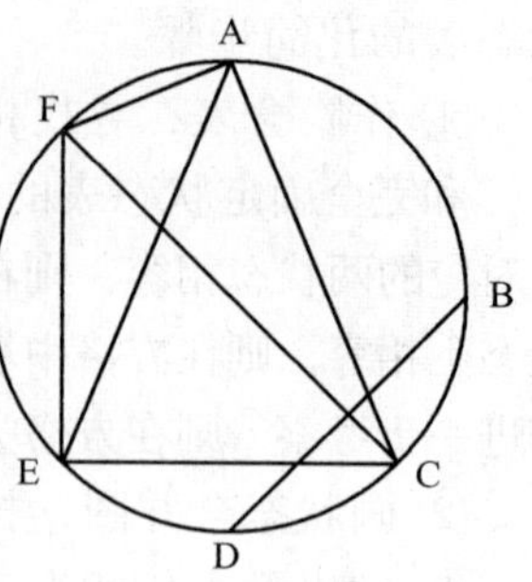

图 6-27 【例 6-12】的状态合并图

从最大相容类和相容类中选取一组能覆盖原始状态表中全部状态的相容类，这里选择（A，C，E，F）和（B，D）作闭覆盖表，看其是否满足覆盖、最少和闭合这 3 个条件。闭覆盖表如表 6-15 所示。

表 6-15 【例 6-12】的闭覆盖表

最大相容类	覆盖						闭合	
	A	B	C	D	E	F	X=0	X=1
ACEF	A		C		E	F	ACEF	AE
BD		B		D			BD	CF

从表 6-15 可见，最大相容类集合（A，C，E，F），（B，D）覆盖了原始状态表中的全部状态，而且满足闭合和最少的条件，若用 a 代替（A，C，E，F），用 b 代替（B，D），则可得如表 6-16 所示的最小化状态表。

表 6-16 【例 6-12】的最小化状态表

原态	次态/输出	
	X=0	X=1
a	a/0	a/0
b	b/1	a/1

6.4.4 状态分配及编码

在同步时序电路中，电路的状态是用触发器的状态表示的。最小化状态表中的每一个状态都必须用二进制代码表示，这个过程就是所谓的状态分配（也称状态编码）。用触发器的状态组合表示的状态表称为状态编码表。状态编码的不同不会影响同步时序电路中触发器的数目，但会影响触发器激励函数和输出函数的繁简性。所以，应该选择能使触发器激励函数和输出函数最简的状态分配方案。

本节先来讨论状态分配和编码需要解决的问题，然后再学习状态分配、编码的基本原则和方法。

一般来说，不同的状态分配所得到的输出函数和次态函数的逻辑方程也不同，从而设计出来的电路复杂度也不同。因此，状态分配的任务是要解决两个首要问题：一是根据简化状态表给定的状态数确定所需要的触发器的数目；二是给每个状态指定二进制代码，保证所设计的电路最简单。

根据状态数来确定触发器的数目，一般按照以下关系处理。

设简化状态表有 n 个状态，需要用 k 个触发器来实现，则 n 与 k 之间存在下面的关系。

$$2^k \geqslant n \text{ 或者 } k \geqslant \log_2 n \tag{6-5}$$

式中，k 取满足上述关系的最小整数。

触发器的数目确定之后，可能的分配方案有很多，一般来说，状态数目为 n，所需触发器数目为 k 时，分配方案总数目为

$$N_A = \frac{2^k!}{(2^k - n)!} \tag{6-6}$$

在这些方案中，有许多方案是等效的。也有人曾经证明，真正性质不同的状态分配方案数 N 为

$$N = \frac{(2^k - 1)!}{(2^k - n)!\ k!} \tag{6-7}$$

通过式（6-7）可以看出，当状态数目较少时，可以研究各种可能的状态分配编码方案，但是当状态数目稍微增大时，分配方案数目就会急剧增大，将导致无法研究所有可能的状态分配方案。在实际的工作中，设计人员主要还是凭借经验，依据一定的原则，寻求接近最佳的状态分配方案。下面来看几个经验的方法，并结合几个实例。

现讨论如表 6-17 所示的最简化状态表，它有 4 个状态，实现这 4 个状态需要两个触发器。两个触发器有 4 种组合方案（00，01，10，11），4 种状态组合分配给 A、B、C、D 共有 24 种不同的方案。若一一比较，十分困难。还有对一种触发器是较好的分配方案，对另一种触发器却未必是最好的。由此可见，状态分配涉及的问题很多。实际工作中，一般是依据一定的状态分配原则，再加上自己的实际经验来获得比较好的状态分配方案。这里给出常用状态分配的 4 个原则。

1）在相同输入条件下具有相同次态的原态应分配逻辑相邻编码。这可使相应的触发器的激励函数对应的卡诺图中有较多的 1 相邻，有利于激励函数的化简。

2）同一原态在相邻输入条件下的不同次态应分配逻辑相邻编码。这是因为，在激励函数的卡诺图中，同一原态相邻输入所对应的方格相邻。这也有利于激励函数的化简。

3）在所有输入条件下具有相同输出的原态应分配逻辑相邻编码。这可使输出函数对应的卡诺图有较多的 1 相邻，有利于输出函数的化简。

4）最小化状态表中出现次数最多的状态应分配逻辑 0。

当时序电路的状态分配满足原则 1）和原则 2）时，电路的激励函数表达式会比较简单；满足原则 3）时，电路的输出函数表达式比较简单。若在分配时 3 条原则有矛盾，则应按原则 1）、原则 2）、原则 3）的优先顺序进行分配。

例如，在表 6-17 所示的状态表中，由原则 1），A、B 应分配相邻编码，B、C 应分配相邻编码；由原则 2），A、C 应分配相邻编码，A、D 应分配相邻编码，B、C 应分配相邻编码；由原则 3），B、C 应分配相邻编码。

这样，对表 6-17 的一种状态分配方案是：A = 00，B = 01，C = 11，D = 10。将分配结果代入表 6-17 就能得到状态分配后的状态编码表，如表 6-18 所示。

表 6-17　最简化状态表

原态	次态/输出	
	X = 0	X = 1
A	C/0	A/0
B	A/0	A/1
C	A/0	D/1
D	B/1	C/0

表 6-18　状态编码表

原态 $Q_2^n Q_1^n$	次态 $Q_2^{n+1} Q_1^{n+1}$/输出 Y	
	X = 0	X = 1
0 0	1 1/0	0 0/0
0 1	0 0/0	0 0/1
1 0	0 0/0	1 0/1
1 1	0 1/1	1 1/0

必须指出，状态分配的几个原则在大多数情况下是有效的，由于它所得到的电路比较简单。但是，当问题比较复杂时，得到的结果就不是特别令人满意，这在实际的使用过程中需

要注意。另外，对于同步时序逻辑电路而言，不同的状态分配方案并不影响网络工作的稳定性，仅影响复杂性；而对于异步时序逻辑电路，状态分配则不仅影响复杂性，还影响稳定性。这一点，大家在学习了第7章之后，将会有所理解。下面结合实际例子对同步时序逻辑电路设计步骤中的其他部分进行讨论。

6.4.5 同步时序电路设计举例

【例6-13】作为一个完整的例子，先来完成【例6-6】“111”串行序列检测器的设计。先看其原始状态表（表6-19）。

通过观察法可见，原始状态表中的最大等效类为

$$(S_0),(S_1),(S_2,S_3)$$

令 $S_0=(S_0)$，$S_1=(S_1)$，$S_2=(S_2,S_3)$，代入原始状态表，状态合并后得如表6-20所示的最小化状态表。

表6-19 “111”序列检测器的原始状态表

原态	次态/输出	
	X=0	X=1
S_0	$S_0/0$	$S_1/0$
S_1	$S_0/0$	$S_2/0$
S_2	$S_0/0$	$S_3/1$
S_3	$S_0/0$	$S_3/1$

表6-20 “111”序列检测器的最小化状态表

原态	次态/输出	
	X=0	X=1
S_0	$S_0/0$	$S_1/0$
S_1	$S_0/0$	$S_2/0$
S_2	$S_0/0$	$S_3/1$

根据状态分配的原则1)，状态 S_0、S_1，S_0、S_2，S_1、S_2应分配逻辑相邻编码；根据原则2)，S_0、S_1，S_0、S_2应分配逻辑相邻编码；根据原则3)，S_0、S_1应分配逻辑相邻编码；根据原则4)，状态 S_0应作为逻辑0。

故确定状态 S_0的编码为00，状态 S_1的编码为01，状态 S_2的编码为11，状态编码10为最小化状态表中的无用状态。将各状态的编码代入最小化状态表，得到的状态编码表如表6-21所示。

表6-21 “111”序列检测器的状态编码表

原态 $Q_2^nQ_1^n$	次态 $Q_2^{n+1}Q_1^{n+1}$/输出 Y		原态 $Q_2^nQ_1^n$	次态 $Q_2^{n+1}Q_1^{n+1}$/输出 Y	
	X=0	X=1		X=0	X=1
0 0	00/0	01/0	1 1	00/0	11/1
0 1	00/0	11/0			

根据状态编码表，以及选定的JK触发器，可做出如表6-22所示的状态转换真值表。

表6-22 “111”序列检测器的状态转换真值表

现态			次态 $Q_2^{n+1}Q_1^{n+1}$/输出		Y	现态			次态 $Q_2^{n+1}Q_1^{n+1}$/输出		Y
X	Q_2^n	Q_1^n	Q_2^{n+1}	Q_1^{n+1}	Y	X	Q_2^n	Q_1^n	Q_2^{n+1}	Q_1^{n+1}	Y
0	0	0	0	0	0	1	0	0	0	1	0
0	0	1	0	0	0	1	0	1	1	1	0
0	1	0	d	d	d	1	1	0	d	d	d
0	1	1	0	0	0	1	1	1	1	1	1

根据表 6-22 可做出如图 6-28 所示的卡诺图，并从中求出如下状态方程和输出方程：

$$Q_1^{n+1} = X\overline{Q_1^n} + XQ_1^n \qquad Q_2^{n+1} = XQ_1^n\overline{Q_2^n} + XQ_2^n \qquad Y = XQ_2^n$$

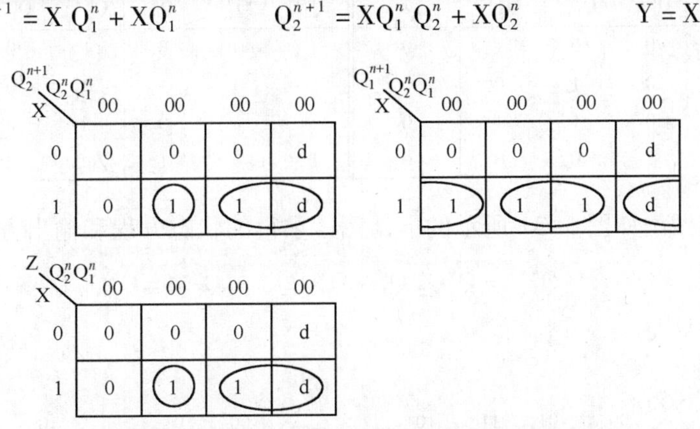

图 6-28 “111”串行序列检测器的卡诺图

与 JK 触发器的特性方程 $Q^{n+1} = J\overline{Q^n} + \overline{K}Q^n$ 比较，可从状态方程中提取出对应触发器的激励方程。

$$J_1 = X \qquad K_1 = \overline{X} \qquad J_2 = XQ_1^n \qquad K_2 = \overline{X}$$

将无用状态 10 代入上面的状态方程，检查能否自启动和有无错误输出。无用状态检查表如表 6-23 所示。

表 6-23 “111”序列检测器的无用状态检查表

$X\ Q_2^nQ_1^n$	$Q_2^{n+1}Q_1^{n+1}$	Y
0 1 0	0 0	0
1 1 0	1 1	1

从表 6-23 可见，电路能自启动，即电路处于 10 状态时，无论输入是 0 还是 1，电路的下一个状态总能进入有效循环中。但从输出来看，若电路处于 10 状态，且输入为 1 时电路有一个错误输出。为了消除这个错误输出，在卡诺图中圈输出方程时不要圈无关项，这样得到的输出 $Y = XQ_2^n\overline{Q_1^n}$。或在电路中加开机复位电路，使开机后电路不会进入 10 状态。

由此可画出“111”串行序列检测器的电路，如图 6-29 所示。

【例 6-14】 试用 JK 触发器设计一个同步六进制加法计数器。

同步六进制加法计数器的状态图如图 6-30 所示。由于在状态图中已给出了二进制编码的形式。故可直接做出如表 6-24 所示的状态转换真值表，并求出状态方程和输出方程。

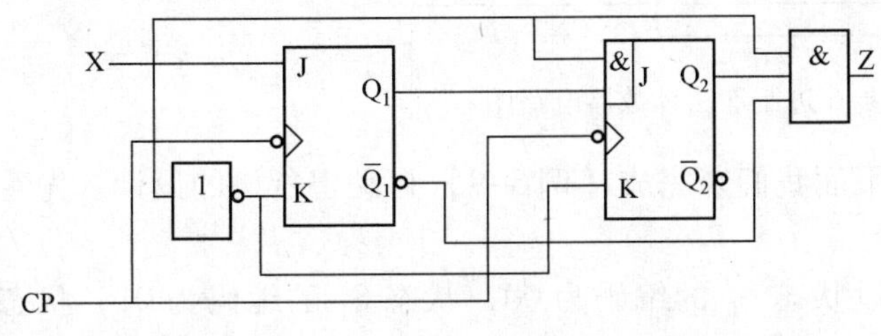

图 6-29 “111”串行序列检测器的逻辑电路图

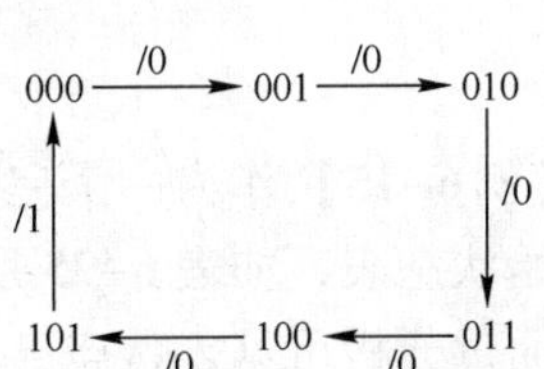

图 6-30 【例 6-14】的状态图

表 6-24 【例 6-14】的状态转换真值表

Q_2^n	Q_1^n	Q_0^n	Q_2^{n+1}	Q_1^{n+1}	Q_0^{n+1}	Z	Q_2^n	Q_1^n	Q_0^n	Q_2^{n+1}	Q_1^{n+1}	Q_0^{n+1}	Z
0	0	0	0	0	1	0	1	0	0	1	0	1	0
0	0	1	0	1	0	0	1	0	1	0	0	0	1
0	1	0	0	1	1	0	1	1	0	d	d	d	d
0	1	1	1	0	0	0	1	1	1	d	d	d	d

由表 6-24 可做出如图 6-31 所示的卡诺图，求得的状态方程和输出方程为：

$$Q_0^{n+1} = \overline{Q_0^n} \qquad Q_1^{n+1} = \overline{Q_2^n}Q_0^n\,\overline{Q_1^n} + \overline{Q_0^n}Q_1^n \qquad Q_2^{n+1} = Q_1^nQ_0^n\,\overline{Q_2^n} + \overline{Q_0^n}Q_2^n$$

$$Z = Q_2^nQ_0^n$$

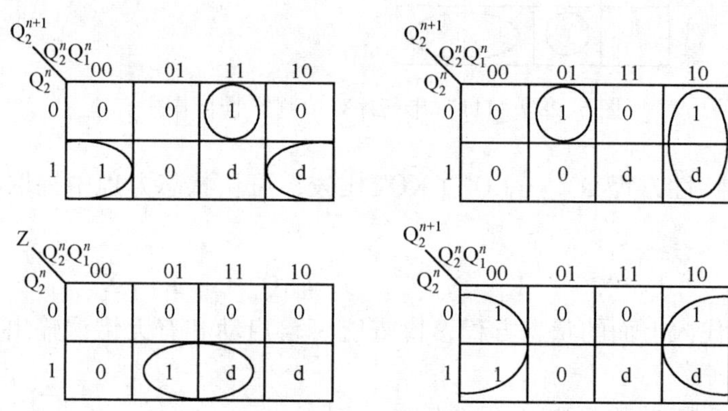

图 6-31 【例 6-14】的卡诺图

与 JK 触发器的特性方程 $Q^{n+1} = J\,\overline{Q^n} + \overline{K}Q^n$ 比较，可从状态方程中提取出如下的对应触发器的激励方程：

$$J_0 = 1 \qquad K_0 = 1 \qquad J_1 = \overline{Q_2^n}Q_0^n \qquad K_1 = Q_0^n \qquad J_2 = Q_1^nQ_0^n \qquad K_2 = Q_0^n$$

将无用状态 110、111 代人状态方程，可知所设计的电路能自启动。同步六进制加法计数器的逻辑电路如图 6-32 所示。

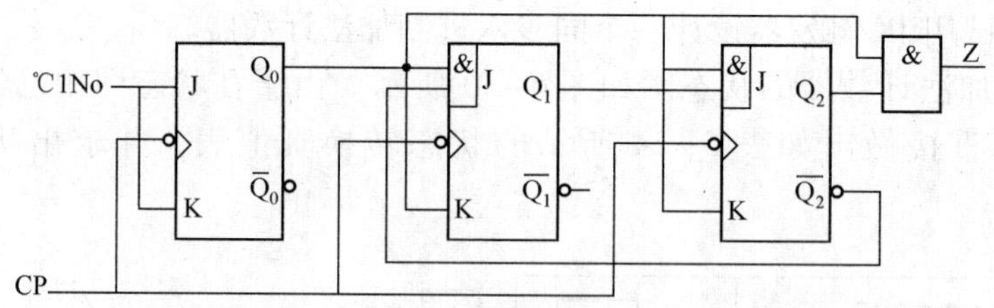

图 6-32 同步 6 进制加法计数器电路图

【例 6-15】作为一个完整的例子，下面我们来完成【例 6-9】自动售货机的设计。先看其原始状态表，如表 6-25 所示。

通过分析可见，状态已不能化简。设状态 S_0 的编码为 00，状态 S_1 的编码为 01，状态 S_2 的编码为 10，状态 S_3 的编码为 11。选用的触发器为 JK 触发器，做出如表 6-26 所示的状态转换真值表。

表 6-25　自动售货机的原始状态表

原　态	次态/输出			
	WX = 00	WX = 01	WX = 10	WX = 11
S_0	S_0/00	S_1/00	S_2/00	d/d
S_1	S_1/00	S_2/00	S_3/00	d/d
S_2	S_2/00	S_3/00	S_0/10	d/d
S_3	S_3/00	S_0/00	S_0/11	d/d

根据表 6-26 可做出如图 6-33 和图 6-34 所示的卡诺图，并从中求出如下的状态方程和输出方程：

$$Q_2^{n+1} = W\overline{Q_2^n} + XQ_1^n\overline{Q_2^n} + X\overline{Q_1^n}Q_2^n$$

$$= (W + XQ_1^n)\overline{Q_2^n} + X\overline{Q_1^n}Q_2^n$$

$$Q_1^{n+1} = X\overline{Q_1^n} + W\overline{Q_2^n}Q_1^n$$

$$Y = XQ_2^nQ_1^n + WQ_2^n$$

$$Z = WQ_2^nQ_1^n$$

表 6-26　自动售货机的状态转换真值表

W	X	Q_2^n	Q_1^n	Q_2^{n+1}	Q_1^{n+1}	YY	Z	W	X	Q_2^n	Q_1^n	Q_2^{n+1}	Q_1^{n+1}	YY	Z
0	0	0	0	0	0	0	0	1	0	0	0	1	0	0	0
0	0	0	1	0	0	0	0	1	0	0	1	1	1	0	0
0	0	1	0	0	0	0	0	1	0	1	0	0	0	1	0
0	0	1	1	0	0	0	0	1	0	1	1	0	0	1	1
0	1	0	0	0	1	0	0	1	1	0	0	d	d	d	d
0	1	0	1	1	0	0	0	1	1	0	1	d	d	d	d
0	1	1	0	1	1	0	0	1	1	1	0	d	d	d	d
0	1	1	1	0	0	1	0	1	1	1	1	d	d	d	d

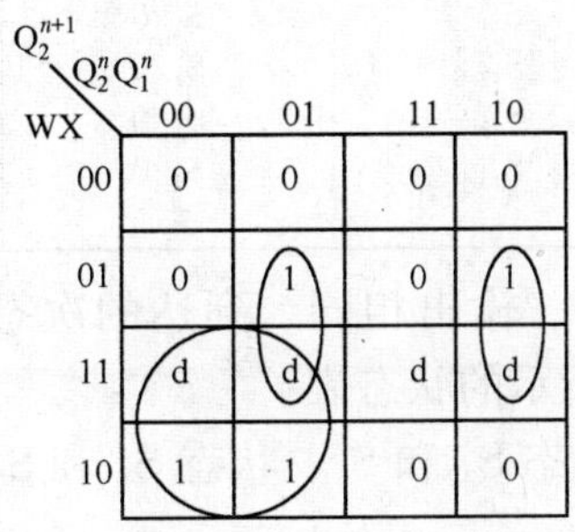

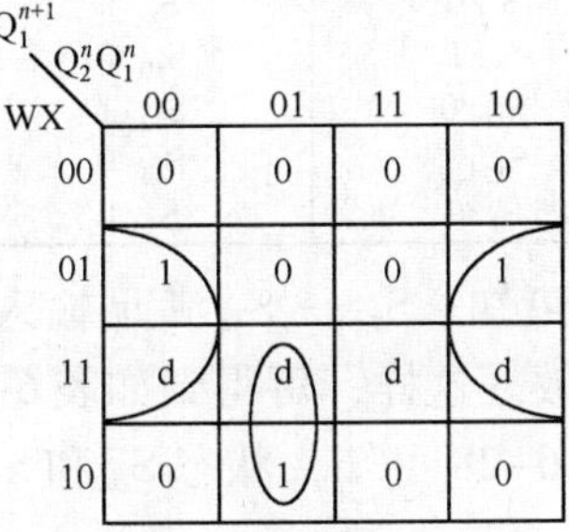

图 6-33　求取自动售货机状态方程的卡诺图

Y

WX \ $Q_2^nQ_1^n$	00	01	11	10
00	0	0	0	0
01	0	0	1	0
11	d	d	d	d
10	0	0	1	1

Z

WX \ $Q_2^nQ_1^n$	00	01	11	10
00	0	0	0	0
01	0	0	0	0
11	d	d	d	d
10	0	0	1	0

图 6-34　求取自动售货机输出方程的卡诺图

与 JK 触发器的特性方程 $Q^{n+1}=J\overline{Q^n}+\overline{K}Q^n$ 比较，可从状态方程中提取出如下的对应触发器的激励方程：

$$J_1=X \qquad K_1=\overline{W\,\overline{Q_2^n}} \qquad J_2=W+XQ_1^n \qquad K_2=\overline{X\,\overline{Q_1^n}}$$

由此可画出自动售货机的逻辑电路图，如图 6-35 所示。

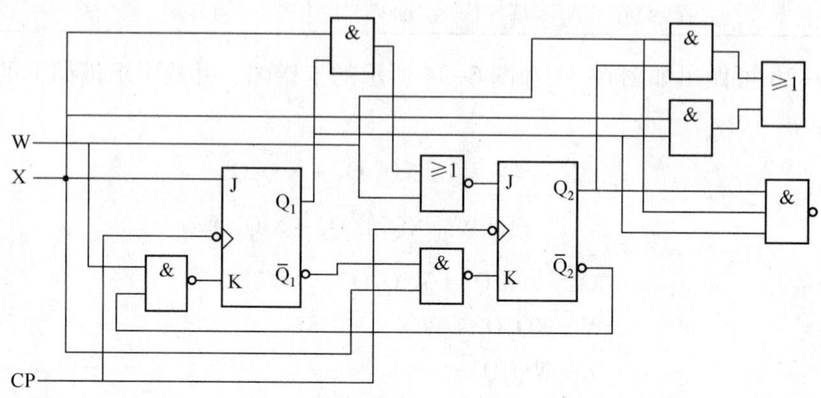

图 6-35　自动售货机逻辑电路图

【例 6-16】作为一个完整的例子，下面来完成【例 6-8】设计一个能将串行输入的 3 位二进制代码转换为串行输出的 3 位循环码的同步时序电路。该电路的原始状态表如表 6-27 所示。

表 6-27　3 位串行代码转换电路的原始状态表

原　　态	次态/输出		原　　态	次态/输出	
	X = 0	X = 1		X = 0	X = 1
S_0	$S_1/0$	$S_2/1$	S_8	$S_1/0$	$S_2/1$
S_1	$S_3/0$	$S_4/1$	S_9	$S_1/0$	$S_2/1$
S_2	$S_5/1$	$S_6/0$	S_{10}	$S_1/0$	$S_2/1$
S_3	$S_7/0$	$S_8/1$	S_{11}	$S_1/0$	$S_2/1$
S_4	$S_9/1$	$S_{10}/0$	S_{12}	$S_1/0$	$S_2/1$
S_5	$S_{11}/0$	$S_{12}/1$	S_{13}	$S_1/0$	$S_2/1$
S_6	$S_{13}/1$	$S_{14}/0$	S_{14}	$S_1/0$	$S_2/1$
S_7	$S_1/0$	$S_2/1$			

由原始状态表可知，$S_7\sim S_{14}$ 满足输入相同、输出相同、到达的次态也相同的等效条件。故 $S_7\sim S_{14}$ 等效。这样，可得到如表 6-28 所示的状态表。

进一步分析表 6-28 可知，状态 S_0 和 S_7、状态 S_3 和 S_5、状态 S_4 和 S_6 分别等效。据此可得最小化状态表（表 6-29）。

表 6-28　化简等效状态后的状态表

原态	次态/输出	
	X = 0	X = 1
S_0	$S_1/0$	$S_2/1$
S_1	$S_3/0$	$S_4/1$
S_2	$S_5/1$	$S_6/0$
S_3	$S_7/0$	$S_7/1$
S_4	$S_7/1$	$S_7/0$
S_5	$S_7/0$	$S_7/1$
S_6	$S_7/1$	$S_7/0$
S_7	$S_1/0$	$S_2/1$

表 6-29　最小化状态表

原态	次态/输出	
	X = 0	X = 1
S_0	$S_1/0$	$S_2/1$
S_1	$S_3/0$	$S_4/1$
S_2	$S_3/1$	$S_4/0$
S_3	$S_0/0$	$S_0/1$
S_4	$S_0/1$	$S_0/0$

根据状态分配原则，$S_0 \sim S_4$ 的状态编码分别为 000，001，011，101，111。

根据表 6-29 和状态分配，可做出如表 6-30 所示的状态转换真值表。

表 6-30　状态转换真值表

X	Q_2^n	Q_1^n	Q_0^n	Q_2^{n+1}	Q_1^{n+1}	Q_0^{n+1}	Z	X	Q_2^n	Q_1^n	Q_0^n	Q_2^{n+1}	Q_1^{n+1}	Q_0^{n+1}	Z
0	0	0	0	0	0	1	0	1	0	0	0	0	1	1	0
0	0	0	1	1	0	1	0	1	0	0	1	1	1	1	0
0	0	1	0	d	d	d	d	1	0	1	0	d	d	d	d
0	0	1	1	1	0	1	1	1	0	1	1	1	1	1	0
0	1	0	0	d	d	d	d	1	1	0	0	d	d	d	d
0	1	0	1	0	0	0	0	1	1	0	1	0	0	0	1
0	1	1	0	d	d	d	d	1	1	1	0	d	d	d	d
0	1	1	1	0	0	0	1	1	1	1	1	0	0	0	0

根据表 6-30 可作出如图 6-36 所示的卡诺图，并求出如下的状态方程和输出方程：

$$Q_0^{n+1} = \overline{Q_0^n} + \overline{Q_2^n} Q_0^n \qquad Q_1^{n+1} = X\,\overline{Q_2^n Q_1^n} + X\,\overline{Q_2^n} Q_1^n$$

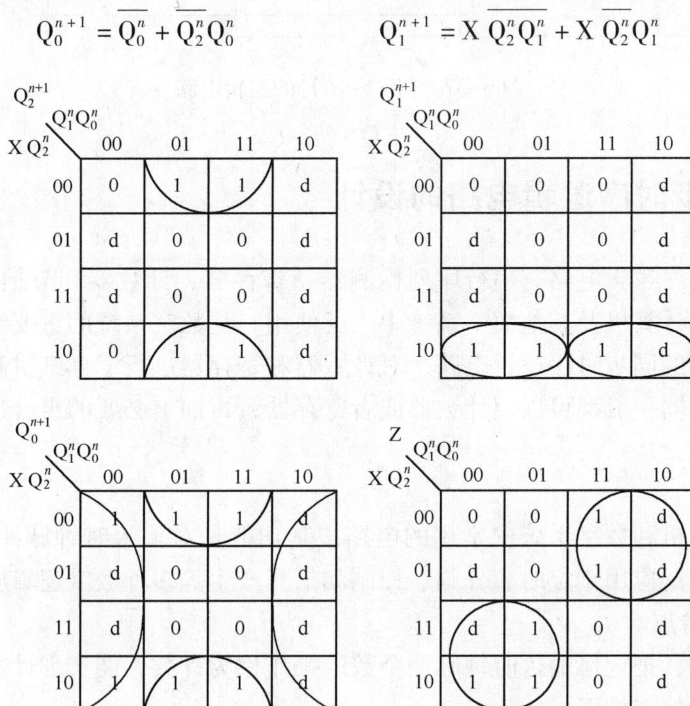

图 6-36 【例 6-16】的卡诺图

与 JK 触发器的特性方程 $Q^{n+1} = J\overline{Q^n} + \overline{K}Q^n$ 比较，可从状态方程中提取出如下的对应触发器的激励方程：

$$J_0 = 1 \qquad K_0 = Q_2^n \qquad J_1 = X\,\overline{Q_2^n} \qquad K_1 = \overline{X\,\overline{Q_2^n}} \qquad J_2 = Q_0^n \qquad K_2 = 1$$

将无用状态代入上面求出的状态方程，检查能否自启动和有无错误输出。状态检查表如表 6-31 所示。

表 6-31　无用状态检查表

X	Q_2^n	Q_1^n	Q_0^n	Q_2^{n+1}	Q_1^{n+1}	Q_0^{n+1}	Y	X	Q_2^n	Q_1^n	Q_0^n	Q_2^{n+1}	Q_1^{n+1}	Q_0^{n+1}	Y
0	0	1	0	0	0	1	1	1	0	1	0	0	1	1	0
0	1	0	0	0	0	1	0	1	1	0	0	0	0	1	1
0	1	1	0	0	0	1	1	1	1	1	0	0	0	1	0

由表 6-31 可见，电路能自启动，对于输出的问题，最好加开机复位电路，具体实现的电路如图 6-37 所示。

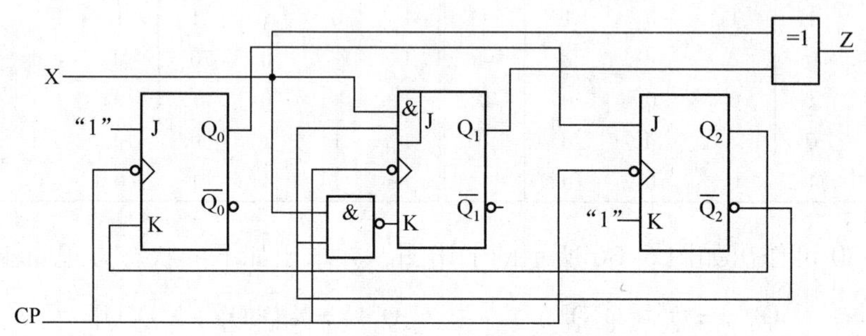

图 6-37　【例 6-16】的逻辑电路

6.5　典型同步时序逻辑电路的设计

典型的同步时序逻辑电路有串行序列检测器、寄存器、计数器和节拍发生器等。其中，计数器和寄存器在计算机及其他数字系统中广泛使用，是数字系统的重要组成部分。本章开始我们学习了常见的同步时序逻辑电路，对计数器和寄存器进行了详细讲解，因为串行序列检测器和代码检测器一般都可以用计数器或者寄存器，再加上必要的组合逻辑电路构成。

6.5.1　计数器

计数器是计算机和数字系统中常用的电路，其功能是对输入时钟脉冲（CP）的个数进行累计。计数器广泛应用于定时、分频、控制和信号产生等多种数字逻辑应用场合。

1. 计数器的特点

在数字电路中，把记忆输入时钟脉冲个数的操作称为计数，能实现计数操作的电路称为计数器。它的主要特点如下。

1）计数器除了输入计数脉冲 CP 信号外，很少有另外的输入信号，其输出也通常是原态的函数，是一种 Moore 型的时序电路，而输入计数脉冲 CP 是被当做触发器的时钟信号对待的。

2）从电路组成来看，其主要组成单元是钟控触发器。计数器是任何数字仪表、数字系统以及计算机系统不可缺少的组成部分。

2. 计数器的分类

（1）按计数器中触发器的时钟是否同步分类

若计数器中触发器的时钟都是由外加 CP 统一作用的，称为同步计数器。若计数器中触发器的时钟不是由外加 CP 统一作用的，称为异步计数器。

（2）按计数器的进制分类

若由 n 个触发器组成的计数器，在计数过程中按二进制自然态序循环遍历了 2^n 个独立状态，则称这种计数器为 n 位二进制计数器，又称为模 2^n 进制计数器；若其计数过程中经历的独立状态数不为 2^n，则称这种计数器为非二进制计数器，或称为 N（$N \neq 2^n$）进制计数器，如七进制计数器、十进制计数器等。

（3）按计数时是递增还是递减分类

当输入计数脉冲到来时，按递增规律进行计数的电路称为加法计数器；当输入计数脉冲到来时，按递减规律进行计数的电路称为减法计数器；在控制信号控制下，既可递增计数，也可递减计数的电路称为可异计数器。

3. *n* 位二进制同步加法计数器

这里以 3 位二进制加法计数器为例，说明 n 位二进制加法计数器的构成方法和连接规律。图 6-38 所示是 3 位二进制加法计数器的状态图。

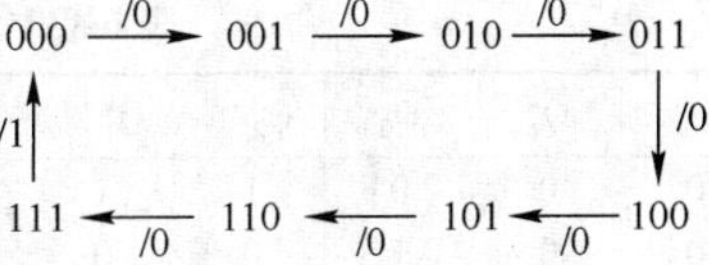

图 6-38　3 位二进制加法计数器的状态图

这里选用 JK 触发器，根据状态图可做出如表 6-32 所示的状态转换真值表。

表 6-32　3 位二进制加法计数器的状态转换真值表

Q_2^n	Q_1^n	Q_0^n	Q_2^{n+1}	Q_1^{n+1}	Q_0^{n+1}	C	Q_2^n	Q_1^n	Q_0^n	Q_2^{n+1}	Q_1^{n+1}	Q_0^{n+1}	C
0	0	0	0	0	1	0	1	0	0	1	0	1	0
0	0	1	0	1	0	0	1	0	1	1	1	0	0
0	1	0	0	1	1	0	1	1	0	1	1	1	0
0	1	1	1	0	0	0	1	1	1	0	0	0	1

由状态转换真值表，可通过卡诺图求得 3 位二进制加法计数器的状态方程和输出方程为

$$Q_0^{n+1} = \overline{Q_0^n} \qquad Q_1^{n+1} = Q_2^n\overline{Q_0^n} + \overline{Q_0^n}Q_1^n \qquad Q_2^{n+1} = Q_1^nQ_0^n\,\overline{Q_2^n} + \overline{Q_1^nQ_0^n}Q_2^n$$

$$C = Q_2^nQ_1^nQ_0^n$$

用 JK 触发器的特性方程和所求得的状态方程相比较，可得对应的激励方程为

$$J_0 = 1 \qquad K_0 = 1 \qquad J_1 = K_1 = Q_0^n \qquad J_2 = K_2 = Q_1^nQ_0^n$$

根据激励方程和输出方程画出的电路如图 6-39 所示。

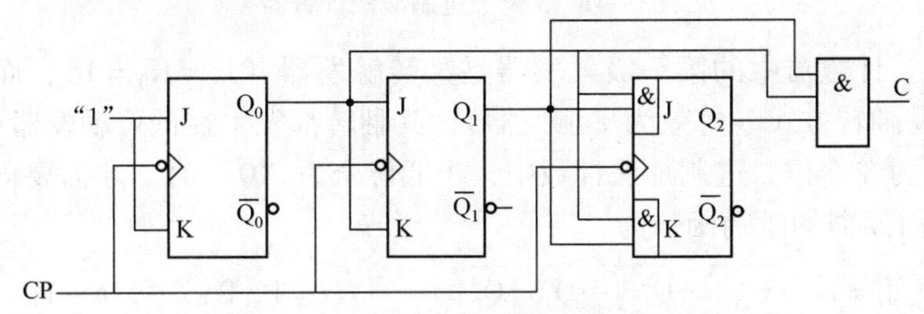

图 6-39　3 位二进制同步加法计数器

从电路图可见，计数器中的第一级触发器是翻转触发器（$J_0 = K_0 = 1$）；而其他高位触发器都工作在保持/翻转方式（等效为 T 触发器），其翻转都发生在低位触发器 Q 端为“1”

的条件下，这是因为在 n 位二进制加法计数中，当低位全为“1”时，才需要向高位进位。由此可确定第 i 级触发器的激励函数为

$$J_i = K_i = Q_{i-1}^n \cdot Q_{i-2}^n \cdots Q_1^n \cdot Q_0^n \qquad i=1,\ 2,\ \cdots,\ n-1$$

4. *n* 位二进制同步减法计数器

这里以 3 位二进制减法计数器为例，说明 n 位二进制减法计数器的构成方法和连接规律。图 6-40 所示是 3 位二进制减法计数器的状态图。

000 ←/0— 001 ←/0— 010 ←/0— 011
/1 ↓ ↑ /0
111 —/0→ 110 —/0→ 101 —/0→ 100

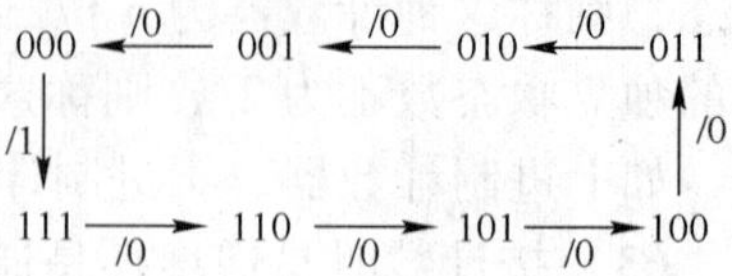

图 6-40　3 位二进制减法计数器的状态图

选用 JK 触发器，根据状态图可做出如表 6-33 所示的状态转换真值表。

表 6-33　3 位二进制减法计数器的状态转换真值表

Q_2^n	Q_1^n	Q_0^n	Q_2^{n+1}	Q_1^{n+1}	Q_0^{n+1}	B	Q_2^n	Q_1^n	Q_0^n	Q_2^{n+1}	Q_1^{n+1}	Q_0^{n+1}	B
0	0	0	1	1	1	1	1	0	0	0	1	1	0
0	0	1	0	0	0	0	1	0	1	1	0	0	0
0	1	0	0	0	1	0	1	1	0	1	0	1	0
0	1	1	0	1	0	0	1	1	1	1	1	0	0

由状态转换真值表，可通过卡诺图求得 3 位二进制减法计数器的状态方程和输出方程为

$$Q_0^{n+1} = \overline{Q_0^n} \qquad Q_1^{n+1} = \overline{Q_0^n} \cdot \overline{Q_1^n} + Q_0^n Q_1^n \qquad Q_2^{n+1} = \overline{Q_1^n} \cdot \overline{Q_0^n} \cdot \overline{Q_2^n} + \overline{\overline{Q_1^n} \cdot \overline{Q_0^n}}\, Q_2^n$$

$$B = \overline{Q_2^n} \cdot \overline{Q_1^n} \cdot \overline{Q_0^n}$$

用 JK 触发器的特性方程和所求得的状态方程相比较，可得对应的激励方程为

$$J_0 = K_0 = 1 \qquad J_1 = K_1 = \overline{Q_0^n} \qquad J_2 = K_2 = \overline{Q_1^n} \cdot \overline{Q_0^n}$$

根据激励方程和输出方程画出的电路如图 6-41 所示。

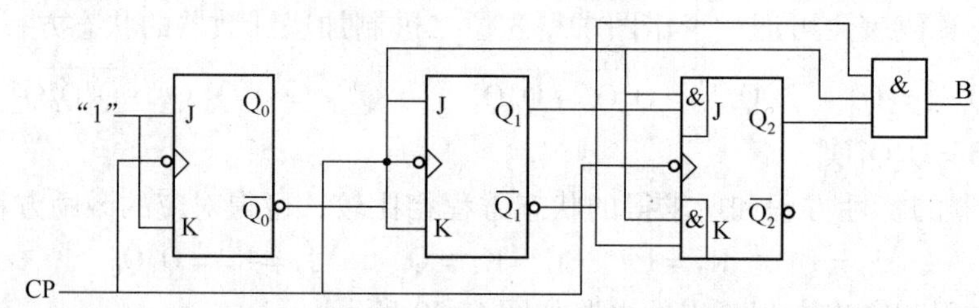

图 6-41　3 位二进制减法计数器

从电路可见，计数器中的第一级触发器是翻转触发器（$J_0 = K_0 = 1$）；而其他高位触发器都工作在保持/翻转方式（等效为 T 触发器），其翻转都发生在低位触发器 Q 端为“0”的条件下，这是因为在 n 位二进制加法计数中，当低位全为“0”时，才需要向高位借位。由此可确定第 i 级触发器的激励函数为

$$J_i = K_i = \overline{Q_{i-1}^n} \cdot \overline{Q_{i-2}^n} \cdots \overline{Q_1^n} \cdot \overline{Q_0^n} \qquad i=1,\ 2,\ \cdots,\ n-1$$

5. *n* 位二进制同步可异计数器

若用 $\overline{U}/D$ 作为加减控制信号，结合前面的同步加法计数器和减法计数器。$\overline{U}/D=0$ 时做加法运算；$\overline{U}/D=1$ 时作减法运算。可得如图 6-42 所示的 3 位二进制同步可异计数器。

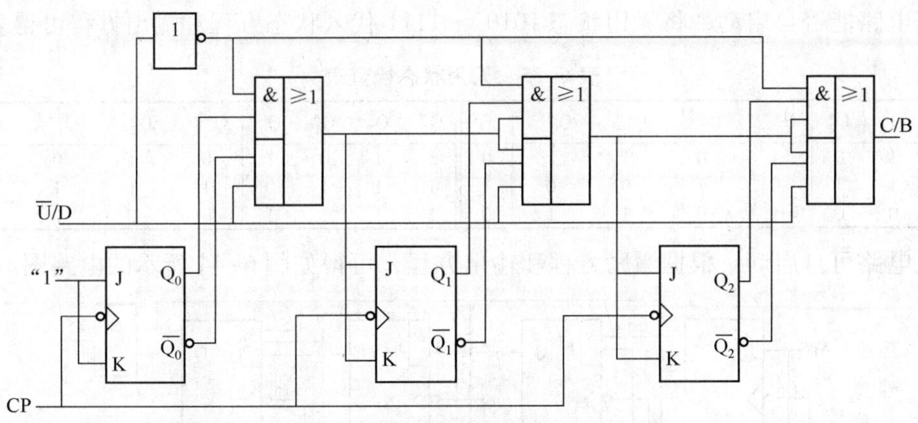

图 6-42　3 位二进制同步可异计数器

6.5.2　十进制计数器

十进制计数器是使用最广的一类计数器，它是按 8421BCD 码的计数规律进行计数的。

1. 十进制同步加法计数器

十进制同步加法计数器的状态图如图 6-43 所示。

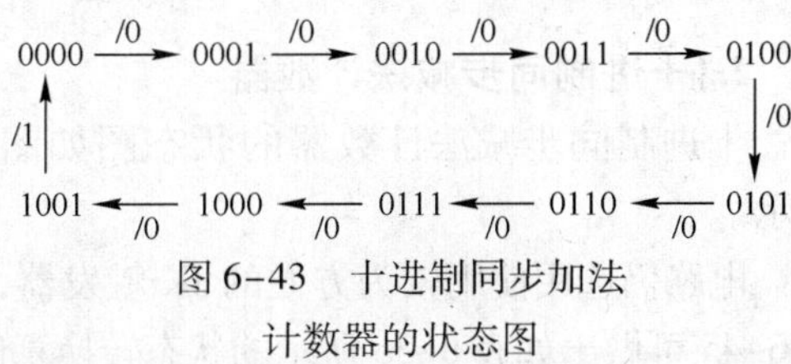

图 6-43　十进制同步加法计数器的状态图

电路选用使用较为方便的 JK 触发器，根据图 6-43 可做出如表 6-34 所示的状态转换真值表。

表 6-34　十进制同步加法计数器的状态转换真值表

Q_3^n	Q_2^n	Q_1^n	Q_0^n	Q_3^{n+1}	Q_2^{n+1}	Q_1^{n+1}	Q_0^{n+1}	C	Q_3^n	Q_2^n	Q_1^n	Q_0^n	Q_3^{n+1}	Q_2^{n+1}	Q_1^{n+1}	Q_0^{n+1}	C
0	0	0	0	0	0	0	1	0	1	0	0	0	1	0	0	1	0
0	0	0	1	0	0	1	0	0	1	0	0	1	0	0	0	0	1
0	0	1	0	0	0	1	1	0	1	0	1	0	d	d	d	d	d
0	0	1	1	0	1	0	0	0	1	0	1	1	d	d	d	d	d
0	1	0	0	0	1	0	1	0	1	1	0	0	d	d	d	d	d
0	1	0	1	0	1	1	0	0	1	1	0	1	d	d	d	d	d
0	1	1	0	0	1	1	1	0	1	1	1	0	d	d	d	d	d
0	1	1	1	1	0	0	0	0	1	1	1	1	d	d	d	d	d

根据表 6-34，由卡诺图可求得十进制同步加法计数器的状态方程和输出方程为

$$Q_0^{n+1}=\overline{Q_0^n}$$

$$Q_1^{n+1}=\overline{Q_3^n}Q_0^n\,\overline{Q_1^n}+\overline{Q_0^n}Q_1^n$$

$$Q_2^{n+1}=Q_1^nQ_0^n\,\overline{Q_2^n}+\overline{Q_1^nQ_0^n}Q_2^n$$

$$Q_3^{n+1}=Q_2^nQ_1^nQ_0^n\,\overline{Q_3^n}+\overline{Q_0^n}Q_3^n$$

$$C=Q_3^nQ_0^n$$

与 JK 触发器的特征方程 $Q^{n+1}=J\,\overline{Q^n}+\overline{K}Q^n$ 比较，可得十进制同步加法计数器的激励方程为

$$J_0=K_0=1 \qquad J_1=\overline{Q_3^n}Q_0^n \qquad K_1=Q_0^n$$

$$J_2=K_2=Q_1^nQ_0^n \qquad J_3=Q_2^nQ_1^nQ_0^n \qquad K_3=Q_0^n$$

检查电路能否自启动，将无用状态 1010 ～ 1111 代入状态方程和输出方程可得表 6-35。

表 6-35　无用状态检查表

Q_3^n	Q_2^n	Q_1^n	Q_0^n	Q_3^{n+1}	Q_2^{n+1}	Q_1^{n+1}	Q_0^{n+1}	C	Q_3^n	Q_2^n	Q_1^n	Q_0^n	Q_3^{n+1}	Q_2^{n+1}	Q_1^{n+1}	Q_0^{n+1}	C
1	0	1	0	1	0	1	1	0	1	1	0	1	0	1	0	0	1
1	0	1	1	0	1	0	0	1	1	1	1	0	1	1	1	1	0
1	1	0	0	1	0	1	1	0	1	1	1	1	0	0	0	0	1

可见电路可自启动。根据激励方程和输出方程，可得如图 6-44 所示的电路图。

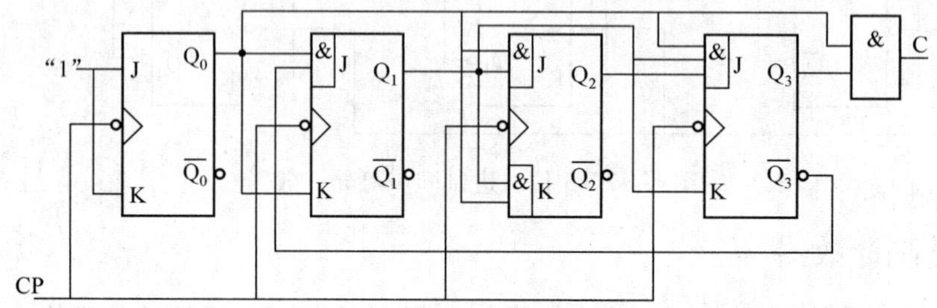

图 6-44　十进制同步加法计数器

2. 十进制同步减法计数器

十进制同步减法计数器的状态图如图 6-45 所示。

电路仍选用使用较为方便的 JK 触发器，根据图 6-45 可做出如表 6-36 所示的状态转换真值表。

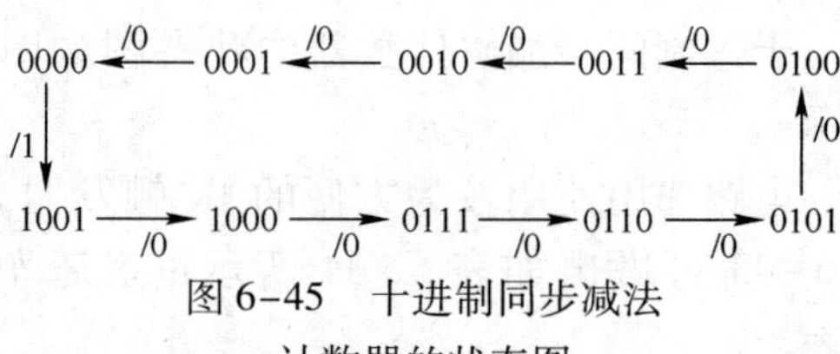

图 6-45　十进制同步减法计数器的状态图

表 6-36　十进制同步减法计数器的状态转换真值表

Q_3^n	Q_2^n	Q_1^n	Q_0^n	Q_3^{n+1}	Q_2^{n+1}	Q_1^{n+1}	Q_0^{n+1}	B	Q_3^n	Q_2^n	Q_1^n	Q_0^n	Q_3^{n+1}	Q_2^{n+1}	Q_1^{n+1}	Q_0^{n+1}	B
0	0	0	0	1	0	0	1	1	1	0	0	0	0	1	1	1	0
0	0	0	1	0	0	0	0	0	1	0	0	1	1	0	0	0	0
0	0	1	0	0	0	0	1	0	1	0	1	0	d	d	d	d	d
0	0	1	1	0	0	1	0	0	1	0	1	1	d	d	d	d	d
0	1	0	0	0	0	1	1	0	1	1	0	0	d	d	d	d	d
0	1	0	1	0	1	0	0	0	1	1	0	1	d	d	d	d	d
0	1	1	0	0	1	0	1	0	1	1	1	0	d	d	d	d	d
0	1	1	1	0	1	1	0	0	1	1	1	1	d	d	d	d	d

根据表 6-36，由卡诺图可求得十进制同步减法计数器的状态方程和输出方程为

$$Q_0^{n+1}=\overline{Q_0^n}$$

$$Q_1^{n+1}=(Q_3^n\overline{Q_0^n}+Q_2^n\overline{Q_0^n})\overline{Q_1^n}+Q_0^nQ_1^n$$

$$Q_2^{n+1}=Q_3^n\overline{Q_0^n}\cdot\overline{Q_2^n}+(Q_1^n+Q_0^n)Q_2^n$$

$$Q_3^{n+1}=\overline{Q_2^n}\cdot\overline{Q_1^n}\cdot\overline{Q_0^n}\cdot\overline{Q_3^n}+Q_0^nQ_3^n$$

$$B=\overline{Q_3^n}\cdot\overline{Q_2^n}\cdot\overline{Q_1^n}\cdot\overline{Q_0^n}$$

与 JK 触发器的特征方程 $Q^{n+1}=J\overline{Q^n}+\overline{K}Q^n$ 比较，可得十进制同步减法计数器的激励方程为

$$J_0=K_0=1\qquad J_1=\overline{\overline{Q_3^n}\cdot\overline{Q_2^n}}\cdot\overline{Q_0^n}\qquad K_1=\overline{Q_0^n}$$

$$J_2=Q_3^n\overline{Q_0^n}\qquad K_2=\overline{Q_1^n}\cdot\overline{Q_0^n}\qquad J_3=\overline{Q_2^n}\cdot\overline{Q_1^n}\cdot\overline{Q_0^n}\qquad K_3=\overline{Q_0^n}$$

检查电路能否自启动，将无用状态 1010 ～ 1111 代入状态方程和输出方程可得表 6-37。

表 6-37　无用状态检查表

Q_3^n	Q_2^n	Q_1^n	Q_0^n	Q_3^{n+1}	Q_2^{n+1}	Q_1^{n+1}	Q_0^{n+1}	B	Q_3^n	Q_2^n	Q_1^n	Q_0^n	Q_3^{n+1}	Q_2^{n+1}	Q_1^{n+1}	Q_0^{n+1}	B
1	0	1	0	0	1	0	1	0	1	1	0	1	1	1	0	0	0
1	0	1	1	1	0	1	0	0	1	1	1	0	0	1	0	1	0
1	1	0	0	0	0	1	1	0	1	1	1	1	1	1	1	0	0

可见电路可自启动。根据激励方程和输出方程，可得如图 6-46 所示的电路图。

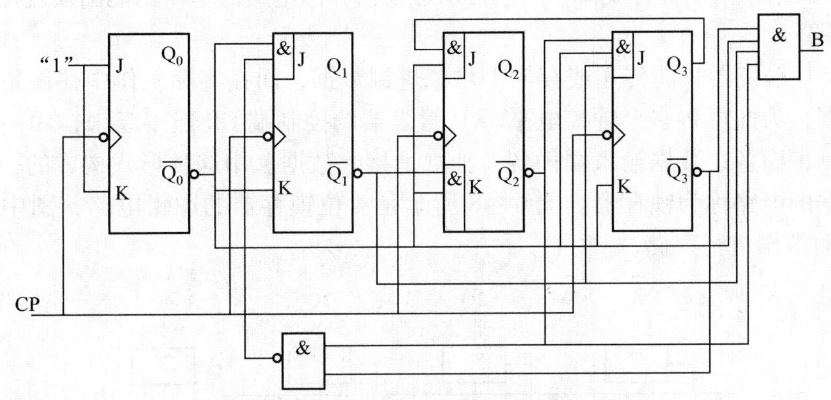

图 6-46　十进制同步减法计数器

3. 十进制同步可异计数器

若把前面介绍的十进制加法计数器和十进制减法计数器用组合电路逻辑连接起来，并用 $U/\overline{D}$ 作为控制信号，$U/\overline{D}=1$ 进行加法运算；$U/\overline{D}=0$ 进行减法运算，这样就可实现十进制同步可异计数器的功能。当然也可用常规的设计方法，通过画状态图，做状态转换真值表，画卡诺图，写出状态方程、输出方程和激励方程，最后得出电路。图 6-47 所示是十进制同步可异计数器的逻辑电路图。

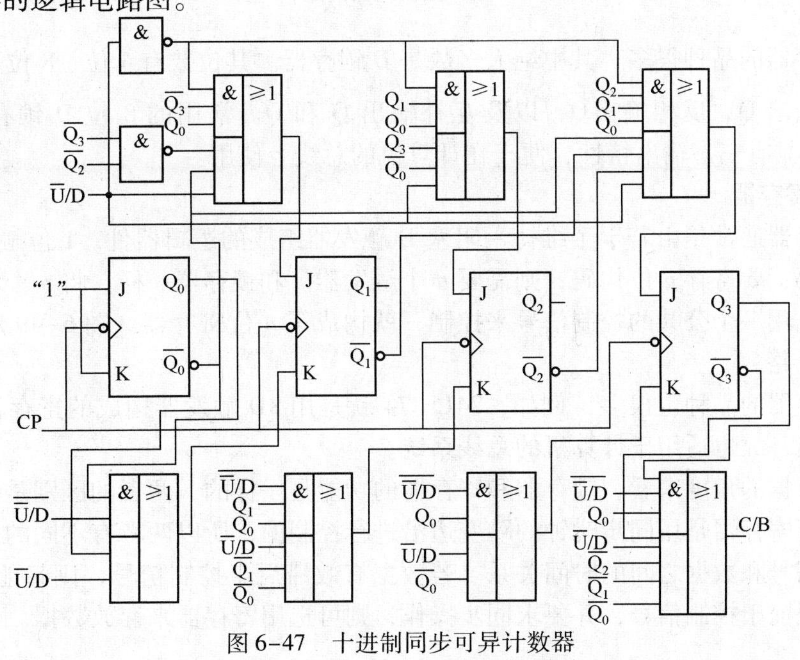

图 6-47　十进制同步可异计数器

6.5.3 寄存器

寄存器是用来暂存二进制信息（如计算机中的数据、指令等）的电路，可分为锁存器、基本寄存器和移位寄存器3类。寄存器除了可实现对数据的接收、保存、传送和清除等基本功能外，根据需要有的还具有移位，串、并输入，串、并输出，以及预置等功能。

寄存器主要由触发器和一些控制门组成，其逻辑功能可以用传统的时序电路分析方法进行分析。但由于其结构简单且有规律，一般可从触发器和门电路的基本功能出发直接进行分析。

1. 锁存器

1位钟控D触发器只能传送或存储1位二进制数据，而在实际工作中往往是一次传送和存储多位数据，为此可将多个钟控电平型D触发器的控制端CP连接起来，用一个公共的控制信号来控制，而各个数据输入端仍各自独立地接收数据。用这种形式构成的一次能传送或存储多位数据的电路称为锁存器。图6-48所示是4位锁存器的逻辑电路，图中用4个电平型D触发器对数据进行存储。

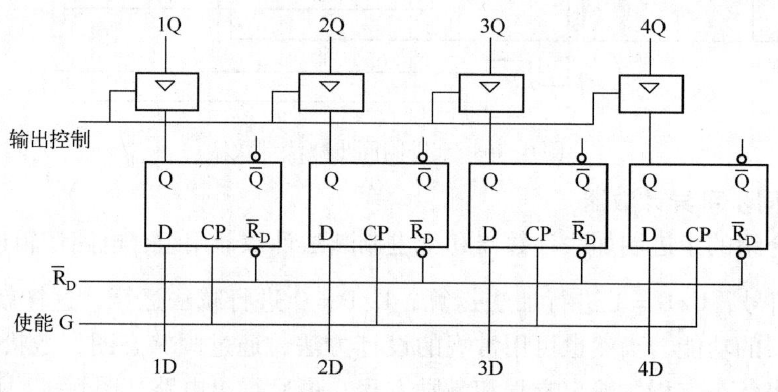

图6-48　4位锁存器的逻辑电路

集成锁存器的品种很多，其中绝大多数是D锁存器。其位数有4位、8位等。锁存器的输出有单端输出Q、反相输出$\overline{Q}$，以及互补输出Q和$\overline{Q}$。常用的8位D锁存器74LS373、74LS573等还具有三态输出特性，便于在计算机的总线上使用。

2. 基本寄存器

基本寄存器通常是由若干个维持-阻塞D触发器组成的逻辑器件。1位触发器可寄存1位二进制代码，要寄存n位代码，则需要n个触发器。和锁存器一样，将n个触发器的时钟端连接起来，用一个公共的控制信号来控制，就构成了n位寄存器。图6-49所示是4位寄存器的逻辑电路。

集成寄存器的品种也很多，例如，74LS374就是用8D触发器构成的寄存器，它也具有三态控制输出，故也适用于计算机的总线系统。

从寄存数据的角度来看，锁存器和寄存器的功能是一样的，两者的区别是锁存器是电平信号控制，而寄存器是用同步时钟的跳变边沿进行控制的，所以两者有不同的应用领域，这取决于控制信号和数据之间的时间关系。若数据有效滞后于控制信号，则只能使用锁存器。若数据有效提前于控制信号，并要求同步操作，则可选用寄存器来存放数据。

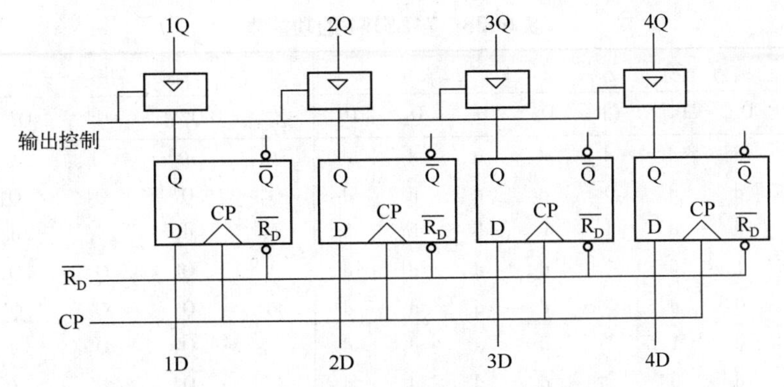

图 6-49　4 位寄存器的逻辑电路

3. 移位寄存器

在时钟的控制下，将所寄存的数据向左或向右移位的寄存器称为移位寄存器。图 6-50 所示是 4 位右移寄存器的逻辑电路图。它的构成很简单，只需把左边 1 位的触发器的输出 CP 端接到右面一位触发器的 D 输入端，同时将所有触发器的时钟端连接起来，用同步脉冲 CP 进行控制即可。

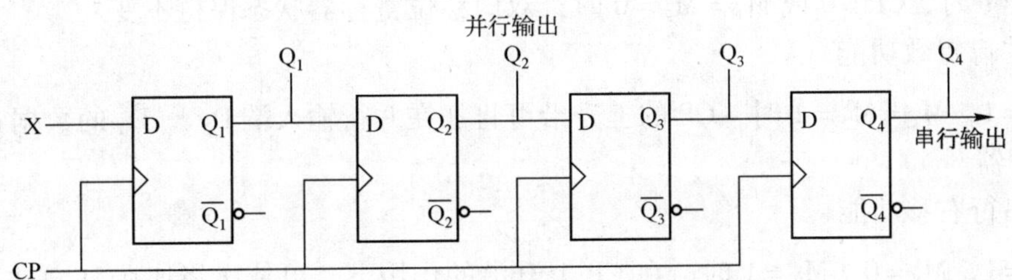

图 6-50　4 位右移寄存器的逻辑电路

用同样的方法可构成左移寄存器，此时将右边 1 位触发器的输出 Q 端接到左边 1 位触发器的 D 输入端。

实际应用中常常采用中规模通用移位寄存器。图 6-51 所示是 4 位双向移位寄存器 74LS194 的引脚图和逻辑图。

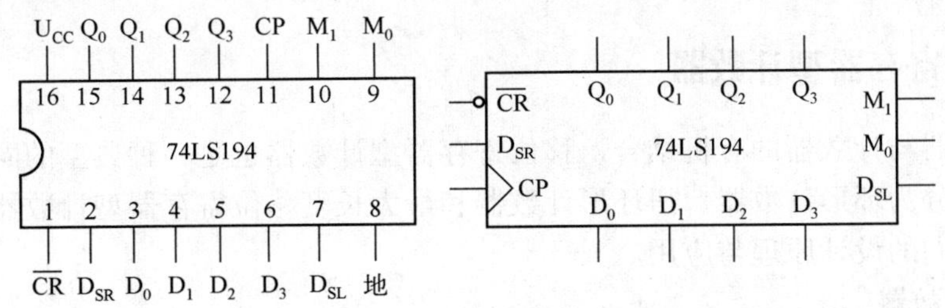

图 6-51　4 位双向移位寄存器 74LS194

图中，$\overline{CR}$是清 0 端；M_0 和 M_1 是工作方式控制端；D_{SR}和 D_{SL}分别是右移和左移串行数据输入端；$D_3 \sim D_0$ 是并行数据输入端；$Q_3 \sim Q_0$ 是并行数据输出端；CP 是时钟信号。表 6-38 所示是 74LS194 的功能表。

表 6-38 74LS194 的功能表

输入										输出				工作模式
$\overline{CR}$	M_1	M_0	D_{SR}	D_{SL}	CP	D_0	D_1	D_2	D_3	Q_0^{n+1}	Q_1^{n+1}	Q_2^{n+1}	Q_3^{n+1}	
0	d	d	d	d	d	d	d	d	d	0	0	0	0	异步清 0
1	d	d	d	d	0	d	d	d	d	Q_0^n	Q_1^n	Q_2^n	Q_3^n	保持
1	1	1	d	d	↑	d_3	d_2	d_1	d_0	d_3	d_2	d_1	d_0	并行输入
1	0	1	1	d	↑	d	d	d	d	1	Q_0^n	Q_1^n	Q_2^n	右移入 1
1	0	1	0	d	↑	d	d	d	d	0	Q_0^n	Q_1^n	Q_2^n	右移入 0
1	1	0	d	1	↑	d	d	d	d	Q_1^n	Q_2^n	Q_3^n	1	左移入 1
1	1	0	d	0	↑	d	d	d	d	Q_1^n	Q_2^n	Q_3^n	0	左移入 0
1	0	0	d	d	d	d	d	d	d	Q_3^n	Q_2^n	Q_1^n	Q_0^n	保持

从表 6-38 可见，74LS194 具有以下功能。

（1）清 0 功能

当$\overline{CR}=0$时，对移位寄存器异步清 0。

（2）保持功能

当$\overline{CR}=1$时，CP =0 或 $M_1=M_2=0$ 时，双向移位寄存器状态保持不变。

（3）并行置数功能

当$\overline{CR}=1$，$M_1=M_2=1$ 时，CP 的上升沿可将加在并行输入端 $D_3\sim D_0$ 的数据 $d_3\sim d_0$ 并行置入寄存器。

（4）串行右移功能

当$\overline{CR}=1$，$M_1=0$、$M_0=1$ 时，在 CP 上升沿的作用下，可依次将加在 D_{SR}端的数据串行右移入寄存器。

（5）串行左移功能

当$\overline{CR}=1$，$M_1=1$、$M_0=0$ 时，在 CP 上升沿的作用下，可依次将加在 D_{SL}端的数据串行左移入寄存器。

移位寄存器的应用很广泛，如序列检测、序列产生、串行加法器和数据的并串转换等。下面举一个串行序列检测器的例子。

6.5.4 移位寄存器型计数器

作为寄存器与计数器的有机结合，移位寄存器型计数器也是一种典型的同步时序逻辑电路。具体可以分为环形计数器、扭环形计数器和最大长度移位寄存器型计数器等。下面，仔细来看一下它们的设计原理与应用。

1. 环行计数器

4 位环行计数器电路如图 6-52 所示，由电路可见，它实际是一个自循环的移位寄存器。

利用逻辑分析的方法，列出电路的方程组，做出状态转换表，可以很方便地做出如图 6-53所示的状态图。

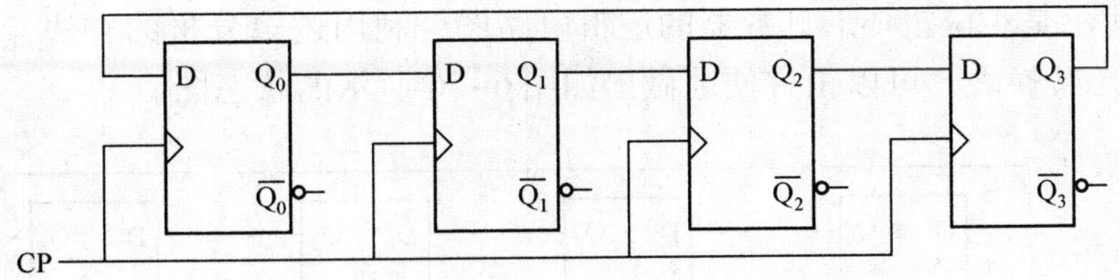

图 6-52　4 位环行计数器

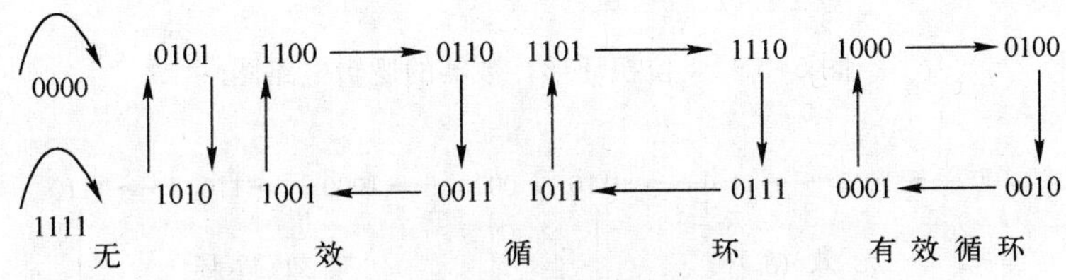

图 6-53　环行计数器的状态图

由于工程上常将环行计数器作为正节拍脉冲发生器（环形脉冲分配器）使用，所以，有效循环是 1000、0100、0010、0001，这样其他的几个环就是无效循环了。若电路接通电源时的初始状态不在有效循环内，电路就不能正常工作。这就是在前面讨论过的能不能自启动的问题，显然，该电路不能自启动。为了确保电路能正常计数，必须首先通过串行输入或并行输入端将电路设置成有效循环中的某一状态，然后才能计数。

为了便于使用，将电路修改为可自启动的，只需修改电路的激励方程即可。修改后的激励方程为

$$
\begin{aligned}
D_0 &= \overline{Q_0^n} \cdot \overline{Q_1^n} \cdot \overline{Q_2^n} \\
D_1 &= Q_0^n \\
D_2 &= Q_1^n \\
D_3 &= Q_2^n
\end{aligned}
$$

由激励方程可得能自启动的 4 位环行计数器电路如图 6-54 所示。

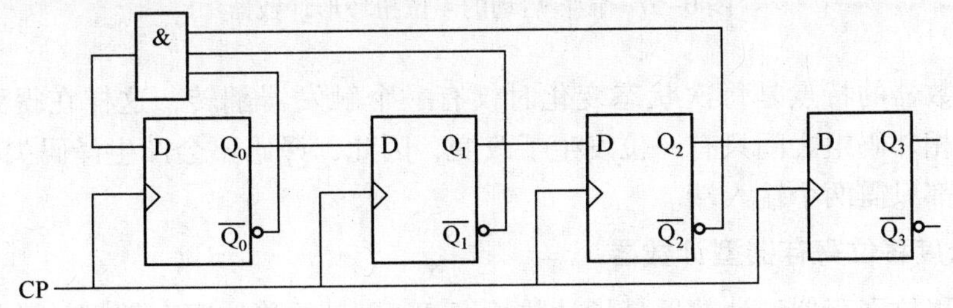

图 6-54　能自启动的 4 位环行计数器

2. 扭环形计数器

n 位扭环行计数器的结构特点是

$$D_i = Q_{i-1}^n, D_0 = \overline{Q_{n-1}^n} \tag{6-8}$$

图 6–55 所示是 4 位扭环形计数器的逻辑电路图，利用逻辑分析的方法，列出电路的方程组，做出状态转换表，可以很方便地做出如图 6–56 所示的状态图。

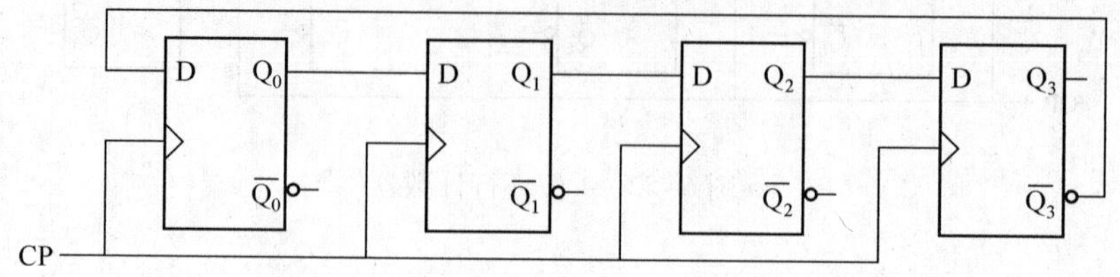

图 6–55　4 位扭环形计数器的逻辑电路图

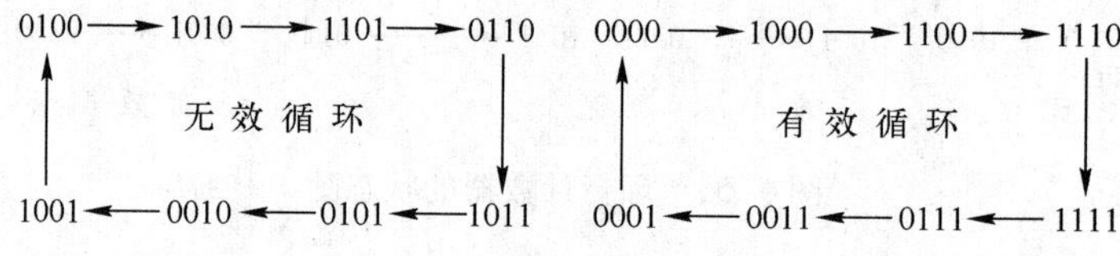

图 6–56　4 位扭环形计数器的状态图

由状态图可见，n 级触发器构成的扭环形计数器可以记 $2n$ 个数。同时也看到，电路存在无效循环。为了能方便工作，通过修改激励方程后可得到如图 6–57 所示的能自启动的 4 位扭环形计数器。

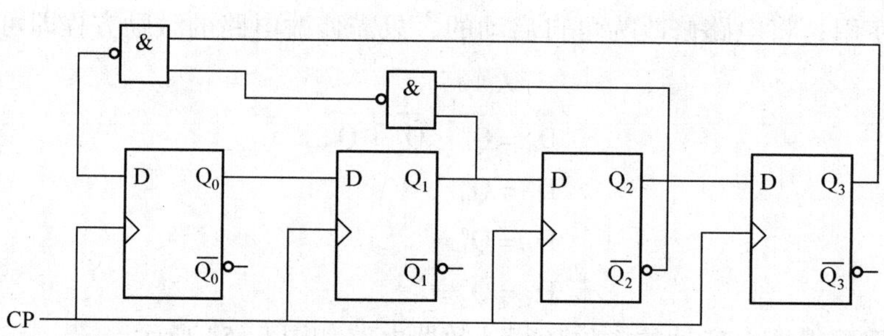

图 6–57　能自启动的 4 位扭环形计数器

扭环形计数器的特点是每次状态变化时仅有一个触发器翻转，这样在得到的有效循环内，任意两个相邻码组之间只有一位发生了改变，因此，译码不会产生译码尖峰，而且所有的译码门电路都只需两个输入端。

3. 最大长度移位寄存器型计数器

最大长度移位寄存器型计数器是指计数长度 $N=2^{n-1}$ 的移位寄存器型计数器。这种计数器的反馈逻辑电路都是由异或门组成的，图 6–58 所示是 3 位最大长度移位寄存器型计数器的逻辑图，图 6–59 所示是其状态图。由于无论多少个 0 相异或其结果都是 0，所以，在这种计数器中，全 0 状态总是无效状态，并且是无效循环。当然也可通过修改控制方程的方法将电路变更为能自启动的。表 6–39 给出了 $n=3$ ～ 12 时的反馈逻辑。

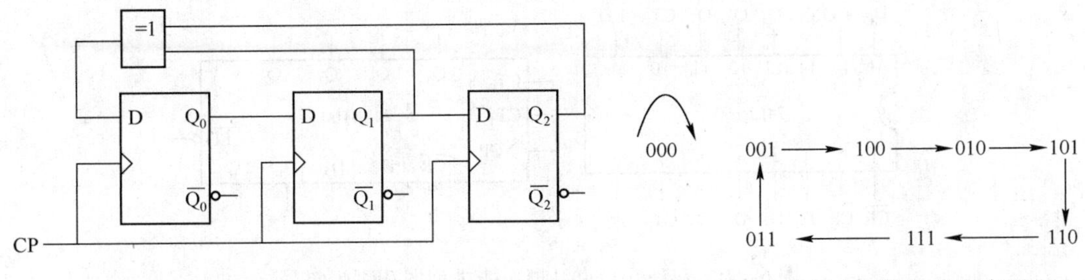

图 6-58　3 位最大长度移位寄存器型计数器的逻辑图

图 6-59　3 位最大长度移位寄存器型计数器的状态图

表 6-39　最大长度移位寄存器型计数器的反馈逻辑

移位寄存器位数 n	反馈逻辑
3	$D_0=Q_2^n \oplus Q_1^n$ 或 $D_0=Q_2^n \oplus Q_0^n$
4	$D_0=Q_3^n \oplus Q_2^n$ 或 $D_0=Q_3^n \oplus Q_0^n$
5	$D_0=Q_4^n \oplus Q_2^n$ 或 $D_0=Q_4^n \oplus Q_1^n$
6	$D_0=Q_5^n \oplus Q_4^n$ 或 $D_0=Q_5^n \oplus Q_0^n$
7	$D_0=Q_6^n \oplus Q_5^n$ 或 $D_0=Q_6^n \oplus Q_0^n$
8	$D_0=Q_7^n \oplus Q_5^n \oplus Q_4^n \oplus Q_3^n$ 或 $D_0=Q_7^n \oplus Q_3^n \oplus Q_2^n \oplus Q_1^n$
9	$D_0=Q_8^n \oplus Q_4^n$ 或 $D_0=Q_8^n \oplus Q_3^n$
10	$D_0=Q_9^n \oplus Q_6^n$ 或 $D_0=Q_9^n \oplus Q_2^n$
11	$D_0=Q_{10}^n \oplus Q_8^n$ 或 $D_0=Q_{10}^n \oplus Q_1^n$
12	$D_0=Q_{11}^n \oplus Q_{10}^n \oplus Q_7^n \oplus Q_5^n$ 或 $D_0=Q_{11}^n \oplus Q_5^n \oplus Q_3^n \oplus Q_0^n$

6.6　典型同步时序逻辑电路的应用

6.6.1　集成计数器及其应用

1. 集成二进制同步计数器

常用的二进制同步计数器有加法计数器和可异计数器两种。

（1）集成 4 位二进制同步计数器

就工作原理而言，集成 4 位同步二进制加法计数器和前面讨论过的 3 位二进制同步加法计数器是一样的。只是为了便于使用和扩展，增加了一些辅助功能而已。下面以典型的芯片 74LS161 为例进行讨论，其工作原理就不再重复了。

74LS161 的引脚功能排列图和逻辑符号如图 6-60 所示。图中，CP 是输入计数脉冲（上升沿有效），$\overline{CR}$是清 0 端；$\overline{LD}$是置数控制端；CT_P 和 CT_T 是计数器工作状态控制端；D_0 ～ D_3 是并行输入数据端；CO 是进位信号输出端；Q_0 ～ Q_3 是计数器状态输出端。表 6-40 所示是集成 4 位二进制同步计数器 74LS161 的状态表。

由表 6-40 所示的状态表可以看到，集成 4 位二进制同步加法计数器 74LS161 具有下列功能。

- 异步清 0 功能。

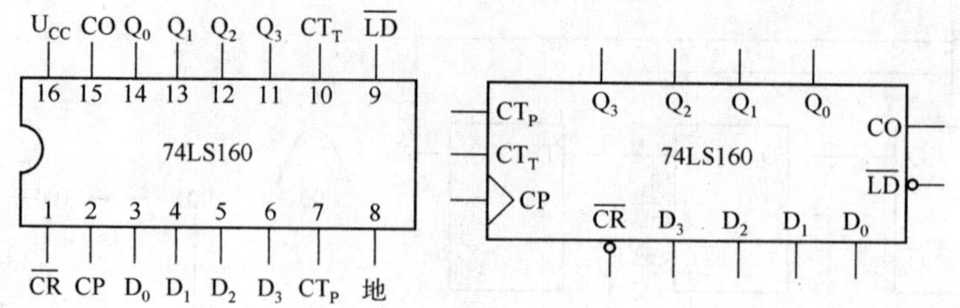

图 6-60 74LS161 的引脚功能排列图和逻辑符号

表 6-40 74LS161 的状态表

输入													工作模式
$\overline{CR}$	$\overline{LD}$	CT_P	CT_T	CP	D_3	D_2	D_1	D_0	Q_3^{n+1}	Q_2^{n+1}	Q_1^{n+1}	Q_0^{n+1}	
0	d	d	d	d	d	d	d	d	0	0	0	0	异步清 0
1	0	d	d	↑	d_3	d_2	d_1	d_0	d_3	d_2	d_1	d_0	同步置数
1	1	1	1	↑	d	d	d	d	加法计数				加法计数
1	1	0	d	d	d	d	d	d	Q_3^n	Q_2^n	Q_1^n	Q_0^n	数据保持
1	1	d	0	d	d	d	d	d	Q_3^n	Q_2^n	Q_1^n	Q_0^n	数据保持

当$\overline{CR}=0$时，计数器清 0。从表 6-40 可知，在$\overline{CR}=0$时，其他输入信号都不起作用，由集成钟控触发器的逻辑特征可知，其异步复位输入信号是优先的，$\overline{CR}=0$ 正是通过$\overline{R}_D$ 使计数器清 0 的。

- 同步并行置数功能。

当$\overline{CR}=1$、$\overline{LD}=0$ 时，在 CP 上升沿的作用下，数据 $d_3d_2d_1d_0$ 并行置入计数器。使 $Q_3^{n+1}Q_2^{n+1}Q_1^{n+1}Q_0^{n+1}=d_3d_2d_1d_0$。

- 二进制同步加法计数功能。

当$\overline{CR}=1$、$\overline{LD}=1$ 时，若 $CT_P=CT_T=1$，则计数器对 CP 信号按 4 位二进制数自然顺序进行加法计数。

- 保持功能。

当$\overline{CR}=1$、$\overline{LD}=1$ 时，若 $CT_P=CT_T=0$，则计数器将保持原态不变。对于进位信号输出有两种情况，若 $CT_T=0$，则 $CO=0$；若 $CT_T=1$，则 $CO=Q_3^nQ_2^nQ_1^nQ_0^n$。

可见，74LS161 是一个具有异步清 0、同步置数、可保持状态不变的 4 位二进制同步加法计数器。

另外一种 4 位二进制同步加法计数器 74LS163 芯片，除了采用同步清 0 方式外，其逻辑功能、计数工作原理和引脚排列都和 74LS161 一样，表 6-41 所示是 74LS163 的状态表。

表 6-41 74LS163 的状态表

输入													工作模式
$\overline{CR}$	$\overline{LD}$	CT_P	CT_T	CP	D_3	D_2	D_1	D_0	Q_3^{n+1}	Q_2^{n+1}	Q_1^{n+1}	Q_0^{n+1}	
0	d	d	d	↑	d	d	d	d	0	0	0	0	异步清 0
1	0	d	d	↑	d_3	d_2	d_1	d_0	d_3	d_2	d_1	d_0	同步置数
1	1	1	1	↑	d	d	d	d	加法计数				加法计数
1	1	0	d	D	d	d	d	d	Q_3^n	Q_2^n	Q_1^n	Q_0^n	数据保持
1	1	d	0	d	d	d	d	d	Q_3^n	Q_2^n	Q_1^n	Q_0^n	数据保持

(2) 集成 4 位二进制同步可异计数器

74LS191 是 4 位二进制同步可异（加/减）计数器，还具有异步预置和计数值保持功能，图 6-61 所示是 74LS191 的引脚排列图和逻辑符号。

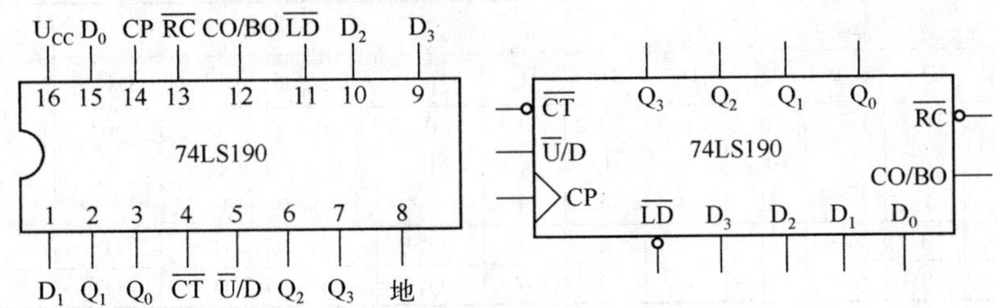

图 6-61　74LS191 的引脚排列图和逻辑符号

图中，异步预置控制端$\overline{LD}$具有最高优先级，$\overline{LD}$为“0”时，通过触发器异步置位、复位端实现异步预置。计数器的保持功能由$\overline{CT}$控制，$\overline{CT}=0$，可进行正常计数；$\overline{CT}=1$，计数器保持原态不变。$\overline{U}/D$ 是其加/减控制端，$\overline{U}/D=0$，进行加法计数；$\overline{U}/D=1$，进行减法计数。CO/BO 为进位/借位输出端。$\overline{RC}$是多位级联可异计数器时，作为时钟输入与输出的连接之用。$\overline{RC}=\overline{\overline{CP}\cdot CO/BO\cdot CT}$。当$\overline{CT}=0$、$CO/BO=1$ 时，$\overline{RC}=CP$。所以，$\overline{RC}$端产生的输出进位（借位）脉冲的波形与输入计数脉冲的波形是相同的。表 6-42 所示是 74LS191 的状态表。

表 6-42　74LS191 的状态表

输入								输出				工作模式
$\overline{LD}$	$\overline{CT}$	$\overline{U}/D$	CP	D_3	D_2	D_1	D_0	Q_3^{n+1}	Q_2^{n+1}	Q_1^{n+1}	Q_0^{n+1}	
0	d	d	d	d_3	d_2	d_1	d_0	d_3	d_2	d_1	d_0	并行异步置数
1	0	0	↑	d	d	d	d	加法计数				加法计数
1	0	1	↑	d	d	d	d	减法计数				减法计数
1	1	d	d	d	d	d	d	Q_3^n	Q_2^n	Q_1^n	Q_0^n	数据保持

2. 集成十进制同步加法计数器

集成十进制同步加法计数器的 TTL 产品有 74LS160、74LS162 等，现以 74LS160 为例进行讨论。74LS160 的引脚图和逻辑符号如图 6-62 所示。

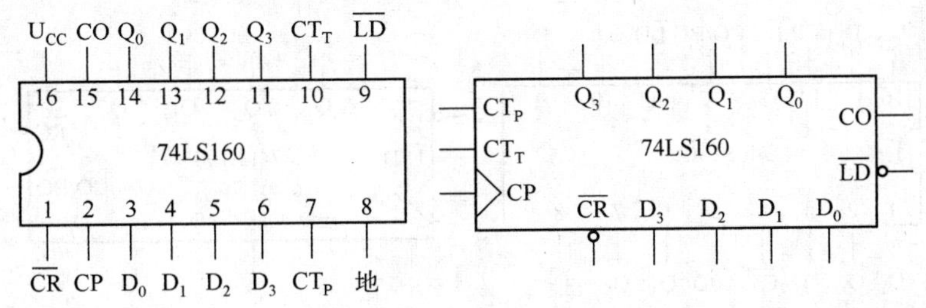

图 6-62　74LS160 的引脚图和逻辑符号

74LS160是8421BCD码同步加法计数器，具有异步清0、同步置数，保持和进位输出等附加功能。74LS160的状态表如表6-43所示。

表6-43　74LS160的状态表

输入									输出				工作模式
$\overline{CR}$	$\overline{LD}$	CT_P	CT_T	CP	D_3	D_2	D_1	D_0	Q_3^{n+1}	Q_2^{n+1}	Q_1^{n+1}	Q_0^{n+1}	
0	d	d	d	d	d	d	d	d	0	0	0	0	异步清0
1	0	d	d	↑	d_3	d_2	d_1	d_0	d_3	d_2	d_1	d_0	同步置数
1	1	1	1	↑	d	d	d	d	加法计数				加法计数
1	1	0	d	d	d	d	d	d	Q_3^n	Q_2^n	Q_1^n	Q_0^n	数据保持
	1	d	0	d	d	d	d	d	Q_3^n	Q_2^n	Q_1^n	Q_0^n	数据保持

由表6-43所示的状态表可以看到，集成十进制同步加法计数器74LS160具有下列功能。

（1）异步清0功能

当$\overline{CR}=0$时，计数器清0。从表6-43可见，在$\overline{CR}=0$时，其他输入信号都不起作用，由集成钟控触发器的逻辑特性可知，其异步复位输入信号是优先的，$\overline{CR}=0$正是通过$\overline{R}_D$使计数器消0的。

（2）同步并行置数功能

当$\overline{CR}=1$、$\overline{LD}=0$时，在CP上升沿的作用下，数据$d_3d_2d_1d_0$并行置入计数器。使$Q_3^{n+1}Q_2^{n+1}Q_1^{n+1}Q_0^{n+1}=d_3d_2d_1d_0$。

（3）十进制同步加法计数功能

当$\overline{CR}=1$、$\overline{LD}=1$时，若$CT_P=CT_T=1$，则计数器对CP信号按8421BCD码的计数规律进行加法计数。

（4）保持功能

当$\overline{CR}=1$、$\overline{LD}=1$时，若$CT_P=CT_T=0$，则计数器将保持原态不变。对于进位信号输出有两种情况，若$CT_T=0$，则$CO=0$；若$CT_T=1$，则$CO=Q_3^nQ_2^nQ_1^nQ_0^n$。

可见，74LS160是一个具有异步清0、同步置数、可保持状态不变的十进制同步加法计数器。

3. 集成十进制同步可异计数器

74LS190是集成十进制同步可异（加/减）计数器，还具有异步预置和计数值保持功能，图6-63所示是74LS190的引脚排列图和逻辑符号。

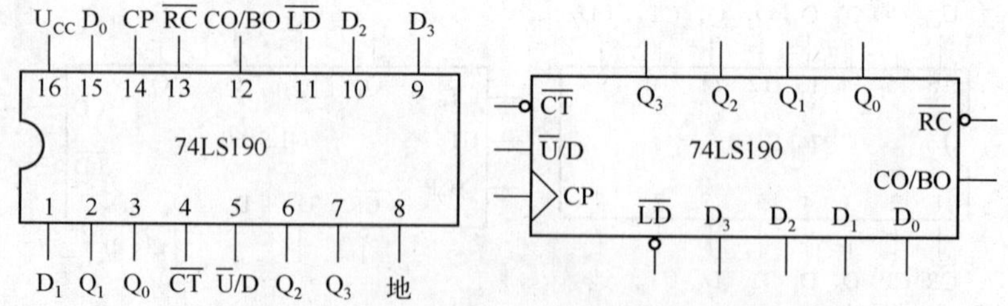

图6-63　74LS190的引脚排列图和逻辑符号

图中，异步预置控制端$\overline{LD}$具有最高优先级，$\overline{LD}$为“0”时，通过触发器异步置位、复位端实现异步预置。计数器的保持功能由$\overline{CT}$控制，$\overline{CT}=0$，可进行正常计数；$\overline{CT}=1$，计数器保持原态不变。$\overline{U}/D$是其加/减控制端，$\overline{U}/D=0$，进行加法计数；$\overline{U}/D=1$，进行减法计数。CO/BO 为进位/借位输出端。$\overline{RC}$是多位级联可异计数器时，作为时钟输入与输出的连接之用。$\overline{RC}=\overline{\overline{CP}\cdot CO/BO\cdot \overline{CT}}$。当$\overline{CT}=0$、$CO/BO=1$时，$\overline{RC}=CP$，所以$\overline{RC}$端产生的输出进位（借位）脉冲的波形与输入计数脉冲的波形是相同的，表 6-44 所示是 74LS190 的状态表。

表 6-44　74LS190 的状态表

输入								输出				工作模式
$\overline{LD}$	$\overline{CT}$	$\overline{U}/D$	CP	D_3	D_2	D_1	D_0	Q_3^{n+1}	Q_2^{n+1}	Q_1^{n+1}	Q_0^{n+1}	
0	d	d	d	d_3	d_2	d_1	d_0	d_3	d_2	d_1	d_0	并行异步置数
1	0	0	↑	d	d	d	d	加法计数				加法计数
1	0	1	↑	d	d	d	d	减法计数				减法计数
1	1	d	d	d	d	d	d	Q_3^n	Q_2^n	Q_1^n	Q_0^n	数据保持

4. 任意进制计数器及其应用

集成计数器一般都有清 0 输入端和置数输入端，而无论是清 0 还是置数，都有同步和异步之分。所谓同步清 0 和同步置数，是指清 0 和置数的实现是发生在 CP 的跳变边沿瞬间；而异步清 0 和异步置数则与 CP 无关。

（1）用同步反馈归 0 法和同步反馈置数法构成任意进制计数器

【例 6-17】 利用同步反馈归 0 法将 74LS163 构成十一进制加法计数器。

图 6-64 是用 74LS163 构成的十一进制加法计数器。74LS163 除了采用同步清 0 方式外，其逻辑功能、计数工作原理和引脚排列和 74LS161 是一样的。当电路计数到状态“1010”时，用于状态检测的与非门输出低电平，使 74LS163 进入同步复位工作方式，但还需等待 CP（上升沿）的作用才能实现复位。当电路复位到“0000”状态后，与非门输出高电平，使电路又可按计数方式继续计数。同步复位法的特点是，被检测的状态“1010”是稳定状态，当电路处于该状态时要等待下一个时钟脉冲的上跳沿才能复位为“0000”状态。所以，该电路的计数状态是从“0000 ～ 1010”，实现了十一进制加法计数。采用同步计数器，并用同步复位方法实现任意进制计数器，可使计数循环中无过渡状态存在，保证了计数器的输出稳定可靠。

【例 6-18】 用同步置数法将 74LS163 构成十三进制加法计数器。

图 6-65 所示是用 74LS163 构成的十三进制加法计数器。当电路计数到“1100”时，电路进入同步预置状态，同样还需等待 CP（上升沿）的作用才能将“0000”置入计数器。当新状态“0000”出现后，电路又进入计数模式。所以，该电路的计数状态为“0000 ～ 1100”，实现了十三进制加法计数。

（2）用异步归 0 法构成任意进制计数器

【例 6-19】 用异步归 0 法将 74LS161 构成十二进制加法计数器。

图 6-66 所示是用 74LS161 构成的十二进制加法计数器。当电路计数使状态变为“1100”时，与非门输出为低电平，作用在 74LS161 的异步复位端$\overline{CR}$上，使 74LS161 立即复

位。故计数器状态“1100”只保留短暂的瞬间就消失了，相当于计数器的计数范围从0000～1011，电路实现了十二进制计数。状态回到“0000”后，与非门输出又回到高电平，电路自然进入计数工作方式，开始下一个计数循环。

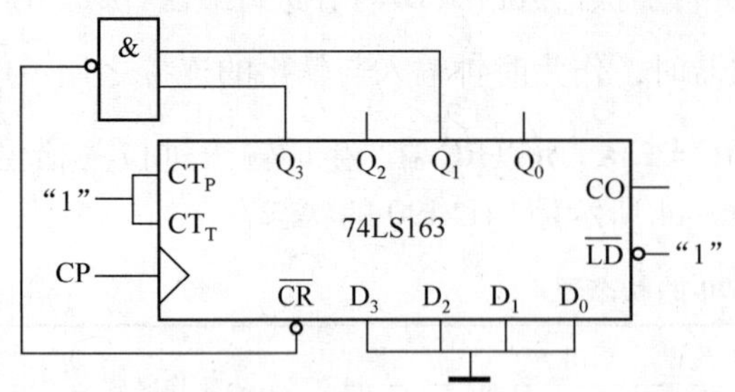

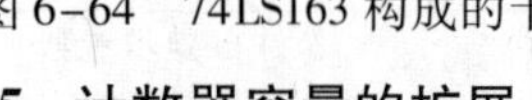

图6-64　74LS163构成的十一进制加法计数器

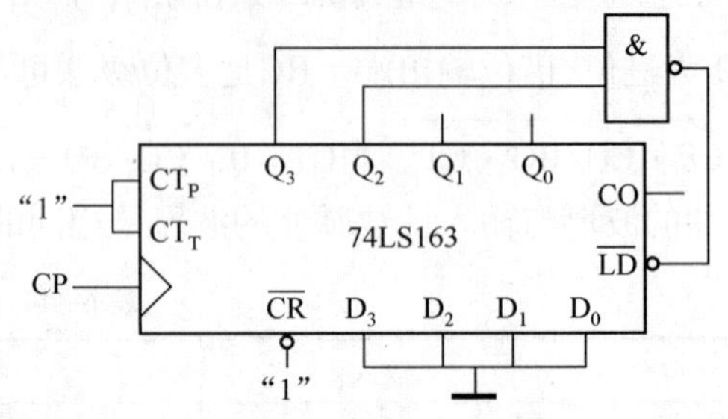

图6-65　74LS163构成的十三进制加法计数器

5. 计数器容量的扩展

集成计数器一般都设置有级联用的输入和输出端，只要正确连接就可将计数器的容量扩展到所需的大小。所谓级联，就是把多个计数器串接起来，从而获得所需容量的计数器。

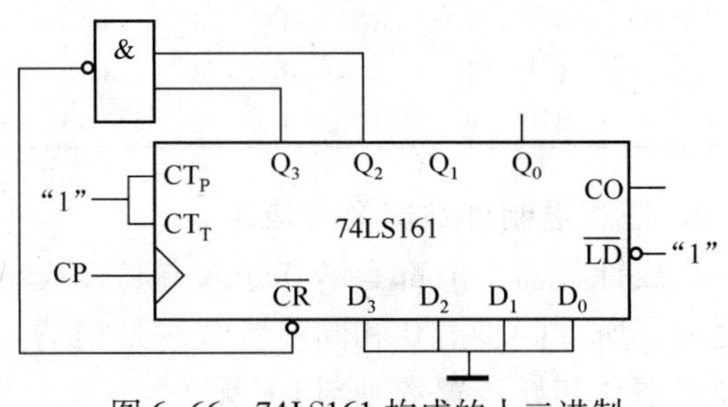

图6-66　74LS161构成的十二进制加法计数器

【例6-20】 用74LS161构成256进制计数器。

图6-67所示是用两片74LS161构成的256进制计数器，根据74LS161的状态表6-40不难理解其工作原理。当第1片74LS161从状态“0000”计到“1111”时进位输出CO=1，使第2片74LS161的CT_T和CT_P为高电平，第2片74LS161也处于计数状态。这时再来一个时钟脉冲，第1片74LS161从状态“1111”返回“0000”，同时第2片74LS161也计了一个数。此后，由于第1片74LS161的进位输出CO=0，第2片74LS161处于保持状态，以此类推，第1片74LS161每计16个数使第2片74LS161计1个数，以此实现了256进制计数的目的。

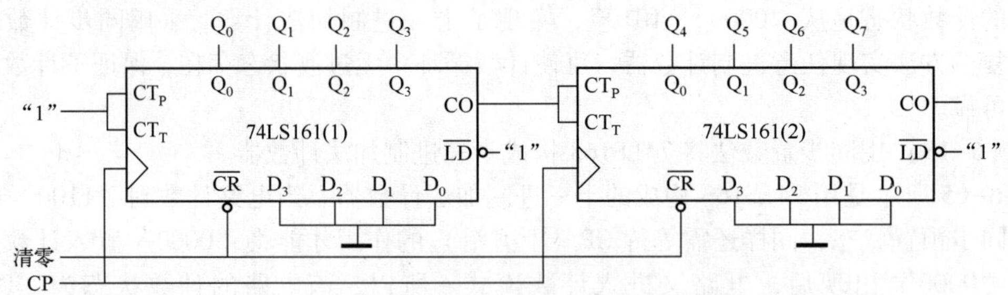

图6-67　用74LS161级联构成256进制计数器

【例6-21】 用74LS163构成150进制计数器。

一般是先将两片74LS163级联起来构成256进制计数器，然后再用反馈归0法获得所需容量的计数器，图6-68所示是用两片74LS163构成的150进制计数器。

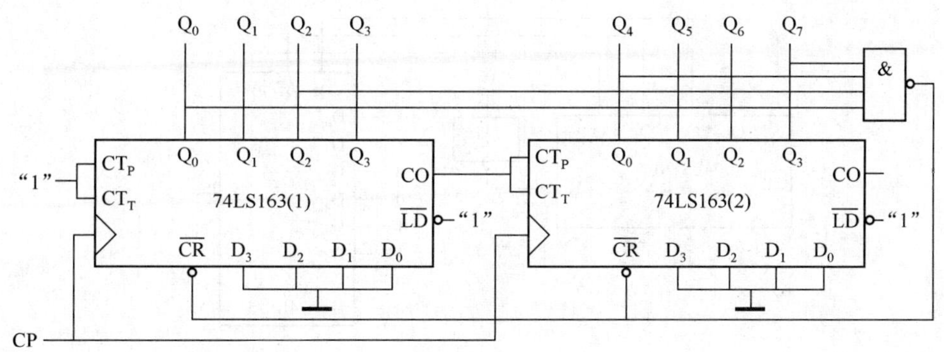

图 6-68 用两片 74LS163 构成 150 进制计数器

6. 计数器用作分频器

当计数器输入脉冲的频率是 F_i 时（即每秒输入 F_i 个脉冲），模 N 计数器的进位输出端输出脉冲的频率 $F_o = F_i/N$，此时模 N 计数器可以用作分频比为 N 的数字式分频器。当计数器用作分频器时，从实现分频功能的角度来看，只关心分频比（即计数器的模），而不关心计数器的状态编码。图 6-69 所示是用 74LS163 构成的 12 分频电路，其采用了同步清 0 的方法构成模 12 计数器，计数状态从 0000 ～ 1011，Q_3 输出信号是输入信号的 12 分频。图 6-70 所示是用同步置数法构成的模 12 计数器，反馈信号直接采用计数器的进位输出信号 CO，计数器状态为 0100 ～ 1111，CO 输出 12 分频信号。图 6-70 所示的分频器也称为可编程分频器，可以在不改变硬件连接的条件下，通过改变预置数来改变计数器的模，从而改变分频器的分频比。当预置数是“0000”时，计数器的模为 16，构成 16 分频器；当预置数为 0110 时，计数器的模为 10，构成 10 分频器。分频比 N 与预置数 K 之间的关系是 N = 16 - K。

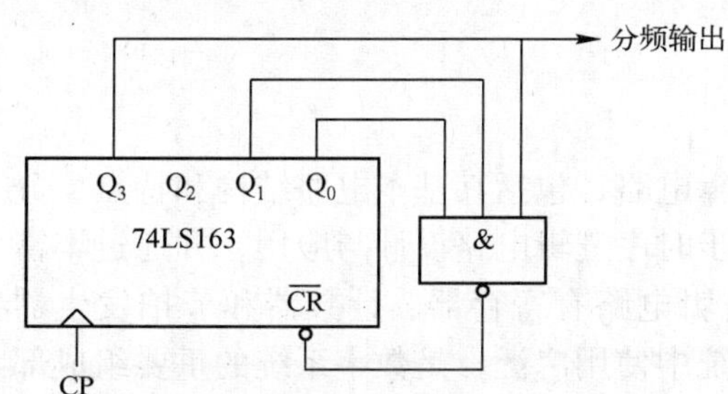

图 6-69 分频比固定的 12 分频器

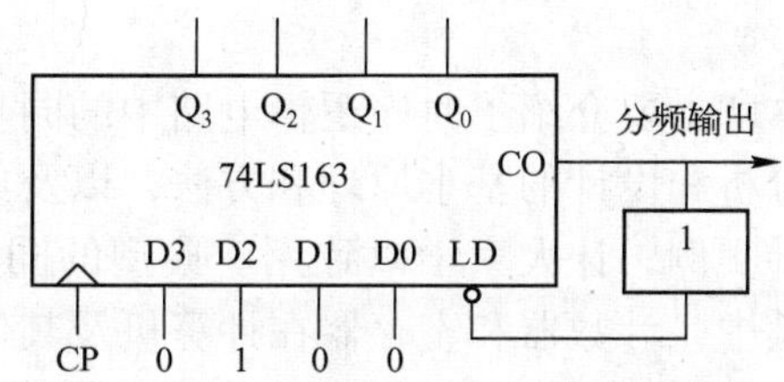

图 6-70 由可编程分频器构成的 12 分频器

7. 计数型序列信号发生器

图 6-71 所示是用计数器和数据选择器构成的 11001100 序列信号发生器，在电路中十六进制计数器 74LS161 通过异步复位实现模 8 加法计数器，计数状态依次为 000 ～ 111。计数状态作为 8 选 1 数据选择器 74LS151 的地址输入 $A_2A_1A_0$，8 位序列码依次置于数据选择器的数据输入端 D_0 ～ D_7。在外部时钟作用下，模 8 计数器循环计数，数据选择器循环输出指定的 8 位序列“11001100”。显然，通过修改反馈复位连接可以改变计数器的模，从而改变序列码的长度，改变数据选择器的数据输入端的预置数可以改变序列码，这样的电路结构可以实现任意 8 位以内序列发生器。

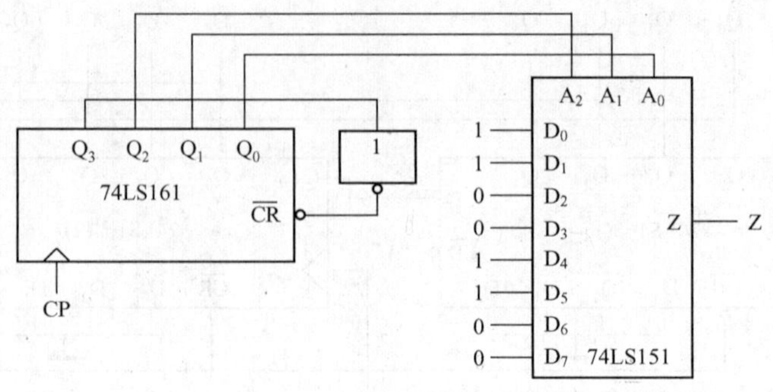

图 6-71　计数型序列信号发生器

6.6.2　集成寄存器及其应用

这里以集成寄存器芯片 74LS194 为例，简单介绍一下集成寄存器的应用。

【例 6-22】用 74LS194 设计一个“10010”串行序列检测器。

根据设计要求和移位寄存器的特性，可以很方便地设计出对应的检测器。图 6-72 所示是用 74LS194 构成的“10010”串行序列检测器，74LS194 工作于右移方式，实现串/并转换，组合逻辑部分实现了特定序列的提取。

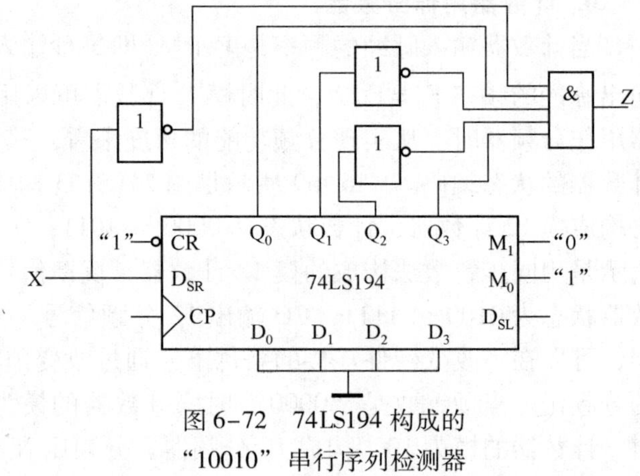

图 6-72　74LS194 构成的“10010”串行序列检测器

6.7　本章小结

本章主要介绍了时序逻辑电路中的同步时序逻辑电路，包括其基本电路结构和特点、分类、分析和设计的基本原理和方法，以及典型的同步时序逻辑电路设计与应用，并通过丰富的设计实例，让大家学以致用。典型的同步时序逻辑电路有寄存器、计数器和节拍发生器等。其中，计数器和寄存器在计算机及其他数字系统中使用广泛，是数字系统的重要组成部分。本章详细讨论了计数器和寄存器的原理、设计、集成器件及典型应用，为读者进一步理解同步时序逻辑电路打下了良好的基础。

关键知识点：

1. 描述时序逻辑电路的方法有逻辑方程、状态转移真值表、状态转移图和时序波形图等。

2. 同步时序逻辑电路的分析步骤一般为：根据电路写出逻辑方程组→列出状态转换真值表→画出状态转换图→画出时序波形图（工作波形图）→分析说明电路逻辑功能。

3. 同步时序逻辑电路的设计步骤一般为：建立原始状态图（或状态表）→状态化简→状态分配及状态编码→选择触发器类型→列出状态转换真值表→讨论自启动问题→画出电路图。

4. 计数器是一种简单而实用的典型同步时序逻辑电路，计数器不仅能用来统计输入脉冲的个数，还可以用于分频、定时和产生节拍数等。

5. 寄存器也是一种常用的时序逻辑电路器件，它被分为普通寄存器和移位寄存器两大类。移位寄存器应用较广，可以实现数码串并行转换、接拍延迟、计数分频及序列信号发生器等。

6.8 习题

1. 简述时序逻辑电路和组合逻辑电路的区别。

2. 简述 Moore 型同步时序电路和 Mealy 型同步时序电路的区别。

3. 分析如图 6-73 所示的同步时序电路，列出状态表，画出状态图。设 Q 端起始状态为 0，试写出对应输入序列 X 为 01110100 时的输出序列 Z。

4. 分析如图 6-74 所示的同步时序电路，列出状态表，画出状态图。对应 CP 和输入 X 波形画出 Q 和 Z 的波形。设 Q 端起始状态为 0。

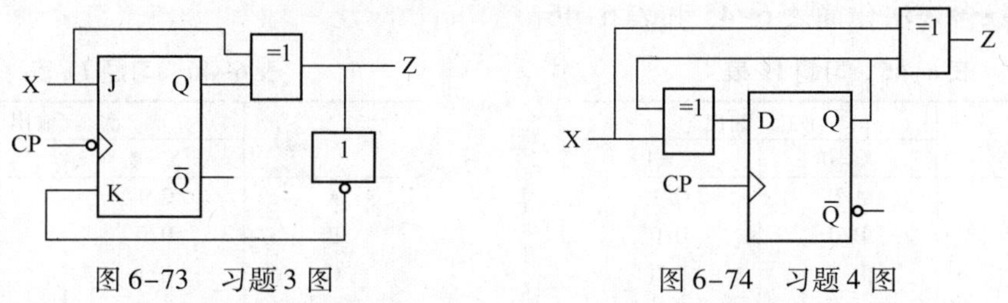

图 6-73 习题 3 图　　图 6-74 习题 4 图

5. 分析如图 6-75 所示的同步时序电路，列出状态表，画出状态图。

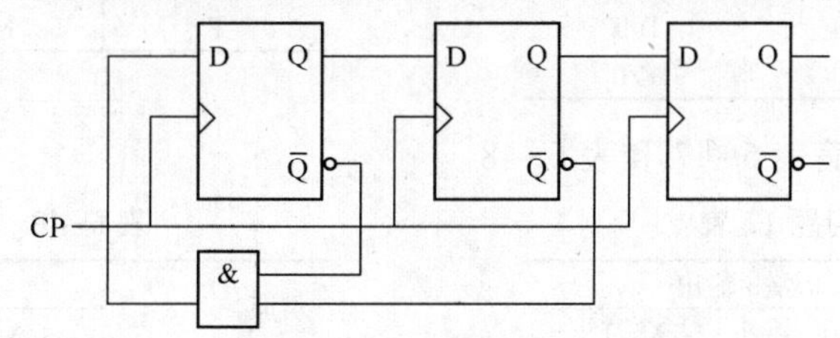

图 6-75 习题 5 图

6. 分析如图 6-76 所示的同步时序电路，说明该电路的功能。

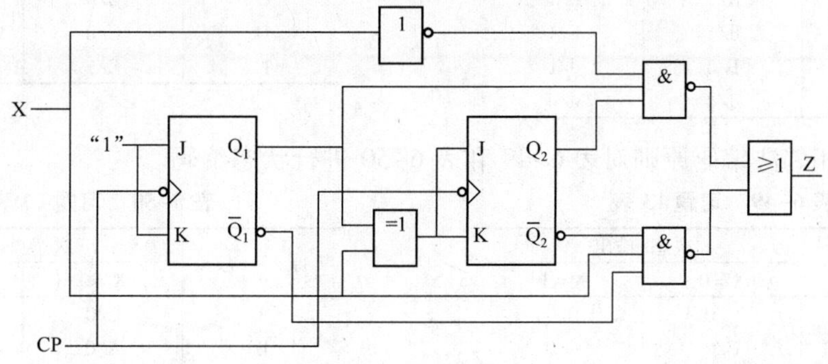

图 6-76 习题 6 图

7. 分析如图 6-77 所示的同步时序电路，画出状态表和状态图，对应时钟画出各触发器的输出波形。

8. 分析如图 6-78 所示的同步时序电路，画出状态表和状态图，说明电路的功能，并对应 CP 画出各触发器的输出波形。

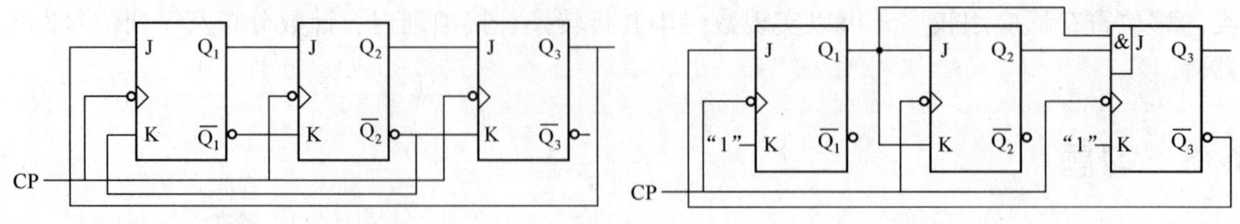

图 6-77　习题 7 图　　　　图 6-78　习题 8 图

9. 画出“1011”序列检测器的状态图。典型输入和输出序列如下。

输入 X：1 0 1 0 1 0 1 1 0 1 1 0 0 0 1 1 1 1 0 1 1 0 0 0 1

输出 Z：0 0 0 0 0 0 0 1 0 0 1 0 0 0 0 0 0 0 0 0 1 0 0 0 0

10. 设计一个代码检测器，该电路从输入端串行输入 2421 码（先低位后高位），当出现非法数字时，电路输出 Z = 1，否则输出 Z = 0。试画出状态图。

11. 用隐含表法化简表 6-45 和表 6-46。

表 6-45　习题 11 表

原　　态	次态/输出	
	X = 0	X = 1
A	A/0	G/1
B	B/0	D/0
C	D/1	E/0
D	G/1	E/1
E	E/0	G/1
F	F/0	D/1
G	C/0	F/0

表 6-46　习题 11 表

原　　态	次态/输出	
	X = 0	X = 1
A	C/1	D/1
B	B/0	C/1
C	C/1	A/0
D	D/0	C/0
E	E/0	C/0
F	F/0	C/1

12. 用隐含表法化简表 6-47 和表 6-48。

表 6-47　习题 12 表

原　　态	次态/输出	
	X = 0	X = 1
A	B/0	D/0
B	B/d	D/d
C	A/1	E/1
D	d/1	E/1
E	F/0	d/1
F	d/d	c/d

表 6-48　习题 12 表

原　　态	次态/输出	
	X = 0	X = 1
A	D/d	A/d
B	B/0	A/d
C	D/0	B/d
D	C/d	C/d
E	C/1	B/d

13. 按照相邻法编码原则对表 6-49 和表 6-50 进行状态编码。

表 6-49　习题 13 表

原　　态	次态/输出	
	X = 0	X = 1
A	C/0	D/0
B	C/0	A/0
C	B/0	D/0
D	A/1	E/1

表 6-50　习题 13 表

原　　态	次态/输出	
	X = 0	X = 1
A	C/0	B/0
B	A/0	A/1
C	A/1	D/1
D	D/0	C/0

14. 分别用 JK 触发器、D 触发器和 T 触发器作为同步时序电路器件，实现表 6-49 和表 6-50 经状态编码后的功能。试写出激励函数和输出函数表达式，比较用哪种触发器时电路最简。

15. 试画出二进制数串行比较器的最简状态图，参加比较的两组串行二进制数低位先行。

16. 试用 JK 触发器设计一个可控计数器，当控制端 C = 1 时，实现 000→100→110→111→011→000；当 C = 0 时，实现 000→110→010→011→111→000。

17. 试用 JK 触发器设计一个“0010”串行序列检测器（可重叠）。

18. 试用 JK 触发器设计一个“110”代码检测器。

19. 试用 D 触发器设计一个八进制加法计数器。

20. 试用 JK 触发器设计一个六进制减法计数器。

21. 试设计一个可变序列检测器，当控制变量 X = 0 时，电路能检测出序列 Y 中的“101”子序列；而在 X = 1 时，则检测“1001”子序列。设检测器输出为 Z，且被检测子序列不可重叠。

22. 试分别画出利用下列方法构成的七进制加法计数器的连线图。

（1）利用 74LS161 的异步清 0 功能。

（2）利用 74LS161 的同步置数功能。

（3）利用 74LS163 的同步清 0 功能。

23. 试用 74LS161 构成 160 进制计数器。

24. 试用 T 触发器设计一个产生“11110000”的序列发生器。

25. 分析如图 6-79 所示的序列发生器电路，画出状态图，当起始状态不是“0000”时，说明输出序列。

26. D 触发器构成的 3 级环形计数器电路如图 6-80 所示。该电路不能自启动。请修改第一级的反馈函数，使电路能自启动。画出修改后的电路图和状态图。

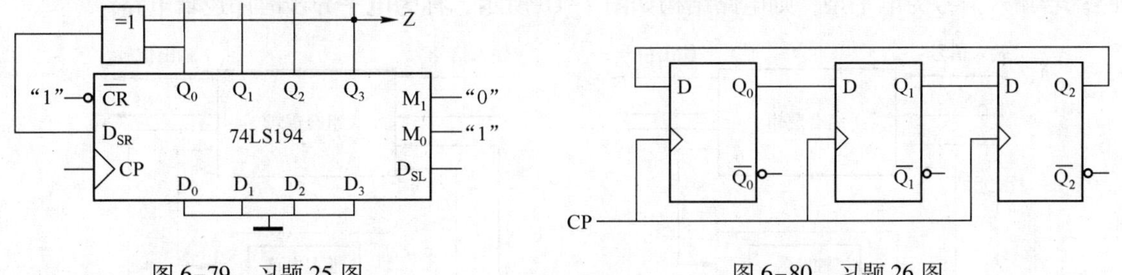

图 6-79　习题 25 图　　　　图 6-80　习题 26 图

27. D 触发器构成的 3 级扭环形计数器电路如图 6-81 所示。该电路不能自启动，请修改第一级的反馈函数，使电路能自启动，画出修改后的电路图和状态图。

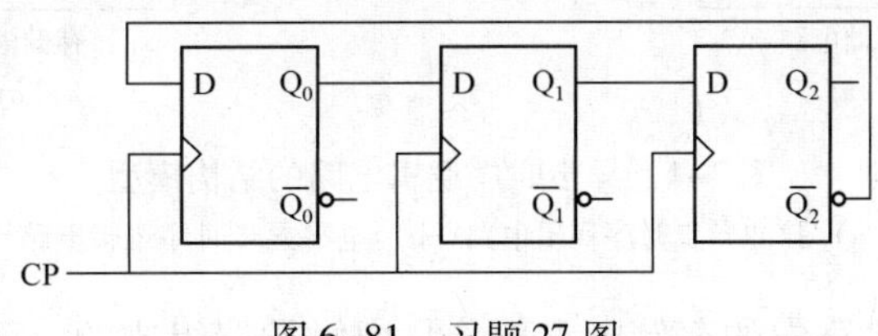

图 6-81　习题 27 图

28. 试用两片 74LS160（集成十进制加法计数器）按 8421BCD 码构成 28 进制计数器。要求两片芯片的级间同步，画出电路图。

29. 试用 74LS160 和 74LS151（8 选 1 数据选择器）构成“11010”序列信号发生器。画出电路图。

30. 试用 74LS160 构成一个能对时钟脉冲进行 100 分频的分频电路。

第 7 章 异步时序逻辑电路

根据时钟信号是否一致，可以将时序逻辑电路分为两大类：同步时序逻辑电路和异步时序逻辑电路。而根据输入信号的类型不同，异步时序逻辑电路又可分为脉冲异步时序逻辑电路和电平异步时序逻辑电路。本章将分别介绍这两种异步时序逻辑电路的分析和设计方法，以及典型的异步时序逻辑集成芯片的工作原理和应用方法。

7.1 异步时序逻辑电路的分类及特点

根据触发器的时钟信号是否一致，时序逻辑电路分为两大类：同步时序逻辑电路和异步时序逻辑电路。在同步时序逻辑电路中，每个触发器的状态变化是在统一的时钟信号的控制下同时发生的；而在异步时序逻辑电路中，每个触发器的状态变化没有统一的时钟信号，电路状态的变化是由外部输入信号 y 的变化引起的，而外部输入信号的形式有两种：脉冲信号和电平信号，因此异步时序逻辑电路根据输入信号的类型不同，分为脉冲异步时序逻辑电路和电平异步时序逻辑电路。若输入信号为脉冲型，则电路结构如图 7-1a 所示，称为脉冲异步时序逻辑电路；若输入信号为电平型，则电路结构如图 7-1b 所示，称为电平异步时序逻辑电路。

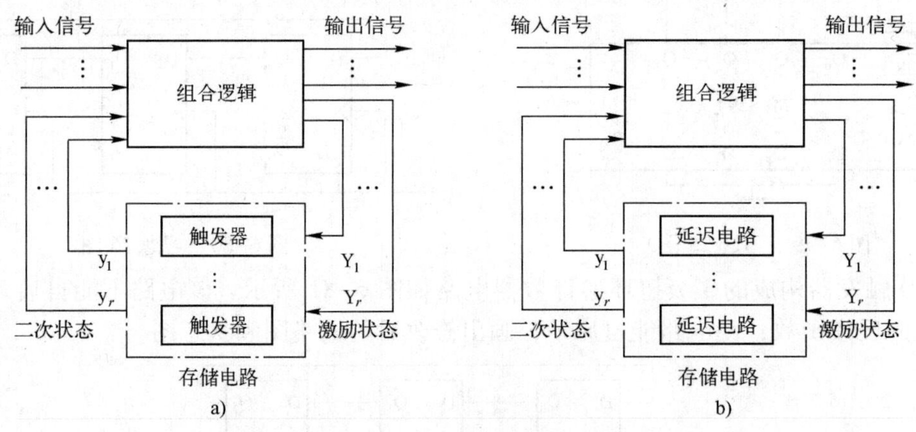

图 7-1 异步时序逻辑电路的结构模型

a）脉冲异步时序逻辑电路 b）电平异步时序逻辑电路

脉冲异步时序逻辑电路中的存储电路部分是由触发器组成的，而电平异步时序逻辑电路的存储电路部分是由延迟元件组成的。延迟元件可以是专用的延迟元件，也可以利用带反馈的组合电路本身的内部延迟性能。由于这两种电路的结构不同，描述和研究它们的工具和方法也有所不同。描述脉冲异步时序逻辑电路的工具是状态图和状态表，其分析和设计的方法基本上与同步时序逻辑电路类似。而描述电平异步时序逻辑电路的工具是状态流程图和时间图，其分析和设计的方法与同步时序逻辑电路有很大的差别。

7.2 脉冲异步时序逻辑电路

脉冲异步时序逻辑电路中的存储电路部分是由触发器组成的，触发器可以是带时钟控制端的，也可以是不带时钟控制端的，带时钟控制端的通常采用边沿型触发器，而不带时钟控制端的通常采用基本型 RS 触发器。输入的脉冲信号直接决定触发器的状态变化。为了保持电路可靠工作，输入信号必须满足下列要求。

1）输入脉冲有足够的宽度，以保证触发器的状态变化可靠。

2）输入脉冲之间有足够的间隙，第二个输入脉冲的到达应在第一个输入脉冲所引起的整个电路响应结束之后。

3）若有多个输入信号，不允许同时出现两个或两个以上脉冲信号。因为电路中没有统一时钟，几个输入脉冲之间的微小时差就可能导致电路状态按不同的顺序转换。

7.2.1 脉冲异步时序逻辑电路的分析

脉冲异步时序逻辑电路的分析步骤与同步时序逻辑电路的分析步骤非常类似。但是，由于脉冲异步时序逻辑电路没有统一的时钟脉冲及对输入信号的约束，因此在分析步骤上略有差别，其差别主要体现在以下两点。

第一，当存储元件采用时钟控制触发器时，触发器的时钟控制端应当作为激励函数处理。分析时应该特别注意每个触发器的时钟端何时有脉冲作用，仅当时钟端有脉冲作用时，触发器的状态才根据触发器的状态方程进行改变，否则触发器的状态保持不变。若采用非时钟控制触发器，则应注意作用到触发器输入端的脉冲信号。

第二，由于不允许两个或两个以上输入端同时出现脉冲，加之输入端无脉冲出现时，电路状态不会发生变化。因此，分析时可以排除这种情况，从而使分析过程中所使用的状态图和状态表的内容会简单一些。具体地说，n 个输入端应该存在 2^n 种组合，但是在脉冲异步时序逻辑电路的分析中只考虑各自单独出现脉冲的 n 种情况。

脉冲异步时序逻辑电路的具体分析步骤如下。

1）根据电路图写出电路的方程组，方程组包括时钟方程、激励方程和输出方程，再将激励方程代入触发器的特征方程，得到每个触发器的状态方程。

2）根据方程组列出状态转换真值表，这时要注意每个触发器的时钟输入是否有效，只有有效时，触发器的状态才按照状态方程进行改变，否则应保持不变。

3）根据状态转换真值表画出电路的状态图。

4）根据状态图，用文字描述电路的逻辑功能。

【例 7-1】 分析如图 7-2 所示的电路，说明其逻辑功能。

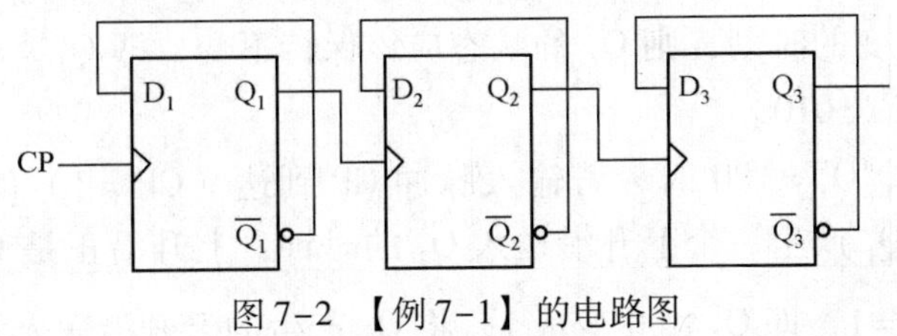

图 7-2 【例 7-1】的电路图

解：该电路是一个脉冲异步时序逻辑电路，3 个 D 触发器的时钟不一致，各触发器翻转时刻不同，电路状态的改变直接由输入脉冲 CP 触发，分析过程如下。

第一步，根据电路图写出电路的方程组。

根据图 7–2 写出各触发器的时钟方程为：$CP_1 = CP$，$CP_2 = Q_1$，$CP_3 = Q_2$。

各触发器的激励方程为：$D_1 = \overline{Q_1^n}$，$D_2 = \overline{Q_2^n}$，$D_3 = \overline{Q_3^n}$。

将各触发器的激励方程代入 D 触发器的特征方程，可以得到各触发器的状态方程为：$Q_1^{n+1} = \overline{Q_1^n}$，$Q_2^{n+1} = \overline{Q_2^n}$，$Q_3^{n+1} = \overline{Q_3^n}$。

第二步，根据电路的方程组列出状态转换真值表。

作状态表的方法与同步时序逻辑电路相似，列出原态与次态、输出的状态转换真值表。需要注意的是，由于电路中各触发器将按照各自的时钟脉冲的有、无进行翻转，由于本例中的触发器是边沿型 D 触发器，因此只有当每个触发器的时钟为上升沿时，它的状态才会按照其状态方程进行改变，否则应该保持不变。而且高位触发器的翻转依赖于低位触发器的翻转，因此在作状态转换真值表时，对于某一组原态应先填写低位触发器的次态值，再依次填写高位触发器的次态值。

当电路原态为 $Q_3^nQ_2^nQ_1^n = 000$ 时，若输入脉冲 CP 到达（CP = 1）时，产生一个上升沿，使得 Q_1 从 0 变成 1，Q_1 产生一个上升沿送入 Q_2 的时钟，上升沿正是 Q_2 应该发生状态改变的时刻，则 $Q_2^{n+1} = \overline{Q_2^n} = 1$，即 Q_2 由 0 变成 1，将 Q_2 产生的上升沿送入 Q_3 的时钟，上升沿正是 Q_3 应该发生状态改变的时刻，则 $Q_3^{n+1} = \overline{Q_3^n} = 1$，因此电路的次态为 $Q_3^{n+1}Q_2^{n+1}Q_1^{n+1} = 111$。

当电路原态为 $Q_3^nQ_2^nQ_1^n = 001$ 时，若输入脉冲 CP 到达（CP = 1）时，产生一个上升沿，使得 Q_1 从 1 变成 0，Q_1 产生一个下降沿送入 Q_2 的时钟，下降沿不是 Q_2 应该发生状态改变的时刻，则 Q_2 的状态应该保持不变，即 $Q_2^{n+1} = Q_2^n = 0$，将 $Q_2 = 0$ 送入 Q_3 的时钟，低电平不是 Q_3 应该发生状态改变的时刻，则 Q_3 的状态应该保持不变，即 $Q_3^{n+1} = Q_3^n = 0$，因此，电路的次态为 $Q_3^{n+1}Q_2^{n+1}Q_1^{n+1} = 000$。

当电路原态为 $Q_3^nQ_2^nQ_1^n = 010$ 时，若输入脉冲 CP 到达（CP = 1）时，产生一个上升沿，使得 Q_1 从 0 变成 1，Q_1 产生一个上升沿送入 Q_2 的时钟，上升沿正是 Q_2 应该发生状态改变的时刻，则 $Q_2^{n+1} = \overline{Q_2^n} = 0$，即 Q_2 由 1 变成 0，将 Q_2 产生的下降沿送入 Q_3 的时钟，下降沿不是 Q_3 应该发生状态改变的时刻，则 Q_3 的状态应该保持不变，即 $Q_3^{n+1} = Q_3^n = 0$，因此，电路的次态为 $Q_3^{n+1}Q_2^{n+1}Q_1^{n+1} = 001$。

当电路原态为 $Q_3^nQ_2^nQ_1^n = 011$ 时，若输入脉冲 CP 到达（CP = 1）时，产生一个上升沿，使得 Q_1 从 1 变成 0，Q_1 产生一个下降沿送入 Q_2 的时钟，下降沿不是 Q_2 应该发生状态改变的时刻，则 Q_2 的状态应该保持不变，即 $Q_2^{n+1} = Q_2^n = 1$，将 $Q_2 = 1$ 送入 Q_3 的时钟，高电平不是 Q_3 应该发生状态改变的时刻，则 Q_3 的状态应该保持不变，即 $Q_3^{n+1} = Q_3^n = 0$，因此，电路的次态为 $Q_3^{n+1}Q_2^{n+1}Q_1^{n+1} = 010$。

当电路原态为 $Q_3^nQ_2^nQ_1^n = 100$ 时，若输入脉冲 CP 到达（CP = 1）时，产生一个上升沿，使得 Q_1 从 0 变成 1，Q_1 产生一个上升沿送入 Q_2 的时钟，上升沿正是 Q_2 应该发生状态改变的时刻，则 $Q_2^{n+1} = \overline{Q_2^n} = 1$，即 Q_2 由 0 变成 1，将 Q_2 产生的上升沿送入 Q_3 的时钟，上升沿正

是 Q_3 应该发生状态改变的时刻，则 $Q_3^{n+1}=\overline{Q_3^n}=0$，因此电路的次态为 $Q_3^{n+1}Q_2^{n+1}Q_1^{n+1}=011$。

当电路原态为 $Q_3^nQ_2^nQ_1^n=101$ 时，若输入脉冲 CP 到达（CP = 1）时，产生一个上升沿，使得 Q_1 从 1 变成 0，Q_1 产生一个下降沿送入 Q_2 的时钟，下降沿不是 Q_2 应该发生状态改变的时刻，则 Q_2 的状态应该保持不变，即 $Q_2^{n+1}=Q_2^n=0$，将 $Q_2=0$ 送入 Q_3 的时钟，低电平不是 Q_3 应该发生状态改变的时刻，则 Q_3 的状态应该保持不变，即 $Q_3^{n+1}=Q_3^n=1$，因此，电路的次态为 $Q_3^{n+1}Q_2^{n+1}Q_1^{n+1}=100$。

当电路原态为 $Q_3^nQ_2^nQ_1^n=110$ 时，若输入脉冲 CP 到达（CP = 1）时，产生一个上升沿，使得 Q_1 从 0 变成 1，Q_1 产生一个上升沿送入 Q_2 的时钟，上升沿正是 Q_2 应该发生状态改变的时刻，则 $Q_2^{n+1}=\overline{Q_2^n}=0$，即 Q_2 由 1 变成 0，将 Q_2 产生的下降沿送入 Q_3 的时钟，下降沿不是 Q_3 应该发生状态改变的时刻，则 Q_3 的状态应该保持不变，即 $Q_3^{n+1}=Q_3^n=1$，因此，电路的次态为 $Q_3^{n+1}Q_2^{n+1}Q_1^{n+1}=101$。

当电路原态为 $Q_3^nQ_2^nQ_1^n=111$ 时，若输入脉冲 CP 到达（CP = 1）时，产生一个上升沿，使得 Q_1 从 1 变成 0，Q_1 产生一个下降沿送入 Q_2 的时钟，下降沿不是 Q_2 应该发生状态改变的时刻，则 Q_2 的状态应该保持不变，即 $Q_2^{n+1}=Q_2^n=1$，将 $Q_2=1$ 送入 Q_3 的时钟，高电平不是 Q_3 应该发生状态改变的时刻，则 Q_3 的状态应该保持不变，即 $Q_3^{n+1}=Q_3^n=1$，因此，电路的次态为 $Q_3^{n+1}Q_2^{n+1}Q_1^{n+1}=110$。

这样，就可得到完整的状态转换真值表，如表 7-1 所示，其中 CP = 1 表示有输入脉冲，表中只给出了各触发器应该发生状态改变的上升沿。

表 7-1 【例 7-1】的状态转换真值表

输 入	现 态			次 态			时 钟		
CP	Q_3^n	Q_2^n	Q_1^n	Q_3^{n+1}	Q_2^{n+1}	Q_1^{n+1}	CP_3	CP_2	CP_1
1	0	0	0	1	1	1	↑	↑	↑
1	0	0	1	0	0	0			↑
1	0	1	0	0	0	1		↑	↑
1	0	1	1	0	1	0			↑
1	1	0	0	0	1	1	↑	↑	↑
1	1	0	1	1	0	0			↑
1	1	1	0	1	0	1		↑	↑
1	1	1	1	1	1	0			↑

第三步，根据电路的状态转换真值表，画出电路的状态图。

由表 7-1 可直接画出电路的状态图，如图 7-3 所示。

第四步，根据电路的状态图，给出电路的逻辑功能描述。

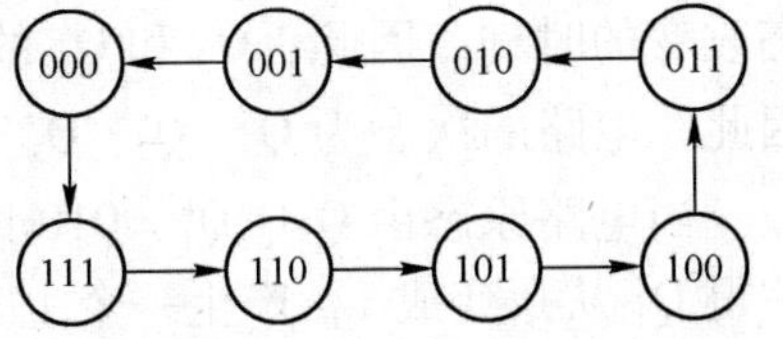

图 7-3 【例 7-1】的状态图

从图 7-3 可以看出，电路共有 8 个状态，分别为 000、001、010、011、100、101、110 和 111。在输入脉冲的作用下，从 111 依次递减到 000，再回到 111，因此该电路为一个异步八进制减法计数器，其输入脉冲 CP 为计数脉冲。

【例 7-2】分析如图 7-4 所示的电路，说明其逻辑功能。

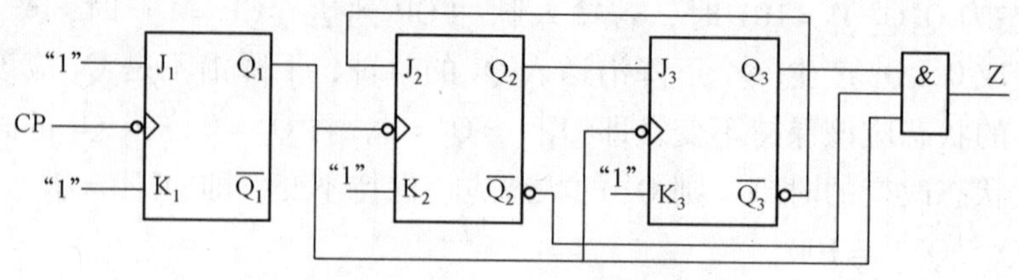

图 7-4 【例 7-2】的电路图

解：该电路是一个脉冲异步时序逻辑电路，3 个 JK 触发器的时钟不一致，各触发器翻转时刻不同，电路状态的改变直接由输入脉冲 CP 触发，分析过程如下。

第一步，根据电路图写出电路的方程组。

根据图 7-4 写出各触发器的时钟方程为：$CP_1 = CP$，$CP_2 = CP_3 = Q_1$。

各触发器的激励方程为：$J_1 = K_1 = 1$，$J_2 = \overline{Q_3^n}$，$K_2 = 1$，$J_3 = Q_2^n$，$K_3 = 1$。

输出方程为：$Z = Q_1^n\ \overline{Q_2^n}Q_3^n$。

将各触发器的激励方程代入 JK 触发器的特征方程，可以得到各触发器的状态方程为：$Q_1^{n+1} = \overline{Q_1^n}$，$Q_2^{n+1} = \overline{Q_3^n}\ \overline{Q_2^n}$，$Q_3^{n+1} = Q_2^n\ \overline{Q_3^n}$。

第二步，根据电路的方程组列出状态转换真值表。

作状态表的方法与同步时序逻辑电路相似，列出原态与次态、输出的状态转换真值表。需要注意的是，由于电路中各触发器将按照各自的时钟脉冲的有、无进行翻转，由于本例中的触发器是边沿型 JK 触发器，因此只有当每个触发器的时钟为下降沿时，它的状态才会按照其状态方程进行改变，否则应该保持不变。而且高位触发器的翻转依赖于低位触发器的翻转，因此在作状态转换真值表时，对于某一组原态应先填写低位触发器的次态值，再依次填写高位触发器的次态值。

当电路原态为 $Q_3^nQ_2^nQ_1^n = 000$ 时，若输入脉冲 CP 到达（CP = 1）时，产生一个下降沿，使得 Q_1 从 0 变成 1，产生一个上升沿送入 Q_2 和 Q_3 的时钟，而上升沿不是 Q_2 和 Q_3 应该发生状态改变的时刻，因此，Q_2 和 Q_3 的状态应该保持不变，即 $Q_3^{n+1}Q_2^{n+1} = Q_3^nQ_2^n = 00$，因此，电路的次态为 $Q_3^{n+1}Q_2^{n+1}Q_1^{n+1} = 001$。

当电路原态为 $Q_3^nQ_2^nQ_1^n = 001$ 时，若输入脉冲 CP 到达（CP = 1）时，产生一个下降沿，使得 Q_1 从 1 变成 0，产生一个下降沿送入 Q_2 和 Q_3 的时钟，下降沿是 Q_2 和 Q_3 应该发生状态改变的时刻，因此，Q_2 和 Q_3 的状态应该按照状态方程进行改变，则 $Q_2^{n+1} = 1$，$Q_3^{n+1} = 0$，因此，电路的次态为 $Q_3^{n+1}Q_2^{n+1}Q_1^{n+1} = 010$。

当电路原态由 $Q_3^nQ_2^nQ_1^n = 010$ 时，若输入脉冲 CP 到达（CP = 1）时，产生一个下降沿，使得 Q_1 从 0 变成 1，产生一个上升沿送入 Q_2 和 Q_3 的时钟，而上升沿不是 Q_2 和 Q_3 应该发生状态改变的时刻，因此，Q_2 和 Q_3 的状态应该保持不变，即 $Q_3^{n+1}Q_2^{n+1} = Q_3^nQ_2^n = 01$，因此，电路的次态为 $Q_3^{n+1}Q_2^{n+1}Q_1^{n+1} = 011$。

以此类推，可作出完整的状态转换真值表如表 7-2 所示，其中 CP = 1 表示有输入脉冲。

表 7-2 【例 7-2】的状态转换真值表

输入	现态			次态			时钟			输出
CP	Q_3^n	Q_2^n	Q_1^n	Q_3^{n+1}	Q_2^{n+1}	Q_1^{n+1}	CP_3	CP_2	CP_1	Z
1	0	0	0	0	0	1			↓	0
1	0	0	1	0	1	0	↓	↓	↓	0
1	0	1	0	0	1	1			↓	0
1	0	1	1	1	0	0	↓	↓	↓	0
1	1	0	0	1	0	1			↓	0
1	1	0	1	0	0	0	↓	↓	↓	1
1	1	1	0	1	1	1			↓	0
1	1	1	1	0	0	0	↓	↓	↓	0

第三步，根据电路的状态转换真值表，画出电路的状态图。

由表 7-2 可直接画出电路的状态图，如图 7-5 所示。

第四步，根据电路的状态图，给出电路的逻辑功能描述。

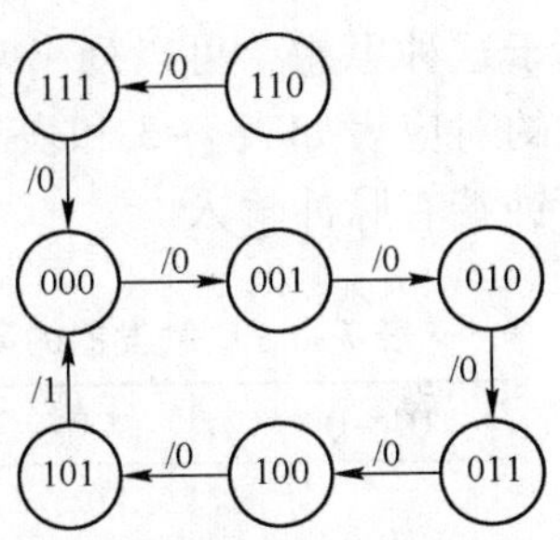

图 7-5 【例 7-2】的状态图

从图 7-5 可以看出，电路共有 8 个状态，其中有效状态有 6 个，分别为 000、001、010、011、100、101。在输入脉冲的作用下，从 000 依次递增到 101，再回到 000，并产生一个高电平有效的进位输出，而无效状态 110 和 111 也会在有限个输入时钟作用下变成 000 状态，进入电路的有效状态的循环。因此，该电路是一个可以自启动的异步六进制加法计数器，其输入脉冲为计数脉冲，其输出脉冲为进位信号。

7.2.2 脉冲异步时序逻辑电路的设计

脉冲异步时序逻辑电路的设计方法有两种基本思路，第一种思路是从状态图出发，其设计方法与同步时序逻辑电路的设计方法类似；第二种思路是从时序图出发，先给出电路的一种时钟方程的可行方案，再设计得到电路的其他方程组，进而得到电路图。

1. 从状态图出发设计脉冲异步时序逻辑电路

该方法与同步时序逻辑电路的设计方法类似，其步骤如下。

1）根据设计要求，设计电路的原始的状态图和状态表。

2）检查原始的状态图是否为最简形式，如果不是，需要将其化简为最简的状态图和状态表。

3）确定触发器的类型和个数，进行状态编码。

4）将编码方案代入最简状态图或状态表，得到状态转换真值表。

5）根据状态转换真值表，得到电路的输出方程和各触发器的时钟方程及状态方程，并根据触发器的特征方程，从状态方程中得到各触发器的激励方程。

6）若电路存在无效状态，需要对电路进行自启动检查。

7）画出逻辑电路图。

由于脉冲异步时序逻辑电路的时钟不一致，需要对每个触发器分别确定其时钟方程，因此在具体步骤的处理上，应注意以下几点。

1）当有多个输入脉冲时，只考虑每个输入脉冲单独有效的情况，即 n 个输入信号只有 n 种组合，其他组合都作为无关项处理。

2）由于电路中的各触发器没有统一时钟，所以要为每个触发器分别确定时钟信号。时钟信号的确定原则为：触发器的状态有变化时，一定是触发器在时钟信号作用下按照状态方程发生状态改变的结果，因此时钟信号必须有效（有脉冲），即时钟信号必须为1；触发器的状态不变时，可能是时钟信号无效（无脉冲），或者时钟信号有效（有脉冲），但恰巧变化前的状态和变化后的状态一样，因此时钟信号可以为0，也可以为1。为了使时钟方程比较简单，可以尽可能使其为0，以使激励端为无关项，有利于激励方程的化简，如果时钟信号为1，则必须按照触发器的特征方程来确定该触发器的合适的激励值。基于这种思想，可以列出常用的边沿型D触发器和边沿型JK触发器的时钟控制端与激励端的对应表如表7-3和表7-4所示，其中CP为0表示时钟端无脉冲输入，CP为1表示时钟端有脉冲输入。

表7-3 D触发器的激励表

$Q^n \to Q^{n+1}$	CP	D
0→0	0	d
	1	0
0→1	1	1
1→0	1	0
1→1	0	d
	1	1

表7-4 JK触发器的激励表

$Q^n \to Q^{n+1}$	CP	J	K
0→0	0	d	d
	1	0	d
0→1	1	1	d
1→0	1	d	1
1→1	0	d	d
	1	d	0

3）状态分配时，同一原态在不同输入下的次态不要求分配逻辑相邻的编码。

下面通过具体的例子来说明。

【例7-3】用D触发器设计一个脉冲异步时序逻辑电路。该电路有3个输入端：x_1、x_2、x_3，一个输出端Z，当且仅当输入 $x_1-x_2-x_3$ 序列时，输出Z由0变成1，仅当又出现一个 x_2 脉冲时，输出Z才由1变成0。

解：根据题意，典型的输入、输出波形如图7-6所示。

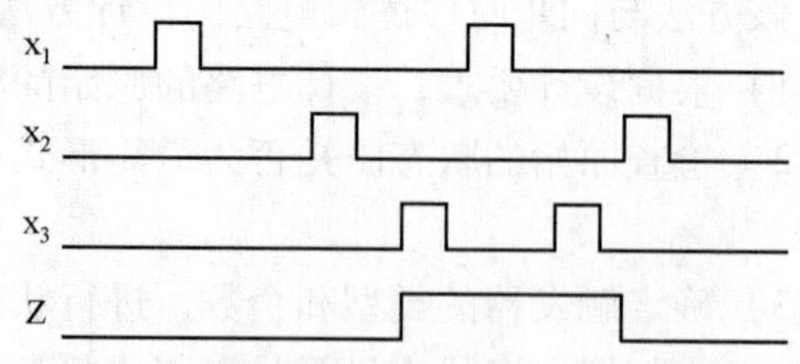

图7-6 【例7-3】的典型输入、输出波形图

1）根据题意，设计电路的原始状态图和状态表。

设电路初始状态为A，识别到 x_1 后进入状态B，识别到 x_1-x_2 后进入状态C，识别到 $x_1-x_2-x_3$ 后进入状态D，这样可以得到该电路产生高电平的一个关键路径，如图7-7a所示。又根据每个状态有3个不同的输入情况，得到完整的原始状态图，如图7-7b所示，根据原始的状态图可得到原始的状态表，如表7-5所示。

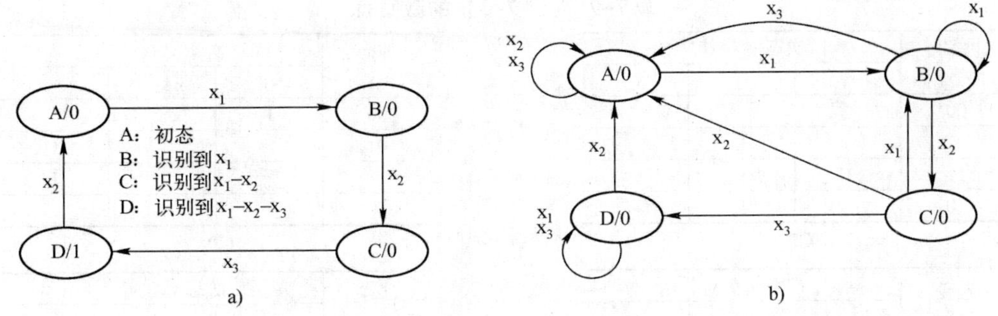

图 7-7 【例 7-3】的状态图

表 7-5 【例 7-3】的原始状态表

现　态	次　态			输　出
	x_1	x_2	x_3	Z
A	B	A	A	0
B	B	C	A	0
C	B	A	D	0
D	D	A	D	1

2）将状态化简到最简。由表 7-5 所示的状态表，可以看出该表已经是最简的了，因此不需要再进行化简了。

3）确定触发器的个数，进行状态编码。由于最简的状态表中有 4 个状态，所以电路需要两个触发器，由于编码原则 2 不适合于脉冲异步时序逻辑电路，按照编码原则 1 和编码原则 3 进行状态分配。按照编码原则 1，状态 AB、AC、AD、BC、CD 应该分配逻辑相邻的编码。按照编码原则 3，状态 AB、AC、BC 应该分配逻辑相邻的编码。因此可以得到一组可行的编码方案：A = 00、B = 01、C = 11、D = 10。

4）将编码方案代入最简状态图或状态表，得到状态转换真值表。

将编码方案代入原始的状态表，得到状态转换真值表，如表 7-6 所示。

表 7-6 【例 7-3】的状态转换真值表

现　态 $y_2^n y_1^n$	次态 $y_2^{n+1} y_1^{n+1}$			输　出
	x_1	x_2	x_3	Z
00	01	00	00	0
01	01	11	00	0
11	01	00	10	0
10	10	00	10	1

5）根据状态转换真值表，得到电路的输出方程和各触发器的时钟方程及状态方程，并根据触发器的特征方程，从状态方程中得到各触发器的激励方程。

首先，根据表 7-6，可得到输出方程为 $Z = y_2^n \overline{y_1^n}$。

然后，根据表 7-6 和表 7-3 确定各触发器的时钟输入和激励输入，应该先将发生了状态改变的位置的时钟输入填 1，并写入对应位置的激励输入，如表 7-7 所示。

表 7-7 【例 7-3】的激励表

原态	次态 $y_2^{n+1}y_1^{n+1}$		
y_2y_1	x_1	x_2	x_3
00			
01		**1**	
11	**1**	**1**	
10		**1**	

CP_2

原态	次态 $y_2^{n+1}y_1^{n+1}$		
y_2y_1	x_1	x_2	x_3
00	**1**		
01			**1**
11		**1**	**1**
10			

CP_1

原态	次态 $y_2^{n+1}y_1^{n+1}$		
y_2y_1	x_1	x_2	x_3
00			
01		**1**	
11	**0**	**0**	
10		**0**	

D_2

原态	次态 $y_2^{n+1}y_1^{n+1}$		
y_2y_1	x_1	x_2	x_3
00	**1**		
01			**0**
11		**0**	**0**
10			

D_1

为了得到尽量简化的时钟方程和激励方程，合适地选择那些没有发生状态改变的位置的时钟输入填 1 或填 0，并写入对应位置的激励输入，得到最终的激励表，如表 7-8 所示。

表 7-8 【例 7-3】的最终激励表

原态	次态 $y_2^{n+1}y_1^{n+1}$		
y_2y_1	x_1	x_2	x_3
00	0	1	0
01	1	**1**	0
11	**1**	**1**	0
10	0	**1**	0

CP_2

原态	次态 $y_2^{n+1}y_1^{n+1}$		
y_2y_1	x_1	x_2	x_3
00	**1**	0	1
01	1	0	**1**
11	0	**1**	**1**
10	0	1	1

CP_1

原态	次态 $y_2^{n+1}y_1^{n+1}$		
y_2y_1	x_1	x_2	x_3
00	d	0	d
01	0	**1**	d
11	**0**	**0**	d
10	d	**0**	d

D_2

原态	次态 $y_2^{n+1}y_1^{n+1}$		
y_2y_1	x_1	x_2	x_3
00	**1**	d	0
01	1	d	**0**
11	d	**0**	**0**
10	d	0	0

D_1

由表 7-8 得到电路中两个 D 触发器的时钟方程和激励方程为

$$CP_1 = x_3 + \overline{y_1}x_1 + y_2x_2, D_1 = x_1。$$

$$CP_2 = x_2 + y_1x_1, D_2 = x_2\overline{y_2}y_1。$$

6）检查电路能否自启动。本电路中所有状态都是有效状态，没有无效状态，因此不需要作自启动检查。

7）画出逻辑电路图。根据得到的输出方程和各触发器的时钟方程及激励方程，可画出电路的逻辑电路图，如图 7-8 所示。

【例 7-4】用边沿型 JK 触发器设计一个异步六进制加法计数器，以高电平输出作为进位信号。

解：

1）根据题意，设计出六进制加法计数器的状态图和状态表，并可以将状态化简和状态编码一并完成，状态图如图 7-9 所示，状态表如表 7-9 所示。

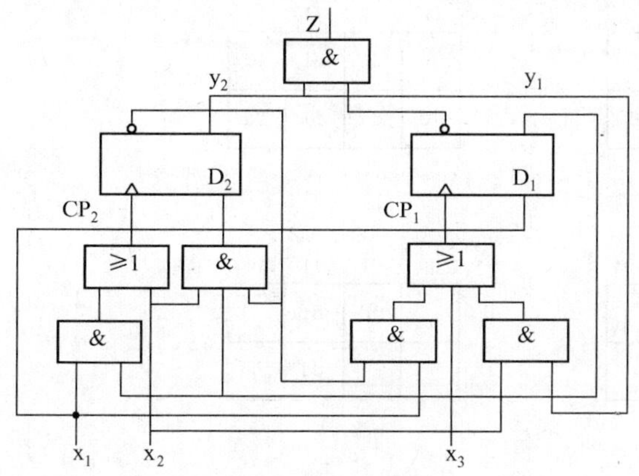

图 7-8 【例 7-3】的逻辑电路图

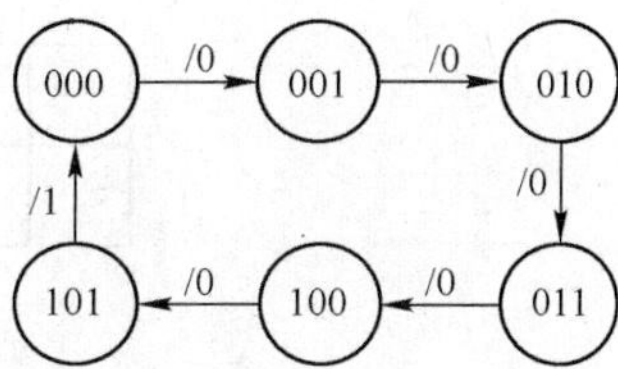

图 7-9 【例 7-4】的状态图

表 7-9 【例 7-4】的状态表

输入		二次状态	激励状态	输入		二次状态	激励状态
R	S	y	Y	R	S	y	Y
0	0	0	0	1	0	0	0
0	0	1	1	1	0	1	0
0	1	0	1	1	1	0	0
0	1	1	1	1	1	1	0

2）根据最简状态图和状态表，得到状态转换真值表，如表 7-10 所示。

表 7-10 【例 7-4】的状态转换真值表

现态			次态			输出
Q_2^n	Q_1^n	Q_0^n	Q_2^{n+1}	Q_1^{n+1}	Q_0^{n+1}	Z
0	0	0	0	0	1	0
0	0	1	0	1	0	0
0	1	0	0	1	1	0
0	1	1	1	0	0	0
1	0	0	1	0	1	0
1	0	1	0	0	0	1
1	1	0	d	d	d	d
1	1	1	d	d	d	d

3）根据状态转换真值表，得到电路的输出方程和各触发器的时钟方程及状态方程，并根据触发器的特征方程，从状态方程中得到各触发器的激励方程。

首先，根据表 7-10，可以得到输出 Z 的卡诺图，如图 7-10 所示。

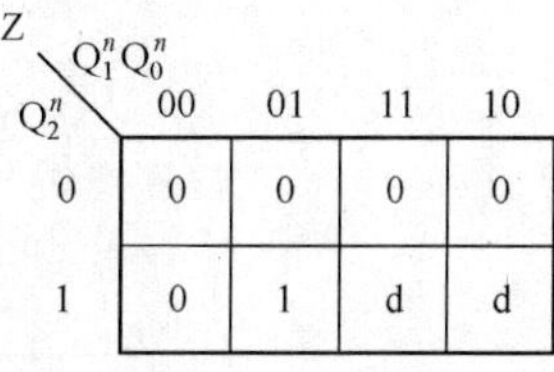

图 7-10 【例 7-4】中输出 Z 的卡诺图

为了防止无效状态产生错误输出，因此只严格圈定为 1 的格子，可得到输出方程为 $Z = Q_2^n \overline{Q_1^n} Q_0^n$。

然后，根据表 7-10 和表 7-4 确定 3 个边沿型 JK 触发器的时钟输入和激励输入，应该先将发生了状态改变的位置的时钟输入填 1，并写入对应位置的激励输入，如图 7-11 所示。

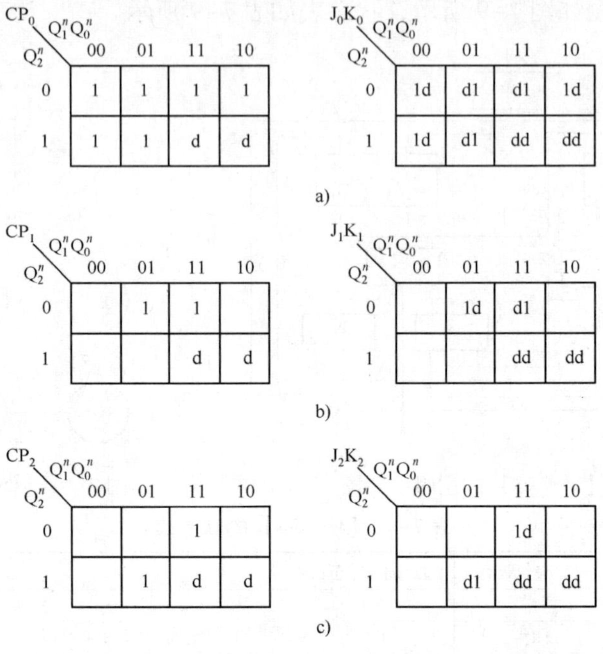

图 7-11 【例 7-4】的时钟输入和激励输入

a）CP_0 和 J_0、K_0 的卡诺图 b）CP_1 和 J_1、K_1 的卡诺图 c）CP_2 和 J_2、K_2 的卡诺图

为了得到尽量简化的时钟方程和激励方程，合适地选择那些没有发生状态改变的位置的时钟输入填 1 或填 0，并写入对应位置的激励输入，得到最终的激励表，如图 7-12 所示。

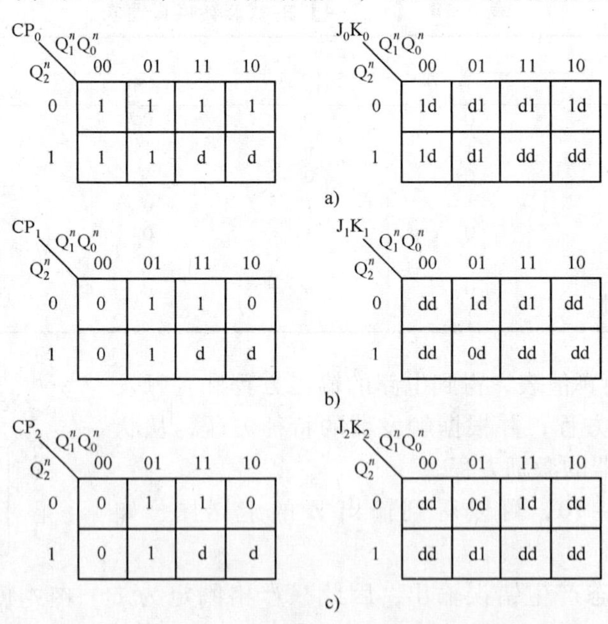

图 7-12 【例 7-4】的最终时钟输入和激励输入

a）CP_0 和 J_0、K_0 的最终卡诺图 b）CP_1 和 J_1、K_1 的最终卡诺图 c）CP_2 和 J_2、K_2 的最终卡诺图

电路在外部输入 CP 控制下发生状态变化，由图 7-12 得到电路中 3 个边沿型 JK 触发器的时钟方程和激励方程为

$CP_0 = 1 \cdot CP = CP$，$J_0 = K_0 = 1$；$CP_1 = Q_0$，$J_1 = \overline{Q_2^n}$，$K_1 = 1$；$CP_2 = Q_0$，$J_2 = Q_1^n$，$K_2 = 1$。

4）检查电路能否自启动。电路存在两个无效状态，根据时钟方程和激励方程，分别检查两个无效状态的次态，如表 7-11 所示，其中 CP = 1 表示有外部输入脉冲，表中只给出了各 JK 触发器应该发生状态改变的下降沿。

表 7-11 【例 7-4】的无效状态的次态表

输入	现态			次态			时钟			输出
CP	Q_2^n	Q_1^n	Q_0^n	Q_2^{n+1}	Q_1^{n+1}	Q_0^{n+1}	CP_2	CP_1	CP_0	Z
1	1	1	0	1	1	1			↓	0
1	1	1	1	0	0	0	↓	↓	↓	0

5）画出逻辑电路图。根据得到的输出方程和各触发器的时钟方程及激励方程，可画出电路的逻辑电路图，如图 7-13 所示。

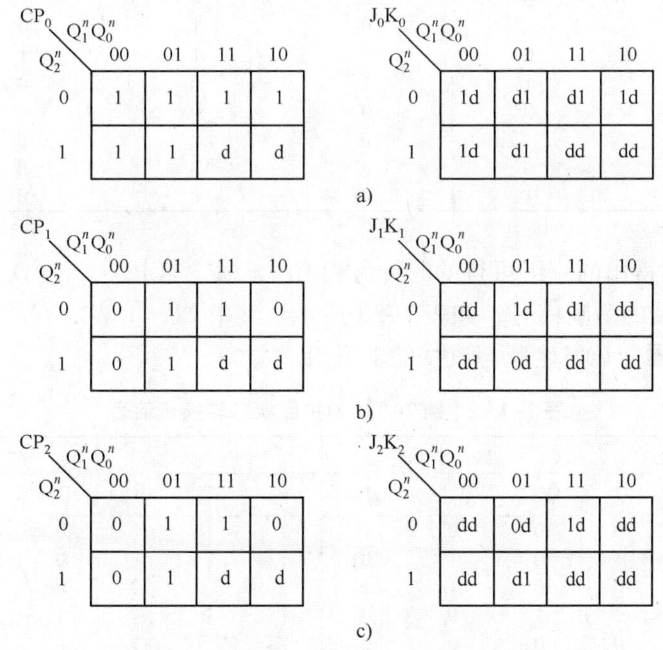

图 7-13 【例 7-4】的逻辑电路图

2. 从时序图出发设计脉冲异步时序逻辑电路

该方法应该根据题设要求，先给出电路的时序图，分析时序图得到该电路的一种时钟方程的可行方案，再根据电路的状态转换真值表，分析时钟方程和触发器的特征方程，得到电路各触发器的激励方程，进而得到逻辑电路图。

【例 7-5】用边沿型 D 触发器设计一个异步五进制加法计数器，以高电平输出作为进位信号。

解：先给出电路的时序图，如图 7-14 所示。

由图 7-14 所示的时序图中 Q_0、Q_1、Q_2 发生变化的位置，可以得出一组可行的时钟方程为

$$CP_0 = CP_2 = CP，CP_1 = \overline{Q_0}。$$

该电路是一个五进制加法计数器，因此其状态图应该如图 7-15 所示。

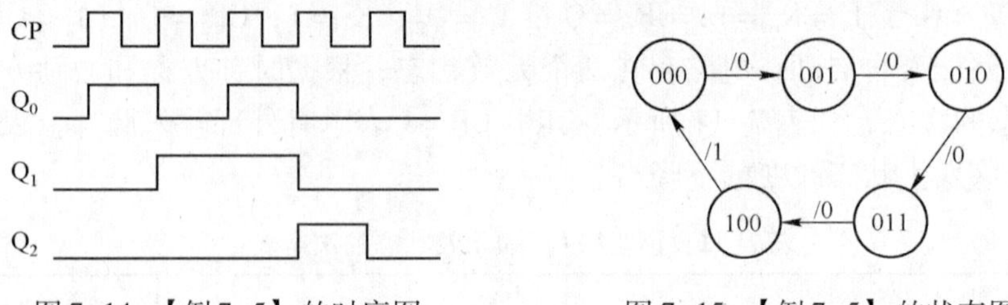

图 7-14 【例 7-5】的时序图　　　　图 7-15 【例 7-5】的状态图

由图 7-15 所示的状态图，可以得到电路的状态转换真值表，如表 7-12 所示。

表 7-12 【例 7-5】的状态转换真值表

现　态			次　态			输　出
Q_3^n	Q_2^n	Q_1^n	Q_3^{n+1}	Q_2^{n+1}	Q_1^{n+1}	Z
0	0	0	0	0	1	0
0	0	1	0	1	0	0
0	1	0	0	1	1	0
0	1	1	1	0	0	0
1	0	0	0	0	0	1
1	0	1	d	d	d	d
1	1	0	d	d	d	d
1	1	1	d	d	d	d

根据表 7-12 和得出的一组可行的时钟方程 $CP_0 = CP_2 = CP$、$CP_1 = \overline{Q_0}$，扩展状态转换真值表，填入各触发器的激励信号，如表 7-13 所示，其中 CP = 1 表示有外部输入脉冲，表中只给出了各 D 触发器应该发生状态改变的上升沿。

表 7-13 【例 7-5】的扩展状态转换真值表

输入	现　态			次　态			时　钟			激　励			输出
CP	Q_2^n	Q_1^n	Q_0^n	Q_0^{n+1}	Q_2^{n+1}	Q_2^{n+1}	CP_2	CP_2	CP_0	D_2	D_1	D_0	Z
1	0	0	0	0	0	1	↑		↑	0	d	1	0
1	0	0	1	0	1	0	↑	↑	↑	0	1	0	0
1	0	1	0	0	1	1	↑		↑	0	d	1	0
1	0	1	1	1	0	0	↑	↑	↑	1	0	0	0
1	1	0	0	0	0	0	↑		↑	0	d	0	1
1	1	0	1	d	d	d				d	d	d	d
1	1	1	0	d	d	d				d	d	d	d
1	1	1	1	d	d	d				d	d	d	d

由表 7-13 可得电路的输出方程和 3 个触发器的激励方程的卡诺图，如图 7-16 所示。

由图 7-16 所示的卡诺图可得电路的输出方程为 $Z = Q_2^n \overline{Q_1^n}\,\overline{Q_0^n}$，3 个触发器的激励方程为 $D_0 = \overline{Q_2^n}\,\overline{Q_0^n}$，$D_1 = \overline{Q_1^n}$，$D_2 = Q_1^n Q_0^n$。

由于电路存在 3 个无效状态，所以需要对这 3 个无效状态进行自启动检查。根据时钟方程、激励方程和输出方程，分别检查两个无效状态的次态和输出，如表 7-14 所示，其中 CP = 1 表示有外部输入脉冲，表中只给出了各 D 触发器应该发生状态改变的上升沿。

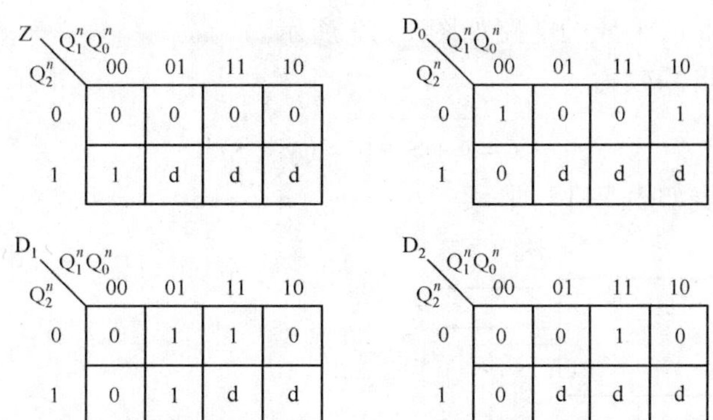

图 7-16 【例 7-5】的输出方程和 3 个触发器的激励方程的卡诺图

表 7-14 【例 7-5】的无效状态的次态表

输入	现态			次态			时钟			输出
CP	Q_2^n	Q_1^n	Q_0^n	Q_2^{n+1}	Q_1^{n+1}	Q_0^{n+1}	CP_2	CP_1	CP_0	Z
1	1	0	1	0	1	0	↑	↑	↑	0
1	1	1	0	0	1	0	↑		↑	0
1	1	1	1	1	0	0	↑	↑	↑	0

经检查，电路可以自启动，因此根据得到的输出方程和各触发器的时钟方程及激励方程，可画出电路的逻辑电路图，如图 7-17 所示。

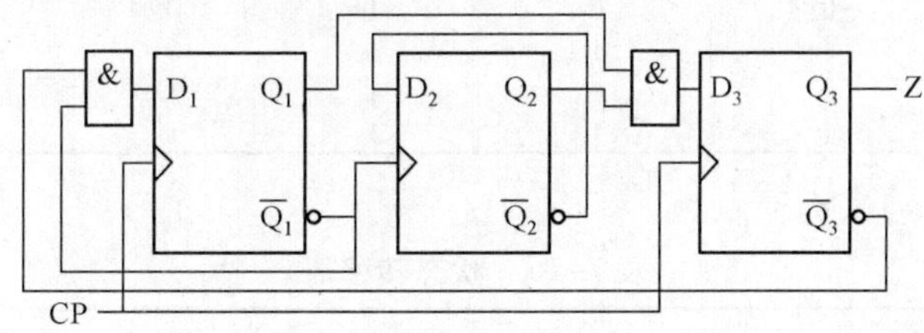

图 7-17 【例 7-5】的逻辑电路图

7.3 电平异步时序逻辑电路

本章前两节讨论了脉冲异步电路，状态的改变依赖于脉冲（时钟脉冲或输入脉冲）。为进一步提高电路的工作速度，降低功耗，可以采用电平异步时序逻辑电路，其结构框图如图 7-18 所示。

在存储电路中采用无时钟的触发器或门电路，“延迟”可以是电路元器件的延迟、电路的延迟或专门的延迟器件。为了便于分析，假设所有反馈回路的延迟时间 Δt 都相同。电路中 Y 随 X 的变化而变化，Y 变化后经过一定的延迟后形成二次状态 y 反馈到输入端，从而引起电路状态的进一步变化，直到 Y = y，电路才进入稳定状态。

为确保电平异步时序电路工作正常，对输入信号进行一定的限制。

1）不允许两个或两个以上的输入电平同时发生变化。如当输入为 00 时，输入只能进行 00→01 或 00→10 变化，不能进行 00→11 的变化，（称为输入只能进行相邻变化）。

2）输入电平的变化引起的整个电路响应结束之后，才允许输入电平进行第二次变化。即仅当电路处于稳态时，才允许输入信号发生变化。

例如，一个由或非门组成的电路如图 7-19 所示。

其激励函数和输出函数为

$$Y=\overline{\overline{y+S}+R}=(y+S)\overline{R}$$

其状态转移真值表如表 7-15 所示。

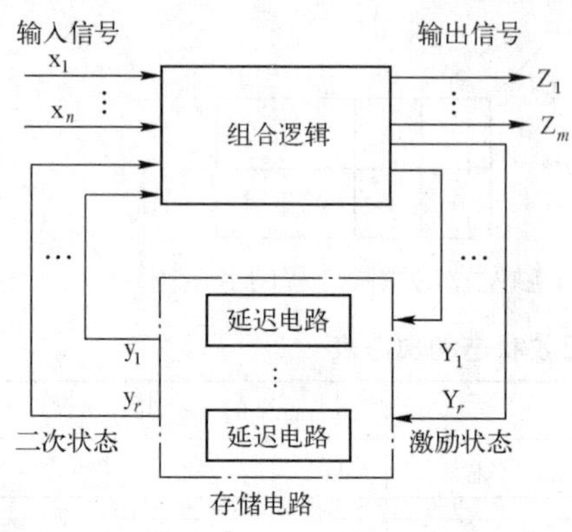

图 7-18　电平异步时序逻辑电路结构框图

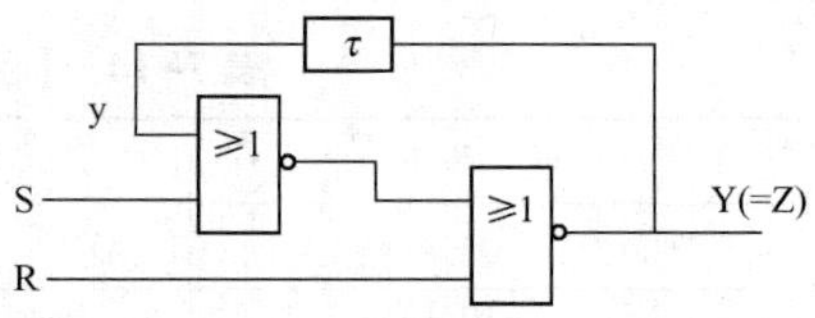

图 7-19　或非门组成的电路图

表 7-15　状态转移真值表

输入		二次状态	激励状态	输入		二次状态	激励状态
R	S	y	Y	R	S	y	Y
0	0	0	0	1	0	0	0
0	0	1	1	1	0	1	0
0	1	0	1	1	1	0	0
0	1	1	1	1	1	1	0

状态转移表如表 7-16 所示。

表 7-16　状态转移表

二次状态	激励状态 Y/Z			
y	RS = 00	RS = 01	RS = 10	RS = 11
0	⓪/0	1/1	⓪/0	⓪/0
1	⓪/1	⓪/1	0/0	0/0

在输入状态不变的情况下，如果激励状态与二次状态相同，则称为稳定状态。如果激励状态与二次状态不同，则称为不稳定状态。通过输入和二次状态就可以确定电路的激励状态，因此，将输入和二次状态写在一起，称为电路的总态，记作（x，y）。

状态转移表又称为流程表，因为输入发生变化时，可以通过它确定状态信号的变化过程。当输入信号发生变化时，首先是激励状态发生变化，在流程表上表现为总态做水平方向移动，然后是二次状态变化，即总态在流程表上做垂直方向移动，直到达到稳定总态。

例如，在（00，0）时，输入作 00→01 变化，则总态的变化为（00，0）→（10，0）→（01，1）。又如在（11，0）时，输入作 11→10 变化，则总态的变化为（11，0）→（10，0）。

从流程表可以看出任何行（对应于某种二次状态）和任何列（对应于某种输入）一般都不止有一个圈（稳定状态），因此在电平异步电路中要用“总态/输出”来反映电路的状况。用箭头来代表输入允许变化的方向，就可以将流程表画成总态图，如图 7-20 所示。

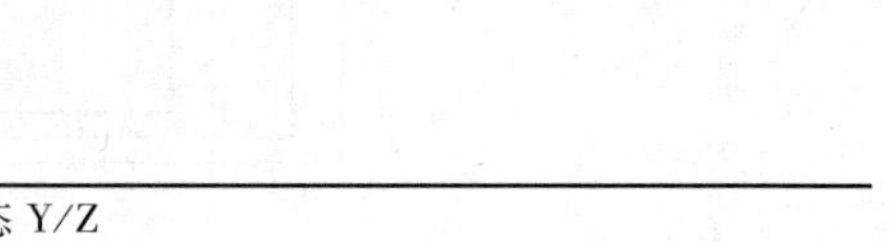

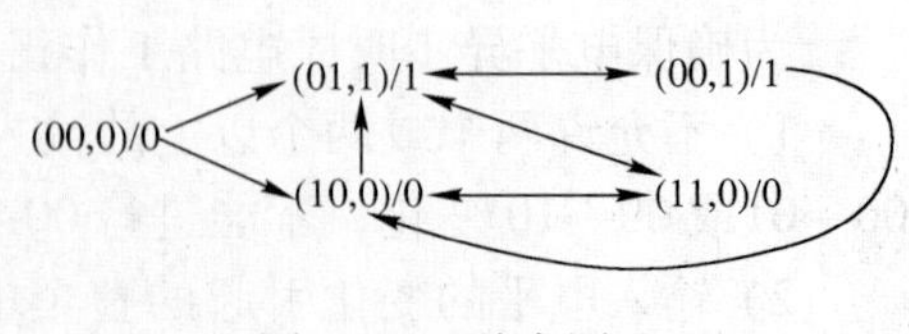

图 7-20　总态图

7.3.1 电平异步时序逻辑电路的分析

电平异步时序逻辑电路的分析是对给定的电路图，根据逻辑函数确定流程表，根据输入波形，作出状态变化的时间图，最后说明电路的功能，其主要步骤如下。

1）分析电路的组成结构，写出激励方程与输出方程。

2）列出流程表，并在流程表中圈出所有稳定的激励状态，根据流程表画出流程图。

3）根据输入波形作出总态响应序列，根据总态响应序列画出时间图。

4）说明电路功能。

下面通过例子来说明上述分析步骤。

【例 7-6】 分析如图 7-21 所示的电路，说明其功能。

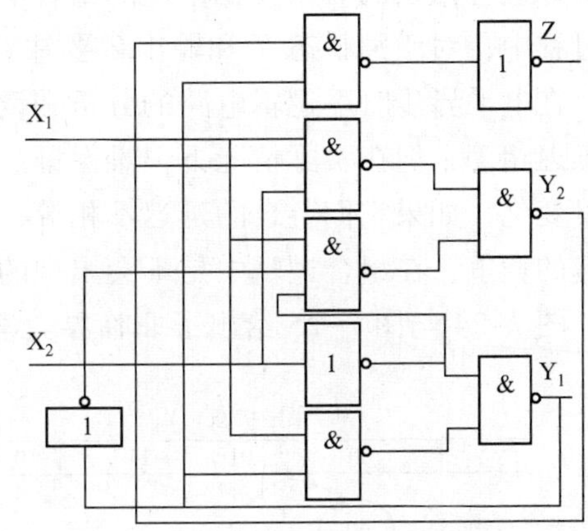

图 7-21 例 7-6 电路图

解：电路的激励方程和输出方程为

$$Y_2 = X_1 X_2 y_2 + X_1 \overline{X_2} \cdot \overline{y_1}$$

$$Y_1 = X_2 + X_1 y_1$$

$$Z = y_2 y_1$$

电路的流程表如表 7-17 所示（圆圈表示标记状态）。

表 7-17 流程表

二次状态	激励状态/输出（Y_2Y_1/Z）			
y_2y_1	$X_2X_1=00$	$X_2X_1=01$	$X_2X_1=11$	$X_2X_1=10$
00	⓪⓪/0	10/0	01/0	01/0
01	00/0	⓪①/0	⓪①/0	⓪①/0
11	00/1	01/1	①①/1	01/1
10	00/0	①⓪/0	11/0	01/0

电路的流程图如图 7-22 所示。

由图可知，该电路为 00 - 01 - 11 序列检测器。

设电路的初始总态为（X_2X_1，y_2y_1）=（00，00），当输入序列为 00→01→11→10→00→ 10→11→01 时，其总态的变化如图 7-23 所示。

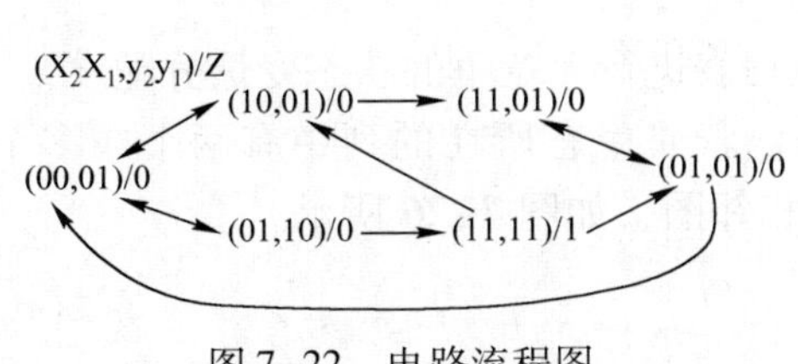

图 7-22 电路流程图

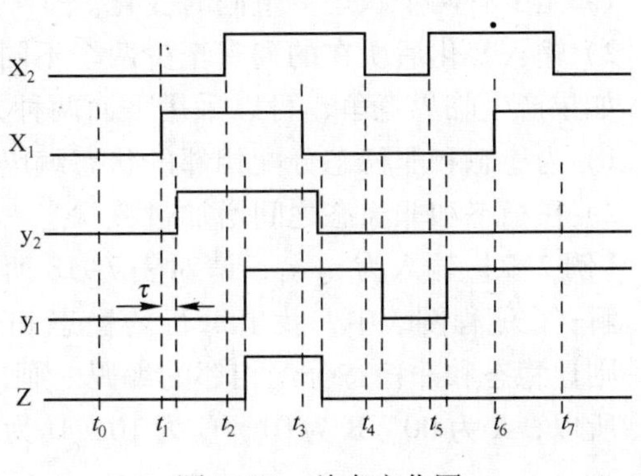

图 7-23 总态变化图

7.3.2 电平异步时序逻辑电路中的竞争与险象

电平异步时序逻辑电路中包含许多组合电路，如果组合电路的内部输出 Y 上出现险象，就会导致错误的状态转换，可能使电路最后停留在不是原来所期望的状态上。对于电平异步电路，这种错误的后果要比单纯的组合电路严重得多。所以，在设计电平异步时序逻辑电路的过程中，对激励状态 Y 和输出 Z 要注意消除这种组合险象。

在电平异步时序逻辑电路的分析和设计中，通常假设每个激励状态变量到二次状态变量的延迟相等，但在实际情况下很难保证。如果输入发生变化，同时引起两个或多个激励状态变量变化，如果它们各自的延迟不相等，则有可能使电路处于错误的状态。这种由于反馈所引起的竞争，在组合逻辑中是不会出现的，是电平异步时序电路中所特有的。

图 7-24 与图 7-25 给出了非临界竞争和临界竞争两种情况的示意图。

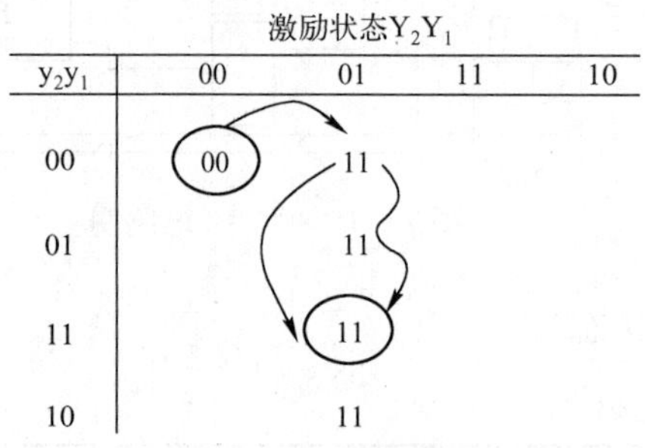

图 7-24　非临界竞争

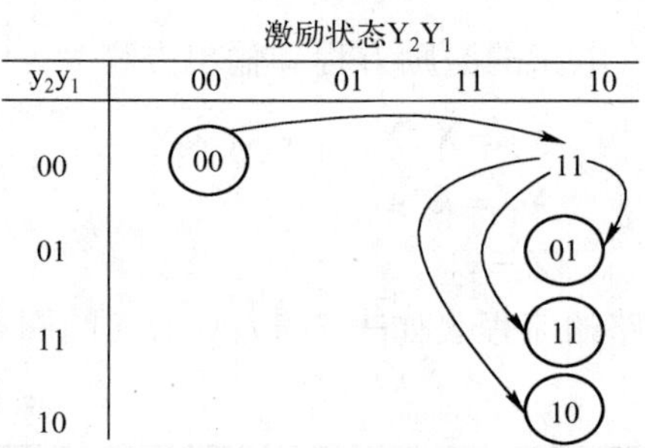

图 7-25　临界竞争

在图 7-24 中，当输入由 00→01 时，y_2y_1 应当由 00→11，但是 y_2y_1 不可能保证同时变化，所以，可能出现的变化是 00→01→11，或 00→10→11，无论哪种变化，在图 7-24 中它都会到达正确的稳态，这种情况称为非临界竞争。而在图 7-25 中，当输入由 00→10 时，y_2y_1 应当由 00→11，但是 y_2y_1 不可能保证同时由 0→1，所以，还有可能出现由 00→01 到达 01 稳态，也有可能由 00→10 到达 10 稳态，这种由于延迟不相等，导致最终到达不希望的状态的现象，称为临界竞争。

临界竞争的两个必要条件：

1）至少有两个状态变量同时变化。

2）输入变化后所在的列有至少两个不同的稳态。

如果产生临界竞争，可以采用下面两种方法中的一种来消除状态竞争。

1）为稳态和非稳态分配相邻的状态编码。

2）在稳态和非稳态之间增加过渡状态。

【例 7-7】 输入为 x_2 x_1，请对表 7-18 所示的流程表进行无竞争的状态变量分配。

解： 在流程图表中，找出每行的稳态和非稳态，若非稳态所在的列中有两个或多个稳态，则让稳态和非稳态分配相邻的编码。画出状态相邻图，如图 7-26 所示。

所以，A 为 00，B 为 01，C 为 10，D 为 11。

表 7-18 流程表

二次状态	00	01	11	10
A	Ⓐ	C	B	Ⓐ
B	A	Ⓑ	Ⓑ	Ⓑ
C	Ⓒ	Ⓒ	D	A
D	C	Ⓓ	Ⓓ	Ⓓ

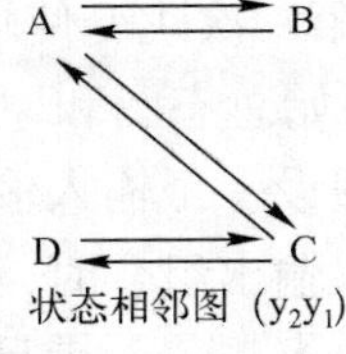

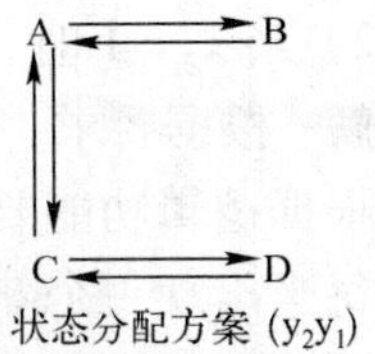

图 7-26 状态相邻图

【例 7-8】 已知输入为 x_2 x_1，请对表 7-19 所示的流程表进行无竞争的状态变量分配。

解： 根据流程表画出状态相邻图，如图 7-27 所示。

表 7-19 流程表

二次状态	00	01	11	10
A	Ⓐ/1	C/0	Ⓐ/0	B/0
B	A/1	Ⓑ/1	C/1	Ⓑ/0
C	Ⓒ/0	Ⓒ/0	Ⓒ/1	Ⓒ/1

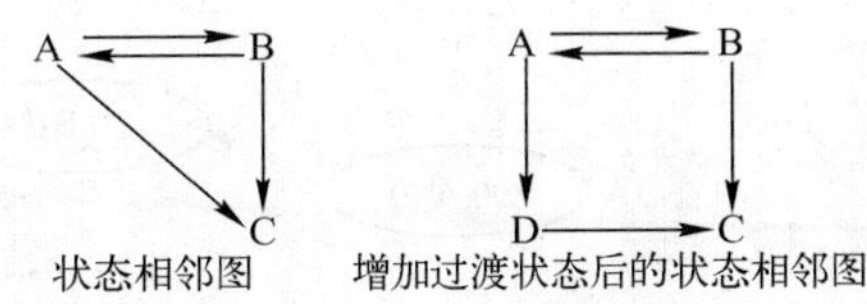

图 7-27 状态相邻图

在原有的状态相邻图中无法保证所有需要相邻的状态都能够分配为相邻状态，所以需要添加过渡状态，从而实现状态的相邻。本例在 A→C 之间添加过渡状态 D，以消除 A、C 之间的状态竞争。添加过渡状态 D 后，修改流程表，添加一行 D，在原来 A→C 的地方修改 C/0 为D/0，同时在 D 行所对应的列填 C/0。D 行其他列可以填为无关项，也可以填与 D 相邻的状态（A 或 C），如表 7-20 所示。

表 7-20 流程表

二次状态	00	01	11	10
A	Ⓐ/1	**D/0**	Ⓐ/0	B/0
B	A/1	Ⓑ/1	C/1	Ⓑ/0
C	Ⓒ/0	Ⓒ/0	Ⓒ/1	Ⓒ/1
D	—/—	**C/0**	—/—	—/—

7.3.3 电平异步时序逻辑电路的设计

电平异步时序逻辑电路的设计包括以下几个步骤。

1）根据要求，建立原始总态图和原始流程表。

2）对流程表进行状态化简。

3）对简化的流程表进行无临界竞争的状态分配。

4）写出激励状态和输出表达式。

5）画出逻辑电路图。

下面通过具体的例子来说明每一步的详细过程。

【例 7-9】 设计一个电平异步电路的原始流程表，已知输入为 x_1 和 x_2，输出为 Z，输入输出满足如下关系。

1）只要 $x_1=0$，则 $Z=0$。

2）当 $x_1=1$ 时，x_2 的第一次跳变使输出 Z=1，直到 $x_1=0$ 时，输出才由 1 变为 0。

解： 根据要求，建立原始总态图和原始流程表。

根据逻辑功能要求，假设一个输入输出作为初始状态，由初始状态出发，输入做相邻变化，每当出现一个新的输入输出组合时，添加一个新状态，如果出现的输入输出组合已经存在，则要看是否符合设计要求，若不满足设计要求，则仍应添加一个新状态。

从所有的状态出发，输入做相邻变化，直到不产生新状态为止，然后再由总态图形成原始流程表。在设计过程中，还可以画出典型的输入输出时间图以帮助设计。

假设初始状态为（00，A）/0，输入为 x_1x_2，将总态图分为如图 7-28 所示的几个小图。

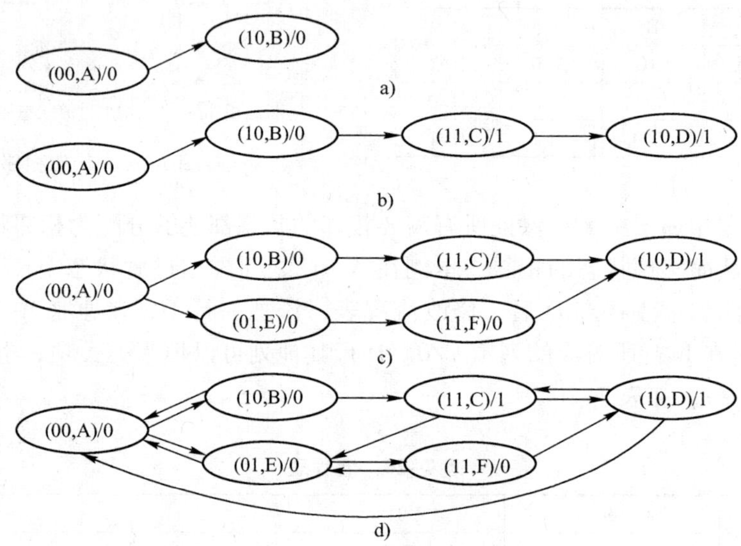

图 7-28　完整的原始总态图

根据原始总态图可以列出原始流程表，每个二次状态占一行，如表 7-21 所示。

表 7-21　部分原始流程表

二次状态	激励状态/输出			
	$x_1x_2=00$	$x_1x_2=01$	$x_1x_2=11$	$x_1x_2=10$
A	Ⓐ/0			
B				Ⓑ/0
C			Ⓒ/1	
D				Ⓓ/1
E		Ⓔ/0		
F			Ⓕ/0	

根据原始总态图，从每行的稳态出发，输入做相邻变化，填写相应的过渡状态和输出，过渡状态的输出与两个稳态的输出相同，如果两个稳态的输出不同，则过渡状态的输出为无关项。在输入不可能出现的列，状态和输出均为无关项。

表 7-22 所示为根据总态图中 A 状态的输入变化做出的部分原始流程表。

表 7-22 部分原始流程表

二次状态	激励状态/输出			
	$x_1x_2=00$	$x_1x_2=01$	$x_1x_2=11$	$x_1x_2=10$
A	Ⓐ/0	E/0	—/—	B/0
B				Ⓑ/0
C			Ⓒ/1	
D				Ⓓ/1
E		Ⓔ/0		

对总态表中的每一个稳态均按上述的方法作出完整的原始流程表，如表 7-23 所示。

表 7-23 完整的原始流程表

二次状态	激励状态/输出			
	$x_1x_2=00$	$x_1x_2=01$	$x_1x_2=11$	$x_1x_2=10$
A	Ⓐ/0	E/0	—/—	B/0
B	A/0	—/—	C/—	Ⓑ/0
C	—/—	E/—	Ⓒ/1	D/1
D	A/0	—/—	C/1	Ⓓ/1
E	A/0	Ⓔ/0	F/0	—/—
F	—/—	E/0	Ⓕ/0	D/—

【例 7-10】 设计一个电平异步电路，已知输入为 x_2x_1，输出为 Z。当输入 x_2x_1 为 00→01→11时，输出为 1，否则输出为 0。画出电路的逻辑图。

解：

1）根据要求，建立原始总态图和原始流程表。注意 F 状态的添加是因为当输入为00→01→11→01→11 时，输出应为 0，而不是 1。

根据如图 7-29 所示的原始总态图可以作出原始流程表，如表 7-24 所示，输入为 x_2x_1。

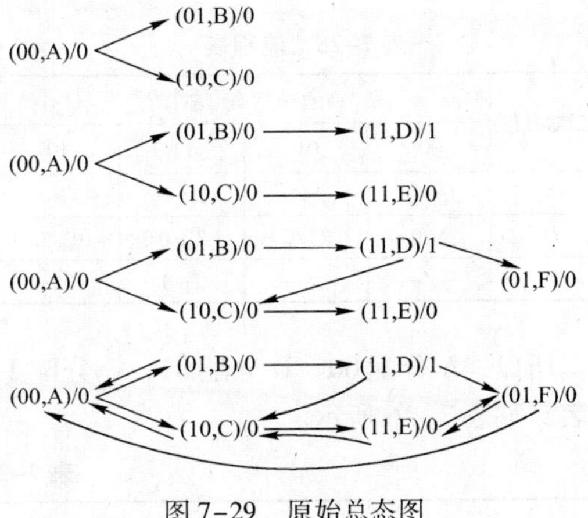

图 7-29 原始总态图

表 7-24 原始流程表

二次状态	激励状态/输出			
	00	01	11	10
A	Ⓐ/0	B/0	—/—	C/0
B	A/0	Ⓑ/0	D/—	—/—
C	A/0	—/—	E/0	Ⓒ/0
D	—/—	F/—	Ⓓ/1	C/—
E	—/—	F/0	Ⓔ/0	C/0
F	A/0	Ⓕ/0	E/0	—/—

2）对原始流程表进行状态化简。

化简的方法与同步时序电路中状态化简的方法相同，采用隐含表法进行化简，如图 7-30 所示。

根据相容状态作状态合并图，如图 7-31 所示。

最大相容类的集合为｛（A，B），（D），（C，E，F）｝

简化后的流程表如表 7-25 所示。

3）对简化的流程表进行无临界竞争的状态分配。

根据简化的流程表作状态相邻图，在可能产生临界竞争的情况下分配相邻状态，如图 7-32所示。

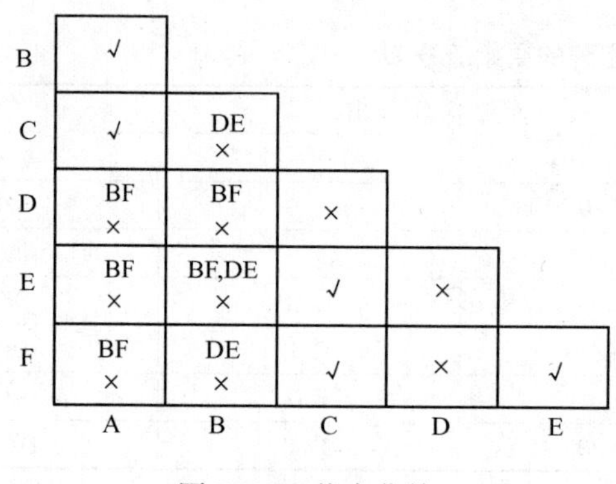

图 7-30　状态化简

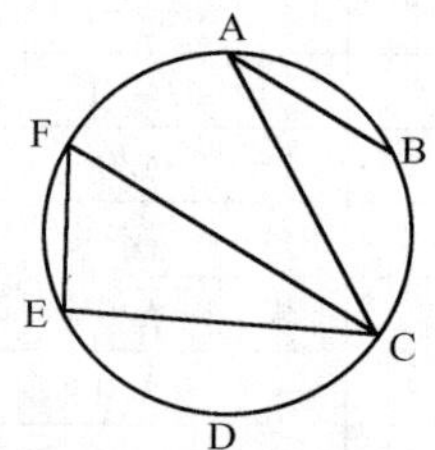

图 7-31　状态合并图

表 7-25　流程表

二次状态	激励状态/输出			
	00	01	11	10
A	Ⓐ/0	Ⓐ/0	D/—	C/0
C	A/0	Ⓒ/0	Ⓒ/0	Ⓒ/0
D	—/—	C/—	Ⓓ/1	C/—

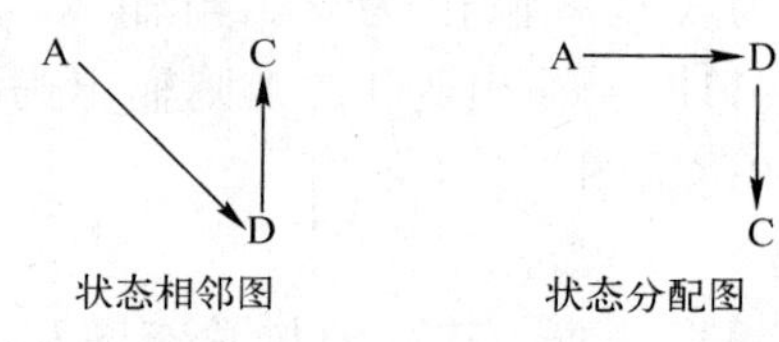

图 7-32　状态分配

所以，A 分配 00，D 分配 01，C 分配 11。根据分配的状态值，可得到二进制形式的流程表，如表 7-26 所示。

表 7-26　流程表

二次状态 y_2y_1	Y_2Y_1/Z			
	$x_2x_1=00$	$x_2x_1=01$	$x_2x_1=11$	$x_2x_1=10$
00	00/0	00/0	01/—	11/0
01	—/—	11/—	01/1	11/—
11	00/0	11/0	11/0	11/0
10	—/—	—/—	—/—	—/—

4）写出激励状态和输出表达式。

根据上面的二进制流程表，可得输出和激励的表达式，如图 7-33 所示。

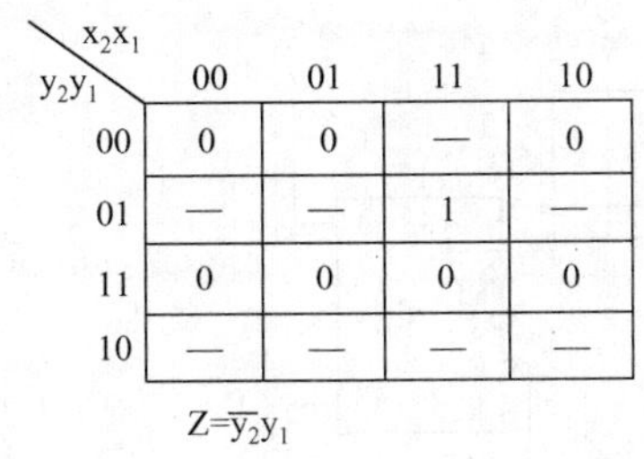

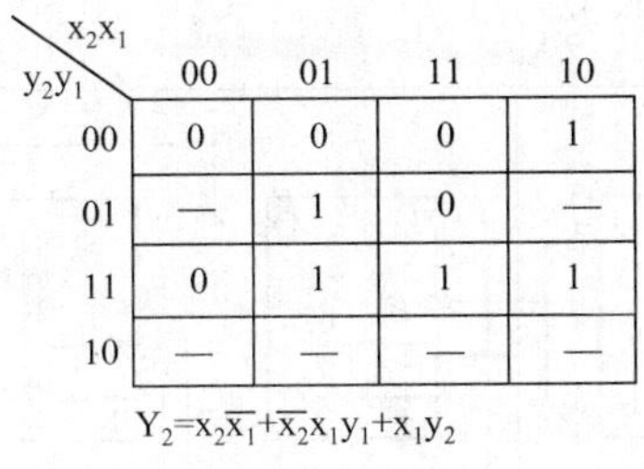

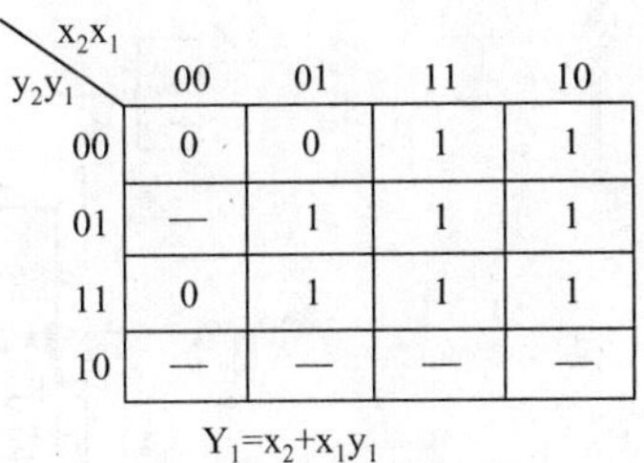

图 7-33　输出和激励的表达式

5）画出逻辑电路图，如图 7-34 所示。

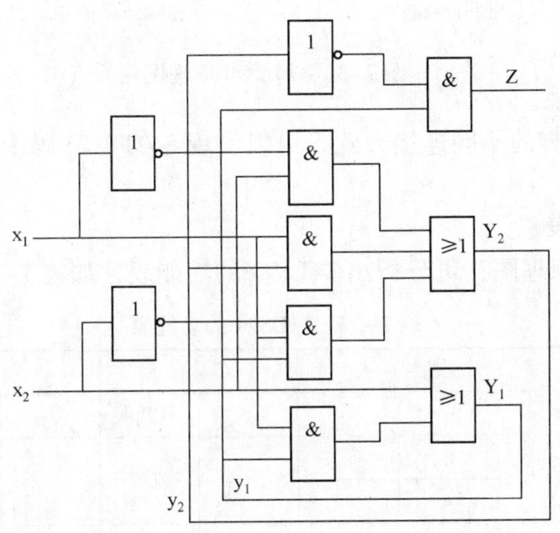

图 7-34　【例 7-10】的电路图

7.4　异步计数器的原理与应用

集成芯片 74LS90 是一个异步的 BCD 码十进制计数器，它本质上是一种二 - 五 - 十进制计数器。74LS90 是由两个独立的计数器组成的，一个计数器是二进制计数器，另一个计数器是五进制计数器。

1. 74LS90 的电路结构

74LS90 的引脚图如图 7 - 35 所示。注意 74LS90 的引脚中电源（U_{CC}）和地（GND）的位置比较特殊。

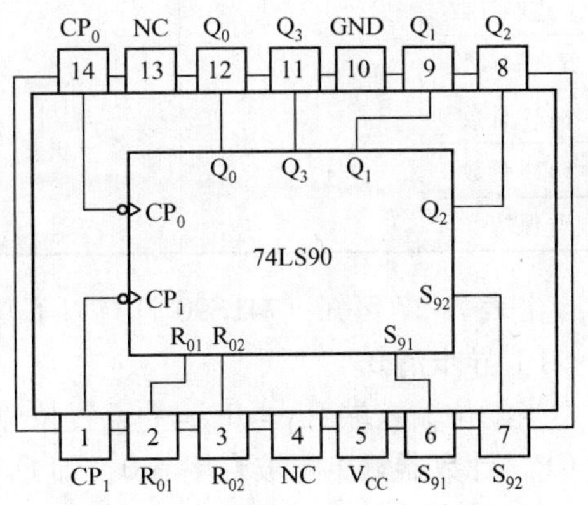

图 7-35　74LS90 的引脚图

74LS90 的原理图如图 7-36 所示。

图 7-36 中的左边第 1 个触发器构成一个二进制计数器，其余 3 个触发器构成一个异步五进制计数器，因此，74LS90 可以实现二进制计数、五进制计数和十进制计数，而对于十

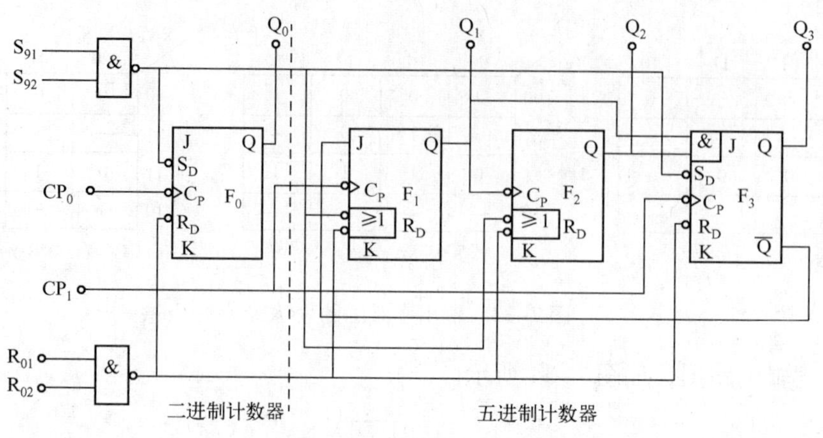

图 7-36　74LS90 原理图

进制计数来说，根据引脚的不同连接方式，可以实现 8421BCD 码十进制计数和 5421BCD 码十进制计数。

2. 74LS90 的功能表

由图 7-36 所示的原理图，可分析出 74LS90 的功能表，如表 7-27 所示。

表 7-27　74LS90 的功能表

<table>
<tr><th rowspan="2">功　能</th><th colspan="6">输　　入</th><th colspan="4">输　　出</th></tr>
<tr><th>R_{01}</th><th>R_{02}</th><th>S_{91}</th><th>S_{92}</th><th>CP_0</th><th>CP_1</th><th>Q_3</th><th>Q_2</th><th>Q_1</th><th>Q_0</th></tr>
<tr><td rowspan="2">异步清零</td><td rowspan="2">1</td><td rowspan="2">1</td><td>0</td><td>×</td><td rowspan="2">×</td><td rowspan="2">×</td><td rowspan="2">0</td><td rowspan="2">0</td><td rowspan="2">0</td><td rowspan="2">0</td></tr>
<tr><td>×</td><td>×</td></tr>
<tr><td rowspan="2">异步置 9</td><td>0</td><td>×</td><td rowspan="2">1</td><td rowspan="2">1</td><td rowspan="2">×</td><td rowspan="2">×</td><td rowspan="2">1</td><td rowspan="2">0</td><td rowspan="2">0</td><td rowspan="2">1</td></tr>
<tr><td>×</td><td>0</td></tr>
<tr><td>二进制计数</td><td rowspan="5">0
×</td><td rowspan="5">×
0</td><td rowspan="5">0
×</td><td rowspan="5">×
0</td><td>↓</td><td>0</td><td colspan="4">输出 Q_0</td></tr>
<tr><td>五进制计数</td><td>0</td><td>↓</td><td colspan="4">输出 $Q_3Q_2Q_1$</td></tr>
<tr><td>8421 计数</td><td>↓</td><td>Q_0</td><td colspan="4">输出 8421 码 $Q_3Q_2Q_1Q_0$</td></tr>
<tr><td>5421 计数</td><td>Q_3</td><td>↓</td><td colspan="4">输出 5421 码 $Q_3Q_2Q_1Q_0$</td></tr>
<tr><td>保持</td><td>0</td><td>0</td><td colspan="4">不变</td></tr>
</table>

由表 7-27 可知，74LS90 具有以下功能。

1）异步清 0。

当复位输入端 $R_{01}=R_{02}=1$ 且置位输入端 S_{91}、S_{92} 至少有一个为 0 时，不论有无时钟脉冲 CP，计数器输出将被直接清 0，即 $Q_3Q_2Q_1Q_0=0000$。

2）异步置 9。

当置位输入端 $S_{91}=S_{92}=1$ 且复位输入端 R_{01}、R_{02} 至少有一个为 0 时，不论有无时钟脉冲 CP，计数器输出将被直接置 9，即 $Q_3Q_2Q_1Q_0=1001$。

3）保持。

当 $R_{01}R_{02}=0$ 且 $S_{91}S_{92}=0$ 时，若无计数脉冲，则计数器将保持输出不变。

4）计数。

当 $R_{01}R_{02}=0$ 且 $S_{91}S_{92}=0$ 时，若有计数脉冲，根据 CP_0 和 CP_1 的不同接法，计数器可实现二进制计数、五进制计数和十进制计数。

在实现十进制计数时，如果 CP_0 外接时钟脉冲 CP，CP_1 接 Q_0，则二进制计数器作为低位计数，五进制计数器作为高位计数，因此，可以实现 8421 码十进制计数功能，如图 7-37a 所示。如果 CP_1 外接时钟脉冲 CP，CP_0 接 Q_3，则二进制计数器作为高位计数，五进制计数器作为低 3 位计数，因此，可以实现 5421 码十进制计数功能，如图 7-37b 所示。

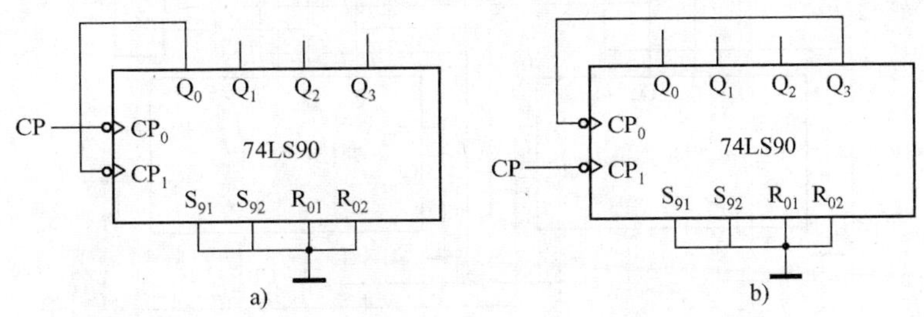

图 7-37　74LS90 十进制计数的连接方法

a）8421 计数　b）5421 计数

3. 74LS90 的应用

74LS90 的应用主要体现在两个方面，一是构成任意进制计数器，二是 74LS90 的级联。

（1）构成任意进制计数器

构成任意进制计数器主要利用复位输入端 R_{01} 和 R_{02} 异步清 0，使计数器状态返回到 0000。

【例 7-11】 用 74LS90 构成七进制计数器。

解： 七进制计数器应该包含 7 个状态，由于 74LS90 的复位输入端 R_{01} 和 R_{02} 是异步清 0 的，因此，需要计数到 7 再清 0，其实现电路如图 7-38 所示。

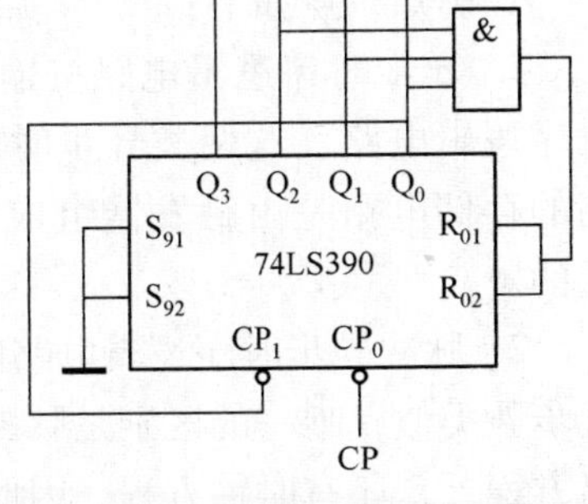

图 7-38 【例 7-11】的电路图

（2）74LS90 的级联

【例 7-12】 用 74LS90 构成 100 进制计数器。

解： 每个 74LS90 可以实现十进制计数，因此，100 进制计数器正好需要两片 74LS90 级联，如果每个 74LS90 实现 8421BCD 码计数，并且将低片的 Q_3 与高片的 CP_0 相连，即每当低片由 1001 变为 0000 时的 Q_3 才产生 1 个下降沿，以此作为高片的计数脉冲，其实现电路如图 7-39 所示。

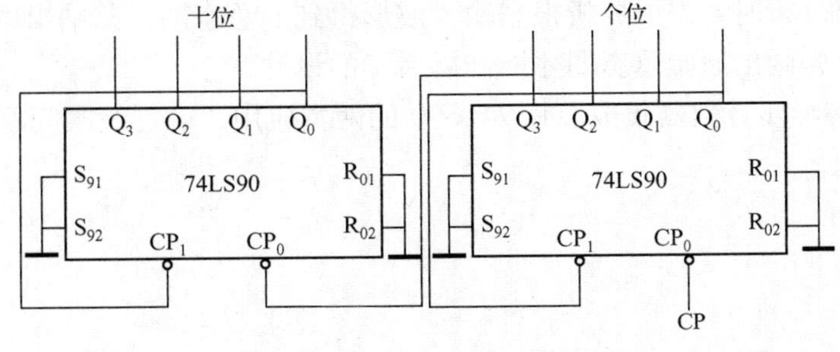

图 7-39 【例 7-12】的电路图

【例 7-13】用 74LS90 构成 24 进制计数器。

解：先将两片 74LS90 级联实现一个 100 进制计数器，每片按照 8421BCD 码计数，实现方法参照【例 7-12】，然后再进行任意进制计数器的改造。24 进制计数器应该包含 24 个状态，由于 74LS90 的复位输入端 R_{01} 和 R_{02} 是异步清 0 的，所以，需要计数到 24 再清 0，而 24 的 8421BCD 码为 00100100，其实现电路如图 7-40 所示。

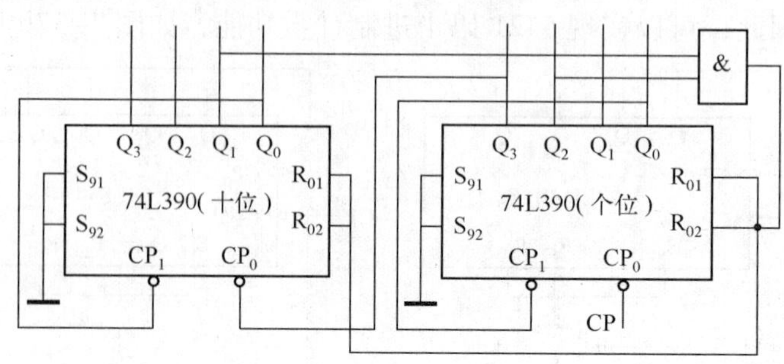

图 7-40 【例 7-13】的电路图

7.5 本章小结

本章介绍了异步时序逻辑电路的分类和特点，学习了脉冲异步时序逻辑电路和电平异步时序逻辑电路的分析方法和设计方法，最后介绍了一种典型的异步时序逻辑电路集成芯片——异步计数器 74LS90，并介绍了其工作原理和应用。

关键知识点如下：

1. 异步时序逻辑电路按输入信号不同分为两类：脉冲异步时序逻辑电路和电平异步时序逻辑电路，这两类异步时序逻辑电路的存储电路部分也不同，脉冲异步时序逻辑电路的存储电路是由触发器组成的，而电平异步时序逻辑电路的存储电路是由延迟元件组成的。

2. 脉冲异步时序逻辑电路的分析步骤和设计步骤与同步时序逻辑电路的分析步骤和设计步骤类似，唯一的区别是脉冲异步时序逻辑电路的方程组中除了激励方程、状态方程和输出方程外，还有时钟方程，因此在分析电路和设计电路的过程中应先考虑时钟方程，再进行后续步骤。

3. 电平异步时序逻辑电路的分析步骤和设计步骤中不仅涉及了描述时序逻辑电路所需的状态图，还引出了总态图的概念。电平异步时序逻辑电路的分析和设计都是以总态图为基础展开的，在电路分析时，需要分析根据输入波形得到的总态图，归纳出电路功能描述；在电路设计时，需要先画出原始总态图才能开展后续的设计。

4. 应重点掌握异步计数器集成芯片 74LS90 的两类应用，一是级联问题，一是任意进制计数器的改造问题。

7.6 习题

1. 分析如图 7-41 所示的电路功能。

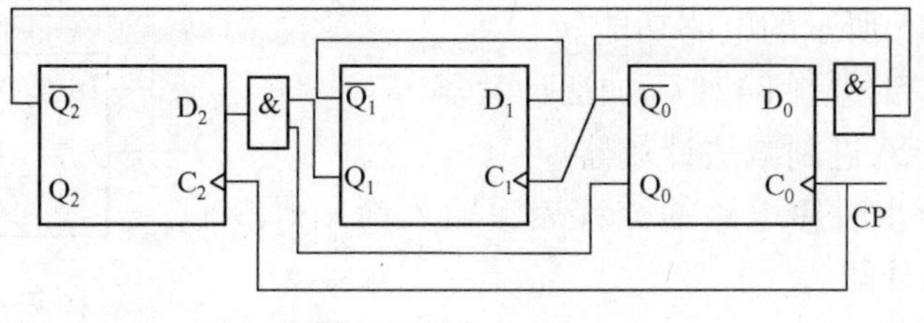

图 7-41　习题 1 图

2. 分析如图 7-42 所示的电路功能。

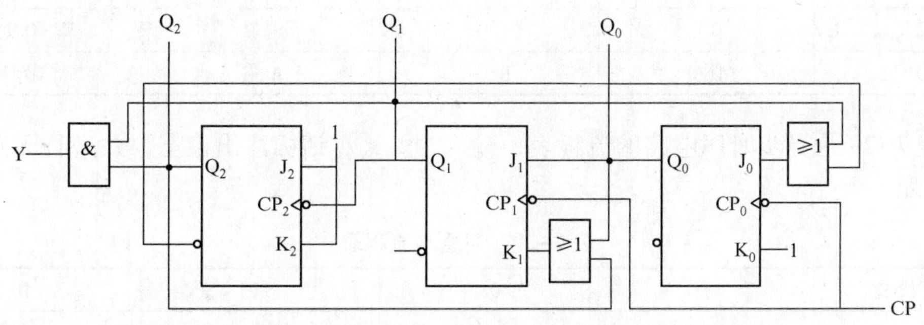

图 7-42　习题 2 图

3. 分析如图 7-43 所示的电路功能。

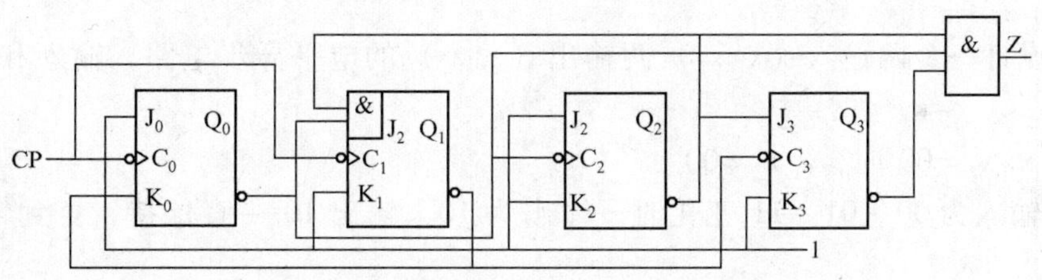

图 7-43　习题 3 图

4. 分析如图 7-44 所示的电路功能，画出电路的状态转换图。

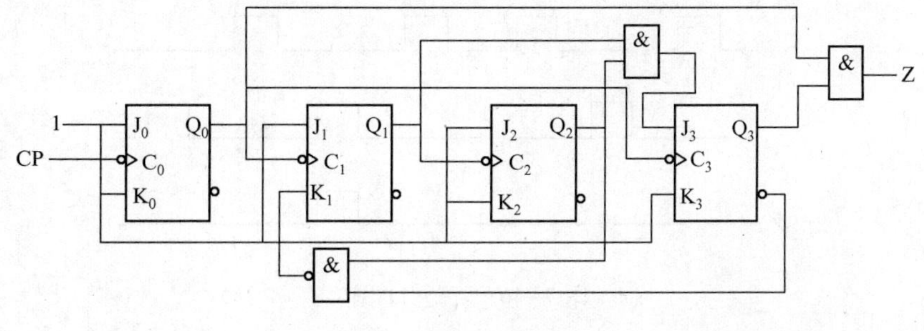

图 7-44　习题 4 图

5. 分析如图 7–45 所示的电路功能。

6. 设计一个异步十进制 8421 码加法计数器。

7. 设计一个异步八进制减法计数器。

8. 表 7–28 为异步时序电路的流程表，输入为 x_1x_2，试进行无竞争的状态分配。

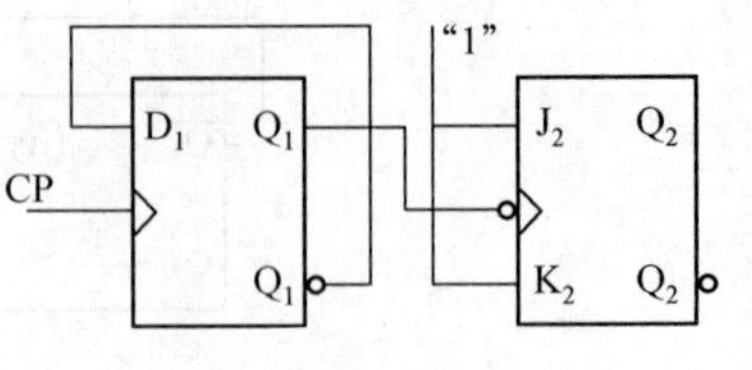

图 7–45　习题 5 图

表 7–28　习题 8 流程表

二次状态	00	01	11	10
A	Ⓐ/1	C/0	Ⓐ/0	B/0
B	A/1	Ⓑ/1	C/1	Ⓑ/0
C	D/0	Ⓒ/0	Ⓒ/1	D/1
D	Ⓓ/0	B/—	A/—	Ⓓ/1

9. 表 7–29 为异步时序电路的流程表，输入为 x_1x_2，请标注出稳态，并进行无竞争的状态变量分配。

表 7–29　习题 9 流程表

二次状态	00	01	11	10
A	A	D	A	D
B	D	B	D	D
C	A	C	D	D
D	D	D	A	D

10. 请设计一个两输入（x_1 x_2）两输出（z_1 z_2）的电平异步电路，输入和输出的关系如下：

（1）当 x_1 x_2 =00 时，z_1 z_2 =00。

（2）当输入为 00 – 01 – 11 变化时，输出为 10，输出 10 一直保持，直到输入为 00 时为止。

（3）当输入为 00 – 10 – 11 变化时，输出为 01，输出 01 一直保持，直到输入为 00 时为止。

11. 试用 JK 触发器设计脉冲序列 x_1 – x_1 – x_2 检测器，若符合则输出为 1，否则输出为 0。输入输出的典型波形如图 7–46 所示。

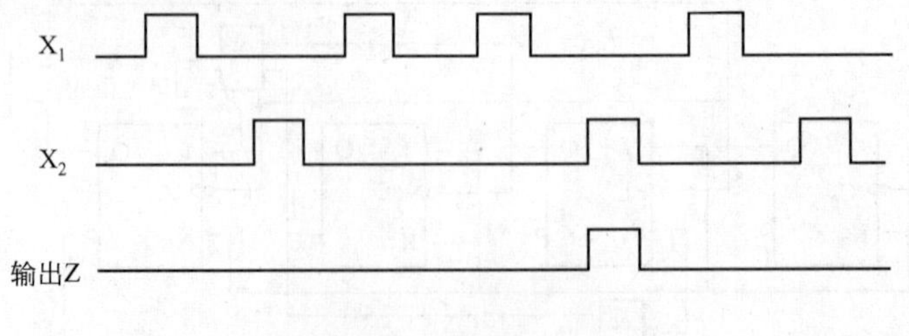

图 7–46　习题 11 图

12. 简化表 7–30 所示的原始流程表。

表 7-30　习题 12 流程表

二次状态	激励状态/输出			
	$x_2x_1=00$	$x_2x_1=01$	$x_2x_1=11$	$x_2x_1=10$
A	A/0	E/0	d/d	B/d
B	A/0	d/d	C/d	B/0
C	d/d	E/d	C/1	D/1
D	d/1	d/d	C/1	D/1
E	A/0	E/0	F/0	d/d
F	d/d	E/0	F/0	D/d

13. 在流程表 7-31 中，输入为 x_1x_2，输出为 z，初始总态为（11，B），x_1x_2 输入作 11 -10 -00 -01 变化，请确定状态和输出变化序列。

表 7-31　习题 13 流程表

二次状态	00	01	11	10
A	D/0	C/0	B/0	A/0
B	C/0	C/0	B/1	D/0
C	C/0	C/1	B/1	D/1
D	D/0	C/1	C/0	A/0

14. 在流程表 7-32 中，输入为 x_1x_2，输出为 z，请确定过渡状态的输出值。

表 7-32　习题 14 流程表

二次状态	00	01	11	10
A	A/1	D/—	B/—	A/1
B	C/—	B/0	B/1	C/—
C	C/0	B/—	C/1	D/—
D	C/—	D/1	D/1	A/—

15. 根据二进制状态表 7-33，输出为 z，用边沿 JK 触发器实现脉冲异步电路，并画出电路图。

表 7-33　习题 15 二进制状态表

y_2y_1	x_1	x_2	x_3	z
00	00	01	11	0
01	01	11	10	0
11	11	10	00	0
10	10	00	01	1

16. 用 74LS90 构成 25 进制 8421 码计数器。
17. 用 74LS90 构成 12 进制 5421 码计数器。
18. 用 74LS90 构成 60 进制 8421 码计数器。

19. 用74LS90构成九进制5421码计数器。

20. 分析图7-47的功能。

21. 分析图7-48是多少进制计数器?

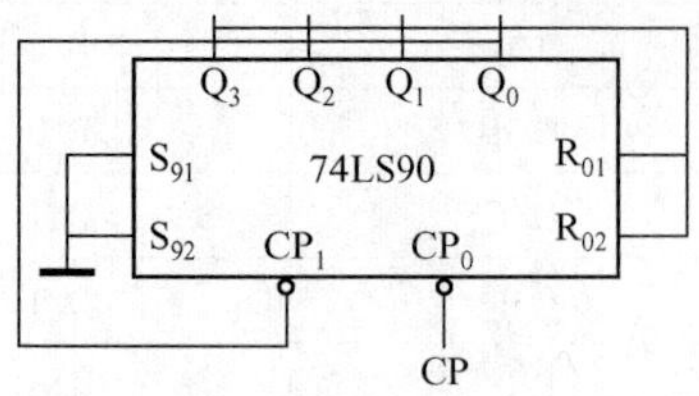

图7-47 习题20图

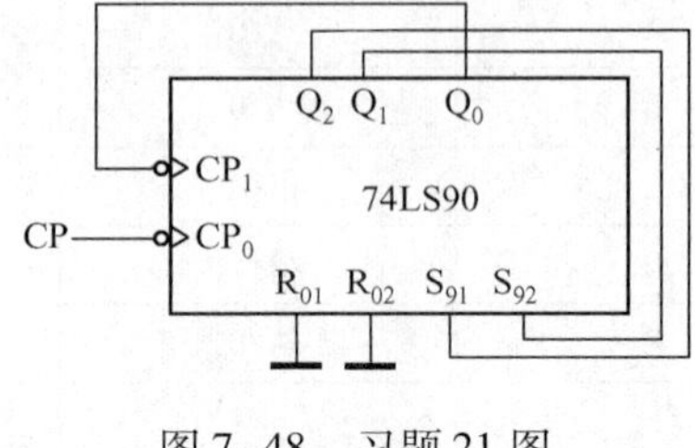

图7-48 习题21图

22. 分析图7-49的功能。

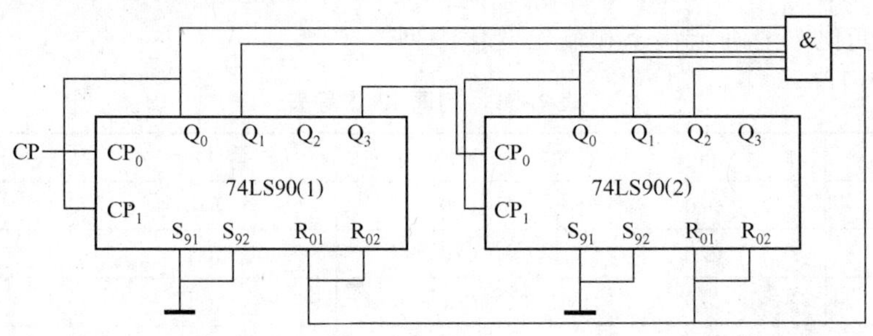

图7-49 习题22图

第 8 章　硬件描述语言 Verilog HDL

受软件设计实现的启发，数字系统设计开发人员希望类似软件编程一样设计和实现数字电路，于是就产生了硬件描述语言。Verilog HDL 是一种硬件描述语言，它基于 C 语言但又不是 C 语言，用来对数字逻辑电路进行建模和实现。本章将介绍 Verilog HDL 的基本语法和基于不同级别的描述方法，并给出了用 Verilog HDL 设计实现组合逻辑电路和时序逻辑电路的方法与实例。

8.1　Verilog HDL 语言概述

1983 年，Gateway Design Automation 公司为其仿真器产品设计了一款硬件描述语言，这就是 Verilog HDL 语言的前身。虽然这款硬件描述语言只在公司内部使用，但是由于该公司的仿真器产品受到普遍的欢迎，因此 Verilog HDL 语言也逐渐为广大的设计者们所接受。为了推广和普及，1990 年 Verilog HDL 语言被推荐给了广大的 IC 设计师。1992 年 Verilog 语言国际性组织 OVI（Open Verilog International）开始促进 Verilog HDL 语言的标准化，1995 年 Verilog 被批准成为 IEEE 标准（IEEE Std1364—1995）。Verilog HDL 语言借鉴了 C 语言的很多特性，因此它比其他硬件描述语言更容易学习。

Verilog HDL 是一种用于数字系统建模的硬件描述语言，模型的抽象层次可以从开关级、门级到行为级。建模的对象可以简单到只有一个逻辑门，也可以复杂到一个完整的数字系统，用 Verilog HDL 语言可以分层次地描述数字系统。Verilog HDL 语言的主要功能如下。

1）提供了基本的内置门原语，如 and、or 和 nand 等都是 Verilog HDL 内部固有的。

2）创建了用户定义原语的灵活性。用户定义的原语既可以描述组合逻辑电路，也可以描述时序逻辑电路。

3）提供了开关级原语，如 pmos 和 nmos 等也是 Verilog HDL 内部固有的。

4）提供了明确的语言结构，以便为指定设计中端口到端口的延迟、路径延迟及设计的时序检测。

5）可以采用 3 种不同的级别（门级、数据流级、行为级）或采用混合风格为设计建模。

6）提供了两种数据类型：线网型和寄存器（变量）型。线网型可以描述结构化元件间的物理连线；而寄存器型可以描述抽象的数据存储元件。

7）用模块实例引用结构，可以描述一个由任意多个层次构成的设计。

8）设计规模可大可小，Verilog HDL 对设计的规模不施加任何限制。

9）使用编程语言接口（PLI）机制，能够进一步扩展 Verilog HDL 的描述能力。PLI 是一些子程序的集合，这些子程序允许外部函数访问 Verilog 模块的内部信息，允许设计者与仿真器进行交互。

10）可以用 Verilog 语言设计生成测试激励，并为测试制定约束条件。

11）在行为级，Verilog HDL 不仅可以对设计进行寄存器（RTL）级的描述，还可以对设计进行体系结构行为级和算法行为级的描述。

12）Verilog HDL 具有内建逻辑函数，如位运算符 &（按位与）和 |（按位或）。

13）Verilog HDL 具有高级编程语言结构，如条件语句、分支语句和循环语句。

14）Verilog HDL 可以建立并发和时序模型。

15）人机对话提供了设计者和 EDA 工具间的交互，ASIC 和 FPGA 设计者可以用 Verilog HDL 来编写可综合的代码。

16）提供了功能强大的文件读写能力。

8.2 Verilog HDL 基本语法

8.2.1 标识符

Verilog HDL 中的标识符是由任意的字母、数字、$ 符和下画线组成的字符序列，但是标识符的第一个字符必须是字母或者下画线，此外，标识符是区分大小写的。例如，count 和 COUNT 是不同的。

Verilog HDL 定义了一系列的保留标识符，称为关键词，仅用于表示特定的含义，但应注意只有小写的关键词才是保留字。例如，标识符 always 才是关键词，而标识符 ALWAYS 与 always 不同，不是保留字。

8.2.2 数值和常数

Verilog HDL 有下列 4 种基本数值。

1）0：逻辑 0 或“假”。

2）1：逻辑 1 或“真”。

3）x 或 X：未知。

4）z 或 Z：高阻。

这里的未知 x 和高阻 z 都是不分大小写的。Verilog HDL 中的常量由以上 4 种基本数值组成。

Verilog HDL 中有 3 种类型的常数：整型数、实数和字符串。

1. 整型数

在 Verilog HDL 中，整型数可以有两种形式表示：十进制数格式和基数格式。

（1）十进制数格式表示法

十进制数格式的整数被定义为带有一个可选的 + 或 - 操作符的数字序列。例如，32 是十进制数 32，-15 是十进制数 -15。十进制数格式的整数值代表一个有符号的数，负数可使用补码表示，因此 32 用 7 位二进制数的补码表示为 0100000，-15 用 6 位二进制数的补码表示为 110001。

（2）基数格式表示法

基数格式的整数定义格式为：<位宽> <'[s 或 S]进制> <数值>

其中，位宽是该常量用二进制表示的位数，位宽可以采用默认位宽（这由具体的机器系统决定，但至少32位）；s或S表示有符号数；进制为表示的整数的进制形式，可以是二进制整数（用b或B表示），可以是十进制整数（用d或D表示），可以是十六进制整数（用h或H表示），也可以是八进制整数（用o或O表示）。下面给出一些实例。

```
8'b10101100      //位宽为8的二进制数10101100
8'ha2            //位宽为8的十六进制数10100010
6'so72           //位宽为6的有符号十进制数111010,它是十进制下的-6
4'd-4            //非法:数值不能为负
(2+3)'b10        //非法:位宽不能用表达式表示
```

注意，x或z在十六进制数值中代表4位x或z，在八进制数值中代表3位x或z，在二进制数值中代表1位x或z。

若定义的位宽比常量指定的位宽大，对于无符号数则在数的左边填0补齐，对于有符号数则在左边填符号位补齐，但如果数最左边1位是x或z，则相应地在左边填x或z补齐。例如：

```
10'b10           //左边填0占位,0000000010
10'bx0x1         //左边填x占位,xxxxxxx0x1
8'sb101101       //左边填符号位占位,11101101
```

若定义的位宽比常量指定的位宽小，则最左边多余的位将被截断。例如：

```
3'b110010011     //等同于3'b011
5'h0FFF          //等同于5'h1F
3'sb10100        //等同于3'sb100
```

2. 实数

在Verilog HDL中，实数可以有两种形式的定义：十进制表示法和科学计数法。

（1）十进制表示法

例如，12.56、1.345、1234.5678。

（2）科学计数法

例如，1.56E2、5E-3。

3. 字符串

在Verilog HDL中，字符串由双引号内的字符序列组成，用一串8位二进制ASCII码的形式表示，每一个8位二进制ASCII码表示一个字符，如“hello!”“abc”等。

用反斜杠（\）字符来表示某些特殊的字符，举例如下。

```
\n          表示换行符
\t          表示制表符
\\          表示反斜杠(\)本身
\"          表示双引号字符(")
```

8.2.3 数据类型

在Verilog HDL中有两大类数据：线网类型和变量类型。线网类型表示Verilog HDL中结构化元件间的物理连线，线网类型的变量不能存储值，它的值由驱动元件的值决定，根据输入变化来更新其值，如果没有驱动元件连接到线网类型的变量，那么线网类型变量的默认值为Z（高阻）。变量类型表示一个抽象的数据存储单元，变量类型的变量对应的是具有状态保持作用的电路元件，如触发器、寄存器等，只能在 always 语句或 initial 语句中被明确赋值，并且它的值在被重新赋值前一直保持原值。变量类型的变量默认值为 X（未知）。

1. 线网类型

在 Verilog HDL 中提供了很多不同的线网类型，包括 wire、trior、trireg、tri、wand、tril、wor、triand、tri0、supply0 和 supply1，但最常见的是 wire 类型，Verilog HDL 模块中输入/输出信号类型在默认时自动定义为 wire 类型，本书中只简单介绍 wire 类型。

wire 类型变量的定义格式如下。

wire [n-1:0] 变量名 1，变量名 2，…，变量名 n;

或　wire [n:1] 变量名 1，变量名 2，…，变量名 n;

其中，[n-1:0]或[n:1]表示该 wire 类型变量的位宽，即该变量有几位；如果一次定义多个变量，变量名之间用逗号隔开；声明语句最后要用分号表示语句结束。例如：

```
wire  a;                  //定义了一个 1 位的 wire 类型变量 a
wire  [7:0] b;            //定义了一个 8 位的 wire 类型变量 b
wire  a,b;                //定义了两个 1 位的 wire 类型变量 a 和 b
wire  [7:0] a, b;         //定义了两个 8 位的 wire 类型变量 a 和 b
```

2. 寄存器类型

在 Verilog HDL 中提供了 5 种变量类型，包括 reg、integer、time、real、realtime，通过赋值语句改变变量的值，本书中只简单介绍 reg 类型和 integer 类型。

（1）reg 类型

reg 类型的变量声明与 wire 类型的变量声明类似，其定义格式如下。

reg [n-1:0]变量名 1，变量名 2，…，变量名 n;

或　reg [n:1] 变量名 1，变量名 2，…，变量名 n;

其中，[n-1:0]或[n:1]表示该 reg 类型变量的位宽，即该变量有几位；如果一次定义多个变量，变量名之间用逗号隔开；声明语句最后要用分号表示语句结束。例如：

```
reg  a;                   //定义了一个 1 位的 reg 类型变量 a
reg  [7:0] b;             //定义了一个 8 位的 reg 类型变量 b
reg  a, b;                //定义了两个 1 位的 reg 类型变量 a 和 b
reg  [7:0] a, b;          //定义了两个 8 位的 reg 类型变量 a 和 b
```

（2）integer 类型

integer 类型的变量定义格式如下。

integer 变量名 1，变量名 2，…，变量名 n [n-1:0];

或　integer　变量名 1，变量名 2，…，变量名 n [n-1:0];

其中，[n-1:0]或[n:1]表示 integer 类型数组的范围，即由几个整型数组成的数组，一个整型数至少有 32 位；如果一次定义多个变量，变量名之间用逗号隔开；声明语句最后要用分号表示语句结束。例如：

```
integer  a, b;                  //定义了两个整型变量 a 和 b
integer  c [7:0];               //定义了一个 8 个整型数组成的数组 c
```

8.2.4　Verilog HDL 的基本结构

Verilog HDL 的语句和结构与 C 语言很像，但是又不同，C 语言描述的是软件程序，而

Verilog HDL 描述的是硬件电路，因此不能按照软件程序的思路和方法来理解和分析 Verilog HDL 代码，必须从电路结构的角度来分析、理解和设计 Verilog HDL 代码。

Verilog HDL 的基本设计单元是模块（module），无论是基本逻辑元件还是复杂的数字系统，Verilog HDL 都是使用模块来描述的。一个典型的 Verilog HDL 模块的基本结构如下。

```
module  模块名(端口列表);
        端口定义;
        中间变量定义;
        程序主体;
Endmodule
```

其中，module 和 endmodule 是 Verilog HDL 中模块的开始和结束的关键字；模块名的定义必须符合 Verilog HDL 中关于标识符的命名规范；模块名后面的端口列表中需列出该模块与外界相关联的所有输入和输出端口，端口之间用逗号隔开；端口定义中需详细说明端口列表中的各端口是输入端口还是输出端口，用关键字 input 和 output 来描述；对于模块中使用的线网类型或者寄存器类型变量可以在中间定义中描述；程序主体是模块实现功能的详细描述。例如：

```
module  examplemodule(in1, in2, out1, out2);  //定义了一个名为 examplemodule 的模块
        input   in1, in2;                     //定义了 in1 和 in2 为输入端口
        output  out1, out2;                   //定义了 out1 和 out2 为输出端口
        wire    x, y;                         //定义了两个 wire 类型的中间变量 x 和 y
        reg   a, b;                           //定义了两个 reg 类型的中间变量 a 和 b
        assign   x = in1&y;                   //连续赋值语句 assign
        module_name   u1(in1, in2, …);        //调用模块实例
        always@ (in2)                         //过程赋值语句
        begin
        …
        end
endmodule
```

在 Verilog HDL 模块中，程序主体可以描述为 3 种基本级别：门级、数据流级和行为级，具体的描述方法将在 8.5 节中详细介绍。

8.3 Verilog HDL 的操作符

与 C 语言类似，Verilog HDL 提供了丰富的操作符，包括按位、逻辑、算术、关系、等价、缩减、移位、条件和拼接等操作符。通过这些操作符，可以实现各种复杂的表达式，进而描述出功能强大的数字电路。

8.3.1 算术操作符

Verilog HDL 支持 6 种算术操作符：加法（+）、减法（-）、乘法（*）、除法（/）、取模（%）和幂运算（**）。整数除法（/）截断任何小数部分，例如，7/4 的运算结果为 1。取模（%）操作符求出与第一个操作符符号相同的余数，例如，7%4 的运算结果为 3，-7%4 的运算结果为 -3。算术操作符中任意操作数中只要有一位为 x 或 z，则整个运算结

果为 x，例如：'b10x1 +'b01111 的运算结果为不确定数'bxxxxx。

1. 算术运算结果的位宽

算术表达式运算结果的位宽由最大操作数的位宽决定。在赋值语句中，算术运算结果的位宽也由赋值等号左端目标变量的位宽决定。例如：

```
reg  [3:0]  a, b, c;
reg  [5:0]  d;
…
c = a + b;
d = a + b;
```

第一个加法运算的结果位宽由 a、b 和 c 的位宽决定，由于 a、b 和 c 的位宽相同，都是 4，因此结果位宽为 4。第二个加法运算的结果位宽同样由 a、b 和 d 的位宽决定，但是 a、b 和 d 的位宽不相同，而结果位宽由 a、b 和 d 中位宽最大的那个决定，d 的位宽最大，d 的位宽为 6，因此结果位宽为 6。在第一条赋值语句中，加法操作的溢出部分被丢弃，而在第二条赋值语句中，任何溢出的位将被存储在结果位 d [4] 中。

2. 有符号数和无符号数

在执行算术运算和赋值时，应该注意到哪些操作数需要被当作无符号数处理，哪些操作数需要被当作有符号数处理。无符号数被存储在线网、寄存器变量或用普通（没有有符号标记 s）的基数格式表示的整型数中。有符号数被存储在整型变量、十进制形式的整数、有符号的线网、有符号的寄存器变量或用 s（有符号）标记的基数格式表示的整型数中。

在 Verilog HDL 中有两个系统函数 $signed 和 $unsigned 可以进行有符号形式和无符号形式之间的转换。例如：

```
$signed(4'b1101)        //转换成一个有符号数,其值为 -3
$unsigned(4'shA)        //转换成一个无符号数,其值为 10
```

在一个表达式中混用有符号和无符号操作数时，必须非常小心，通常只要有一个操作数是无符号数，那么在开始操作前，所有的其他操作数也都被转换成了无符号数。为了完成有符号数的运算，可以用 $signed 系统函数将所有无符号操作数转换成有符号操作数。

8.3.2 关系操作符

Verilog HDL 支持 4 种关系操作符：大于（ > ）、小于（ < ）、大于等于（ >= ）和小于等于（ <= ）。关系操作符对两个操作数逐位进行比较，其结果为真（值为 1）或假（值为 0）；若操作数中有一位为 x 或 z，则结果为 x。例如：

```
23 > 25               //结果为假(值为 0)
52 < 6'hxFF           //结果为 x
```

若操作数的位宽不同，如果所有操作数都是无符号数，则位宽较小的操作数需在高位填 0 补齐；如果所有操作数都是有符号数，则位宽较小的操作数需在高位填符号位补齐。例如：

```
'b1000 >='b01110          //等同于'b01000 >='b01110,结果为假(值为 0)
4'sb1011 <= 8'sh1A        //等同于 8'sb11111011 <= 8'sb00011010,结果为真(值为 1)
```

若表达式中有一个操作数是无符号数，则该表达式的其余操作数都被当作无符号数处理，例如：

```
(4'sd9 * 4'd2) < 4        //等同于18 <4,结果为假(值为0)
```

8.3.3 等价操作符

Verilog HDL 支持4种等价操作符：逻辑相等（==）、逻辑不等（!=）、全等（===）和非全等（!==）。等价操作符对两个操作数逐位进行比较，对于逻辑相等（==）和逻辑不等（!=）的比较结果是真（值为1）或假（值为0），若操作数中有一位为 x 或 z，则结果为 x。而对于全等（===）和非全等（!==），则是将 x 或 z 当作数值（不考虑其物理含义）严格地按字符值进行比较，因此其结果不是1就是0，没有未知的情况。例如：

```
'b11x0 =='b11x0       //比较结果为未知
'b11x0 ==='b11x0      //比较结果为1
'b010x !='b11x0       //比较结果为1,虽然两个操作数中都有 x,但第一位不同
```

若两个操作数位宽不同，如果操作数都是无符号数，则位宽较小的操作数需在高位填0补齐，如果操作数都是有符号数，则位宽较小的操作数需在高位填符号位补齐。例如：

```
2'b10 ==4'b0010       //等同于4'b0010 ==4'b0010,比较结果为1
```

8.3.4 位操作符

Verilog HDL 支持5种位操作符：取反（~）、与（&）、或（|）、异或（^）和同或（^~或~^）。位操作符对输入的操作数进行逐位操作（即对应位进行操作）。表8-1列举了不同位操作符逐位操作的结果。

表8-1 不同位操作符逐位操作的结果

a）~逐位操作的结果

~	0	1	x	z
结果	1	0	x	x

b）&逐位操作的结果

&	0	1	x	z
0	0	0	0	0
1	0	1	x	x
x	0	x	x	x
z	0	x	x	x

c）| 逐位操作的结果

|	0	1	x	z
0	0	1	x	x
1	1	1	1	1
x	x	1	x	x
z	x	1	x	x

d）^逐位操作的结果

^	0	1	x	z
0	0	1	x	x
1	1	0	x	x
x	x	x	x	x
z	x	x	x	x

e）~^逐位操作的结果

~^	0	1	x	z
0	1	0	x	x
1	0	1	x	x
x	x	x	x	x
z	x	x	x	x

例如：假设 a ='b0110，b ='b0100，则 a | b ='b0110，a & b ='b0100。

若两个操作数的位宽不等，且其中一个操作数是无符号操作数，则位宽较小的操作数需在高位填0补齐。若两个操作数都是有符号数，则位宽较小的操作数需在高位填符号位补齐。例如：

```
'b0110 ^'b10000                //等同于'b00110 ^'b10000,操作结果为'b10110
4'sb1010 & 8'sb01100010        //等同于8'b11111010 & 8'b01100010,操作结果为8'b01100010
```

8.3.5 逻辑操作符

Verilog HDL 支持3种逻辑操作符：逻辑与（&&）、逻辑或（‖）和逻辑非（!）。如果操作数中没有 x 或 z，则逻辑操作的结果是1位宽的布尔值（0或1）；如果操作数中有 x 或 z，则逻辑操作的结果是1位宽的 x。逻辑操作符与位操作符不同，通常逻辑操作符用于连接布尔表达式，而位操作符用于电路信号的连接。例如：

```
(a==b) && ((c!=d) || (e>10))        //连接3个布尔表达式
```

8.3.6 缩减操作符

Verilog HDL 支持6种缩减操作符：缩减与（&）、缩减与非（～&）、缩减或（|）、缩减或非（～|）、缩减异或（^）和缩减同或（～^或^～）。缩减操作符对单个操作数上的所有位进行操作，产生1位的操作结果。

1. 缩减与（&）

只要操作数中任意一位的值为0，则操作的结果便为0；只要操作数中任意一位的值为 x 或 z，则操作的结果便为 x；否则其操作结果为1。

2. 缩减与非（～&）

对缩减与的操作结果求反，便可以得到缩减与非的操作结果。

3. 缩减或（|）

只要操作数中任意一位的值为1，则操作的结果便为1；只要操作数中任意一位的值为 x 或 z，则操作的结果便为 x；否则其操作结果为0。

4. 缩减或非（～|）

对缩减或的操作结果求反，便可以得到缩减或非的操作结果。

5. 缩减异或（^）

只要操作数中任意一位的值为 x 或 z，则操作的结果便为 x；若操作数中有偶数个1，则操作的结果为0；否则其操作结果为1。

6. 缩减同或（～^或^～）

对缩减异或的操作结果求反，便可以得到缩减同或的操作结果。

例如：

```
|'b0110        //操作结果为1
&'b0100        //操作结果为0
~^'b0110       //操作结果为1
^4'b01x0       //操作结果为x
```

8.3.7 移位操作符

Verilog HDL 支持 4 种移位操作符：逻辑左移（<<）、逻辑右移（>>）、算术左移（<<<）和算术右移（>>>）。移位操作符将位于操作符左侧的操作数向左或右移位，移位的次数由右侧的操作数决定，右侧的操作数总被认为是一个无符号数。若右侧的操作数为 x 或 z，则移位操作的结果必定为 x。对逻辑移位操作符来说，由于移位而腾空的位总是填 0。对于算术移位操作符来说，左移腾空的位总是填 0；而在右移中，如果位于操作符左侧的操作数是无符号数，则腾空的位总是填 0，如果位于操作符左侧的操作数是有符号数，则腾空的位总是填符号位。例如：

```
8'b00010111 >>2        //移位结果为 8'b00000101
8'b00010111  <<2       //移位结果为 8'b01011100
8'b00010111 >>>4       //移位结果为 8'b00000001
8'b00010111 <<<4       //移位结果为 8'b01110000
4'sb1011 >>>2          //移位结果为 4'sb1110
```

8.3.8 条件操作符

在 Verilog HDL 中，条件操作符根据条件表达式的值从两个表达式中选择一个表达式，语句的格式如下：

```
条件表达式? 表达式 1:表达式 2;
```

若条件表达式的值为真，则选择表达式 1；若条件表达式的值为假，则选择表达式 2；若条件表达式的值为 x 或 z，则先计算表达式 1 和表达式 2 的值，然后逐位比较计算结果，如果相等，则该结果为最后结果，否则结果为 x。例如：

```
wire  [2:0] student = marks > 18? grade_a  : grade_b;
```

执行该条件操作符时，先计算条件表达式 marks > 18，若为真，则 student = grade_a；若为假，则 student = grade_b。

8.3.9 拼接和复制操作符

在 Verilog HDL 中，拼接操作符用花括号{}表示，通过拼接操作符可以将多个操作数拼接在一起，组成一个操作数，拼接操作符的每个操作数必须有确定的位宽。

拼接操作符的用法是将各个操作数用花括号括起来，每个操作数之间用逗号隔开，操作数类型可以是线网类型或者寄存器类型。例如：

```
reg  a;
reg  [1:0] b, c;
reg  [2:0] d;
a = 1'b1;  b = 2'b00;  c = 2'b10;  d = 3'b110;
x = {b, c}                      //拼接操作结果为 x = 4'b0010
y = {a, b, c, d,3'b001}         //拼接操作结果为 y = 11'b10010110001
z = {a, b[0], c[1]}             //拼接操作结果为 z = 3'b101
```

如果需要多次重复拼接同一个操作数，可以使用常数表示需要重复拼接的次数，例如：

```
reg   a;
reg   [1:0] b, c;
a = 1'b1;   b = 2'b00;   c = 2'b10;
x = {4{a}}                    //拼接操作结果为 x = 4'b1111
y = {4{a}, 2{b}}              //拼接操作结果为 y = 8'b11110000
z = {4{a},2{b}, c}            //拼接操作结果为 z = 10'b1111000010
```

8.4 基本逻辑门电路的 Verilog HDL

数字电路中最基本的逻辑元件就是逻辑门，在传统的数字电路设计中，设计者使用这些基本逻辑门来构造数字系统。用 Verilog HDL 来描述基本逻辑门电路至少可以有两种方法，一是利用 Verilog HDL 中预先定义的内置门实例语句；二是利用连续赋值 assign 语句。

8.4.1 与门的 Verilog HDL 描述

二输入的与门逻辑电路的模块定义如图 8-1 所示。定义模块名为 AND_G，输入为 A 和 B，输出为 F。

Verilog HDL 采用内置门实例语句来实现电路的门级描述。在 Verilog HDL 中有 8 种内置门实例语句：and、nand、or、nor、xor、xnor、buf 和 not，其中，and 是与门实例语句；nand 是与非门实例语句；or 是或门实例语句；nor 是或非门实例语句；xor 是异或门实例语句；xnor 是同或门实例语句；buf 是缓冲器实例语句。

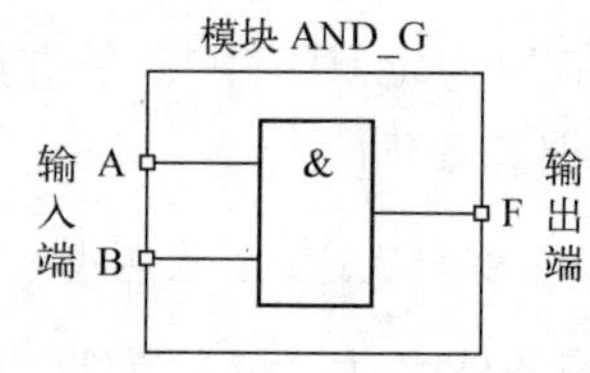

图 8-1 与门逻辑电路的模块定义

【例 8-1】 二输入与门逻辑电路的门级描述。

```
module AND_G(A, B, F);
        input   A, B;
        output   F;
        and U1(F, A, B);
endmodule
```

Verilog HDL 采用连续赋值语句 assign 和位操作符来实现电路的数据流级描述。注意：连续赋值语句 assign 可以对线网型变量赋值，不能对寄存器型变量赋值。

【例 8-2】 二输入与门逻辑电路的数据流级描述。

```
module AND_G(A, B, F);
        input   A, B;
        output   F;
        assign   F = A&B;
endmodule
```

8.4.2 或门的 Verilog HDL 描述

二输入的或门逻辑电路的模块定义如图 8-2 所示。定义模块名为 OR_G，输入为 A 和 B，输出为 F。

【例 8-3】 二输入或门的逻辑电路描述。

门级描述:

```
module  OR_G(A, B, F);
        input  A, B;
        output  F;
        or  U2(F, A, B);
endmodule
```

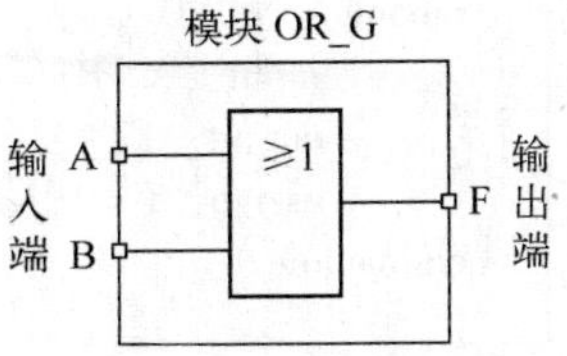

图 8-2　或门逻辑电路的模块定义

数据流级描述:

```
module  OR_G(A, B, F);
        input  A, B;
        output  F;
        assign  F = A | B;
endmodule
```

8.4.3　非门的 Verilog HDL 描述

非门逻辑电路的模块定义如图 8-3 所示。定义模块名为 NOT_G，输入为 A，输出为 F。

【例 8-4】非门的逻辑电路描述。

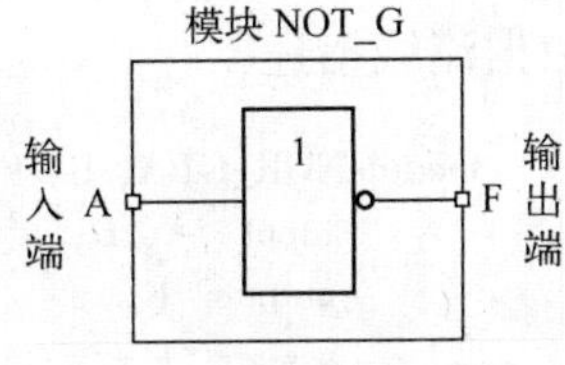

图 8-3　非门逻辑电路的模块定义

门级描述:

```
moduleNOT_G(A, F);
        input  A;
        output  F;
        not  U3(F, A);
endmodule
```

数据流级描述:

```
moduleNOT_G(A, F);
        input  A;
        output  F;
        assign  F =~A;
endmodule
```

8.4.4　与非门的 Verilog HDL 描述

二输入的与非门逻辑电路的模块定义如图 8-4 所示。定义模块名为 NAND_G，输入为 A 和 B，输出为 F。

【例 8-5】二输入与非门的逻辑电路描述。

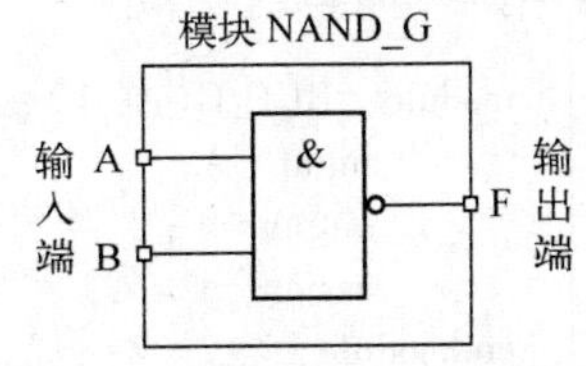

图 8-4　与非门逻辑电路的模块定义

门级描述:

```
moduleNAND_G(A, B, F);
        input  A, B;
        output  F;
        nand  U4(F, A, B);
endmodule
```

数据流级描述:

```
module  NAND_G(A, B, F);
        input  A, B;
        output  F;
        assign  F =~(A & B);
endmodule
```

8.4.5 或非门的 Verilog HDL 描述

二输入的或非门逻辑电路的模块定义如图 8-5 所示。定义模块名为 NOR_G，输入为 A 和 B，输出为 F。

【例 8-6】二输入或非门的逻辑电路描述。

门级描述：

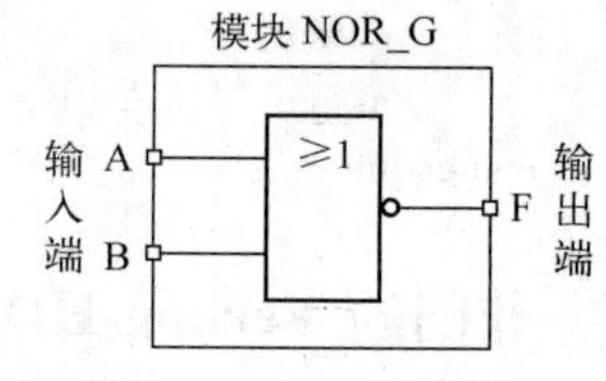

图 8-5　或非门逻辑电路的模块定义

```
moduleNOR_G(A, B, F);
        input  A, B;
        output  F;
        nor  U5(F, A, B);
endmodule
```

数据流级描述：

```
moduleNOR_G(A, B, F);
        input  A, B;
        output  F;
        assign  F =~(A | B);
endmodule
```

8.4.6 缓冲器电路的 Verilog HDL 描述

缓冲器电路的模块定义如图 8-6 所示。定义模块名为 BUF_G，输入为 A，输出为 F。

【例 8-7】缓冲器的逻辑电路描述。

门级描述：

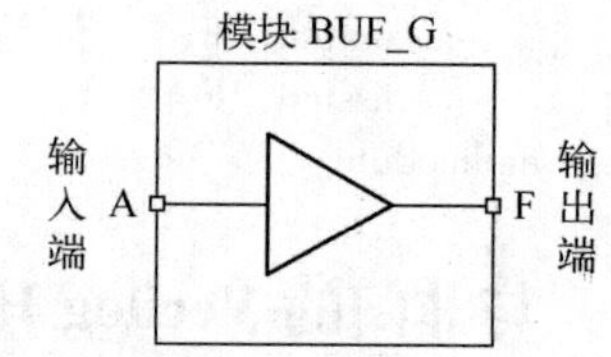

图 8-6　缓冲器逻辑电路的模块定义

```
module  BUF_G(A, F);
        input  A;
        output  F;
        buf  U6(F, A);
endmodule
```

数据流级描述：

```
module  BUF_G(A, F);
        input  A;
        output  F;
        assign  F = A;
endmodule
```

8.4.7 与或非门的 Verilog HDL 描述

4 输入的与或非门逻辑电路的模块定义如图 8-7 所示。定义模块名为 ANDORNOT_G，输入为 A、B、C 和 D，输出为 F。

【**例 8-8**】4 输入的与或非门的逻辑电路描述。

门级描述：

```
moduleANDORNOT_G(A, B, C, D, F);
    input  A, B, C, D;
    output  F;
    wire   AandB, CandD;
    and   U1(AandB, A, B);
    and   U2(CandD, C, D);
    nor   U3(F, AandB, CandD);
endmodule
```

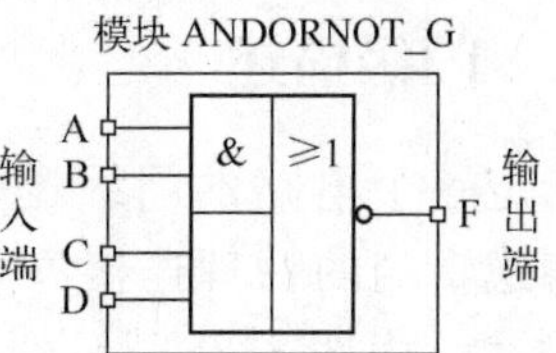

图 8-7　与或非门逻辑电路的模块定义

数据流级描述：

```
moduleANDORNOT_G(A, B, C, D, F);
    input  A, B, C, D;
    output  F;
    assign  F =～((A&B) | (C&D));
endmodule
```

8.5　Verilog HDL 的描述方式

Verilog HDL 非常灵活，可以从不同的层次来设计和描述数字电路。最基本的 Verilog HDL 描述级别有开关级、门级、数据流级和行为级。熟悉 nmos 和 pmos 的电路设计者可以采用 Verilog HDL 开关级描述；熟悉逻辑门的电路设计者可以采用 Verilog HDL 门级描述；熟悉输入与输出之间逻辑函数表达式的电路设计者可以采用 Verilog HDL 数据流级描述；熟悉输入到输出的流程或算法的电路设计者可以采用 Verilog HDL 行为级描述。本书重点介绍门级、数据流级和行为级。为了演示 Verilog HDL 的不同描述方式，本节将以一个 4 选 1 数据选择器为例来详细阐述。

4 选 1 数据选择器的功能框图如图 8-8 所示，其中 D_0、D_1、D_2、D_3是 4 选 1 数据选择器的 4 个数据输入端，A_0、A_1是两个地址选择输入端，F 是 4 选 1 数据选择器的输出端。

4 选 1 数据选择器会根据地址选择输入端 A_1、A_0的值从 4 个数据输入端 D_0、D_1、D_2、D_3中选择一个输入到输出，其功能表如表 8-2 所示。

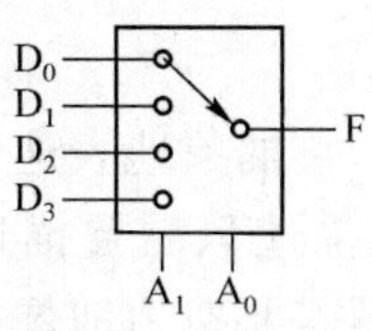

图 8-8　4 选 1 数据选择器的功能框图

表 8-2　4 选 1 数据选择器的功能表

地址选择输入端		输　出
A_1	A_0	F
0	0	D_0
0	1	D_1
1	0	D_2
1	1	D_3

由表 8-2 可得 4 选 1 数据选择器的逻辑函数为

$$F = \overline{A_1 A_0} D_0 + \overline{A_1} A_0 D_1 + A_1 \overline{A_0} D_2 + A_1 A_0 D_3。$$

4 选 1 数据选择器的逻辑电路图如图 8-9 所示。

8.5.1 门级描述

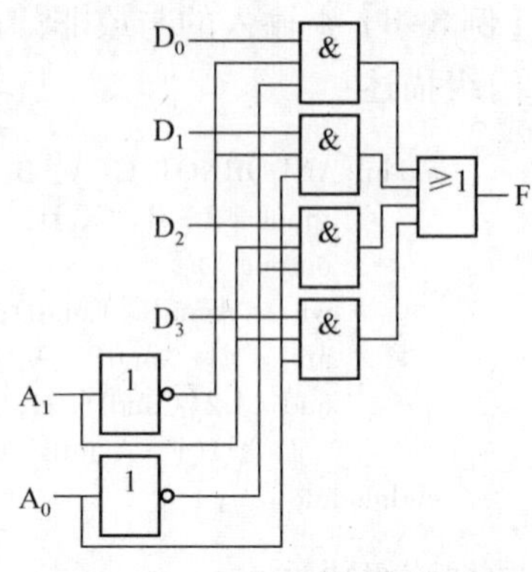

图 8-9 4 选 1 数据选择器的逻辑电路图

给定一个电路的门级逻辑电路图，可以由电路图中的各逻辑门的物理连接方式直接得到其 Verilog HDL 门级描述。由图 8-9 所示的电路图可以实现 4 选 1 数据选择器的门级描述：

```
module  MUX4_1(F, D0, D1, D2, D3, A0, A1);
        input  D0, D1, D2, D3;
        input  A0, A1;
        output  F;
        wire  A0n, A1n, and1, and2, and3, and4;
        not  U1(A0n, A0);
        not  U2(A1n, A1);
        and  U3(and1, A1n, A0n, D0);
        and  U4(and2, A1n, A0, D1);
        and  U5(and3, A1, A0n, D2);
        and  U6(and4, A1, A0, D3);
        or  U7(F, and1, and2, and3, and4);
endmodule
```

8.5.2 数据流级描述

给定一个电路由输入变量到输出变量的逻辑函数表示式，可以由逻辑函数表达式中各输入变量到输出变量的逻辑运算关系用连续赋值语句 assign 语句直接得到其 Verilog HDL 数据流级描述。由 4 选 1 数据选择器的逻辑函数 $F=\overline{A_1}\,\overline{A_0}D_0+\overline{A_1}A_0D_1+A_1\overline{A_0}D_2+A_1A_0D_3$ 可以实现 4 选 1 数据选择器的数据流级描述：

```
module  MUX4_1(F, D0, D1, D2, D3, A0, A1);
        input  D0, D1, D2, D3;
        input  A0, A1;
        output  F;
        assign F = ((~A1)&(~A0)&D0) | ((~A1)&A0&D1) | (A1&(~A0)&D2) |
(A1&A0&D3);
endmodule
```

8.5.3 行为级描述

行为级描述相当于软件设计过程中的流程图描述或算法描述，它抽象地表达电路功能的行为表现，而不是具体的实现手段和方法。Verilog HDL 的行为级描述只需要描述其输入和输出之间的关系，即什么样的输入会对应一个什么样的输出，而不需要费力地像门级描述那样说明具体的硬件实现是怎么样的。

Verilog HDL 的行为级描述可以使用过程块结构进行描述，过程块结构有 initial 过程块和 always 过程块。只有寄存器型数据能够在这两种语句中被赋值，这种类型的变量数据在被赋新值前保持原有值不变，所有的 initial 过程块和 always 过程块在 0 时刻并发执行。

1）initial 过程块。initial 过程块在 0 时刻开始执行，一条 initial 过程块只执行一次，其语法格式如下。

```
initial
        语句块;
```

2）always 过程块。always 过程块在 0 时刻开始无限循环，反复执行，其语法格式如下。

```
always [@（敏感事件表）]
        语句块;
```

在 Verilog HDL 的行为级描述中，与软件编程类似，会用到顺序结构、分支结构和循环结构。

顺序结构可以采用 begin - end 对来实现。在顺序块中出现的语句都是过程性赋值语句，过程性赋值语句有两种类型。

1）阻塞过程性赋值：用“ = ”，赋值是按照顺序执行的，在其后所有的语句执行前执行，即在下一条语句执行前该赋值语句必须已全部执行完毕。

2）非阻塞过程性赋值：用“ <= ”，赋值安排在未来时刻，然后继续执行，即并不等到左式赋值完成后才执行下一句。而阻塞过程性赋值是一直等到左式被赋了新值后才执行下一句。

分支结构可以采用 if_else 语句和 case 语句来实现。

1）if_else 语句。if_else 语句可以实现两条或多条分支语句，根据条件表达式的真假值来执行相关操作，其语法格式如下：

```
if   （条件表达式 1）        语句 1;
else  if  （条件表达式 2）   语句 2;
…
else                         语句 n;
```

2）case 语句。case 语句也可以实现两条或多条分支语句，根据控制表达式的不同取值来执行相关操作，其语法格式如下：

```
case  （控制表达式 1）
      分支表达式 1:          语句 1;
      分支表达式 2:          语句 2;
      …
      default:               语句 n;
elsecase
```

由表 8-2 所示的 4 选 1 数据选择器的功能表，可得出输入与输出之间的关系为：当 $A_1A_0 = 00$ 时，$F = D_0$；当 $A_1A_0 = 01$ 时，$F = D_1$；当 $A_1A_0 = 10$ 时，$F = D_2$；当 $A_1A_0 = 11$ 时，$F = D_3$。

采用 if_else 语句来实现 4 选 1 数据选择器的 Verilog HDL 的行为级描述如下：

```
module  MUX4_1(F, D0, D1, D2, D3, A);
```

```
            input  [1:0]  A;
            input  D0, D1, D2, D3;
            output  reg  F;
            always @ (D0 or D1 or D2 or D3 or A)
              if (A ==2'b00)           F = D0;
              else  if (A ==2'b01)  F = D1;
              else  if (A ==2'b10)  F = D2;
              else                       F = D3;
endmodule
```

采用 case 语句来实现 4 选 1 数据选择器的 Verilog HDL 的行为级描述如下：

```
module  MUX4_1(F, D0, D1, D2, D3, A);
            input  [1:0]  A;
            input  D0, D1, D2, D3;
            output  reg  F;
            always @ (D0 or D1 or D2 or D3 or A)
              case (A)
                2'b00: F = D0;
                2'b01: F = D1;
                2'b10: F = D2;
                2'b11: F = D3;
              endcase
endmodule
```

由 4 选 1 数据选择器的例子可知，只要得到电路的逻辑电路图就可以得到该电路的门级 Verilog HDL 描述，只要得到电路中输出的布尔函数表达式就可以得到该电路的数据流级 Verilog HDL 描述，只要得到电路的输出和输入之间的逻辑关系就得到该电路的行为级 Verilog HDL 描述。

8.6 组合逻辑电路的 Verilog HDL 实现

在第 4 章组合逻辑电路设计中详细介绍了组合逻辑电路的设计方法，由此便可以得到电路的逻辑电路图或输出的布尔函数表达式，这样就可以很容易地得到电路的 Verilog HDL 门级描述和数据流级描述。Verilog HDL 设计倾向于屏蔽底层硬件设计细节，而大多数 Verilog HDL 设计者都是用 Verilog HDL 行为级描述来设计和实现电路的，因此本节将着重阐述如何采用 Verilog HDL 行为级描述来设计和实现电路。

8.6.1 数值比较器

在数字系统中，经常需要比较两个数的大小。用来完成两组二进制数大小比较的逻辑电路称为数值比较器。本小节以 4 位二进制数据比较器为例阐述数值比较器的 Verilog HDL 行为级描述。

4 位二进制数值比较器的功能框图如图 8-10 所示，一个 4 位二进制数值比较器有 8 个输入端口和 3 个输出端口，8 个输入端口表示输入的两组 4 位二进制数，3 个输出端口表示两组 4 位二进制数比较结果。

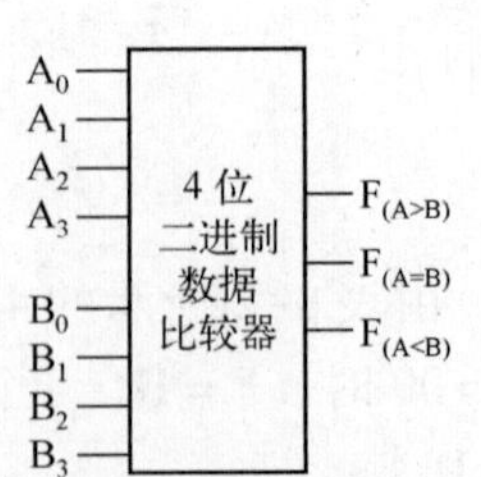

图 8-10　4 位二进制数值比较器的功能框图

4 位二进制数值比较器实现的功能是比较两个 4 位二进制数 A 和 B 的大小关系，并且将比较的结果输出到相应的 3 个输出 $F_{(A>B)}$、$F_{(A=B)}$ 和 $F_{(A<B)}$，输出以高电平为有效，则由 4 位二进制数值比较器的功能可以得到其输入和输出之间的逻辑关系为：

当 A > B 时，则 $F_{(A>B)}=1$，$F_{(A=B)}=0$，$F_{(A<B)}=0$。

当 A = B 时，则 $F_{(A>B)}=0$，$F_{(A=B)}=1$，$F_{(A<B)}=0$。

当 A < B 时，则 $F_{(A>B)}=0$，$F_{(A=B)}=0$，$F_{(A<B)}=1$。

于是可以得到 4 位二进制数据比较器的 Verilog HDL 行为级描述：

```
module  COMP(A,B,LG,EQ,SM);
        input   [3:0]A,B;
        output reg LG,EQ,SM;    //LG 表示 F(A>B),EQ 表示 F(A=B),SM 表示 F(A<B)
        always@ (A,B)
            if(A > B)
                begin
                    LG = 1;
                    EQ = 0;
                    SM = 0;
            end
        else  if(A == B)
            begin
                    LG = 0;
                    EQ = 1;
                    SM = 0;
                end
            else
                begin
                LG = 0;
                EQ = 0;
                SM = 1;
            end
endmodule
```

8.6.2 编码器

在数字系统中，经常需要对所处理的信息或数据赋予二进制代码，称为编码，用来完成编码工作的电路称为编码器。本小节以 4 线 -2 线编码器为例，阐述编码器的 Verilog HDL 行为级描述。

4 线 -2 线编码器的功能框图如图 8-11 所示，一个 4 线 -2 线编码器有 4 个输入端口和 2 个输出端口，4 个输入端口表示 4 位编码输入，2 个输出端口表示 2 位编码输出。

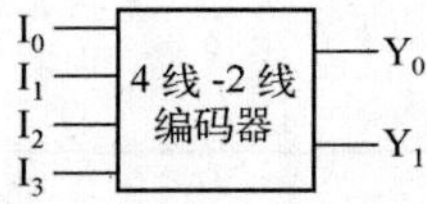

图 8-11　4 线 -2 线编码器的功能框图

4 线 -2 线编码器实现的功能如表 8-3 所示（注意：编码输入以高电平为有效）。

表 8-3　4 线 -2 线编码器的功能表

编码输入				编码输出	
I_3	I_2	I_1	I_0	Y_1	Y_0
0	0	0	1	0	0
0	0	1	0	0	1
0	1	0	0	1	0
1	0	0	0	1	1

于是可以得到 4 线 -2 线编码器的 Verilog HDL 行为级描述：

```
module  ENC4_2(I,Y);
        input  [3:0]  I;
        output  reg  [1:0]Y;
        always@ (I)
            case(I)
                4 'b0001:Y = 2 'b00;
                4 'b0010:Y = 2 'b01;
                4 'b0100:Y = 2 'b10;
                4 'b1000:Y = 2 'b11;
            endcase
endmodule
```

8.6.3 译码器

译码是编码的逆过程，其功能是将具有特定含义的不同二进制代码翻译出来，用来完成译码工作的电路称为译码器，它也是数字系统中最常用的组合逻辑器件之一。本小节以 3 线 -8 线译码器为例，阐述译码器的 Verilog HDL 行为级描述。

3 线 -8 线译码器的功能框图如图 8-12 所示，一个 3 线 -8 线译码器有 3 个输入端口和 8 个输出端口，3 个输入端口表示 3 位译码输入，8 个输出端口表示 8 位译码输出。

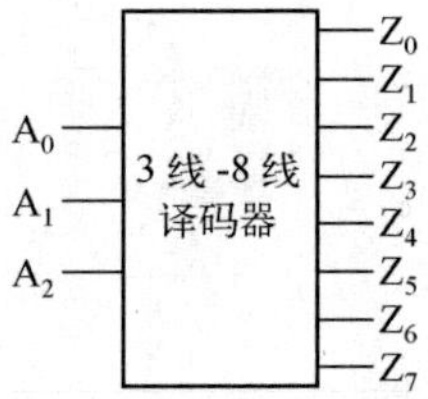

图 8-12　3 线 -8 线译码器的功能框图

3 线 -8 线译码器实现的功能如表 8-4 所示（注意：译码输出以低电平为有效）。

表 8-4　3 线 -8 线译码器的功能表

译码输入			译码输出							
A_2	A_1	A_0	Z_7	Z_6	Z_5	Z_4	Z_3	Z_2	Z_1	Z_0
0	0	0	1	1	1	1	1	1	1	0
0	0	1	1	1	1	1	1	1	0	1
0	1	0	1	1	1	1	1	0	1	1
0	1	1	1	1	1	1	0	1	1	1
1	0	0	1	1	1	0	1	1	1	1
1	0	1	1	1	0	1	1	1	1	1
1	1	0	1	0	1	1	1	1	1	1
1	1	1	0	1	1	1	1	1	1	1

于是可以得到 3 线 -8 线译码器的 Verilog HDL 行为级描述：

```
module  DEC3_8(IN,OUT);
        input  [2:0]  IN;
        output  reg  [7:0]OUT;
```

```
        always@ (IN)
            case(IN)
                3 'b000:OUT = 8 'b11111110;
                3 'b001:OUT = 8 'b11111101;
                3 'b010:OUT = 8 'b11111011;
                3 'b011:OUT = 8 'b11110111;
                3 'b100:OUT = 8 'b11101111;
                3 'b101:OUT = 8 'b11011111;
                3 'b110:OUT = 8 'b10111111;
                3 'b111:OUT = 8 'b01111111;
            endcase
    endmodule
```

8.7 触发器的 Verilog HDL 实现

触发器是一种能够存储一位二进制信息的存储元件，广泛应用于数字系统中，本书第 5 章已对各种不同类型触发器的基本概念进行了详细的介绍，本节将结合不同类型的触发器特点着重阐述如何采用 Verilog HDL 行为级描述来设计和实现各种不同类型的触发器。

8.7.1 维持-阻塞 D 触发器

维持-阻塞 D 触发器的逻辑符号如图 8-13 所示，其中 D 为触发器的输入激励端，CLK 为触发器的时钟输入端，Q 和 $\overline{Q}$ 为触发器的一对互反的输出端。

维持-阻塞 D 触发器的逻辑功能是：当时钟输入端 CLK 上升沿时，将输入激励端 D 送入触发器，使得 Q = D，否则状态保持不变，其特征方程为 $Q^{n+1} = D$。

于是可以得到维持-阻塞 D 触发器的 Verilog HDL 行为级描述：

```
module   D_ff(D,CLK,Q,Qn);
         input D,CLK;
         output   reg   Q,Qn;
         always@ (posedge CLK)              //posedge 表示上升沿
             begin
                 Q <= D;
                 Qn <=~ D;
             end
endmodule
```

图 8-13　维持-阻塞 D 触发器的逻辑符号

8.7.2 集成 D 触发器

集成 D 触发器是在维持-阻塞 D 触发器基础上增加了异步清 0 和异步置 1 两个输入端后所得到的，其逻辑符号如图 8-14 所示，其中 D 为触发器的输入激励端，CLK 为触发器的时钟输入端，Q 和 $\overline{Q}$ 为触发器的一对互反的输出端，Set 为触发器的异步置 1 输入端（低电平有效），Reset 为触发器的异步清 0 输入端（低电平有效）。注意：异步清 0 输入端 Reset 和异步置 1 输入端 Set 不能同时为低电平。

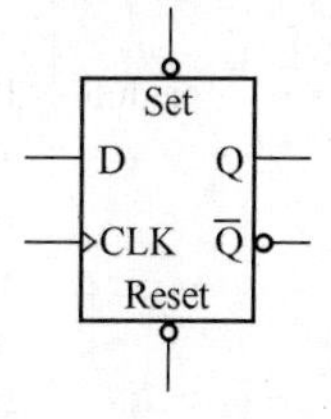

图 8-14　集成 D 触发器的逻辑符号

集成 D 触发器的逻辑功能是：当异步置 1 输入端 Set 或异步清 0 输

入端 Reset 为低电平时，集成 D 触发器处于异步工作状态，如果 Set = 0，则 Q = 1，如果 Reset = 0，则 Q = 0；当异步置 1 输入端 Set 和异步清 0 输入端 Reset 都为高电平时，集成 D 触发器在时钟输入端 CLK 的控制下处于同步工作状态，在每个 CLK 上升沿时，将输入激励端 D 送入触发器，使得 Q = D。在同步工作状态下，集成 D 触发器的特征方程为 $Q^{n+1} = D$。

于是可以得到集成 D 触发器的 Verilog HDL 行为级描述：

```
module  D_Int_ff(D,CLK,Q,Qn,Set,Reset);
        input   D,CLK,Set,Reset;
        output  reg  Q,Qn;
        always @(posedge CLK  or  negedge Reset  or negedge Set)
                                            //posedge 表示上升沿,negedge 表示下降沿
          if  (!Set)                        //Set 为低电平有效,执行异步置 1
            begin
              Q <= 1'b1;
              Qn <= 1'b0;
            end
          else if  (!Reset)                 //Reset 为低电平有效,执行异步清 0
            begin
              Q <= 1'b0;
              Qn <= 1'b1;
            end
          else
            begin
              Q <= D;
              Qn <= ~D;
            end
endmodule
```

8.7.3 边沿型 JK 触发器

边沿型 JK 触发器的逻辑符号如图 8-15 所示，其中 J 和 K 为触发器的输入激励端，CLK 为触发器的时钟输入端，Q 和 $\overline{Q}$ 为触发器的一对互反的输出端。

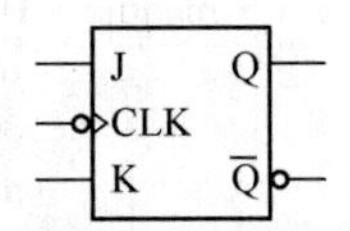

图 8-15 边沿型 JK 触发器的逻辑符号

边沿型 JK 触发器的逻辑功能是：当时钟输入端 CLK 下降沿时，将输入激励端 J 和 K 送入触发器，如果 JK 为 00，则触发器的状态保持不变；如果 JK 为 01，则 Q = 0；如果 JK 为 10，则 Q = 1；如果 JK 为 11，则触发器状态翻转。其特征方程为 $Q^{n+1} = J\overline{Q^n} + \overline{K}Q^n$。

于是可以得到边沿型 JK 触发器的 Verilog HDL 行为级描述：

```
module  JK_ff(J,K,CLK,Q,Qn);
        inputJ,K,CLK;
        output  Q,Qn;
        reg  Q;
        assign  Qn = ~Q;
        always @(negedge CLK)          //negedge 表示下降沿
          case({J,K})                  //用拼接操作符{}将 J 和 K 拼接在一起
              2'b00:Q <= Q;            //当 JK 组合为 00 时,则触发器状态保持不变
              2'b01:Q <= 0;            //当 JK 组合为 01 时,则触发器清 0
```

```
            2 'b10:Q <=1;            //当 JK 组合为 10 时,则触发器置 1
            2 'b11:Q <=~Q;           //当 JK 组合为 11 时,则触发器状态翻转
        endcase
endmodule
```

8.7.4 集成 JK 触发器

集成 JK 触发器是在边沿型 JK 触发器基础上增加了异步清 0 和异步置 1 两个输入端后得到的，其逻辑符号如图 8-16 所示，其中 J 和 K 为触发器的输入激励端，CLK 为触发器的时钟输入端，Q 和 $\overline{Q}$ 为触发器的一对互反的输出端，Set 为触发器的异步置 1 输入端（低电平有效），Reset 为触发器的异步清 0 输入端（低电平有效）。注意：异步清 0 输入端 Reset 和异步置 1 输入端 Set 不能同时为低电平。

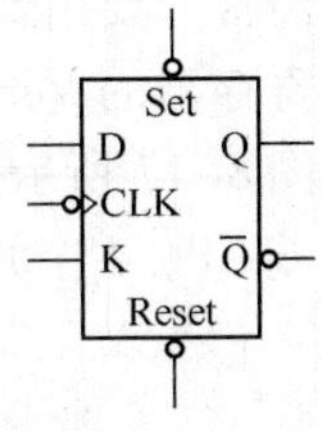

图 8-16　集成 JK 触发器的逻辑符号

集成 JK 触发器的逻辑功能是：当异步置 1 输入端 Set 或异步清 0 输入端 Reset 为低电平时，集成 JK 触发器处于异步工作状态，如果 Set =0，则 Q =1，如果 Reset =0，则 Q =0；当异步置 1 输入端 Set 和异步清 0 输入端 Reset 都为高电平时，集成 JK 触发器在时钟输入端 CLK 的控制下处于同步工作状态，在每个 CLK 下降沿时，将输入激励端 J 和 K 送入触发器，如果 JK 为 00，则触发器的状态保持不变；如果 JK 为 01，则Q =0；如果 JK 为 10，则 Q =1；如果 JK 为 11，则触发器状态翻转。在同步工作状态下，集成 JK 触发器的特征方程为 $Q^{n+1}=J\overline{Q^n}+\overline{K}Q^n$。

于是可以得到集成 JK 触发器的 Verilog HDL 行为级描述：

```
module  JK_Int_ff(J,K,CLK,Q,Qn,Set,Reset);
        input   J,K,CLK,Set,Reset;
        output  Q,Qn;
        reg   Q;
        assign   Qn =~Q;
        always @(negedge CLK   or   negedge Reset   or   negedge Set)
            if   (!Set)                    //Set 为低电平有效,执行异步置 1
                Q <=1;
            else if   (!Reset)             //Reset 为低电平有效,执行异步清 0
                Q <=0;
            else
                case({J,K})                //用拼接操作符{}将 J 和 K 拼接在一起
                    2 'b00:Q <=Q;          //当 JK 组合为 00 时,触发器状态保持不变
                    2 'b01:Q <=0;          //当 JK 组合为 01 时,触发器清 0
                    2 'b10:Q <=1;          //当 JK 组合为 10 时,触发器置 1
                    2 'b11:Q <=~Q;         //当 JK 组合为 11 时,触发器状态翻转
        endcase
endmodule
```

8.8 时序逻辑电路的 Verilog HDL 实现

本书第 6 章和第 7 章详细介绍了时序逻辑电路的分析与设计方法，本节将结合不同类型的时序逻辑电路的特点，着重阐述如何采用 Verilog HDL 行为级描述来设计和实现时序逻辑电路。

8.8.1 简单时序逻辑电路

本节所指的简单时序逻辑电路是指那些能够简单表达出其次态方程的时序逻辑电路。

1. 移位寄存器

在时钟控制下，将所寄存的数据向左或向右移位的寄存器称为移位寄存器。在数字系统中，经常需要用到移位寄存器来组成更复杂的数字电路。本小节以 4 位左移寄存器为例阐述移位寄存器的 Verilog HDL 行为级描述。

图 8-17 所示是一个 4 位左移寄存器的逻辑电路图，它有一个数据输入端 x，一个时钟输入端 CP，4 个并行数据输出端从低位到高位分别是 Q_1、Q_2、Q_3、Q_4。

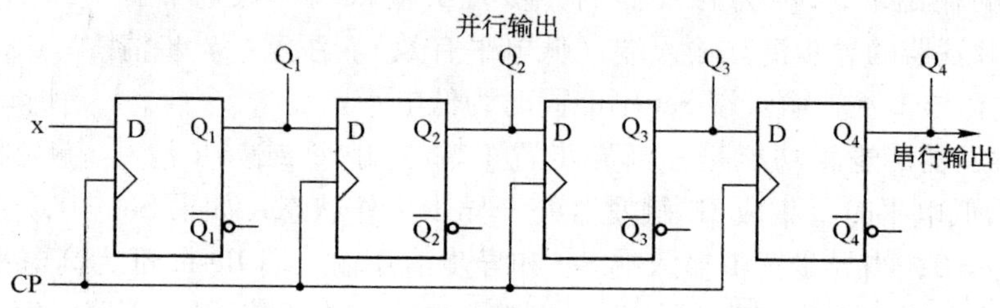

图 8-17　4 位左移寄存器的逻辑电路图

4 位左移寄存器实现的功能是在每个时钟周期 CP 上升沿时将寄存器中的数据左移一位，然后在最低位填上数据输入端 x 的值，其功能表如表 8-5 所示。

表 8-5　4 位左移寄存器的功能表

输入		输出				工作模式
x	CP	Q_4^{n+1}	Q_3^{n+1}	Q_2^{n+1}	Q_1^{n+1}	
0	↑	Q_3^n	Q_2^n	Q_1^n	0	左移入 0
1	↑	Q_3^n	Q_2^n	Q_1^n	1	左移入 1

于是可以得到 4 位左移寄存器的 Verilog HDL 行为级描述：

```
module    left_shifter(x,CP,Q);
          input   x,CP;
          output   reg [3:0]Q;
          always @ (posedge CP)
            begin
              Q = Q <<1;      //并行输出数据左移 1 位
              Q[0] = x;       //输入数据送入最低位
            end
endmodule
```

通常，很多集成器件都带有异步清 0 控制输入端，以实现对整个器件的清 0 操作，如果想在该 4 位左移寄存器上增加一个异步清 0 控制输入端 clr（低电平有效），则可以这样描述：

```
moduleleft_shifter_clr(x,CP,clr,Q);
          inputx,CP,clr;
          output   reg [3:0]Q;
          always @ (posedgeCP or negedge clr)
```

```
            if  ( ! clr)
              Q = 4 'b0000;          //异步清 0
            else
              begin
    Q = Q << 1;                      //输出信号左移 1 位
                Q[0] = x;            //输入信号送入最低位
              end
    endmodule
```

2. 计数器

计数器是计算机和数字系统中最常用的电路之一，可以累计输入时钟脉冲的个数。广泛应用于定时、分频、控制和信号发生等场合。本小节以具有异步置数和异步清 0 功能的 4 位二进制可异计数器为例，阐述移位寄存器的 Verilog HDL 行为级描述。

具有异步清 0 和同步置数功能的 4 位二进制可异（可加可减）计数器的功能框图如图 8-18所示，其中：CLK 是时钟输入控制端（上升沿有效）；CR 是异步清 0 控制输入端（低电平有效）；LD 是同步预置数控制输入端（低电平有效）；D_0、D_1、D_2、D_3为预置数据输入端；UP 为可异计数器进行加法计数或减法计数的计数控制输入端，当 UP 为 1 时表示加法计数，当 UP 为 0 时表示减法计数；Q_0、Q_1、Q_2、Q_3为计数器的数据输出端。

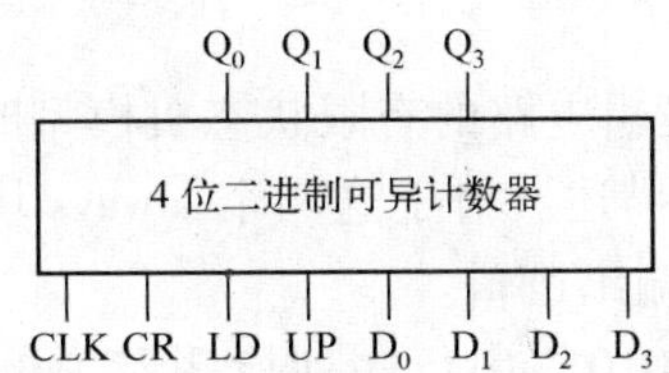

图 8-18　4 位二进制可异计数器的功能框图

具有异步清 0 和同步置数功能的 4 位二进制可异（可加可减）计数器实现的功能如表 8-6所示。

表 8-6　4 位二进制可异计数器的功能表

输入								输出				工作模式
CR	LD	CLK	UP	D_0	D_1	D_2	D_3	Q_0	Q_1	Q_2	Q_3	
0	1	d	d	d	d	d	d	0	0	0	0	异步清 0
1	0	↑	d	d_0	d_1	d_2	d_3	d_0	d_1	d_2	d_3	同步置数
1	1	↑	1	d	d	d	d	加	法	计	数	加法计数
1	1	↑	0	d	d	d	d	减	法	计	数	减法计数

于是可得 4 位二进制可异计数器的 Verilog HDL 行为级描述：

```
module  updown_counter(D,CLK,CR,LD,UP,Q);
        input  [3:0]D;
        inputCLK,CR,LD,UP;
        output  reg  [3:0]Q;
        always @ (posedgeCLK or negedge CR)
          if  ( ! CR)
```

```
            Q =0;              //异步清0
        else if  (!LD)
            Q = D;             //同步置数
        else if  (UP)
            Q = Q +1;          //加法计数
        else
            Q = Q -1;          //减法计数
endmodule
```

8.8.2 复杂时序逻辑电路

移位寄存器和计数器都属于比较简单的时序逻辑电路，还有很多复杂的时序逻辑电路，不能简单表达其次态方程，因此对于这些复杂的时序电路设计，往往需要借助有限状态机，建立该时序逻辑电路的有限状态机模型，通过有限状态机来描述系统中不同状态的转换关系。

在 Verilog HDL 的有限状态机描述中，一般会使用 localparam 定义电路的状态，这样可避免使用“魔鬼数字”，可以提高代码的可读性和可维护性。复杂时序逻辑电路的有限状态机模型中次态逻辑相对比较复杂，通常会借助于状态转换图来设计其次态的转换逻辑，而在本书第 6 章中已经详细介绍了如何根据时序逻辑电路的需求画出原始状态转换图，以及对原始状态转换图的化简。

在用 Verilog HDL 描述时序逻辑电路的有限状态机模型时，通过采用两个 always 块来描述有限状态机模型，称为两段式描述。对于这两个 always 块，一个用来实现内部状态寄存器，另一个用来实现次态逻辑和输出逻辑。

本小节以一个可重叠的“10010”串行序列检测器为例，来阐述复杂时序逻辑电路的 Verilog HDL 行为级描述。

首先画出可重叠“10010”串行序列检测器的状态转换图，如图 8-19 所示。

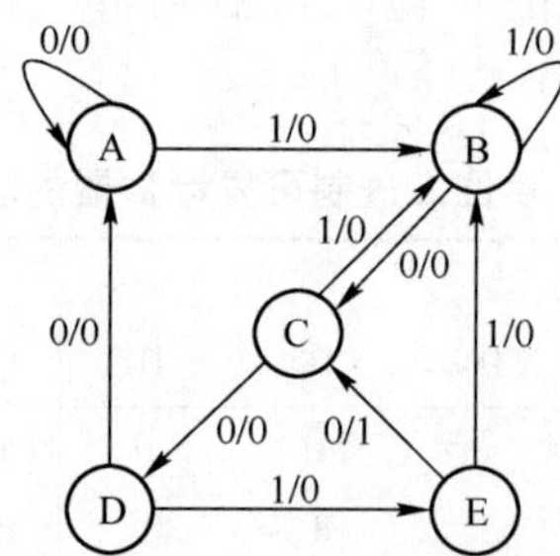

图 8-19　可重叠“10010”串行序列检测器的状态转换图

于是可以得到可重叠“10010”串行序列检测器的 Verilog HDL 行为级描述：

```
module  seqdet(datain,clk,reset,dataout);
        input   datain,clk,reset;
        output  dataout;
        reg  [2:0]state_reg,state_next;        //定义原态和次态
        //以下为定义状态转换图中的 5 个状态 A、B、C、D、E
        localparam  A =3'b0,
                    B =3'b1,
```

```
                C = 3 'b2,
                D = 3 'b3,
                E = 3 'b4;
    //以下为描述电路的输出逻辑
    assign   dataout = (state_reg == E && datain == 1 'b0) ? 1 'b1 : 1 'b0;
    //以下为描述电路的内部状态
    always @ (posedge clk or posedge reset)
      if  (reset)
        state_reg <= A;
      else
        state_reg <= state_next;
    //以下为描述电路的次态逻辑
    always @ (state_reg or datain)
      begin
        case(state_reg)
          A:if(datain == 1 'b0)
                state_next = A;
            else   state_next = B;
          B:if(datain == 1 'b0)
                state_next = C;
            else   state_next = B;
          C:if(datain == 1 'b0)
                state_next = D;
            else   state_next = B;
          D:if(datain == 1 'b0)
                state_next = A;
            else   state_next = E;
          E:if(datain == 1 'b0)
                state_next = C;
            else   state_next = B;
          default:state_next = A;
        endcase
      end
endmodule
```

8.9 较复杂的电路设计实践

在前面几节，我们已经学习了用 Verilog HDL 设计数字电路的基本概念和方法，这些概念和方法只通过阅读是不能完全理解的，必须通过大量的上机实际操作才能掌握。虽然在前面几节中也介绍了很多例子，但是因为它们相对比较简单，容易理解，因此在本节再给出一个稍微复杂一些的实例来说明如何利用 Verilog HDL 设计一些更为复杂的数字电路。

本节实例是将一个并行数据流转换为一种特殊的串行数据流模块的 Verilog HDL 设计。这个实例中需要设计两个电路模块。

第一个模块能把 4 位的平行数据转换为符合以下协议的串行数据流，数据流用 scl 和 sda 两条线传输，sclk 为输入的时钟信号，data[3:0] 为输入数据，d_ena 为数据输入的使能信号。

第二个模块能把串行数据流内的信息接收到，并转换为相应 16 条信号线的高电平，即若数据为 1，则第一条线路为高电平，数据为 n，则第 N 条线路为高电平，如图 8-20 所示。

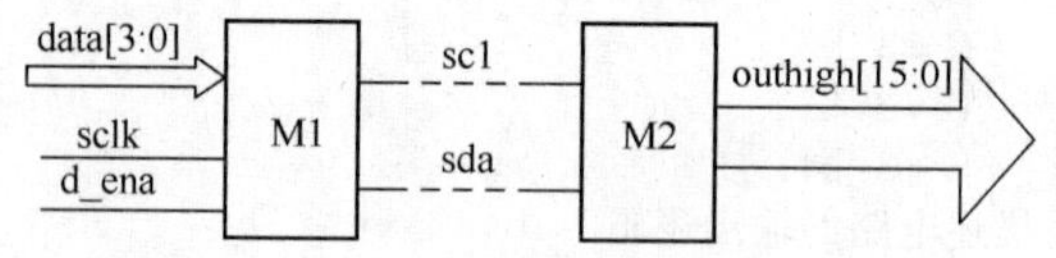

图 8-20　电路模块结构

通信协议为：scl 为不断输出的时钟信号，如果 scl 为高电平，sda 由高电平变成低电平，则串行数据流开始；如果 scl 为高电平，sda 由低电平变成高电平，则串行数据结束。sda 信号的串行数据位必须在 scl 为低电平时变化，若变为高电平则为 1，否则为 0。

由以上的电路需求可知，M1 模块负责把输入的 4 位平行数据转换为协议要求的串行数据流，并由 scl 和 sda 配合输出。于是给出 M1 模块的 Verilog HDL 描述：

```
module  M1(sclk,d_ena,scl,sda,rst,data);
input  sclk,rst,d_ena;
input  [3:0]data;
output  scl;
inout  sda;                              //定义 sda 为双向的串行总线
reg  scl,link_sda,sdabuf;
reg  [3:0]databuf;
reg  [7:0]state;
assign  sda = link_sda? sdabuf:1 'bz;    //link_sda 控制 sdabuf 输出到串行总线上
parameter ready = 8 'b00000000,
          start = 8 'b00000001,
          bit1 = 8 'b00000010,
          bit2 = 8 'b00000100,
          bit3 = 8 'b00001000,
          bit4 = 8 'b00010000,
          bit5 = 8 'b00100000,
          stop = 8 'b01000000,
          IDLE = 8 'b10000000;
always @(posedge sclk or negedge rst)  //由输入的 sclk 时钟信号产生串行输出时钟 scl
  begin
    if(!rst)
      scl <= 1;
    else
      scl <= ~scl;
  end
always @(posedge d_ena)                //从并行 data 端口接收数据到 databuf 保存
  begin
    databuf <= data;
end
//主状态机:产生控制信号,根据 databuf 中保存的数据,依照协议产生 sda 串行信号
always @(negedge sclk or negedge rst)
  if(!rst)
  begin
    link_sda <= 0;                      //把 sdabuf 与 sda 串行总线相连
    start <= ready;
    sdabuf <= 1;
  end
  else begin
    case(start)
    ready:if(d_ena)                     //并行数据已经到达
```

```
        begin
           link_sda <= 1;              //把 sdabuf 与 sda 串行总线相连
           state <= start;
        end
    else
           begin
              link_sda <= 0;           //把 sda 总线让出,此时 sda 可作为输入
              state <= ready;
           end
start:if(scl&&d_ena)                   //产生 sda 的开始信号
           begin
              sdabuf <= 0;             //在 sda 连接的前提下,输出开始信号
              state <= bit1;
           end
        else state <= start;
bit1:if(!scl)                          //在 scl 为低电平时,送出最高位 databuf[3]
           begin
              sdabuf <= databuf[3];
              state <= bit2;
           end
        else state <= bit1;
bit2:if(!scl)                          //在 scl 为低电平时,送出最高位 databuf[2]
        begin
             sdabuf <= databuf[2];
             state <= bit3;
           end
        else state <= bit2;
bit3:if(!scl)                          //在 scl 为低电平时,送出最高位 databuf[1]
         begin
              sdabuf <= databuf[1];
              state <= bit4;
           end
        else state <= bit3;
bit4:if(!scl)                          //在 scl 为低电平时,送出最高位 databuf[0]
         begin
             sdabuf <= databuf[0];
             state <= bit5;
           end
        else state <= bit4;
bit5:if(!scl)                          //为产生结束信号做准备,先把 sda 变为低电平
         begin
             sdabuf <= 0;
             state <= stop;
           end
        else state <= bit5;
stop:if(!scl)                          //在 scl 为高电平时,把 sda 由低变高产生结束信号
         begin
             sdabuf <= 1;
             state <= IDLE;
           end
        else state <= stop;
IDLE:begin
           link_sda <= 0;              //把 sdabuf 与 sda 串行总线脱开
           state <= ready;
```

```
            end
        default:begin
                link_sda <= 0;
                sdabuf <= 1;
                state <= ready;
            end
        endcase
    end
endmodule
```

M2 模块负责按照协议接收串行数据，进行处理并按照数据值在相应位输出高电平。于是给出 M2 模块的 Verilog HDL 描述：

```
module  M2(scl,sda,outhigh);
input scl,sda;                    //串行数据输入
output  [15:0]outhigh;            //根据输入的串行数据设置高电平位
reg  [4:0]mstate;                 //本模块的主状态
reg  [3:0]pdata,pdatabuf;         //记录串行数据位时,用寄存器和最终数据寄存器
reg  [15:0]outhigh;               //输出位寄存器
reg  StateFlag,EndFlag;           //数据开始和结束标志
always @ (negedge sda)
  if(scl)
    begin
      StateFlag <= 1;             //串行数据开始标志
    end
  else if(EndFlag)
    StateFlag <= 0;
Always @ (posedge sda)
  if(scl)
    begin
      EndFlag <= 1;               //串行数据结束标志
      pdatabuf <= pdata;          //把收到的 4 位数据存入寄存器
    end
  else
    EndFlag <= 0;                 //数据接收还没有结束
parameter  ready = 6 'b000000,
           sbit0 = 6 'b000001,
           sbit1 = 6 'b000010,
           sbit2 = 6 'b000100,
           sbit3 = 6 'b001000,
           sbit4 = 6 'b010000;
always @ (pdatabuf)               //把收到的数据变为相应位的高电平
  begin
    case(pdatabuf)
      4 'b0001:outhigh = 16 'b0000000000000001;
      4 'b0010:outhigh = 16 'b0000000000000010;
      4 'b0011:outhigh = 16 'b0000000000000100;
      4 'b0100:outhigh = 16 'b0000000000001000;
      4 'b0101:outhigh = 16 'b0000000000010000;
      4 'b0110:outhigh = 16 'b0000000000100000;
      4 'b0111:outhigh = 16 'b0000000001000000;
      4 'b1000:outhigh = 16 'b0000000010000000;
      4 'b1001:outhigh = 16 'b0000000100000000;
      4 'b1010:outhigh = 16 'b0000001000000000;
```

```
        4 'b1011:outhigh = 16 'b0000010000000000;
        4 'b1100:outhigh = 16 'b0000100000000000;
        4 'b1101:outhigh = 16 'b0001000000000000;
        4 'b1110:outhigh = 16 'b0010000000000000;
        4 'b1111:outhigh = 16 'b0100000000000000;
        4 'b0000:outhigh = 16 'b1000000000000000;
      endcase
    end
  always @ ( posedge scl)              //在检测到开始标志后,每次 scl 上升沿时接收数据,共 4 位
    if( StateFlag)
      case( mstate)
        sbit0:begin
              mstate <= sbit1;
              pdata[3] <= sda;
              $display("I am in sdabit0");
            end
        sbit1 begin
              mstate <= sbit2
              pdata[2 <= sda;
              $display("I am in sdabit1);
            end
        sbit2 begin
              mstate <= sbit3
              pdata[1] <= sda;
              $display("I am in sdabit2);
            end
        sbit3 begin
              mstate <= sbit4
              pdata[0 <= sda;
              $display("I am in sdabit3);
            end
        sbit4 begin
              mstate <= sbit0
              $display("I am in sdastop");
            end
        default:mstate <= sbit0;
      endcase
    else   mstate <= sbit0;
endmodule
```

通过上面的例子，可以看到有限状态机在数字电路中的作用。用状态变量来记住曾经发生过的事情，这些曾发生过的事情对于电路下一时钟的操作有非常重要的作用。无论 M1 和 M2 模块的设计，都必须用状态变量记住目前所处的状态，才能正确地控制输入和输出。

8.10 本章小结

本章首先学习了 Verilog HDL 的基本结构和基本语法，然后分别介绍了 Verilog HDL 的门级描述、数据流级描述和行为级描述，并且结合第 4 ～6 章的数字电路设计方法给出了组合逻辑电路和时序逻辑电路的 Verilog HDL 实现。

关键知识点：

1. Verilog HDL 语言是一种硬件描述语言，虽然它的编程方式与软件语言类似，但是要时刻将 Verilog HDL 语句与硬件电路对应起来，电路在物理上是并行工作的，对应的 Verilog HDL 描述是并发执行的。

2. Verilog HDL 可以从不同的层次来设计和描述数字电路，最基本的描述级别有开关级、门级、数据流级和行为级。有了基于 nmos 和 pmos 的电路图，就能进行 Verilog HDL 开关级描述；有了基于逻辑门的电路图，就能进行 Verilog HDL 门级描述；有了从输入到输出的逻辑函数表达式，就能进行 Verilog HDL 数据流级描述；有了输入到输出的真值表或流程、算法，就能进行 Verilog HDL 行为级描述。

3. Verilog HDL 只是数字电路实现的一种方式，需要基于前面介绍的第 2 章、第 4 章、第 5 章和第 6 章的电路设计相关知识点，根据设计层次的不同可以进行 Verilog HDL 不同级别的描述。

8.11 习题

1. 用 Verilog HDL 设计一个一位二进制数的全加器。设 a 和 b 为两个一位二进制数，c0 为来自低位的进位输入，si 为全加器的和输出，c1 为进位输出。

2. 用 Verilog HDL 设计一个 7 段数码管的数字显示译码器。

3. 用 Verilog HDL 设计一个 7 人表决电路，参加表决者为 7 人，同意为 1，不同意为 0，同意过半则表决通过，输出为 1，否则表决不通过，输出为 0。

4. 用 Verilog HDL 设计一个下降沿触发器的 T '触发器。

5. 用 Verilog HDL 设计一个上升沿触发器的带有异步清 0 输入端和异步置 1 输入端的集成 T 触发器。

6. 用 Verilog HDL 设计一个可控的 8 位移位寄存器，设 x 为数据输入端，c 为控制输入端，当 c =0 时，移位寄存器进行左移，当 c =1 时，移位寄存器进行右移。

7. 用 Verilog HDL 设计一个带异步清 0 输入端的 8 位二进制数加法计数器。

8. 用 Verilog HDL 设计一个“1011” 串行序列检测器。

9. 用 Verilog HDL 设计一个 8421BCD 码的代码检测器。

第9章　脉冲波形的产生与整形

在数字系统中，数字信号的载体就是某种脉冲波形。而前面讨论的各种触发器及其他数字电路在工作时，都需要一个时钟脉冲源。因此，在数字电路中，产生所需形状、持续时间和重复频率的脉冲波形是一个很重要的问题。本章将介绍能产生各种所需周期和宽度脉冲的定时电路，它是数字系统的核心部件之一。

9.1　概述

脉冲信号是一种持续时间极短的电流或电压波形。常见的脉冲波形有矩形脉冲、方波、锯齿波、三角波和梯形波等。广义上说，凡不具备连续正弦波形状的信号，都可以称为脉冲信号。

在数字系统中，基本工作信号是二进制的数字信号或两个逻辑状态的逻辑信号，二进制数字信号只有0、1两个数字符号，同样逻辑信号也只有0、1两种取值，都具有二值特点，用波形表示就是矩形脉冲。所以最常用的脉冲信号是矩形脉冲和方波，如图9-1所示。

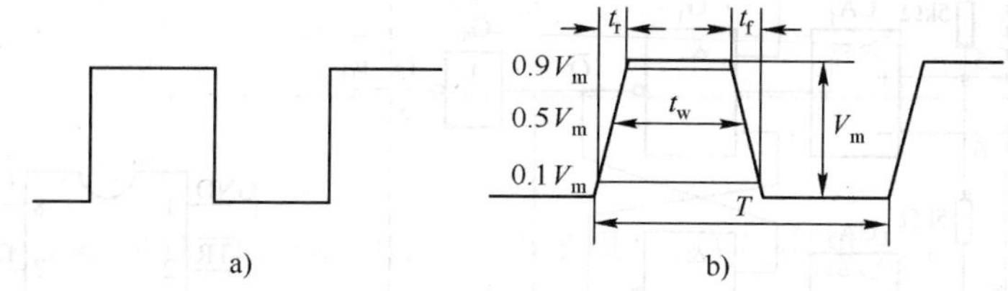

图9-1　理想矩形脉冲波形和实际矩形脉冲波形

a）理想情况下的矩形脉冲波形　b）实际的矩形脉冲波形

图9-1a所示是理想情况下的矩形脉冲，图9-1b所示是实际的矩形脉冲。可见在理想情况下，矩形波的突变部分是瞬间的，不占用时间。而实际矩形波从低变为高或从高变为低是需要时间的。图中，V_m是脉冲信号的电压幅度；t_r是脉冲前沿从$0.1V_m$处上升到$0.9V_m$所需的时间（上升时间）；t_f是脉冲后沿从$0.9V_m$处下降到$0.1V_m$所需的时间（下降时间）；T为脉冲周期，是指周期性重复的脉冲序列中，两个相邻脉冲的间隔时间；t_w为脉冲宽度，是指从脉冲前沿的$0.5V_m$处开始到脉冲后沿的$0.5V_m$处为止的时间间隔。在一个周期中，$T-t_w$称为脉冲的休止期，t_w/T称为脉冲的占空比。对于理想矩形脉冲，其上升时间和下降时间均为零。

利用多谐振荡器就可以产生所需的脉冲波形。通常，多谐振荡器有两个工作状态，如果这两个状态都是暂稳态，则这种电路称为无稳态多谐振荡器或自激多谐振荡器；如果电路的一个状态是稳定的，而另一个状态是不稳定的（暂稳态），则称为单稳态电路；如果电路的两个状态都是稳定的，直到受到外界的作用（触发），状态才发生变化，则称为双稳态电

9.3 用 555 定时器构成的自激多谐振荡器

图 9-3 所示是用 555 定时器构成的自激多谐振荡器。多谐振荡器是一种不需要外加触发信号，在接通电源后能自动输出矩形脉冲的电路。由于矩形脉冲中含有丰富的高次谐波分量，所以又把这种电路称为多谐振荡器。

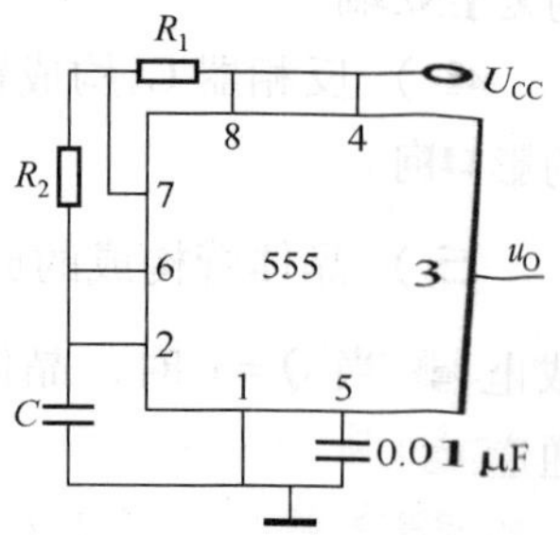

图 9-3 用 555 定时器构成的自激多谐振荡器

9.3.1 电路结构

在电路中，R_1、R_2、C 是外接定时元件，555 定时器的阈值端 TH（6 脚）和触发端 TR（2 脚）连接起来和电容 C 的一端相接，电容的另一端接地。放电晶体管 VT_D的集电极（7 脚）接在 R_1 和 R_2之间，控制电压端 CO（5 脚）接 0.01 μF 的电容起滤波作用，而复位端 $\overline{R}$ 接电源 U_{CC}。

9.3.2 工作原理

在接通电源前由于电容 C 上无电荷，即 $u_c=0$，所以在接通电源瞬间 u_c仍为 0，555 定时器内部的比较器 CA_1输出为 1，CA_2输出为 0，基本 RS 触发器 Q = 1、$\overline{Q}$ = 0，输出电压 u_o 为高电平，放电晶体管 VT_D截止。这定义为电路的起始状态。

在起始状态下，随着电源通过 R_1和 R_2对 C 的充电，u_c缓慢升高，时间常数为 $\tau_1=(R_1+R_2)C$，当 u_c上升到 $2U_{CC}/3$ 时，比较器 CA_1 输出跳变为 0，基本 RS 触发器 $\overline{Q}$ = 1、Q = 0，u_o 输出为低电平，VT_D饱和导通。这是电路的一种暂稳态。

由于 VT_D的饱和导通，电容 C 上的电荷会通过 R_2 缓慢的泄放，时间常数为 $\tau_2=R_2C$（忽略了 VT_D的导通内阻），当 u_c由于放电下降到 $U_{CC}/3$ 时，比较器 CA_2输出跳变为 0，基本 RS 触发器立即变换为 Q = 1、$\overline{Q}$ = 0，u_o 输出为高电平，VT_D 截止。电路进入另一种暂稳态。

由前可见，该暂稳态和前面定义的起始状态是一致的。这样电容又通过 R_1和 R_2对 C 的充电，u_c再缓慢升高。不难理解，接通电源后，电容 C 上的电压 u_c在 $U_{CC}/3$ 和 $2U_{CC}/3$ 之间反复变化，电路也就在两种暂稳态之间来回变化（即产生振荡），于是在输出端就产生了矩形脉冲。电路的工作波形如图 9-4 所示。

由图 9-4 可见，电容充电时，起始值 $u_c(0)=U_{CC}/3$，趋向值 $u_c(\infty)=U_{CC}$，转换值 $u_c(0)=2U_{CC}/3$，故利用三要素公式，输出 u_o 波形中高电平持续时间 t_{w1} 可用下式计算。

$$t_{w1}=\tau_1\ln\frac{u_c(\infty)-u_c(0)}{u_c(\infty)-u_c(t_{w1})}=\tau_1\ln\frac{U_{CC}-\dfrac{1}{3}U_{CC}}{U_{CC}-\dfrac{2}{3}U_{CC}} \tag{9-1}$$

$$=(R_1+R_2)C\ln2=0.7(R_1+R_2)C$$

电容放电时，起始值 $u_c(0)=2U_{CC}/3$，趋向值 $u_c(\infty)=0$，转换值 $u_c(0)=U_{CC}/3$，利用三要素公式，输出 u_o 波形中低电平持续时间 t_{w1} 可用下式计算。

$$t_{w2}=\tau_2\ln\frac{u_c(\infty)-u_c(0)}{u_c(\infty)-u_c(t_{w2})}=\tau_2\ln\frac{0-\frac{2}{3}U_{CC}}{0-\frac{1}{3}U_{CC}} \tag{9-2}$$

$$=R_2C\ln2=0.7R_2C$$

所以，振荡器的振荡周期和振荡频率为

$$T=t_{w1}+t_{w2}=0.7(R_1+R_2)C+0.7R_2C=0.7(R_1+2R_2)C \tag{9-3}$$

$$f=\frac{1}{T}=\frac{1}{0.7(R_1+2R_2)C}\approx\frac{1.43}{(R_1+2R_2)C} \tag{9-4}$$

通常将脉冲宽度与重复周期之比称为占空比 q。

$$q=\frac{t_{w1}}{T}=\frac{R_1+R_2}{R_1+2R_2} \tag{9-5}$$

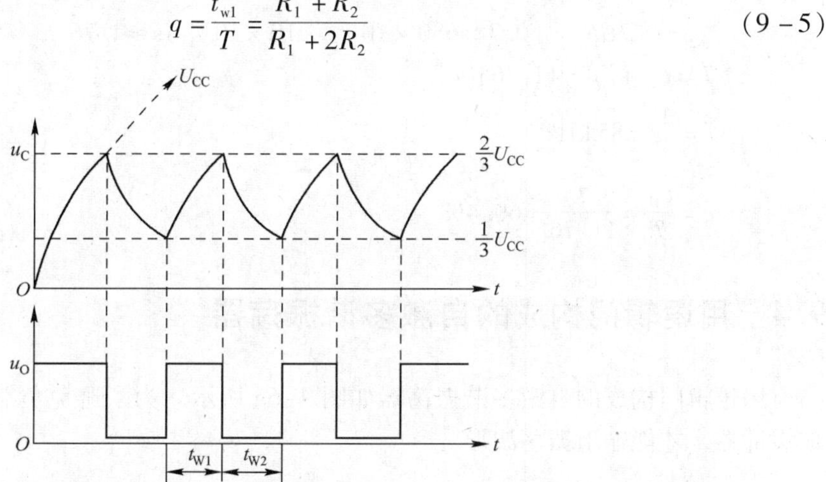

图 9-4　555 多谐振荡器工作波形图

由式（9-5）可见，该电路的输出波形是不对称的，即不能输出方波信号。而且占空比也不能调节。图 9-5 给出了占空比可调节的自激多谐振荡器电路。

在图 9-5 中，利用半导体二极管的单向导电特性，把电容 C 的充电和放电回路隔离开来，再用一个电位器进行调节，就可得到占空比可调节的多谐振荡器。

由图 9-5 可见，电容 C 的充电回路为 $U_{CC}\rightarrow R_1\rightarrow VD_1\rightarrow C$，充电时间常数为 $\tau_1=R_1C$。而放电回路为 $C\rightarrow R_2\rightarrow VD_2\rightarrow VT_D\rightarrow$地，故放电时间常数为 $\tau_2=R_2C$。故可求得

$$t_{w1}=0.7R_1C$$

$$t_{w2}=0.7R_2C$$

其占空比为

$$q=\frac{t_{w1}}{T}=\frac{t_{w1}}{t_{w1}+t_{w1}}=\frac{R_1}{R_1+R_2}$$

所以，只要调节图 9-5 中的电位器，使 $R_1=R_2$，则 $q=0.5$。这时 u_o 输出波形就为对称的矩形脉冲（方波）。

这样，电路的振荡频率为

$$f=\frac{1}{T}=\frac{1}{t_{w1}+t_{w2}}$$

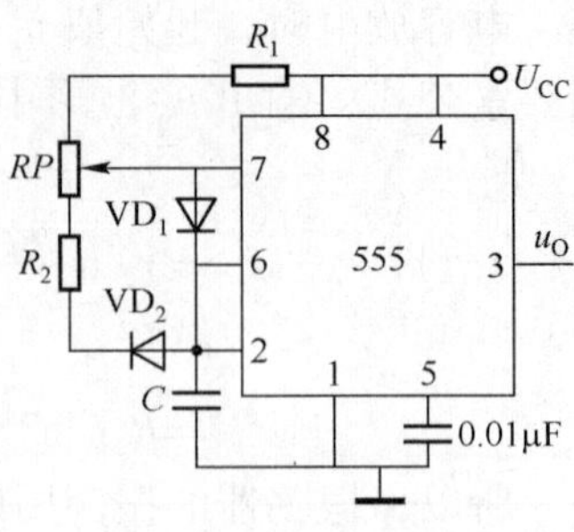

图 9-5　占空比可调节的多谐振荡器电路

显然，改变 R_1、R_2和 C 的值，可以改变电路的振荡频率。但还可用改变 555 定时器的触发电平的方法来改变振荡频率。例如，可以改变 555 定时器的控制电压输入端（5 脚）的电压来改变比较器的参考电压，以达到改变振荡器频率的目的。也就是说，555 定时器可以构成压控振荡器（VCO）。

【例 9-1】 设在如图 9-3 所示的电路中，$R_1=4.7\,\text{k}\Omega$，$R_2=10\,\text{k}\Omega$，$C=689\,\text{pF}$，$U_{CC}=+5\,\text{V}$。试计算振荡脉冲波形的 t_{w1}、t_{w2}、振荡周期 T、振荡频率 f 及占空比 q。

解： $t_{w1}=0.7C(R_1+R_2)=[0.7\times680\times10^{-12}\times(4.7+10)\times10^3]\,\mu\text{s}\approx7\,\mu\text{s}$

$t_{w2}=0.7CR_2=[0.7\times680\times10^{-12}\times10\times10^3]\,\mu\text{s}\approx4.76\,\mu\text{s}$

$T=t_{w1}+t_{w2}=11.76\,\mu\text{s}$

$$f=\frac{1}{T}=85\,\text{kHz}$$

$$q=\frac{t_{w1}}{T}=\frac{7}{11.76}=60.4\%$$

9.4　用逻辑门构成的自激多谐振荡器

用逻辑门构成的自激多谐振荡器如图 9-6a 所示。为了避免负载影响振荡频率，通常需加缓冲器，才能输出振荡波形。

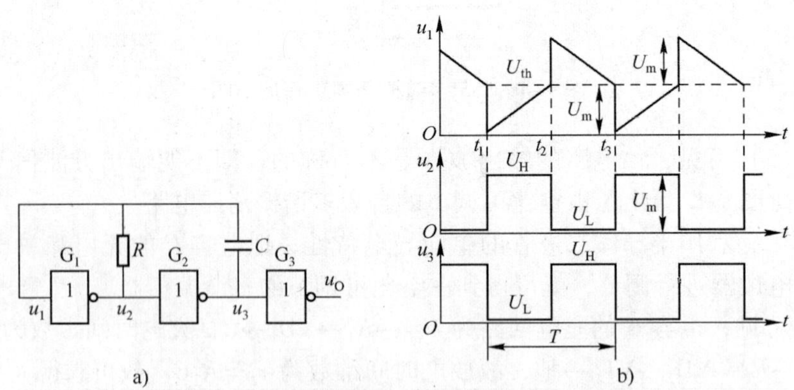

图 9-6　用 TTL 逻辑门构成的自激多谐振荡器

a）电路　b）波形

假设在如图 9-6b 所示的 t_1时刻，因 u_1按指数规律下降到门 G_1的阈值电压 U_{th}，使门 G_1截止，电压 u_2跃升为高电平 U_H，电压 u_3则因门 G_3的导通而降至低电平 U_L。由于电容 C 上两端的电压不能突变，所以 u_3的下降必然引起 u_1的下降。接着发生的物理过程是，G_1输出的高电平经电阻 R 及 G_2的导通内阻，给电容 C 充电，使 u_1按指数规律上升。当 u_1上升到

U_{th}（t_2时刻）时，将引起一次新的翻转过程，方向与t_1时刻正好相反，表现为u_2下降，u_3上升，u_3的上升经电容C的耦合，使u_1进一步上升，这样u_2下降得更快，如此正反馈的结果，使u_2降至低电平U_L，u_3升至高电平U_H。

t_2时刻后，G_2截止，u_3的高电平将反向给C充电，这也可理解为电容C的放电过程。由于C的放电，u_1将按指数规律下降，到t_3时刻，u_1又降至了阈值电压U_{th}，电路又产生一次快速的转换过程，方向与上次相反，结果是G_1截止，u_2为高电平，G_2饱和导通，u_3降为低电平。电路又回到了开始讨论时的情况。

这样，电路依靠自身的正反馈结构，产生了两次快速的转换过程，依靠电容的充放电，又进行了两次慢速的暂态过程，以此完成了一个振荡周期，输出波形u_o和u_2基本一致，很接近方波。振荡周期可用下式进行估算。

$$T = 2RC\ln 3 \approx 2.2RC \tag{9-6}$$

以上讨论中，忽略了逻辑门的输入输出内阻，并假设门的阈值电压$U_{th} = U_H/2$。电路中，LS型的器件电阻R的取值可在1～3.9 kΩ之间。

9.5 石英晶体振荡器

在许多数字系统中，都要求自激多谐振荡器的振荡频率有很高的稳定性和准确度。例如在数字时钟里，时钟频率的稳定性和准确度就直接决定着计数的精度。对此最有效的方法就是在电路中接入石英晶体，构成晶体振荡器。这种晶体振荡器，在常温下，频率不稳定度$\frac{\Delta f}{f}$也能小于10^{-6}。如果经恒温补偿后，晶振的$\frac{\Delta f}{f}$甚至可以小到10^{-9}。图9-7a给出了石英晶体的电抗频率特性，图9-7b给出了石英晶体的图形符号。由图可见，当外加电压的频率$f = f_0$时，石英晶体的电抗$X = 0$，而在其他频率下电抗都很大。

一种典型的石英晶体振荡器如图9-8所示。电路中R_1、R_2的作用是保证两个反相器在静态时都能工作在转折区（线性区），使每一个反相器都成为具有很强放大能力的放大电路，对TTL反相器，常取$R_1 = R_2 = 0.5$～2 kΩ。若是CMOS门则常取$R_1 = R_2 = 10$～100 MΩ；耦合电容$C = 0.047$ μF。

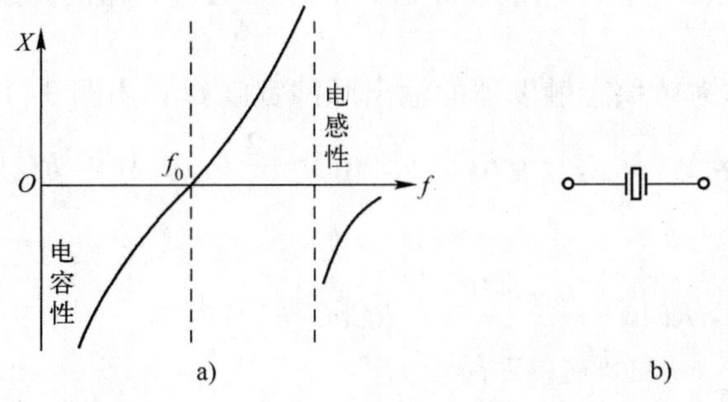

图9-7 石英晶体的电抗频率特性及符号

a）电抗频率特性 b）石英晶体的符号

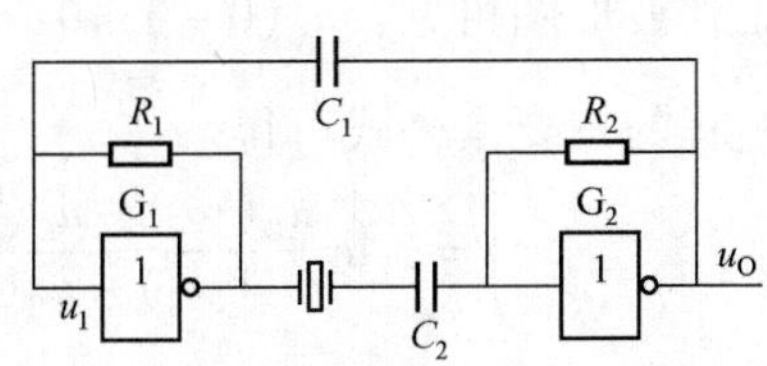

图9-8 石英晶体振荡器

9.6 单稳态触发器

单稳态触发器具有以下几个特点。

1）电路有一个稳定状态和一个暂稳状态，静止期间电路一直处于稳定状态。

2）在外来触发脉冲的作用下，电路由稳定状态翻转到暂稳态，暂稳态维持一段时间后会自动返回稳定状态。

3）暂稳态的持续时间长短和触发脉冲无关，仅取决于电路的定时元件参数。

这种电路在数字系统中，一般用于定时、整形及延时等。

9.6.1 用555定时器构成的单稳态触发器

图9-9所示为用555定时器构成的单稳态触发器。无触发信号时，u_I为高电平，电路处于稳定状态，555内部的基本RS触发器Q=0，$\overline{Q}=1$，输出u_O为低电平，放电晶体管VT_D饱和导通。

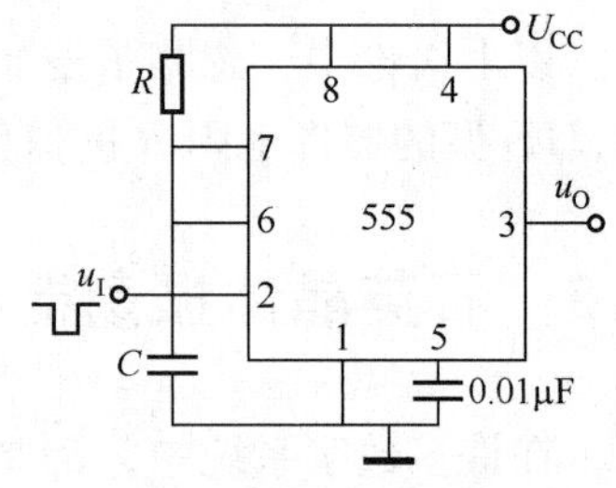

图9-9 用555定时器构成的单稳态触发器

若接通电源后，输入u_I为高电平，555定时器中基本RS触发器处于0状态，即Q=0，$\overline{Q}=1$，输出u_O为低电平，放电晶体管VT_D饱和导通，则这种状态将保持不变。

若接通电源后，输入u_I为高电平，555定时器中基本RS触发器是处于1状态，即Q=1，$\overline{Q}=0$，输出u_O为高电平，放电晶体管VT_D截止，则这种状态是不稳定的。因为当VT_D截止时，电源U_{CC}会通过R对C进行充电，u_C将逐渐升高，当u_C升高到$2U_{CC}/3$时，比较器CA_1输出0，将基本RS触发器复位到0状态，Q=0，$\overline{Q}=1$，输出u_O为低电平，放电晶体管VT_D饱和导通。电容C通过VT_D快速放电，使$u_O\approx0$，即电路返回稳态。

当u_I下降沿到来时，电路被触发，立即从稳态翻转到暂稳态，即Q=1，$\overline{Q}=0$，输出u_O为高电平，放电晶体管VT_D截止。

在暂稳态期间，U_{CC}会通过R对C进行充电，时间常数$\tau_1=RC$。随着充电过程的进行，u_C将逐渐升高，当u_C升高到$2U_{CC}/3$时，比较器CA_1输出0，将基本RS触发器复位到0状态，Q=0，$\overline{Q}=1$，输出u_O为低电平，放电晶体管VT_D饱和导通。电容C通过VT_D快速放电，使$u_O\approx0$，即电路返回稳态。

暂稳态持续时间（电容充电时间）称为单稳态触发器的输出脉冲宽度t_W，由图9-10所示的工作波形图可见，$u_C(0+)\approx0$，$u_C(\infty)=U_{CC}$，$\tau=RC$，$u_C(t_W)=\frac{2}{3}U_{CC}$，利用$RC$电路过渡过程的三要素公式可得

$$t_W=\tau_1\ln\frac{u_C(\infty)-u_C(0^+)}{u_C(\infty)-u_C(t_W)}=RC\ln\frac{U_{CC}-0}{U_{CC}-\frac{2}{3}U_{CC}}=RC\ln3\approx1.1RC \tag{9-7}$$

从暂稳态结束到电容C通过放电晶体管VT_D放电至$u_C=0$所需的时间称为恢复时间t_{re}。放电时间常数$\tau_2=R_{CES}C$。一般取$t_{re}=3\sim5\tau_2$，由于放电晶体管VT_D饱和导通时内阻R_{CES}很小，故t_{re}极短。

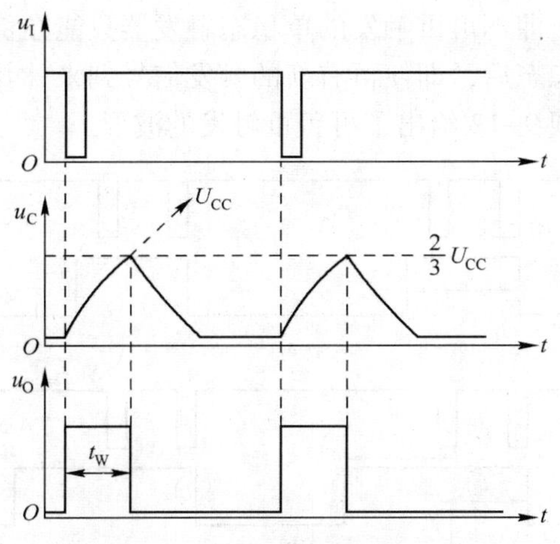

图 9-10　单稳态触发器工作波形图

当输入触发信号是周期为 T 的连续脉冲时，为了保证单稳态触发器能够正常工作，必须满足下列条件。

$$T > t_W + t_{re}$$

即 u_I周期的最小值 $T_{min} = T_W + t_{re}$

所以，单稳态触发器的最高工作频率应为

$$f_{max} = \frac{1}{T_{min}} = \frac{1}{t_W + t_{re}} \tag{9-8}$$

一个必须注意的问题是，在图 9-9 中，触发脉冲的脉冲宽度（即 u_I的低电平持续时间）必须小于电路输出的脉冲宽度 T_w，否则电路将不能正常工作。这是因为若单稳态触发器被触发翻转到暂稳态后，u_I仍维持低电平不变，则比较器 CA_2的输出保持为 0，基本 RS 触发器保持在置 1 状态，这样电容 C 充电到 $2U_{CC}/3$ 时，无法自动结束暂稳态回到稳态。

解决这个问题的方法是在触发输入端加一个 RC 微分电路（即 R_P、C_P），以减少 u_I的低电平持续时间。

加了 RC 微分电路的单稳态触发器如图 9-11 所示。

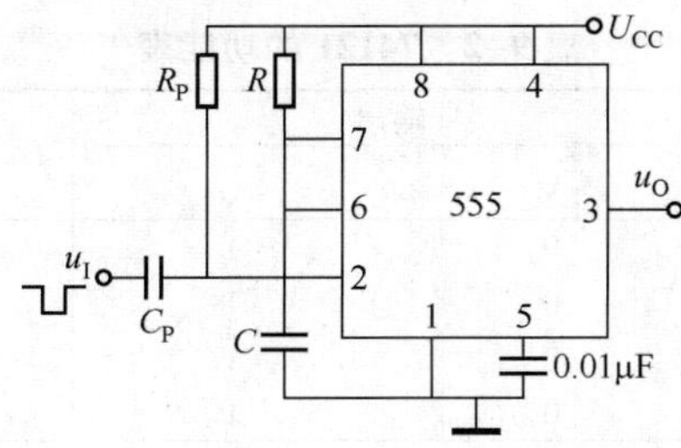

图 9-11　输入端加了微分电路的单稳态触发器

9.6.2　集成单稳态触发器

集成单稳态触发器按能否被重触发可分为两类。所谓可重触发，是指单稳态触发器在暂稳态期间，能够接收新的触发信号，重新开始暂稳态过程；而不可重触发则是指在暂稳态期间不能接收新的触发信号，即不可重触发的单稳态触发器只能在稳态时接收触发信号，其一旦被触发由稳态翻转为暂稳态后，即使再有新的触发信号到来，其既定的暂稳态过程也会继续下去，直至结束为止。图 9-12 给出了可否重触发的波形。

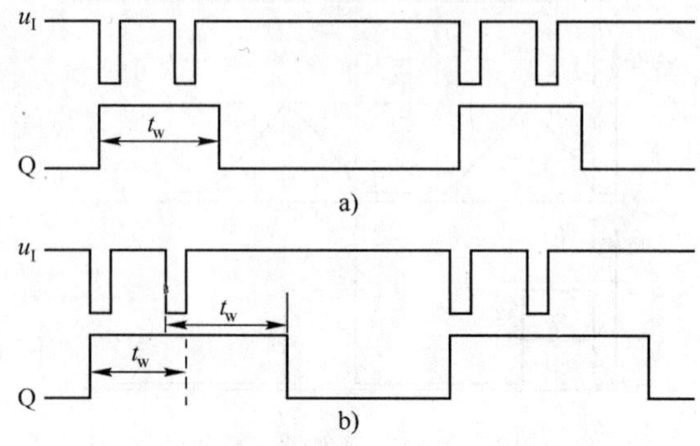

图 9-12　单稳态触发器的可否重触发波形

a）不可重触发单稳　b）可重触发单稳

74121 是一种比较典型的 TTL 不可重触发单稳态触发器。其引脚分布和逻辑符号如图 9-13 所示，电路功能表如表 9-2 所示。

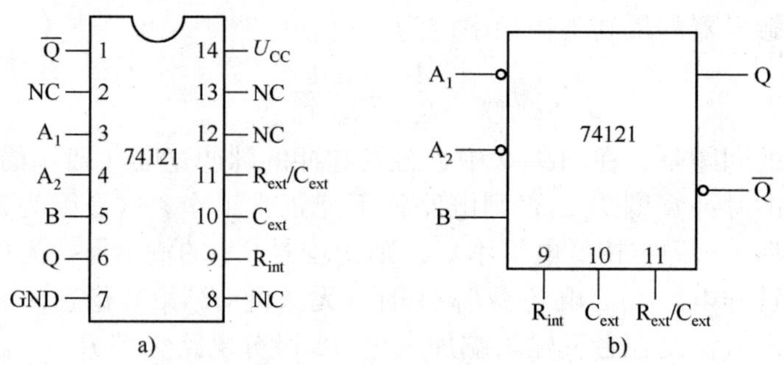

图 9-13　不可重触发单稳态触发器 74121

a）引脚图　b）逻辑符号

表 9-2　74121 的功能表

输入			输出		说明
A_1	A_2	B	Q	$\overline{Q}$	
0	X	1	0	1	保护稳态
X	0	1	0	1	
X	X	0	0	1	
1	1	X	0	1	
0	↓	1	⊓	⊔	下降沿触发
↓	1	1	⊓	⊔	
↓	↓	1	⊓	⊔	
0	X	↑	⊓	⊔	上升沿触发
X	0	↑	⊓	⊔	

图中 A_1、A_2是两个下降沿有效的触发信号输入端，B 是上升沿有效的触发信号输入端。R_{ext}/C_{ext}、C_{ext}是外接定时电阻和电容的连接端，外接定时电阻 R（阻值可在 1.4 ～40 kΩ 之间选择）应一端接 U_{CC}（14 脚）、一端接 R_{ext}/C_{ext}（11 脚），外接定时电容 C（容量在 10 pF ～ 10 μF之间选择）应一端接 C_{ext}（10 脚），一端接 R_{ext}/C_{ext}（11 脚），若 C 是电解电容，则其正极应接 C_{ext}，负极接 R_{ext}/C_{ext}，其引脚图如图 9-14 所示。74121 集成块内部已设置了一个 2 kΩ 的定时电阻，R_{int}（9 脚）是其引出端，使用时只需将 9 脚与 14 脚连接起来即可，不用时可将 9 脚悬空。

输出脉冲宽度 t_W 为

$$t_W = RC\ln2 \approx 0.7RC \tag{9-9}$$

在定时时间 t_W结束后，定时电容 C 有一个充电恢复时间 t_{re}，如果在此恢复时间内又有触发脉冲输入，电路仍可被触发，但输出脉冲宽度会小于规定的定时时间 t_W。这是在使用 74121 时应该注意的问题。

74122 是一种比较典型的可重复触发单稳态触发器。其引脚分布和逻辑符号如图 9-14 所示，电路功能表如表 9-3 所示。

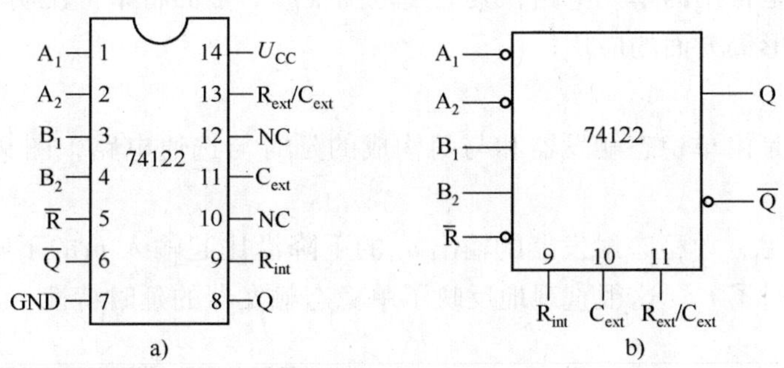

图 9-14　可重复触发单稳态触发器 74122

a）引脚图　b）逻辑符号

表 9-3　74122 的功能表

输入					输出		说　明
R	A	A	B	B	Q	Q	
0	X	X	X	X	0	1	复位
X	1	1	X	X	0	1	保持稳态
X	X	X	0	X	0	1	
X	X	X	X	0	0	1	
1	0	X	↑	1	⊓	⊔	上升沿触发
1	0	X	1	↑	⊓	⊔	
1	X	0	↑	1	⊓	⊔	
1	X	0	1	↑	⊓	⊔	
↑	0	X	1	1	⊓	⊔	
↑	X	0	1	1	⊓	⊔	
1	1	↓	1	1	⊓	⊔	下降沿触发
1	↓	↓	1	1	⊓	⊔	
1	↓	1	1	1	⊓	⊔	

74122 有 4 个触发信号输入端，A_1、A_2 为下降沿有效，B_1、B_2 为上升沿有效。$\overline{R}$ 为低电平有效的直接复位输入，Q 和 $\overline{Q}$ 是一对互补输出端。外接定时电阻 R 和电容 C 的连接与 74121 相同，通常定时电阻 R 可在 5 ～ 50 kΩ 之间选择，定时电容 C 基本无限制。

74122 是可重复触发单稳态触发器，只要在输出脉冲结束前，又有触发脉冲输入，则可延长输出脉冲的持续时间。而 $\overline{R}$ 的优先复位功能又能够在预期的时间内结束暂稳态过程，使电路返回到稳态。如果使用内部定时电阻，则只需外接一个定时电容，电路就可工作。

当定时电容 $C>1000$ pF 时，可用下式估算输出脉冲宽度 t_w。

$$t_w = 0.32RC \tag{9-10}$$

与 74121 一样，74122 在暂稳态结束后，也需要经过恢复时间 t_{re}，电路才能返回稳态。

9.6.3 单稳态触发器的应用

单稳态触发器是常用的单元电路，其应用范围很广。下面将举例说明单稳态触发器在脉冲波形的变换、整形等方面的应用。

1. 延时与选通

图 9-15a 所示是由单稳态触发器和与门构成的延时与选通电路，图 9-15b 所示是对应的延时与选通波形。

由图 9-15b 可见，单稳态触发器的输出 u_O 的下降沿比起输入 u_I 的下降沿滞后了一个脉冲宽度 t_w，也即延时了 t_w。这很直观地反映了单稳态触发器的延时特性。

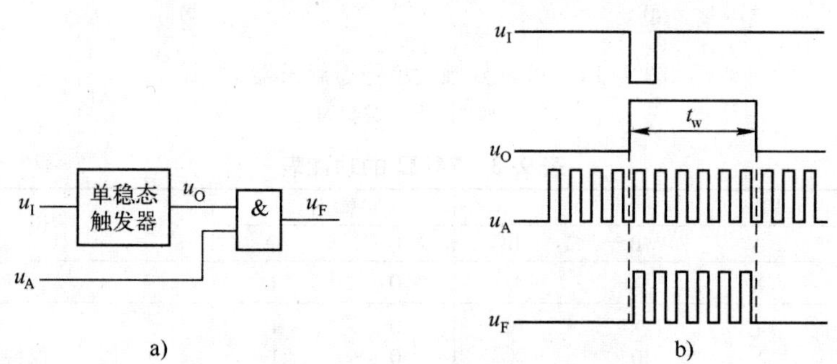

图 9-15　脉冲的延时与选通

a）延时与选通电路　b）延时与选通波形

由于单稳态触发器的输出 u_O 作为与门的选通控制信号，当 u_O 为高电平时，与门开放，门输出 u_F = 输入信号 u_A。当 u_O 为低电平时，与门关闭，门输出 u_F = “0”。显然，与门开放的时间是恒定不变的，也就是单稳态触发器输出脉冲 u_O 的宽度 t_w。

2. 整形

单稳态触发器能够把不规则的输入信号 u_I 整形成为幅度和宽度都相同的矩形脉冲 u_O，这是因为 u_O 的幅度仅取决于单稳态触发器输出的高低电平，而宽度 t_w 只与 R、C 有关。图 9-16给出了单稳态触发器对不规则信号进行整形的例子。

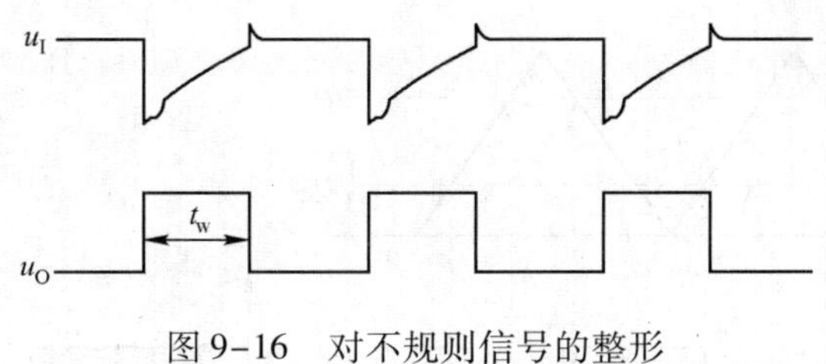

图 9-16　对不规则信号的整形

9.7　施密特触发器

施密特触发器的一个最重要的特点，就是能够将变化非常缓慢的输入脉冲波形变换成适合数字系统需要的矩形脉冲，而其特有的滞回特性使得其抗干扰能力大大增强。施密特触发器在脉冲的变换与整形中具有广泛的应用。

9.7.1　用 555 定时器构成的施密特触发器

用 555 定时器构成的施密特触发器电路如图 9-17 所示，图中触发输入端（2 脚）和阈值输入端（6 脚）连接起来作为信号输入端 u_I，$\overline{R}$（4 脚）接电源电压 U_{CC}，电压控制端 CO（5 脚）接 0.01 μF 的电容，起滤波作用，若将该端接某一电位，则还可用来改变阈值电压和触发电压的电平。

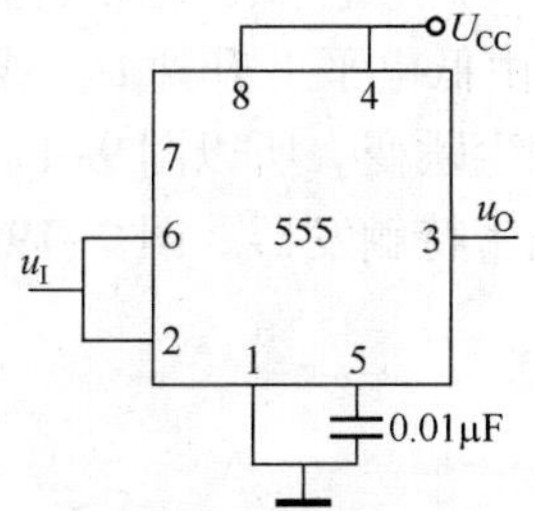

图 9-17　由 555 定时器构成的施密特触发器

图 9-18a 所示是当 u_I 为三角波时施密特触发器的工作波形。

当 $u_I=0$ V 时，由于 555 定时器内部的电压比较器 CA_1 有 $U_+>U_-$，因此，比较器 CA_1 输出高电平；电压比较器 CA_2 有 $U_+<U_-$，因此，比较器 CA_2 输出低电平，这样基本 RS 触发器被置“1”，即 $Q=1$、$\overline{Q}=0$，电路输出 u_O 为高电平。在未达到 $2U_{CC}/3$ 以前，电路的这种状态将维持不变。

当 u_I 上升到 $2U_{CC}/3$ 时，比较器 CA_1 有 $U_+<U_-$，CA_1 输出低电平，而 CA_2 仍为 $U_+>U_-$，比较器 CA_2 输出高电平。这样基本 RS 触发器被置为“0”，即 $Q=0$、$\overline{Q}=1$，电路输出 u_O 为低电平。$2U_{CC}/3$ 称为电路的上限阈值 U_{T+}。此后，u_I 再升高电路输出不变。当 u_I 由高逐渐下降时，只要 u_I 未下降到 $1U_{CC}/3$，则电路输出仍然维持不变。

当 u_I 下降到 $1U_{CC}/3$ 时，比较器 CA_2 有 $U_+<U_-$，CA_2 输出低电平，这样基本 RS 触发器被置为“1”，即 $Q=1$、$\overline{Q}=0$，电路输出 u_O 为高电平。$1U_{CC}/3$ 称为电路的下限阈值 U_{T-}。此后，u_I 再降低电路输出也不变。

这样，由图 9-18a 可见，施密特触发器将输入缓变的三角波 u_I 整形成为输出跳变的矩形脉冲 u_O。

图 9-18b 所示是施密特触发器的滞回特性。在 u_I 上升阶段，当 u_I 上升到 $U_{T+}=2U_{CC}/3$ 时，电路输出 u_O 由高电平翻转为低电平；u_I 在下降阶段，当 u_I 下降到 $U_{T-}=1U_{CC}/3$ 时，电路输出 u_O 由低电平翻转为高电平。

定义滞回电压（回差电压）$\Delta U_T=U_{T+}-U_{T-}$。

滞回电压 ΔU_T 的大小直接反映电路抗干扰能力的强弱。若在 555 定时器的电压控制端

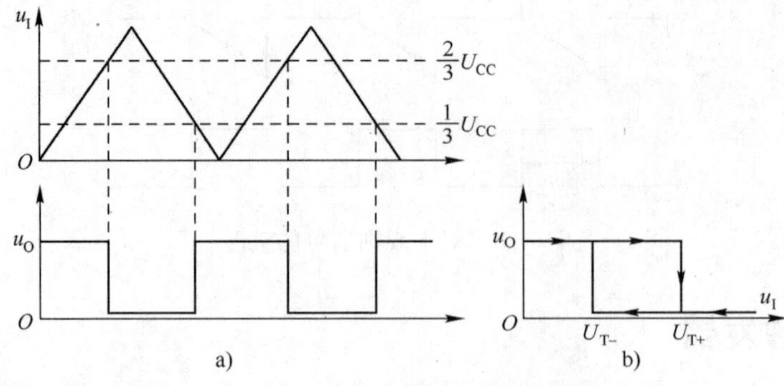

图 9-18 施密特触发器的工作波形和滞回特性

a）工作波形 b）滞回特性

（5 脚）加入一个电压源，则可通过控制 555 定时器内部的两个比较器的参考电压来改变滞回电压 ΔU_T 的大小。

应该注意，施密特触发器的输出电平是由输入信号的电平决定的，触发的含义是指当 u_I由低电平上升到 U_{T+}或由高电平下降到 U_{T-}时，会引起电路内部的正反馈过程，从而使 u_O 发生跳变。所以图 9-17 所示电路称为反相输出的施密特触发器。与之对应的有同相输出的施密特触发器。图 9-19 所示是集成施密特触发器的逻辑符号。

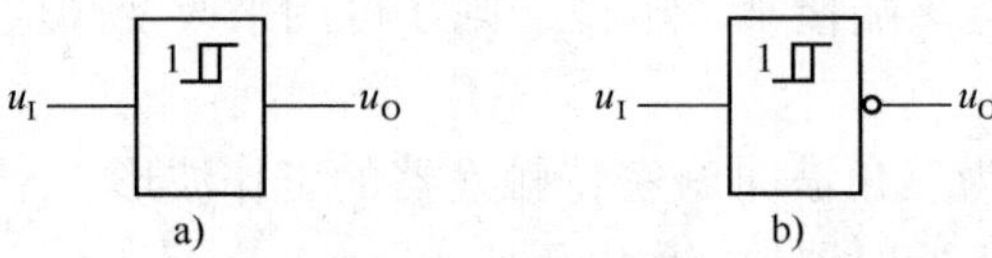

图 9-19 集成施密特触发器的逻辑符号

a）同相输出 b）反相输出

施密特触发器可由 555 定时器也可由集成逻辑门构成，但由于这种电路应用非常广泛，所以在 TTL 和 CMOS 系列产品中，均有专门的集成施密特触发器。比如 TTL 系列的 7413、7414、74132，以及 CMOS 系列的 MC4093、MC40106 等。

9.7.2 施密特触发器的应用

1. 用于波形变换及整形

如果信号源是缓慢变化的信号，在送给 TTL 电路前可用施密特触发器将其变换为边沿陡峭的矩形脉冲信号。

在图 9-20 中，输入的是类三角信号，当选定施密特触发器的 U_{T+} 和 U_{T-} 后，即可输出与输入信号同频率的矩形脉冲信号。

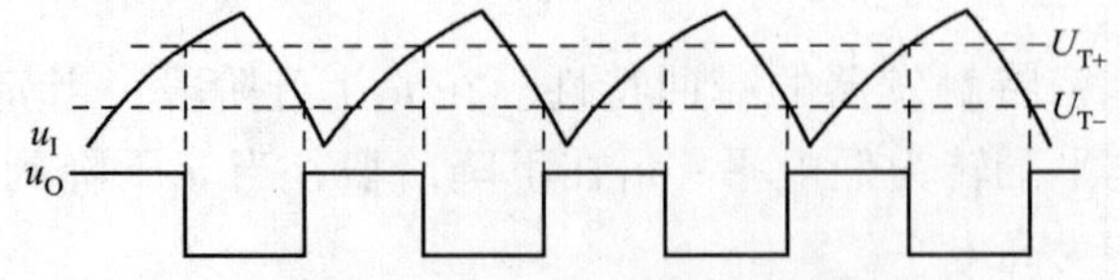

图 9-20 用施密特触发器实现波形变换

在图 9-21 中，输入的是不规则信号，同样当选定施密特触发器的 U_{T+} 和 U_{T-} 后，即可输出理想的矩形脉冲信号。

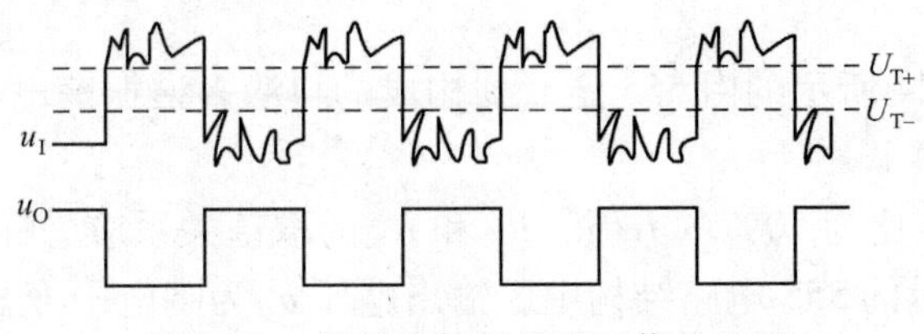

图 9-21　用施密特触发器对信号整形

2. 用于脉冲幅度鉴别

图 9-22 所示是用施密特触发器对输入脉冲进行幅度鉴别的情况，输入信号为一系列幅度不同的脉冲信号，而只有那些幅度大于 U_{T+} 的脉冲才会在输出端产生输出信号。可见，施密特触发器能选出幅度大于 U_{T+} 的脉冲，具有幅度鉴别的能力。

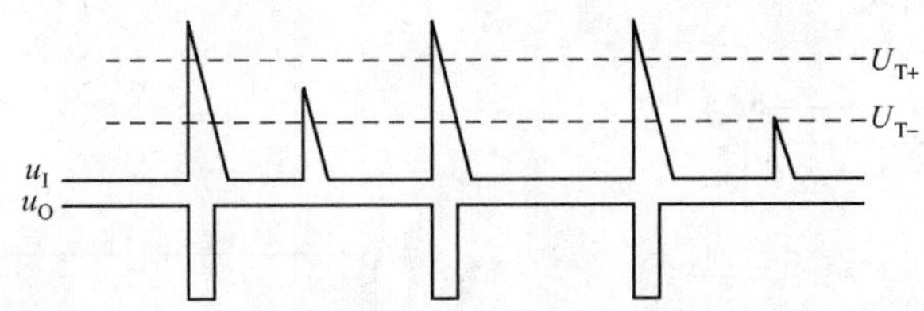

图 9-22　用施密特触发器进行幅度鉴别

3. 用作多谐振荡器

图 9-23a 所示是用施密特触发器构成的多谐振荡器，图 9-23b 所示是振荡波形的产生过程。

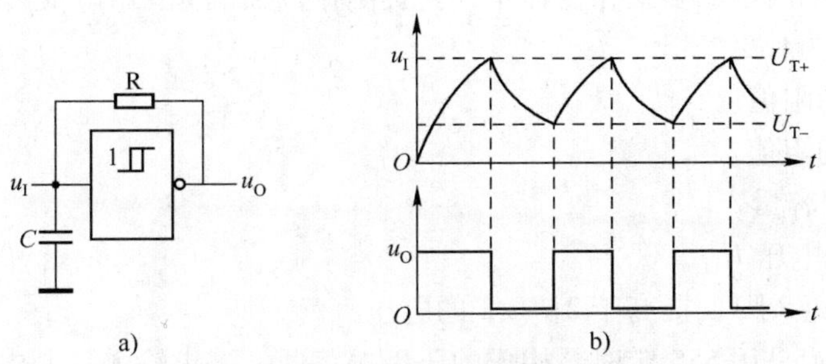

图 9-23　用施密特触发器构成多谐振荡器
a）振荡电路　b）振荡波形

在接通电源瞬间，电容 C 上的电压为 0，输出 u_O 为高电平。u_O 的高电平通过电阻 R 对电容 C 充电，使 u_I 逐渐上升，当 u_I 达到 U_{T+} 时，施密特触发器发生翻转，输出 u_O 变为低电平，此后电容 C 通过电阻 R 放电，使 u_I 逐渐下降，当 u_I 达到 U_{T-} 时，施密特触发器又发生翻转，输出 u_O 变为高电平，电容又通过电阻 R 充电，如此周而复始，电路不停地振荡，在施密特触发器输出端得到的就是矩形脉冲 u_O。如再通过一级反相器对 u_O 进行整形，就可得到很理想的输出脉冲。

9.8 习题

1. 试分析如图 9-24 所示的由 555 定时器构成的自激多谐振荡电路。

(1) 计算其振荡频率。

(2) 若要产生占空比为 50% 的方波，R_1 和 R_2 的取值关系应怎样定？

2. 在如图 9-2 所示的 555 电路结构中，输出电压 u_O 为高电平 U_{OH}、低电平 U_{OL} 及保持原来状态不变的输入条件各是什么？假设控制电压输入端 CO 端已通过 0.01 μF 的电容接地，放电端 u_D 悬空。

3. 在图 9-24 中，设 $R_1=15\ \text{k}\Omega$、$R_2=10\ \text{k}\Omega$、$C=0.05\ \mu\text{F}$，$U_{CC}=+5\ \text{V}$，请定性画出 u_C、u_O 的波形，估算振荡频率和占空比。

4. 石英晶体振荡器电路如图 9-25 所示，两个反相器均为 TTL 电路，试简述 R_1、R_2、C_1、C_2 的作用及取值范围。

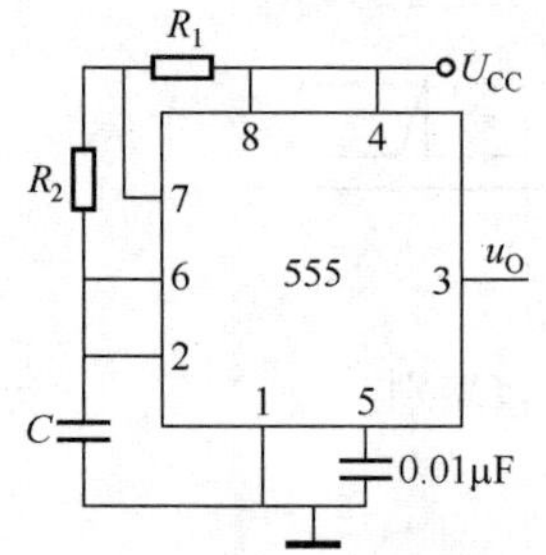

图 9-24 由 555 构成的自激多谐振荡器

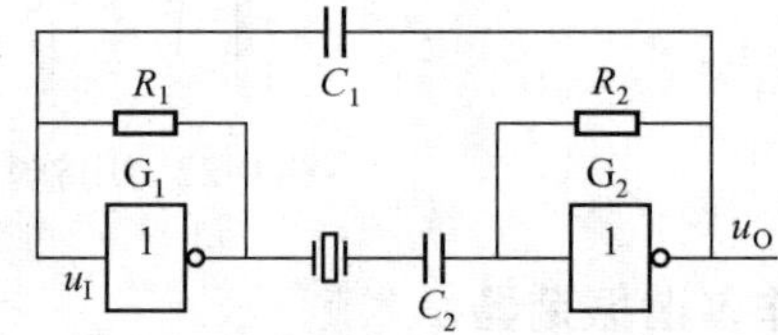

图 9-25 由 TTL 非门构成的石英晶体振荡器

5. 在如图 9-24 所示的多谐振荡器中，要提高振荡器的频率，试说明下面列举的各种方法哪些是正确的，为什么？

(1) 减小 R_1 的阻值。

(2) 减小 R_2 的阻值。

(3) 加大 C 的容量。

(4) 加大电源电压 U_{CC}。

(5) 在 CO 端 (5 脚) 接高于 $2U_{CC}/3$ 的电压。

6. 图 9-26 所示是用 555 定时器构成的压控振荡器，试求输入控制电压 u_I 和振荡频率之间的关系，当 u_I 升高时，输出 u_O 的频率是降低还是升高？

7. 用 555 定时器设计一个自激多谐振荡器，要求输出脉冲的振荡频率为 100 kHz，占空比为 60%。

8. 在如图 9-27 所示的单稳态触发器中，设 $U_{CC}=+9\ \text{V}$，$R=27\ \text{k}\Omega$、$C=0.05\ \mu\text{F}$。

(1) 试估算出输出脉冲 u_O 的宽度 t_w。

(2) 设 u_I 为负的窄脉冲，其脉冲宽度 $t_{w1}=0.5\ \text{ms}$、重复周期 $T_1=5\ \text{ms}$、高电平 $U_{IL}=9\ \text{V}$、低电平 $U_{IL}=0\ \text{V}$，试对应画出 u_C、u_O 的波形。

9. 不可重触发单稳态触发器 74121 的电路框图如图 9-13 所示，其功能表如表 9-2 所示。

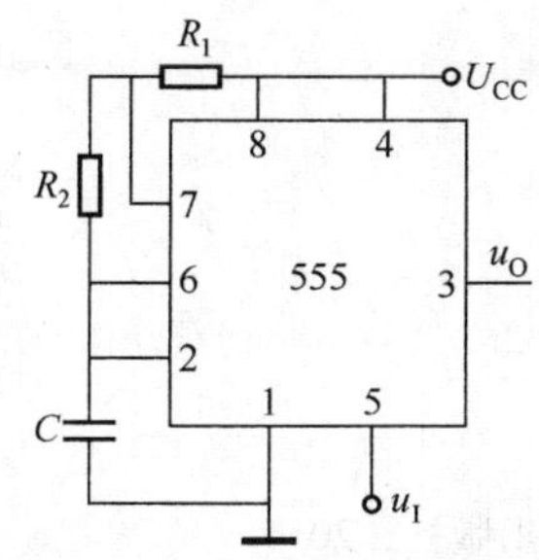

图 9-26　由 555 定时器构成的压控振荡器

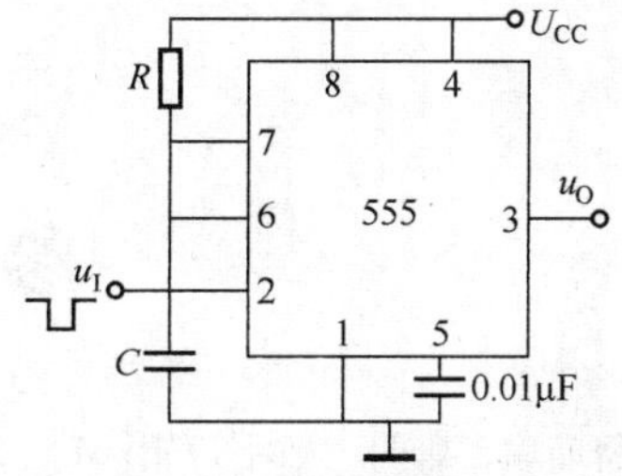

图 9-27　由 555 定时器构成的单稳态触发器电路

（1）若已知 A_1、A_2 和 B 信号的波形如图 9-28 所示，画出 Q 端的波形。

（2）若已知 Q 端输出脉冲宽度 T_w 的计算公式为 $T_w \approx \tau \ln 2$，要得到 T_w 为 0.6 ms 的脉冲，采用内接电阻 R_{int}（$R_{int}=2\ \mathrm{k\Omega}$）时，外接电容 C_{ext} 应取多大？若采用外接电阻的方法，取 $C_{ext}=0.04\ \mu\mathrm{F}$，则外接电阻 R_{ext} 应取多大？

10. 试画出用 74121（图形符号见图 9-13）外加定时元件 R 和 C 构成的单稳态触发器电路图，若 $C=0.01\ \mu\mathrm{F}$，要求输出脉冲宽度 t_W 的调节范围是 10 μs ～ 10 ms，试估算 R 的取值范围。

11. 在如图 9-29 所示的施密特触发器中，若 $U_{CC}=+9$ V；u_I 为正弦波，其幅值 $U_{Im}=9$ V、频率 $f=1$ kHz，试画出相应的输出波形。

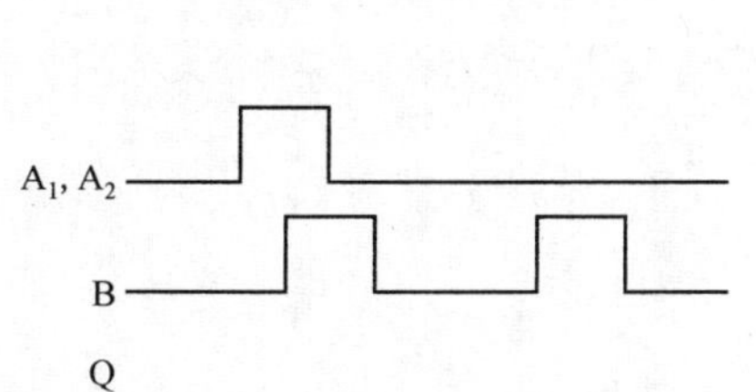

图 9-28　74121 的输入信号波形

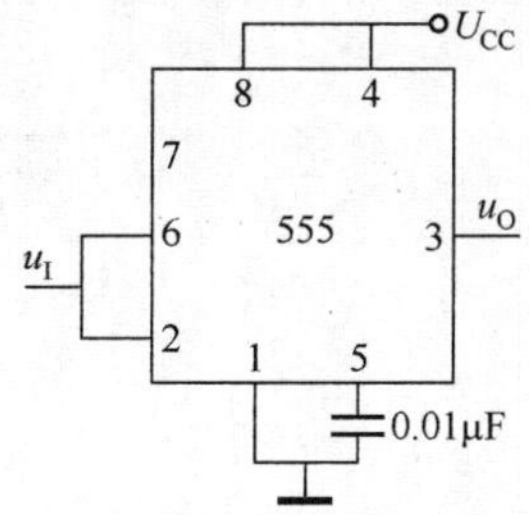

图 9-29　由 555 定时器构成的施密特触发器

参 考 文 献

[1] 武庆生，詹瑾瑜，唐明．数字逻辑[M]．2版．北京：机械工业出版社，2014.
[2] 杨静．数字电路逻辑设计[M]．2版．北京：高等教育出版社，2006.
[3] 薛宏熙．数字逻辑设计[M]．北京：清华大学出版社，2008.
[4] 欧阳星明．数字电路逻辑设计[M]．北京：人民邮电出版社，2011.
[5] 卢建华．数字逻辑与数字系统设计[M]．北京：清华大学出版社，2013.
[6] 师生莉．数字系统与逻辑设计[M]．西安：西安电子科技大学出版社，2013.
[7] 刘真．数字逻辑原理与工程设计[M]．北京：高等教育出版社，2013.
[8] 欧阳星明，溪利亚．数字电路逻辑设计[M]．2版．北京：人民邮电出版社，2015.
[9] 江小安，朱贵宪．数字逻辑简明教程[M]．西安：西安电子科技大学出版社，2015.
[10] 龚之春．数字电路[M]．成都：电子科技大学出版社，2004.
[11] 刘蔚东．关于时序逻辑设计中的自启动问题[J]．电工技术，1997，8：49－52.
[12] 任骏原．基于次态卡诺图的J、K激励函数最小化方法及时序逻辑电路自启动设计［J］．浙江大学学报（理学版），2010，37（4）：425－427.